Finite Elemente in der Bruchmechanik

Herausgegeben von

H.-P. Rossmanith

Springer-Verlag Wien GmbH

Doz. Dr. Hans-Peter Rossmanith
Institut für Mechanik
Technische Universität Wien, Österreich

Ursprünglich erschienen bei Springer Vienna 1982.
Softcover reprint of the hardcover 1st edition 1982

Mit 240 Abbildungen

CIP-Kurztitelaufnahme der Deutschen Bibliothek
Finite Elemente in der Bruchmechanik / hrsg. von H.-P. Rossmanith. – Wien ; New York : Springer, 1982.
ISBN 978-3-7091-2298-3 ISBN 978-3-7091-2297-6 (eBook)
DOI 10.1007/978-3-7091-2297-6
NE: Rossmanith, Hans-Peter [Hrsg.]

VORWORT

Die Analyse bruchmechanischer Probleme hat sich während der letzten zehn Jahre zu einem der wichtigsten Anwendungsgebiete der numerischen Methoden im Ingenieurwesen entwickelt. Die Vitalität des aktiven Fortschrittes auf diesem Gebiet manifestiert sich nicht nur in der flutartigen Zunahme von einschlägigen Fachpublikationen, sondern auch in den zahlreichen erfolgreichen Anwendungen der numerischen Methoden auf konkrete bruchmechanische Probleme des Maschinenbaues, des Bauingenieurwesens etc. Unter den numerischen Methoden spielt die Methode der finiten Elemente (FEM) in der Bruchmechanik eine führende Rolle.

Im Zeitalter der wirtschaftlichen Optimierung werden technische Konstruktionen unter wesentlich anderen Gesichtspunkten entworfen und ausgeführt, als dies früher der Fall war. Verbesserte Kenntnis des Werkstoffverhaltens sowie moderne Berechnungsmethoden gestatten es dem Konstrukteur, bis nahe an die Traglast bzw. Bruchlast der Bauteile zu dimensionieren. Bei der daraus resultierenden Problematik der Traglastrechnung und Bruchsicherheitsuntersuchung kommen die modernsten Berechnungsmethoden zum Einsatz. Die rasante Entwicklung neuer problemspezifischer finiter Elemente und der gewaltige Fortschritt in der Computertechnik erfolgen parallel mit der Entwicklung von über die Grundlagen der Bruchmechanik hinausgehenden modernen Strömungen in der Bruchmechanik. Dabei stellt die Erfassung der Rißspitzensingularität im Rahmen der Finite-Elemente-Methode den einen Komplex dar, während derjenige Zweig der Bruchmechanik, welcher sich mit ihrer Anwendung auf betonartige Werkstoffe und bewehrte oder komposite Materialien befaßt - die Betonbruchmechanik - einen zweiten Schwerpunkt bildet.

Um die Einsatzmöglichkeiten der Methode der finiten Elemente bei praktischen Bruchmechanikproblemen einem breiteren Kreis von Fachleuten aus Industrie, Wirtschaft und Technik vorzustellen und um über Möglichkeiten und Grenzen der Anwendung Finiter Elemente in der Bruchmechanik zu informieren, veranstaltete die Arbeitsgemeinschaft "Bruchforschung, Haftungs- und Schadensrecht" in Wien mit finanzieller Unterstützung des Bundesministeriums für Wissenschaft und Forschung, des Instituts für Festigkeitslehre der Technischen Universität Wien und der Control Data GmbH Wien 1981 ein Fachseminar über die Praxis der Anwendung numerischer Methoden in der angewandten Bruchmechanik. Der Schwerpunkt der Ausführungen lag bei den Anwendungsbereichen auf metallische Werkstoffe im Maschinenbau (Behälter, Schweißverbindungen, Schrauben,..) und auf betonartige Baustoffe im Bauingenieurwesen (Scheiben-, Platten- und Schalenkonstruktionen).

Nach einer kurzen Übersicht über die Entwicklung und Aufgabenstellung der Bruchmechanik und Einführung in die Ingenieurbruchmechanik wird das für den praxis-orientierten Fachmann zur Behandlung konkreter Aufgabenstellungen notwendige bruchmechanische Rüstzeug präsentiert. Eine Einführung in die Methode der finiten Elemente erleichtert den Zugang zur Anwendung dieses numerischen Verfahrens in der Bruchmechanik. Unter den Voraussetzungen der linearen Elastizitätstheorie werden Spannungs- und Verschiebungsfelder um Rißspitzen in Scheiben, Platten und Schalen unter statischer und dynamischer Belastung berechnet und dabei der Spannungsintensitätsfaktor als Maß für die Intensität der Spannungssingularität an der Rißspitze eingeführt. Numerische Untersuchungen an Standard-Bruchmechanikproben betreffen den Fragenkreis der Interpretation von Laborversuchen und die für die Praxis überaus wichtige Übertragbarkeit auf Bauteile. Weitere Beiträge sind den Strukturen mit Rissen unter überlagerter Normal- und Scherbeanspruchung, der bruchmechanischen Berechnung von Schraub- und Schweißverbindungen und dem Verhalten von Fehlstellen in Guß- und Walzwerkstoffen gewidmet. Mit dem Gebiet der Betonbruchmechanik befassen sich die beiden abschließenden Beiträge. In der Einführung in die Bruchmechanik des Stahlbetons werden die klassischen Ideen und Konzepte der Rißbehandlung auf Bruchbänder verallgemeinert und damit Untersuchungen über das Traglastverhalten von Stahlbetonscheiben, -platten und -schalen durchgeführt.

Dankbar sei vermerkt, daß es gelungen ist, hervorragende Fachleute aus dem In-und Ausland zur Mitarbeit an diesem Band zu gewinnen.

Alle Beiträge befassen sich eingehend mit praktischen Problemen der Anwendung numerischer Methoden in der angewandten Bruchmechanik, die sich von der problemorientierten Formulierung der bruchmechanischen Grundgleichungen bis zur eigentlichen Analyse verschiedener technischer Strukturen erstreckt.

Die Buchbeiträge wurden nach dem Abschluß des Seminars von den Autoren nochmals bearbeitet, aus anregenden Diskussionen entstandene Problemstellungen, Anregungen und Vorschläge wurden eingebaut und die Literaturliste auf den neuesten Stand gebracht.

Mein besonderer Dank gilt Herrn Univ.-Prof.Dipl.-Ing.Dr. H.A. Mang von der Technischen Universität Wien für die konstruktive Zusammenarbeit und Unterstützung bei der Organisation des Seminars.

Die Beiträge "Einführung in die Ingenieur-Bruchmechanik" und "Bruchmechanik der Platten und Schalen" wurden teilweise im Rahmen eines Forschungsprojektes (# 3864) des Fonds zur Förderung der wissenschaftlichen Forschung erstellt.

Wien, im Juli 1982 H.P. Rossmanith

INHALTSVERZEICHNIS

Seite

EINFÜHRUNG IN DIE INGENIEUR-BRUCHMECHANIK
H.-P. Rossmanith, Wien

1. Einleitung 1
1.1. Das Bruchverhalten der Werkstoffe 6
2. Grundlagen der Ingenieur-Bruchmechanik 8
2.1. Spannungsanalyse an Rissen 8
2.1.1. Bruchbeanspruchungsarten 9
2.1.2. Das elastische Spannungsfeld eines Risses 9
2.1.3. Ermittlung von Spannungsintensitätsfaktoren 11
2.1.4. Elliptische Risse 14
2.2. Die plastische Zone an der Rißspitze 15
2.3. Die Bruchzähigkeit 17
2.4. Die Griffith'sche Formel und Rißausbreitungskraft 18
2.4.1. Die Griffith'sche Formel 18
2.4.2. Die Rißausbreitungskraft 19
2.5. Das J-Integral 20
2.6. Die Rißwiderstandskurve 21
2.7. Das COD-Kriterium 23
2.8. Bruchkriterien bei gemischter Beanspruchungsart 24
2.9. Der Reißmodul nach Paris et al. 25
3. Die Grundlagen der bruchmechanischen Bauteilbemessung 25
3.1. Die erste Grundformel der Bruchmechanik 25
3.2. Der bruchmechanische Fehler - Riß 27
3.3. Der Oberflächenriß 29
4. Ermüdungsrißausbreitung 33
4.1. Die zweite Grundformel der Bruchmechanik 33
4.2. Einflußgrößen auf das Ermüdungsrißwachstum 36
4.3. Ermüdungsrißausbreitung eines Oberflächenrisses 38
4.4. Die Lebensdauer eines Bauteils 43

Seite

5. Bruchkontrolle und Schadensanalyse 45
   5.1. Verringerung der Sprödbruchgefahr 45
      5.1.1. Identifizierung der bruchfördernden Parameter 46
      5.1.2. Ermittlung des relativen Beitrages 46
      5.1.3. Relative Wirksamkeit der Entwurfsparameter auf die Bruchsicherheit 47
   5.2. Entwicklung eines Bruchkontrollplanes 49
   5.3. Fehlernachweis und Rißbeurteilung 49
   5.4. Zuverlässigkeit einer Struktur 53
   5.5. Schadensanalyse - Schadenverhütung 55
6. Literatur 56

EINFÜHRUNG IN DIE METHODE DER FINITEN ELEMENTE
H.A. Mang, Wien

1. Einleitung 58
2. Grundkonzept der Diskretisierung (FE-Zerlegung) von Strukturen 59
3. Historische Entwicklung der FEM 61
4. Klassifikation Finiter Elemente Verfahren 63
5. Kompatibles Modell 69
   5.1. Wahl geeigneter Verschiebungsansätze für die einzelnen Elemente 69
   5.2. Ermittlung der Elementsteifigkeitsmatrix für das CST 71
   5.3. Zusammensetzen der Elementsteifigkeitsmatrizen zur Globalsteifigkeitsmatrix 75
   5.4. Erfüllung der Randbedingungen 78
   5.5. Lösung des linearen Gleichungssystems 79
   5.6. Spannungsermittlung 80
6. Literatur 81
7. Anhang - Zahlenbeispiel 82

FINITE ELEMENTE VERFAHREN IN DER BRUCHMECHANIK
R.H. Gallagher, Tucson, und H.A. Mang, Wien

1. Einleitung 87
2. Finite Elemente mit Rißspitzensingularität 89
   2.1. Gleichgewichts- und Kompatibilitätsbedingungen erfüllt 92
   2.2. Gleichgewichts- und Kompatibilitätsbedingungen nicht erfüllt 94
      2.2.1. Verfahren, die sich singulärer Lösungen aus der klassischen Mechanik bedienen 94

Seite

2.2.2. Verfahren, die mit Verschiebungsfunktionen von der Form von Polynomen arbeiten 95
2.2.3. Verfahren, die auf der Formulierung isoparametrischer Elemente beruhen 99
2.2.4. Methoden, die auf hybriden Formulierungen beruhen 102
3. Bestimmung von Spannungsintensitätsfaktoren 104
3.1. Direkte Bestimmung von Spannungsintensitätsfaktoren aus Verschiebungen bzw. Spannungen in den Knotenpunkten 104
3.2. Ermittlung der Spannungsintensitätsfaktoren mit Hilfe der Energiefreisetzungsrate 105
3.2.1. Bestimmung der Energiefreisetzungsrate mittels zweier FE-Berechnungen 105
3.2.2. Bestimmung der Energiefreisetzungsrate mittels nur einer FE-Berechnung 105
3.3. Ermittlung von Spannungsintensitätsfaktoren mit Hilfe des J-Integrals 107
4. Erzielung von Kontinuität in den Verschiebungen längs gemeinsamer Ränder von Elementen mit Rißspitzensingularität und herkömmlichen Elementen 108
5. Literatur 110
6. Anhang - Ableitung der Steifigkeitsmatrix für das Bruchelement nach Unterabschnitt 2.1. 112

STRUKTUREN MIT RISSEN UNTER OBERLAGERTER NORMAL- UND SCHERBEANSPRUCHUNG
H. Kordisch, Freiburg

1. Problemstellung 115
1.1. Spannungsverteilung vor einer Rißspitze 116
1.2. Oberblick über vorhandene Bruchhypothesen 118
1.2.1. Allgemeine Darstellung, einschränkende Annahmen 118
1.2.2. Tangentialspannungs- und/oder Hauptspannungshypothese 121
1.2.3. Hypothese der Energiefreisetzungsrate 123
1.2.4. Hypothese der Energiedichte 124
1.2.5. Die Energiefreisetzungsrate in vektorieller Form 126
1.2.6. Rückführung auf reine Modus-I-Beanspruchung 129
1.3. Experimentelle Ergebnisse, Vergleich mit Bruchhypothesen 132
2. Numerische Berechnung der Beanspruchungsverhältnisse an der Rißspitze 132
2.1. Erfassung der Singularitäten an der Rißspitze 134

Seite

2.2. Ermittlung der Spannungsintensitätsfaktoren K_I und K_{II} 136
2.2.1. K_I und K_{II} aus Verschiebungen und Spannungen 136
2.2.2. K_I und K_{II} aus der Energiefreisetzungsrate 137
2.2.3. K_I und K_{II} aus dem J-Integral 139
2.3. Vergleich der numerischen Ergebnisse mit der analytischen Nahfeldlösung am Beispiel "Schräger Riß" 141
2.4. Ermittlung des Bruchablenkungswinkels und Vergleich mit den Vorhersagen der Bruchhypothesen 148
2.5. Experimentelle Ermittlung der Energiedichteverteilung und Vergleich mit numerischen Ergebnissen 153
3. Untersuchungen zum Bruchverhalten von wechselwirkenden Rissen 157
4. Zusammenfassung 160
5. Literatur 162

BRUCHMECHANIK DER PLATTEN UND SCHALEN
H.-P.Rossmanith, Wien

1. Einleitung 166
2. Scheiben und Platten mit Rissen 167
2.1. Grundlagen 167
2.2. Das Spannungsfeld um die Rißspitze 169
2.3. Biegung und Drillung von Platten mit Innenriß 170
2.4. Erweiterte Theorie für Platten mit Rissen 173
2.5. Platten mit mehreren Rissen 175
2.6. Risse in Mehrschicht (Sandwich)-Platten 176
2.7. Rotierende Scheiben mit Rissen 179
2.8. Biegewellen und Longitudinalwellen in Platten mit Rissen 181
2.8.1. Biegewellen 181
2.8.2. Longitudinalwellen 183
2.8.3. Stoßartige Belastungen 183
2.9. Gerissene Platten mit Flächenlasten 184
2.10. Platten mit Riß auf elastischer Bettung 184
3. Schalen mit Rissen 186
3.1. Grundlagen 186
3.2. Die flache Kugelschale mit Riß 187
3.2.1. Symmetrische Belastung 188
3.2.2. Asymmetrische Belastung 189
3.3. Die Zylinderschale mit Riß 190

Seite

3.4. Ingenieurmäßige Abschätzung des Spannungsintensitätsfaktors 192

Literatur 194

Anhang A 195

A-1. Grundprobleme der Biegung gerissener Platten und Schalen mit zentralen Durchrissen 195

A-2. Platten mit Riß in der Mittelfläche 196

A-3. Grundprobleme der Schalen mit Riß 198

Anhang B 202

B-1. Systematischer Vergleich der Grundgleichungen der Plattentheorien 202

B-2. Grundgleichungen der Theorie flacher Schalen 203

B-2.1. Spezialfälle 203

NUMERISCHE UNTERSUCHUNGEN AN BRUCHMECHANIKPROBEN

W.Schmitt und D.Siegele, Freiburg

1. Problemstellung 205

1.1. Interpretation von Laborversuchen - Übertragbarkeit auf Bauteile 205

1.2. Überlegungen zum Spannungszustand in der Probe 206

2. Physikalische und mathematische Modellbildung 207

2.1. Einige Grundbegriffe der Kontinuumsmechanik 208

2.2. Einige Grundbegriffe der Bruchmechanik 210

2.3. Idealisierung der Rißspitze durch finite Elemente 213

3. Berechnung des J-Integrals in der FEM 216

4. Analyse von Bruchmechanikproben: elastisch-plastisch 218

4.1. Kompaktprobe C40 aus St E 460 219

4.2. Einseitig gekerbte Flachzugprobe 229

5. Stabiles Rißwachstum 236

5.1. Simulation des Rißwachstums in der FEM 236

5.2. Nachrechnung einer Kompaktprobe 237

6. Zusammenfassung 241

7. Literatur 242

BRUCHMECHANISCHE BERECHNUNGEN VON SCHRAUB- UND SCHWEISSVERBINDUNGEN

D.F.Fischer, E.T.Till und F.G.Rammerstorfer

1. Einführung 244

2. Der makroskopische Riß am Beispiel der Materialtrennflächen in Schweißverbindungen 245

2.1. Bestimmung der Spannungsintensitätsfaktoren 246

Seite

2.1.1. Singularität an der Rißspitze 246
2.1.2. Durchführung der Finite-Elemente-Analyse 249
2.1.3. Abschätzung von K_I mittels Tabellen 250
2.2. Rißausbreitungsrichtung und kritische Beanspruchung 252
3. Der mikroskopische Riß - Rißausbreitung am Beispiel einer schwellbeanspruchten Schraubenverbindung 255
3.1. Berechnung des Krafteinleitungsproblems Bolzen-Mutter einer M10-Schraubenverbindung 257
3.1.1. Modell 258
3.1.2. Ergebnisse der FE-Analyse 258
3.2. Das lokale Problem 258
3.3. Die Rißausbreitung und die Lebensdauer für die Schraubenverbindung 264
4. Zusammenfassung 268
5. Literatur 269

VERHALTEN VON FEHLSTELLEN IN GUSS- UND WALZWERKSTOFFEN
H. Kordisch, Freiburg

1. Einleitung 272
2. Fehlerarten, Ersatzmodelle 273
3. Einfluß der Fehlerarten auf die Versagenslast 274
4. Versagenshypothesen 275
4.1. Versagenshypothesen bei sprödem Materialverhalten, Trennbruch 276
4.1.1. Normalspannungshypothese 276
4.1.2. Mehrachsigkeitsbetrachtung, Sandel-Hypothese 276
4.1.3. Linear-elastisches Bruchmechanik-Konzept 278
4.2. Versagenshypothesen bei plastischem Grenzlastverhalten 279
4.3. Versagenshypothesen für Materialverhalten zwischen den Grenzzuständen "linear-elastisch" und "elastisch-ideal-plastisch" 280
4.3.1. Failure Assessment Diagram 280
4.3.2. Dehnungshypothese 281
5. Numerische Untersuchungen am Beispiel "Ersatzfehlermodell" 281
5.1. Numerisches Modell 281
5.2. Mehrachsigkeitsbetrachtung 283
5.3. Anwendung der Versagenshypothesen 286
5.4. Numerische Untersuchungen im Grenzlastbereich 289
6. Zusammenfassung 292
7. Literatur 292

Seite

BRUCHMECHANIK VON STAHLBETON
Z.P.Bažant, L.Cedolin und P.Gambarova

1. Einleitung 295
2. Herkömmliches Kriterium für die Rißausbreitung 296
3. Energiekriterium für die Ausbreitung des Bruchbandes 299
4. Bestimmung der Rißausbreitungskraft 303
5. Der Einfluß des Schlupfes zwischen der Bewehrung und dem umgebenden Beton 308
6. Ergebnisse aufgrund "objektiver" (im Sinne von netzinvarianter) Bruchanalyse einer Stahlbetonscheibe 314
   6.1. Einfluß der Bruchflächenrauhigkeit 317
   6.2. Spannungs-Verschiebungs-Gesetz 317
   6.3. Stahlbeton mit schräg zur Bewehrung verlaufenden Rissen 321
   6.4. Numerische Berechnungen 325
   6.5. Vergleich mit Versuchsdaten 326
   6.6. Strukturverhalten bei verschiedenen Belastungen 327
7. Verallgemeinerungen 330
8. Zusammenfassung 330
9. Literatur 332

TRAGLASTBERECHNUNG VON STAHLBETONSCHEIBEN, -PLATTEN UND -SCHALEN
H.Mang und H.Floegl, Wien

1. Einleitung 333
2. Rechenmodell 335
   2.1. Berücksichtigte Phänomene 335
   2.2. Nomenklatur für das Rechenmodell 337
   2.3. Inkrementell-iterative FE-Berechnung 341
3. Numerische Untersuchung 345
   3.1. Scheibe 345
   3.2. Platte 351
   3.3. Schale 354
4. Zusammenfassung 361
5. Literatur 362

NAMENVERZEICHNIS 365

SACHVERZEICHNIS 367

EINFÜHRUNG IN DIE INGENIEUR-BRUCHMECHANIK

HANS-PETER ROSSMANITH

1. Einleitung

Tritt ein Bruch bei einer technischen Konstruktion, einem Bauwerk oder auch in der Natur unerwartet auf, so ist dieser Vorgang meist von einem enormen Verlust an Material und unter Umständen auch von einem Verlust an Menschenleben begleitet. Unerwünschte praktische Beispiele sind etwa Achsbrüche bei Kraftfahrzeugen, Bruch von Pipelines, Brücken, Kesselbehältern, Schäden an und Bruch von Talsperren zufolge Gebirgsbewegungen, Bruch von Kühltürmen zufolge ungünstiger Windlasten, etc. Anderseits ist das gezielte und programmierte Auftreten und Ausbreiten von Brüchen sehr willkommen, z.B. im Tunnel-und Kavernenbau, bei der Öl-und Gaslagerstättenerforschung, in der Steinbruchindustrie und in vielen anderen Gebieten des Felsbaues.

Mit dem rasanten technologischen Fortschritt werden wir zunehmends von der strukturellen Zuverlässigkeit unserer Konstruktionen und Bauteile abhängig. Da die Bruchfestigkeit einen integralen wesentlichen Aspekt der Bauteilsicherheit und -zuverlässigkeit darstellt, hängt das Vertrauen, das wir in die Bruchsicherheit unserer Konstruktionen legen, sehr stark ab von der Kenntnis der Bruchvorgänge und dem Verständnis der Ursachen sowie von der adäquaten Verwendung der gewonnenen Erkenntnisse im Entwurf, der Konstruktion, der Qualitätskontrolle und des sicheren Betriebes der technischen Anlagen. Diese Erkenntnisse fließen direkt in die Entwicklung und Verbesserung der Normvorschriften und dienen damit der Verhütung oder wenigstens der Minimierung von Schäden. Die Abb.1 zeigt einen historischen Schaden - eine Dampfkesselexplosion aus dem Jahre 1868 und der Wochenzeitschrift "Harper's Weekly" entlehnt - mit großem Verlust an Menschenleben und Material. Im Bereich der modernen technischen Großprojekte bedeuten Schäden und deren Folgeschäden oder Auswirkungen gigantische ökonomische Verluste , die weltweit mit dem Mißfallen des Steuerzahlers gekoppelt sind. Die Abbildungen 2 und 3 zeigen Beispiele von in jüngster Zeit aufgetretenen Bruchschadenfällen an Betonbauwerken. Die Abbildung 2 zeigt die Oberreste einer nur ungenügend auf Winddruck bemessenen 114 m hohen hyperbolischen Kühlturmschalenkonstruktion, während die Abb.3 einen Ausschnitt aus einer etwa 200 m hohen teilgerissenen Gewölbesperre repräsentiert.

Abb.1 Explosion eines dampfbetriebenen Kraftwagens im Jahre 1868
(aus "Harper's Weekly Magazine")

Aus der Einsicht des "Es-sich-nicht-mehr-leisten-können" hat sich nach einer Kette von äußerst kostspieligen, den Staatshaushalt stark belastenden Schadensfällen (Brückeneinstürze, Bruch von Fernrohrleitungen, Kesseln und Behältern) in den USA in den 50-er Jahren der Wille zur Erfassung und zum Verständnis der den Schadensfällen zugrundeliegenden Ursachen und den physikalischen Prinzipien der Bruchvorgänge verstärkt. Die Notwendigkeit zur genaueren Untersuchung der Bruchvorgänge in den verschiedensten Materialien hat zur Entwicklung der Bruchforschung als eigener Disziplin geführt. Dabei ist die Bruchmechanik nicht Teilgebiet der Mechanik, sondern erstreckt sich über die Materialtechnologie, die angewandte Mechanik und das Ingenieurwesen. Die Ingenieurwissenschaft trägt zur Last- und Spannungsanalyse bei,

Abb.2 Einsturz mehrerer 114 m hoher Kühltürme (1965)

Abb.3 Bruchschaden auf der Wasserseite einer 200 m hohen Gewölbesperre

die angewandte Mechanik liefert die Spannungsfeldverteilung an der Rißspitze sowie die elastischen und plastischen Deformationsanteile des Materials in der Umgebung der Rißspitze. Die Materialtechnologie befaßt sich mit dem Bruchvorgang im mikrostrukturellen Bereich. Die Technische Bruchmechanik als Lehre und Wissenschaft der Vorgänge beim Brechen und Trennen eines festen Körpers in zwei oder mehrere Teile kombiniert mathematisch-physikalische Methoden mit werkstofftechnologischen Konzepten. Die umfassende Stellung der Bruchmechanik ist in der Abb.4 am Beispiel der Betonbruchmechanik veranschaulicht. Die Aufgabe der Bruchmechanik besteht allerdings keinesfalls allein darin, materialspezifische Kennwerte zu ermitteln, welche zur quantitativen Beschreibung der Rißausbreitung in Bauteilen unter bestimmten Betriebsbedingungen herangezogen werden können. Diese Kennwertermittlung fällt in das wichtige Gebiet der Materialprüfung. Im Bereich der Festigkeitslehre treten die bruchmechanischen Konzepte zu den klassischen elastizitäts-und plastizitätstheoretischen Bemessungsgrundlagen und moderne Zuverlässigkeits- und Sicherheitsuntersuchungen sind ohne die Berücksichtigung bruchmechanischer Aspekte nicht mehr denkbar.

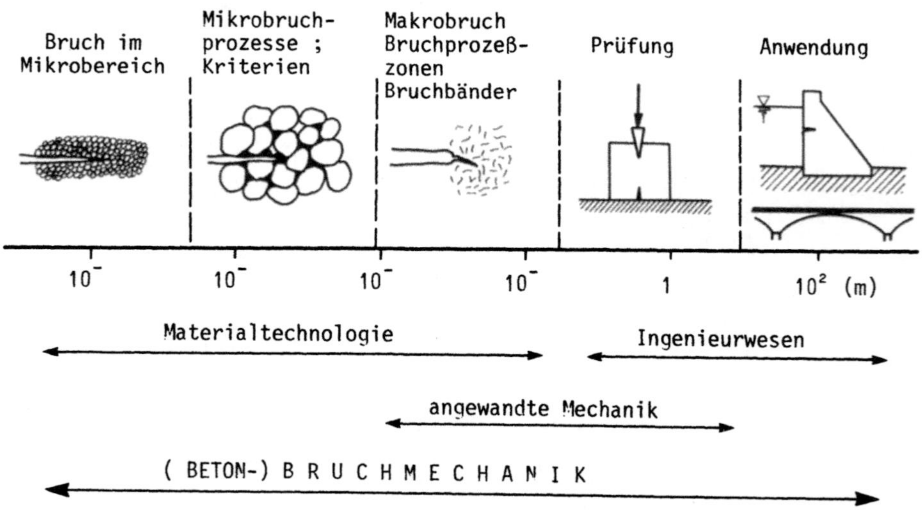

Abb.4 Stellung der Bruchmechanik am Beispiel der Betonbruchmechanik

Wird ein sich ausbreitender Riß in einer Konstruktion oder einem Bauwerk noch entdeckt bevor er sich zur Katastrophe entwickelt hat, so steht der Ingenieur oft vor folgendem Problem: ein Bauteil besitzt einen Riß, welcher sich zufolge der Anwendung wiederholter Beanspruchung oder aufgrund der Kombination von Beanspruchung und ungünstigem Umgebungseinfluß verlängert und sich auf die Lebensfähigkeit und die Lebensdauer des Bauteils fatal auswirken kann. Die Tatsache, daß die Spannungsintensität an der Rißspitze mit zunehmender Rißlänge im allgemeinen ansteigt, führt zur zeitlich beschleunigten Rißausbreitung im Bauteil. Das Tragvermögen des gerissenen Bauteiles sinkt im allgemeinen mit zunehmender Rißlänge und die aktuelle Traglast kann dann die ursprünglich projektierte unterschreiten. Tritt dies nach einer gewissen Zeit ein, so entspricht der Bauteil den gestellten Anforderungen nicht mehr und es kommt zum Versagen. Viele Konstruktionen werden unter dem Gesichtspunkt entworfen und ausgelegt, daß sie eine gewisse Abweichung von den Normalbetriebsbedingungen ohne Schaden zu nehmen tolerieren. Dabei greift der Konstrukteur der Möglichkeit eines Bruchschadens vor und muß konsequenterweise ein gewisses Versagensrisiko des Bauteils akzeptieren. Die Versagenswahrscheinlichkeit und die damit zusammenhängende unvermeidbar begrenzte Lebensdauer des Bauteils müssen so ausgelegt sein, daß die Versagenswahrscheinlichkeit während der Betriebsdauer auf einem (oft von ökonomischen Überlegungen gesteuerten) vertretbaren niedrigen Niveau liegt. Die Garantie dieser Sicherheitsforderung ist eng mit der Frage nach der Rißwachstumsgeschwindigkeit und der Abnahme des Eignungsvermögens eines Bauteils verbunden. Die Aufgaben der Bruchmechanik aus der Sicht des Ingenieurs umfassen und konzentrieren sich deshalb auch auf die Bruchvorhersage und die Entwicklung von Vorhersagemethoden.

Die typische Vorgangsweise bei der Bewältigung bruchmechanischer Probleme ist die folgende: Gegenstand der Rißmechanik ist die Ermittlung charakteristischer Größen zur Rißbeurteilung aufgrund passender Bruchkriterien. Die kritischen Werte der charakteristischen Größen werden für spezielle Prüfkörper mit definierter Rißgeometrie durch Vergleich von experimentellen Grenzwerten mit analytischen Berechnungen ermittelt. Aus dem Vergleich können unter gewissen Voraussetzungen Aussagen über die Bruchsicherheit, Restlebensdauer etc. eines Bauteiles oder einer Konstruktion gemacht und weitere Entscheidungen über Inspektion, Service, Reparatur oder Stillegung einer Anlage oder eines Anlagenteiles getroffen werden.

1.1. Das Bruchverhalten der Werkstoffe

Einundderselbe Werkstoff (Stahl, Aluminium, Holz, Keramik, Beton, Fels, etc) kann sich in Abhängigkeit von den Betriebs-, Belastungs- und Geometriebedingungen des Bauteiles bruchmechanisch sehr unterschiedlich verhalten. Die Bruchverhaltensskala reicht vom Sprödbruch, der sich ohne merkliche plastische Verformung des Werkstoffes ausbildet über die Mischbruchformation bis zum Zäh- oder Fließbruch, der nach vorangehendem großen globalen plastischen Fließen des Werkstoffes eintritt.

Die wichtigsten Ursachen für den Sprödbruch vieler metallischer und nichtmetallischer Werkstoffe sind mehrachsige Spannungszustände, hohe Beanspruchungsgeschwindigkeiten, tiefe Temperaturen, Versprödung durch ungünstige Umgebungsbedingungen, Wasserstoffversprödung, säurehaltiger Regen, Meerwassereinfluß, etc. oder ungünstiger Werkstoffzustand (chemische Zusammensetzung, Korngröße, Größe der Zuschlagstoffe, Alterung, Schwinden, Kaltverformung, herstellungsbedingte Fehler, Trenn- und Arbeitsfugen, etc.).

Im allgemeinen Belastungs-Verlängerungsdiagramm (welches stellvertretend für ein Spannungs-Dehnungs-Diagramm steht) nach Abb.5 ist die von Griffith-Irwin entwickelte linear elastische Bruchmechanik (LEBM) im Bereich linear elastischen Materialverhaltens wegen ihrer formelmäßigen Einfachheit vom Ingenieur vorteilhaft einsetzbar. Tritt lokales geringes plastisches Fließen ein, so kann die LEBM bei Verwendung einer Korrektur für die sich ausbildende plastische Zone nach Irwin im Übergangsbereich A zur Ermittlung ingenieurmäßiger Abschätzungen angewendet werden. Die Weiterentwicklung der Bruchmechanik zur Fließbruchmechanik (FBM) elastoplastischer und vollplastischer Werkstoffe im Bereich AB ist derzeit Gegenstand aktiver Forschungstätigkeit.

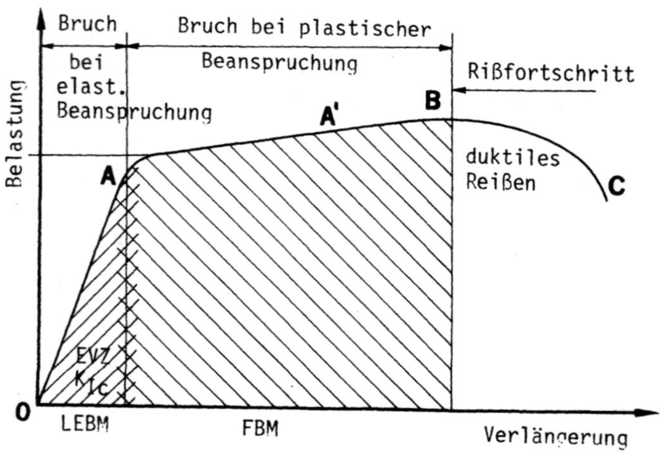

Abb.5 Bruchmechanische Überdeckung des Belastungs-Verlängerungs-Diagrammes

Bei Materialien mit geringen plastischen Zonen an der Rißspitze wird in den Grundformeln mit einer um die halbe plastische Zone verlängerten effektiven Rißlänge gerechnet, wobei für die Größe der plastischen Zone verschiedene Abschätzungen in der Literatur angegeben werden. Bei spröden, z.B. betonartigen Materialien wird anstelle der plastischen Zone mit der die Sekundärmikrorisse umfassenden Bruchprozeßzone gearbeitet.

Bei nichtlinear elastischem Materialverhalten wird das G-Konzept durch das J-Integralkonzept ersetzt. Der große Vorteil der J-Integralmethode besteht darin, daß zur Ermittlung gültiger bruchmechanischer Materialkennwerte kleine und damit billigere Proben verwendet werden können.

Die Weiterentwicklung der Bruchmechanik zur Fließbruchmechanik bietet mit dem von Wells entwickelten C(T)OD-Konzept - bei dem die Rißöffnung an charakteristischen Stellen des Risses gemessen wird - prinzipiell die Möglichkeit, sicherheitstechnische Bewertungen von rißbehafteten Bauteilen bei elastoplastischem Werkstoffverhalten durchzuführen. Jedoch ist die Beanspruchungsanalyse mit numerischer Ermittlung von J oder CTOD für rissebehaftete Bauteile äußerst aufwendig und in der Praxis ist die Anwendung beider Konzepte nur erschwert durchführbar. Nimmt man eine unter Umständen übermäßig konservative Bemessung und Bewertung in Kauf (bei Flugzeugstrukturen aufgrund der Gewichtsersparnis nicht immer erwünscht), so können aufwendige Berechnungen entfallen, wenn anstelle der "kritischen" Größen "noch sicher ertragbare" Größen (das sind mit Sicherheitsbeiwerten versehene Größen) mit Hilfe konservativer Bewertungsdiagramme wie "Entwurfskurve" (design curve) oder "Bruchanpassungsdiagramm" (failure assessment diagram) ermittelt werden. Rißinstabilität und Versagen der Struktur erfolgen dann erst im Verlaufe weiterer Laststeigerungen. Die quantitative Erfassung dieser Sicherheitsreserve und der Rißerweiterung erfolgt dann mit den zu diesem Zwecke entwickelten Rißwiderstandskurven. Dabei muß jedoch beachtet werden, daß die Gesetze der Fließbruchmechanik unter in der Praxis selten vorkommenden Idealbedingungen abgeleitet wurden.

Weitere fundamentale Komplikationen ergeben sich bei Rißproblemen mit gemischter Beanspruchungsart (Zug und Schub), bei Kontaktrißproblemen wie sie etwa im Felsbau auftreten (Druck und Scherung) und bei Materialien mit anisotroper und/oder heterogener Struktur (Holz, Fels, Beton, etc.). Bei unbewehrtem Beton mit Zuschlagstoffen kann die Bruchprozeßzone mit Mikrorißbildung zur Ausbildung eines Bruchbandes führen und speziell bei der Anwendung auf Gewichtssperren müssen zusätzliche Einflüsse wie Porenwasserdruck, Dehydrierung etc. bei der Rißausbreitung in Rechnung gestellt werden. Die Anwendung der bruchmechanischen Methoden auf bewehrte Betonbauteile in großem Maßstab steht noch aus.

2. Grundlagen der Ingenieur-Bruchmechanik

Die Bruchausbreitung in festen Materialien ist ein sehr verwickelter physikalischer Vorgang, dessen Details sich im mikrostrukturellen Bereich abspielen. Praktisch brauchbare Lösungen und Resultate erhält man derzeit nur mit Hilfe der Kontinuumsmechanik vom makroskopischen Standpunkt aus. Die auf bestimmten Idealisierungen und vereinfachten Modellen begründete Technische Bruchmechanik - oder Ingenieur-Bruchmechanik - stellt keine allgemeine Theorie der Brucherscheinungen dar, sondern liefert ingenieurmäßige Methoden zur Behandlung des Bruchverhaltens in Bauteilen die Risse enthalten.

Wesentlich für den Rißausbreitungsvorgang sind die Bedingungen und Zustände an der Rißspitze. Mit Hilfe geeigneter Modelle werden auf der Grundlage der Elastizitätstheorie quantitative Beziehungen zwischen den äußeren Belastungen, der Rißgröße und bestimmten Materialkennwerten abgeleitet. Die sogenannte linear elastische Bruchmechanik und ihre Weiterentwicklungen zur elastoplastischen und Fließbruchmechanik finden heute in vielen technischen Bereichen als Ergänzung zur herkömmlichen Festigkeitsanalyse Beachtung und wichtige praktische Anwendung. Der folgende Abschnitt faßt die wesentlichen Konzepte der Ingenieur-Bruchmechanik zusammen. Für eine detaillierte Behandlung wird auf das Schrifttum, z.B. "Grundlagen der Bruchmechanik" (Hsgb. H.P. Rossmanith), Springer-Verlag, Wien,1982, verwiesen.

2.1. Spannungsanalyse an Rissen

Ausgangspunkt der Betrachtungen der linear elastischen Bruchmechanik (LEBM) ist das elastische Spannungsfeld in der Umgebung der Rißspitze. Der mathematisch scharfe Riß der Länge 2a liegt nach Abb.6 in der x,y-Ebene mit Mittelpunkt im Ursprung des Koordinatensystems.

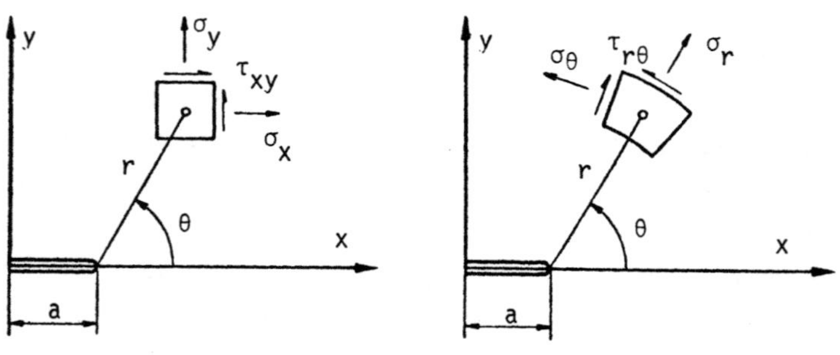

Abb.6 Koordinatensystem und Spannungskomponenten an der Spitze eines Zentralrisses

2.1.1. Bruchbeanspruchungsarten

Die Spannungsfelder vor dem Riß können in drei Grundfälle zerlegt werden. Je nach der Art der Symmetrie der Rißuferdeformation, bzw. der Bruchbeanspruchungsarten folgen die drei Bruchmoden oder Rißöffnungsarten:

Modus-1 ...Öffnen der Rißufer unter Normalspannung; die Scherspannung entlang der Rißufer verschwindet (Abb.7a)

Modus-2 ...Reine Scherbelastung in x-Richtung (Abb.7b)

Modus-3 ...Reine Verscherung der Bruchufer in die z-Richtung (Abb.7c).

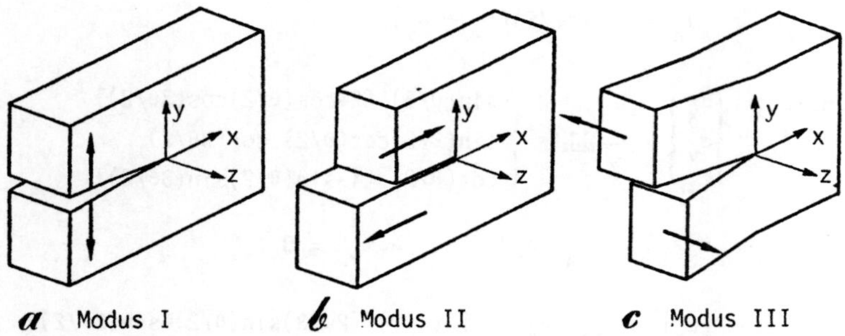

Abb.7 Die drei fundamentalen Rißöffnungsarten (Moden I,II,III)

2.1.2. Das elastische Spannungsfeld eines Risses

Im Rahmen der linear elastischen Elastizitätstheorie lassen sich allgemeine reale Belastungsfälle durch Superposition der drei Grundfälle wenigstens approximativ verwirklichen.

Die Spannungsverteilung in der Umgebung der Rißspitze hat die Form

$$\sigma_{ij} = \frac{1}{\sqrt{2\pi r}} \{ K_I f_{ij}^{I}(\theta) + K_{II} f_{ij}^{II}(\theta) + K_{III} f_{ij}^{III}(\theta) \} \qquad (1)$$

und die Gleichungen für die Verschiebungen lauten:

$$u_i = \sqrt{\frac{r}{2\pi}} \frac{1}{2E} \{ K_I g_i^{I}(\theta) + K_{II} g_i^{II}(\theta) + K_{III} g_i^{III}(\theta) \} \qquad (2)$$

mit $i,j = x,y,z$ und E ist der Elastizitätsmodul.

Die explizite Form der Ausdrücke für die Spannungen und Verschiebungen in kartesischen Koordinaten ist der Zusammenstellung in Tabelle I zu entnehmen. Die Gleichungen (1) und (2) geben die elastischen Spannungs- und Verschiebungsfelder in der unmittelbaren Umgebung der Rißspitze, d.h. für $r \to 0$ exakt abelle I : Spannungen und Verschiebungen in der unmittelbaren Umgebung der Rißspitze

Modus-1 :
$$\begin{Bmatrix}\sigma_x\\ \sigma_y\\ \tau_{xy}\end{Bmatrix} = \frac{K_I}{\sqrt{2\pi r}} \cdot \begin{Bmatrix}\cos(\theta/2)\ \{1-\sin(\theta/2)\sin(3\theta/2)\}\\ \cos(\theta/2)\ \{1+\sin(\theta/2)\sin(3\theta/2)\}\\ \sin(\theta/2)\cos(\theta/2)\cos(3\theta/2)\end{Bmatrix} \tag{3}$$

$$\sigma_z = \nu'(\sigma_x + \sigma_y)\ ,\ \tau_{xz} = \tau_{yz} = 0\ .$$

$$\begin{Bmatrix}u_x\\ u_y\end{Bmatrix} = \frac{K_I}{2E}\sqrt{\frac{r}{2\pi}} \cdot \begin{Bmatrix}(1+\nu)\{(2\kappa-1)\cos(\theta/2)-\cos(3\theta/2)\}\\ (1+\nu)\{(2\kappa+1)\sin(\theta/2)-\sin(3\theta/2)\}\end{Bmatrix} \tag{4}$$

$$u_z = -(\nu''z/E)(\sigma_x + \sigma_y).$$

Modus-2 :
$$\begin{Bmatrix}\sigma_x\\ \sigma_y\\ \tau_{xy}\end{Bmatrix} = \frac{K_{II}}{\sqrt{2\pi r}} \cdot \begin{Bmatrix}-\sin(\theta/2)\ \{2+\cos(\theta/2)\cos(3\theta/2)\}\\ \sin(\theta/2)\cos(\theta/2)\ \cos(3\theta/2)\\ \cos(\theta/2)\ \{1-\sin(\theta/2)\sin(3\theta/2)\}\end{Bmatrix} \tag{5}$$

$$\sigma_z = \nu'(\sigma_x + \sigma_y)\ ,\ \tau_{xz} = \tau_{yz} = 0\ .$$

$$\begin{Bmatrix}u_x\\ u_y\end{Bmatrix} = \frac{K_{II}}{2E}\sqrt{\frac{r}{2\pi}} \cdot \begin{Bmatrix}(1+\nu)\{(2\kappa+3)\sin(\theta/2)+\sin(3\theta/2)\}\\ -(1+\nu)\{(2\kappa-3)\cos(\theta/2)+\cos(3\theta/2)\}\end{Bmatrix} \tag{6}$$

$$u_z = -(\nu''/E)(\sigma_x + \sigma_y)\ .$$

Modus-3 :
$$\sigma_x = \sigma_y = \sigma_z = 0\ ,\ \tau_{xy} = 0$$

$$\begin{Bmatrix}\tau_{xz}\\ \tau_{yz}\end{Bmatrix} = \frac{K_{III}}{\sqrt{2\pi r}} \cdot \begin{Bmatrix}-\sin(\theta/2)\\ \cos(\theta/2)\end{Bmatrix} \tag{7}$$

$$u_x = u_y = 0$$
$$u_z = (K_{III}/2E)\sqrt{r/2\pi}\ \{\ 2(1+\nu)\sin(\theta/2)\ \}. \tag{8}$$

$$\kappa = (3-\nu)/(1+\nu),\quad \nu' = 0,\ \nu'' = \nu \quad \text{ESZ}$$
$$\kappa = (3-4\nu)\ ,\quad \nu' = \nu,\ \nu'' = 0 \quad \text{EVZ}\ .$$

wieder und können als gute Näherung in Bereichen mit Radius r angesehen werden, für die r klein gegen eine charakteristische Länge, z.B. die Rißlänge, ist. Sie gelten für alle linear elastischen Lösungen von Rißproblemen in homogenen isotropen Körpern. Die dimensionslosen Funktionen f_{ij}^k (k=I,II,III) enthalten nur den Winkel θ , und die Parameter K_I, K_{II} und K_{III} sind die sogenannten Spannungsintensitätsfaktoren (SIF), die den vorigen drei Rißöffnungsarten entsprechen. Die K-Faktoren nehmen Rücksicht auf die Randbedingungen des Rißproblems und können als Maß für die Stärke der $r^{-1/2}$ - Singularität des Spannungsfeldes in Rißnähe aufgefaßt werden:

$$\{K_I, K_{II}, K_{III}\} = \lim_{r \to 0} \{\sigma_y, \tau_{xy}, \tau_{yz}; (r,0)\} \sqrt{2\pi r} \quad (9)$$

Die Dimension des Spannungsintensitätsfaktors ist Kraft.Länge$^{-3/2}$, z.B. kpmm$^{-3/2}$ oder Nm$^{-3/2}$. Es gelten die Umrechnungsbeziehungen:

$$1 \text{ kp} = 9{,}81 \text{ N}, \quad 1 \text{ Nm}^{-2} = 1 \text{ Pa}, \quad 1 \text{ MNm}^{-3/2} = 1 \text{ MPam}^{1/2} = 3{,}22 \text{ kpmm}^{-3/2}.$$

In der näheren Umgebung eines abgestumpften oder ausgerundeten Risses mit endlichem Krümmungsradius gelten erweiterte Beziehungen nach Creager-Paris /1/ und ein Zusammenhang zwischen den Spannungsintensitätsfaktoren bei Rissen und den Spannungskonzentrationsfaktoren bei Kerben wurde von Irwin angegeben:

$$K_I = \lim_{\rho \to 0} \frac{1}{2} \sqrt{\pi\rho}\, \sigma_{max}, \quad K_{II} = K_{III} = 0 \; ; \quad \text{etc.} \quad (10)$$

wobei σ_{max} die Hauptzugspannung am Kerbgrund bezeichnet. Die abgestumpften Risse spielen bei Brucherscheinungen mit großen plastischen Deformationen und bei der Spannungsrißkorrosion eine Rolle.

2.1.3. Ermittlung von Spannungsintensitätsfaktoren

Die Spannungsintensitätsfaktoren sind von der Geometrie des belasteten Körpers, der Rißkonfiguration und linear von der äußeren Belastung abhängig. Obwohl die Ermittlung der SIF besonders für praxisnahe Fälle häufig mit aufwendigen mathematischen Methoden und Verfahren verbunden ist, lassen sich für viele technisch wichtige Rißprobleme die SIF ohne Kenntnis der gesamten Spannungsverteilung auf ziemlich einfache Weise wenigstens approximativ berechnen oder auch experimentell bestimmen.

Spannungsintensitätsfaktoren für elementare Rißprobleme sind in mehreren Handbüchern und Sammlungen katalogisiert worden /2/.

Für den lastfreien Zentralriß der Länge 2a in der unendlichen Scheibe unter einachsiger Zugspannung (Modus-1) nach Abb.8a gilt:

$$K_I = \sigma \sqrt{\pi a}, \quad K_{II} = K_{III} = 0, \quad (11)$$

und für den schubbeanspruchten Riß (Modus-2) nach Abb.8b gilt:

$$K_{II} = \tau \sqrt{\pi a}, \quad K_I = K_{III} = 0. \quad (12)$$

Für den durch konstanten Innendruck p belasteten Riß (Abb.8c) gilt:

$$K_I = p \sqrt{\pi a}. \quad (13)$$

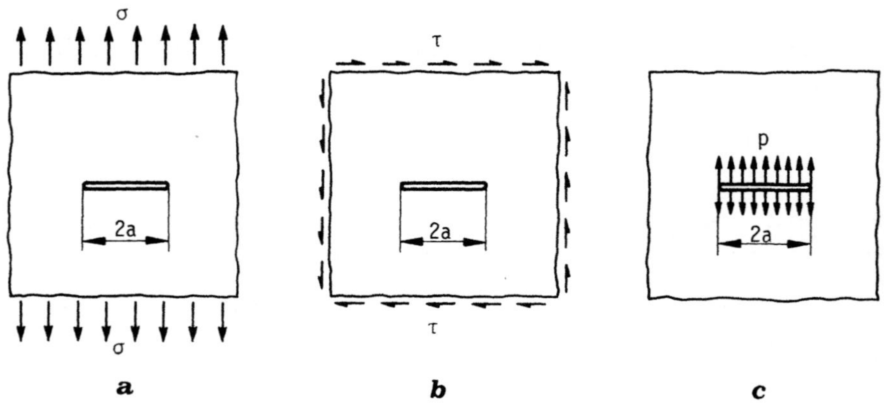

Abb.8 Zentralriß in der Vollebene : (a) im einachsigen Zugspannungsfeld, (b) bei ebenem Schub, und (c) mit konstantem Innendruck

Bei außermittiger Belastung der Rißoberflächen durch Einzelkräfte P (Abb.9) gilt für das rechte Rißende A :

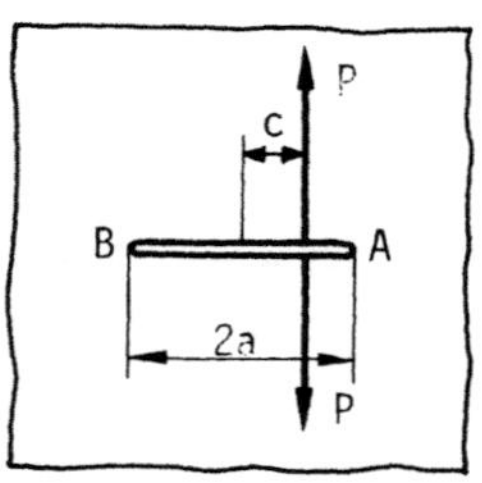

$$K_I = \frac{P}{\sqrt{\pi a}} \sqrt{\frac{a+c}{a-c}} \qquad (14)$$

und für das linke Rißende B :

$$K_I = \frac{P}{\sqrt{\pi a}} \sqrt{\frac{a-c}{a+c}} \;. \qquad (15)$$

Für allgemeine Belastungsfälle lassen sich die K-Faktoren durch Integration aus den Gleichungen (14) und (15) gewinnen.

Abb.9 Zentralriß mit Einzelkräften

Bei endlichen Probenabmessungen muß der Einfluß der Probenberandungen auf das Spannungsfeld am Riß berücksichtigt werden. Dies geschieht meist in Form einer Korrekturfunktion Y(..), und der Spannungsintensitätsfaktor nimmt dann die Gestalt

$$K = \sigma \sqrt{\pi a} \; Y(..) \qquad (16)$$

an, wobei die dimensionslose Funktion Y von geometrischen Parametern abhängig ist. Bei Streifenrißproblemen läßt sich K durch geeignete Fortsetzung aus allgemeinen periodischen Rißproblemen gewinnen. Der Spannungsintensitätsfaktor K_I für einen zentralgerissenen Streifen nach Abb.10a ist für $a \ll W$ näherungsweise durch die Irwin'sche Tangentenformel

$$K_I = \sigma\sqrt{\pi a}\,\{\frac{W}{\pi a}\tan\frac{\pi a}{W}\}^{1/2} \cong \sigma\sqrt{\pi a}\;1,77\;\{1-0,2(\frac{a}{W})+4(\frac{a}{W})^2\}\;, \tag{17}$$

gegeben und der Korrekturfaktor für einen kleinen Kantenriß der Länge a nach Abb.10b ist

$$K_I = 1,12\,\sigma\sqrt{\pi a}\;. \tag{18}$$

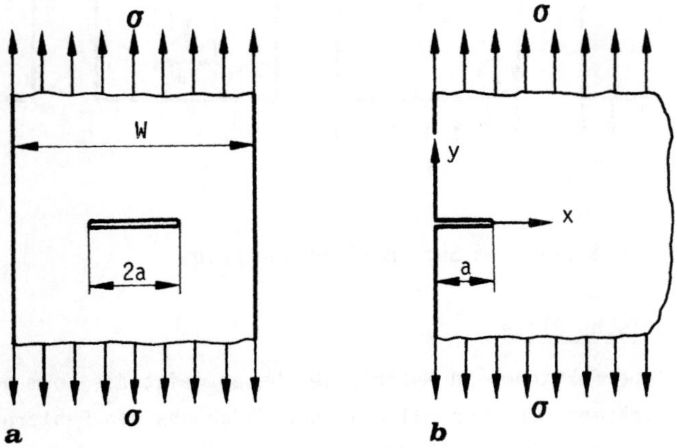

Abb.10 Endliche Rißprobleme : a) Zentralriß im endlichen Streifen
b) Kantenriß

Die Präsenz freier Ränder ermöglicht etwas größere Verschiebungen der Rißufer, was zu höheren K-Werten bei endlichen Plattenrißproblemen führt.

Spannungsintensitätsfaktoren gleichen Modes, die verschiedenen Lastsystemen P_j entsprechen, können beliebig superponiert werden:

$$K_I = \sum K_{Ij}\;,\quad K_{II} = \sum K_{IIj}\;,\quad K_{III} = \sum K_{IIIj}\;. \tag{19}$$

Das Superpositionsprinzip ist oft vorteilhaft zur direkten Bestimmung der Spannungsintensitätsfaktoren wie das nachstehende Beispiel demonstriert.

Beispiel: Spannungsintensitätsfaktor für einen aus einem Nietloch ausgehenden Riß in einer zugbelasteten Platte (Lochdurchmesser klein gegen die Rißlänge). Nach Abb.11 ergibt das Superpositionsprinzip

$$K_{Ia} = K_{Ib} + K_{Id} - K_{Ic}\;. \tag{20}$$

Da $K_{Ia} = K_{Ic}$ ist, folgt

$$K_{Ia} = \frac{1}{2}(K_{Ib}+K_{Id}) = \frac{1}{2}\sigma\sqrt{\pi a} + \sigma W/(2\sqrt{\pi a})\;. \tag{21}$$

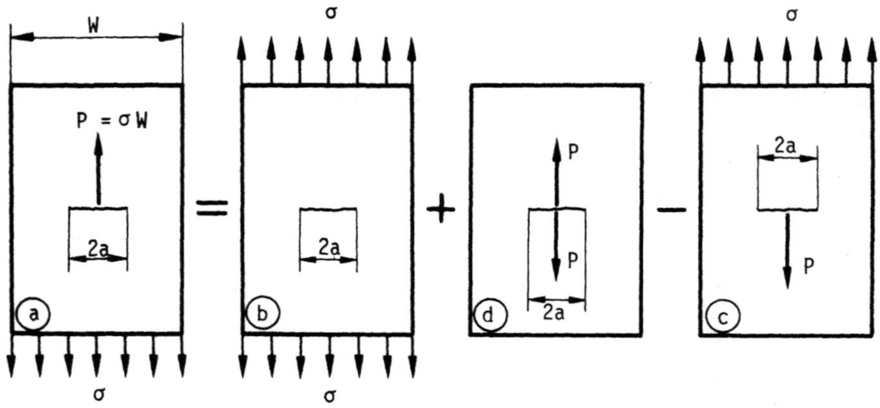

Abb.11 Beispiel zum Superpositionsprinzip /2/

2.1.4. Elliptische Risse

Natürliche Imperfektionen in Materialien haben meist die Form von ellipsoidförmigen Hohlräumen oder von elliptischen flächenhaften Fehlern (Abb.12a). Die nichtkonstante K-Werteverteilung entlang der Rißfront impliziert das Bestreben elliptischer Risse bei Abwesenheit von störenden Probenberandungen und Spannungsgradienten Kreisgestalt anzunehmen. Auch die in der Praxis des Maschineningenieurs oft anzutreffenden Risse, die von Bohrlöchern und beschädigten Oberflächen ausgehen, nehmen während ihres fortgeschrittenen (unbehinderten) Wachstums meist Halb- oder Viertelellipsenform an.

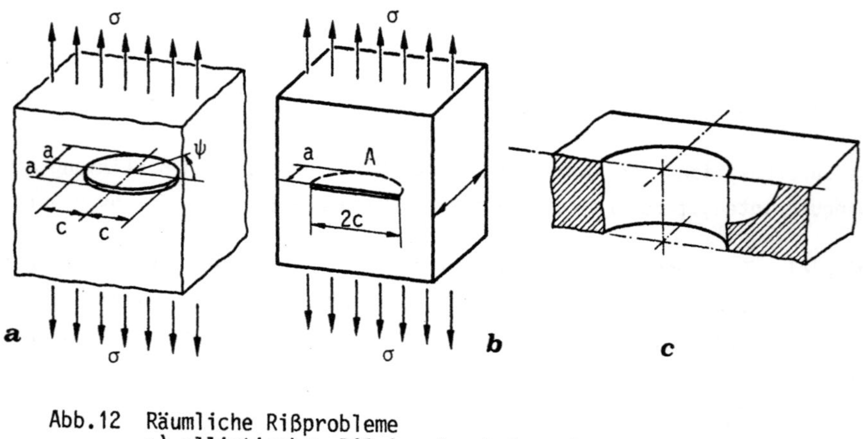

Abb.12 Räumliche Rißprobleme
a) elliptischer Riß im einachsigen Zugspannungsfeld
b) halbelliptischer Oberflächenfehler
c) viertelelliptischer Oberflächenfehler

Für den eingebetteten flachen elliptischen Riß im einachsigen Zugspannungsfeld hat Irwin auf der Basis der Spannungsverteilung um einen ellipsoidförmigen Hohlraum eine einfache Ingenieurformel für den Spannungsintensitätsfaktor entwickelt:

$$K_1 = \frac{\sigma\sqrt{\pi a}}{\Phi} \{\sin^2\psi + (\frac{a}{c})^2 \cos^2\psi\}^{1/4}$$

$$\approx \sigma\sqrt{\pi a} \{\sin^2\psi + (\frac{a}{c})^2 \cos^2\psi\}^{1/4} \{3\pi/8 + \pi a^2/8c^2\}^{-1} \quad (22)$$

wobei Φ, ein vollständiges elliptisches Integral 2.Art, der Abb.21 zu entnehmen ist.

Die K-Werteverteilung variiert entlang der Rißfront und nimmt an den Enden der Halbachse die Extremwerte $K_1(\psi=\pi/2) = \sigma\sqrt{\pi a}\ \Phi^{-1}$ und $K_1(\psi=0) = \sigma\sqrt{\pi a^2/c}\ \Phi^{-1}$ an.

Für den kreisförmigen Riß mit Radius a ergibt sich aus der Gleichung (22) die einfache Formel:

$$K_1 = \frac{2}{\pi}\sigma\sqrt{\pi a}\ . \quad (23)$$

Die Gleichung (22) ist von größter praktischer Bedeutung, da sie durch geringfügige Modifikation für flache Oberflächenfehler (Abb.12b) und Viertelellipsenfehler (Abb.12c) adaptiert werden kann.

Für kompliziertere Geometrien werden eine Reihe von Korrekturfaktoren angewendet. Die allgemeine Form des K-Faktors lautet dann:

$$K_1 = \sigma\sqrt{\pi a}\ Y_1 . Y_2 . \dots Y_n\ , \quad (24)$$

wobei die Y_i geometrieabhängige Korrekturfaktoren bedeuten.

Durch Vergleich der Spannungsintensitätsfaktoren für räumliche Risse mit äquivalenten ebenen Tunnelrissen gleicher Länge ergibt sich

$$K_1(\text{3-dim.; Ellipse}) < K_1(\text{2-dim.; Tunnel})\ .$$

Da die Krümmung auf den K-Wert erniedrigend wirkt, ist bei äquivalenten Rißlängen eine ebene Rißfront gefährlicher als eine gekrümmte.

2.2. Die plastische Zone an der Rißspitze

Infolge der starken Spannungsüberhöhung übersteigen die Spannungen in der Umgebung der Rißspitze die Fließspannung σ_{ys} und es kommt zur Ausbildung einer plastischen Zone. Unter der Voraussetzung, daß diese plastische Enklave klein ist im Vergleich zu den Probenabmessungen oder der Rißlänge, kann man das Konzept des Spannungsintensitätsfaktors beibehalten und einen fiktiven Spannungsintensitätsfaktor für einen um die plastische Zone verlängerten

Zentralriß berechnen. Für linear-elastisches ideal-plastisches Materialverhalten ohne Berücksichtigung von Dehnungsverfestigung und Entlastungsphänomenen aber mit Berücksichtigung der Spannungsumlagerung vor der Rißspitze ergibt der Vergleich der schraffierten Flächen in der Abb.13, daß die Größe der plastischen Zone in der x-Richtung gleich ist:

$$r_p = 2\, r_p^* = \frac{1}{\pi} \left(\frac{K_1}{\sigma_{ys}}\right)^2 \quad . \tag{25}$$

Nimmt man eine kreisförmige plastische Zone an, so erstreckt sich die effektive Rißlänge bis zur Mitte der plastischen Zone. Die Berechnung des elastischen Spannungsfeldes und des fiktiven Spannungsintensitätsfaktors muß dann aber unter Zugrundelegung der effektiven Rißlänge $2a_{eff} = 2a + r_p$ durchgeführt werden:

$$K_1 = \sigma \sqrt{\pi a_{eff}} \; Y(a_{eff}, \ldots) \quad . \tag{26}$$

Die plastische Deformation hat eine steifigkeitserniedrigende Wirkung, d.h. das Rißverhalten eines Risses der Länge 2a mit plastischen Zonen $2r_p^*$ entspricht dem Verhalten eines Risses der Länge $2a_{eff}$ ohne plastischen Zonen. Weitere Modelle für Risse mit plastischen Endzonen stammen von Dugdale und Barenblatt und finden sich in der Literatur.

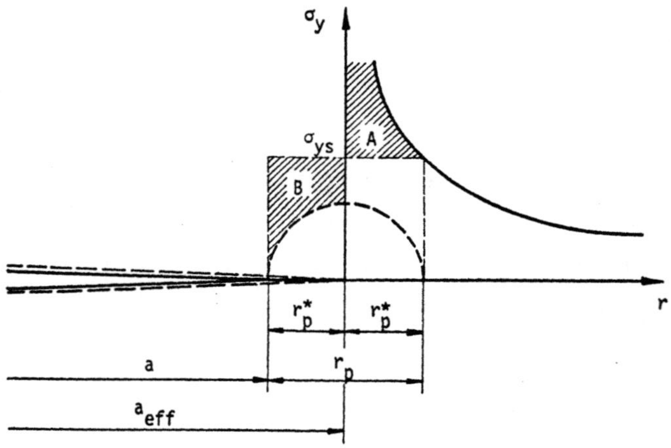

Abb.13 Zur Abschätzung der Größe der plastischen Zone

Bei der genauen Betrachtung der plastischen Zone muß das gesamte Spannungsfeld und die Mehrachsigkeit des Spannungszustandes vor der Rißspitze berücksichtigt werden. Die Bestimmung der räumlichen Ausdehnung der plastischen Zone erfordert die Vorgabe eines Fließkriteriums. Die unterschiedliche Ausdehnung der plastischen Enklaven für die Fälle des ebenen Spannungszustandes (ESZ) und des ebenen Verformungszustandes (EVZ) zufolge der Querdeformationsbehinderung im Inneren der Probe führt auf das "Hundeknochen-Modell" der plastischen Zone nach Abbildung 14.

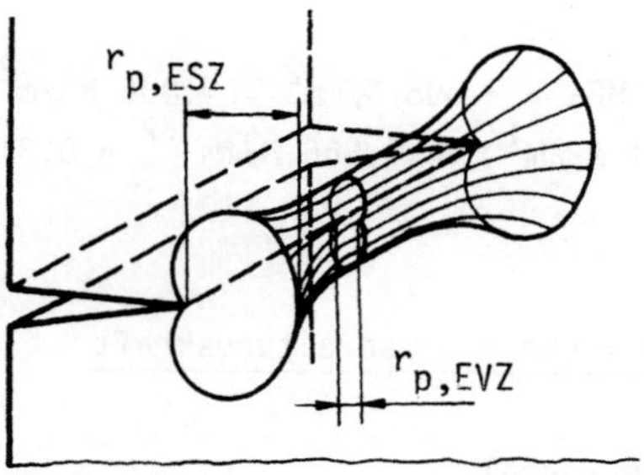

Abb.14 "Hundeknochen-Modell" der plastischen Zone an der Rißfront in Platten mit endlicher Dicke

Die plastische Zone für den ebenen Spannungszustand ist stets größer als diejenige für den ebenen Verzerrungszustand:

$$r_{p,ESZ} : r_{p,EVZ} = 1 : (1-2\nu)^2 \tag{27}$$

und für $\nu=1/3$ ergibt sich: $r_{p,ESZ} : r_{p,EVZ} = 1:9$.

2.3. Die Bruchzähigkeit

Erreicht der Spannungsintensitätsfaktor bei der Belastung der Probe einen von den Versuchsbedingungen (Werkstoff, Temperatur, Belastungsgeschwindigkeit, ect.) abhängigen kritischen Wert K_c, der als Bruch- oder Rißzähigkeit bezeichnet wird, so tritt Bruch ein. Die Bruchzähigkeit ist keine Werkstoffkonstante sondern kann sehr stark von den Bauteilabmessungen abhängen. Ihr asymptotischer Wert K_{Ic} für sehr dicke Proben (EVZ) hingegen erweist sich als Werkstoffparameter, der von der Belastung und Geometrie des Bauteiles unabhängig ist. K_{Ic} (=EVZ-Bruchzähigkeit) ist ein Maß für den Widerstand des Materials gegen Reißen. Werkstoffe mit niedrigem K_{Ic}-Wert können nur kleine Risse tolerieren. Typische Kenndaten für K_{Ic} für die wichtigsten metallischen Werkstoffe finden sich in einschlägigen Tabellen und Handbüchern der Materialprüfung. Da hiebei noch oft verschiedene Dimensionen angetroffen werden, sind einige Umrechnungshelfen angegeben:

$1\ MN/m^{3/2} = 3{,}23\ kp/mm^{3/2} = 0{,}925\ ksi\sqrt{in}$
$1\ kp/mm^{3/2} = 0{,}31\ MN/m^{3/2} = 0{,}287\ ksi\sqrt{in}$
$1\ ksi\sqrt{in} = 1{,}081\ MN/m^{3/2} = 3{,}49\ kp/mm^{3/2}$

$1\ Pa = 1\ N/m^2$
$1\ kp/mm^2 = 9{,}806\ MPa = 9{,}806\ N/mm^2 = 9{,}806\ MN/m^2$
$1\ kp/mm^{3/2} = 0{,}31\ MPam^{1/2} = 9{,}806\ N/mm^{3/2} = 0{,}31\ MN/m^{3/2}$

2.4. Griffith'sche Formel und Rißausbreitungskraft

2.4.1. Die Griffith'sche Formel

Die energetische Betrachtung und Beschreibung des Materialverhaltens von Bauteilen mit Rissen unter äußerer Last beruht auf den beiden zentralen Begriffen "Energiefreisetzungsrate oder Rißausbreitungskraft G " und "Rißwiderstand R ". Die Verknüpfung dieser beiden Größen in der Energiebilanzgleichung liefert Kriterien für den Einsatz der Rißerweiterung.

Der Grundgedanke der Griffith'schen Sprödbruchtheorie ist der Umsatz der gespeicherten elastischen Energie in Energie zur Schaffung neuer Rißfläche. Bei instabiler Rißvergrößerung (die i.a. zum Bruch führt) muß die gesamte potentielle Energie des Bauteiles abnehmen, d.h. es muß ein Überschuß an freigesetzter elastischer Energie über die benötigte Oberflächenenergie vorhanden sein. Die Energiebilanz führt für den Fall einer unendlich großen Platte mit Zentralriß der Länge 2a (mit Y(..)=1) auf die Griffith'sche Formel für die kritische Spannung σ_c:

$$\sigma_c = \sqrt{2E'\gamma_0/(\pi a)} \tag{28}$$

mit E'=E für den ebenen Spannungszustand (ESZ) und $E'=E/(1-\nu^2)$ für den ebenen Verformungszustand, γ_0 ist die spezifische Oberflächenenergie und ν ist die Poissonzahl. Bei diesem kritischen Wert der äußeren Spannung beginnt sich ein vorhandener Riß der Länge 2a in einem sich spröd verhaltenden Werkstoff instabil mit großer Geschwindigkeit auszubreiten.

Werte $\gamma_0=10^{-3}-10^{-4}$ kp/cm wurden von Smekal für keramische Stoffe gemessen; für Glas gilt $\gamma_0 = 5{,}5.10^{-4}$ kp/cm.

Eine von Irwin und Orowan angegebene Modifizierung hat die Einbeziehung plastischer Vorgänge bei der Rißinitiation zum Ziel und führt zu den Formulierungen der erweiterten linear-elastischen Bruchmechanik.

2.4.2. Die Rißausbreitungskraft

Die bei der Rißverlängerung freigesetzte elastische Energie ist für den Rißausbreitungsvorgang verfügbar, d.h. sie deckt den Bedarf an Oberflächenenergie und allenfalls den Bedarf an auftretender plastischer Verformungsarbeit.

Für einen gerissenen Bauteil, auf den die Belastung P wirkt und sich eine Lastangriffspunktverschiebung Δ_p einstellt, definiert man nach Irwin die Rißausbreitungskraft G für eine Rißspitze (Abb.15)

$$G = \frac{1}{B}\frac{d}{da}(U_e - P\,\Delta_p) \qquad (29)$$

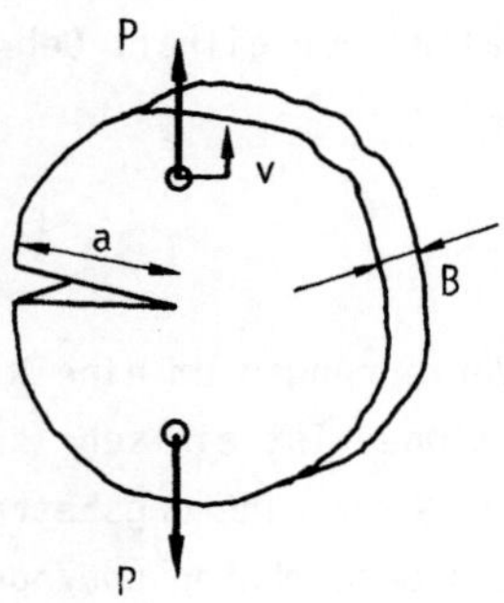

Abb.15 Zur Definition der Rißausbreitungskraft

Mit Hilfe des Elastizitätsgesetzes $\Delta_p = CP$ (C= Compliance, Nachgiebigkeit) und der elastischen Energie des Bauteiles $U_e = \frac{1}{2}CP^2$ läßt sich zeigen, daß der Wert von G bei inkrementellem Rißfortschritt unabhängig von der Lagerungsart des Bauteiles ist:

$$G = \frac{P^2}{2B}\frac{dC}{da} = \frac{1}{B}\left(\frac{dU_e}{da}\right)_P = -\frac{1}{B}\left(\frac{dU_e}{da}\right)_{\Delta_p} . \qquad (30)$$

Die experimentelle Bestimmung von G kann mittels der Methode der Compliance erfolgen.

Der Zusammenhang zwischen der Rißausbreitungskraft und dem Spannungsintensitätsfaktor lautet:

$$G_i = \frac{1+\kappa}{8G}K_i^2 \quad (i=1,2)\ ; \qquad G_3 = \frac{1+\kappa}{E}K_3^2 \qquad (31)$$

Unter der Voraussetzung geradlinigen Rißfortschrittes ist bei einer beliebigen Belastung die Gesamtenergiefreisetzungsrate G gleich der Summe der modusbezogenen Energiefreisetzungsraten G_i :

$$G = G_1 + G_2 + G_3 = \frac{1-\nu^2}{E} \left(K_1^2 + K_2^2 + K_3^2/(1-\nu) \right). \qquad (32)$$

Der Spannungsintensitätsfaktor für mehrere Belastungen gleichen Bruchmodes ist gleich der Summe der K-Faktoren der einzelnen Belastungen (siehe Superpositionsgesetz):

$$K_i = K_{i1} + K_{i2} + \ldots\ldots = \sum K_{ij} \quad (i=1,2,3) \qquad (33)$$

Mit den Gleichungen (31)-(33) gewinnt man aus der Compliance-Methode eine Relation für die experimentelle Bestimmung des Spannungsintensitätsfaktors:

$$K_i^2 = E\,G = \frac{EP^2}{2B} \cdot \frac{\partial C}{\partial a} \quad (ESZ) \quad (i=1,2) \ . \qquad (34)$$

Für den EVZ ist E durch $E/(1-\nu^2)$ zu ersetzen. Von der Formel (34) wird im Beitrag "Bruchmechanik der Platten und Schalen" vorteilhaft Gebrauch gemacht.

2.5. Das J-Integral

Die exakte Berechnung der Spannungen und Verzerrungen um eine Rißspitze unter Berücksichtigung elastoplastischer Deformationen ist ein sehr schwieriges und bisher weitgehend ungelöstes Problem. Daher kommt Näherungsbetrachtungen, die sich auf die unmittelbare Rißspitzenumgebung beschränken und/oder ein relativ einfaches Materialgesetz voraussetzen, ohne das elastoplastische Randwertproblem vollständig zu lösen, große praktische Bedeutung zu.

Ein von Rice gefundenes wegunabhängiges Linienintegral /4/

$$J = \int \left(\overline{U}\, dy - \vec{\sigma}\, \frac{\partial \vec{u}}{\partial x}\, ds \right) \ , \qquad (35)$$

das sich über einen Weg S_i um die Rißspitze erstreckt (Abb.16) stellt eine Verallgemeinerung der elastischen Energiefreisetzungsrate auf nichtlinear elastisches Materialverhalten (ESZ, elastoplastisches Materialverhalten) dar. Es bedeuten $\vec{\sigma}$ und $\vec{u}$ den Spannungs- bzw. Verschiebungsvektor entlang des Integrationsweges und $\overline{U}$ ist die elastische Energiedichte.

Das Rice'sche Integral ist im linear-elastischen Fall identisch mit der Irwin'schen Rißausbreitungskraft, $J = G$. Anschaulich kann J als die Änderung der Verformungsenergie U mit der Rißlänge interpretiert werden. Über die Anwendung und numerische Ermittlung des J-Integrals siehe die Beiträge "Finite Elemente in der Bruchmechanik" und "Numerische Untersuchungen an Bruchmechanikproben".

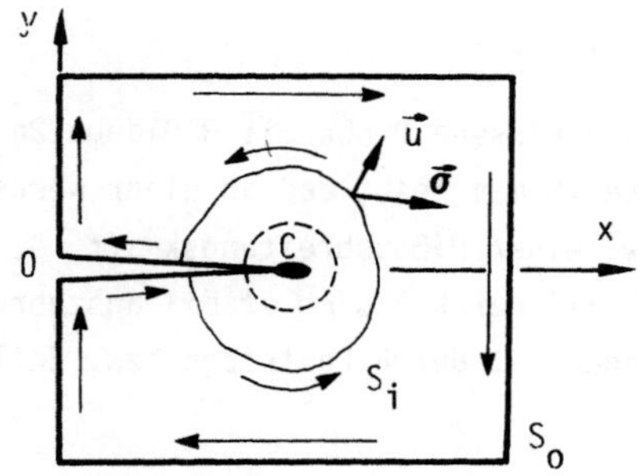

Abb.16 Zum Rice'schen Integralbegriff

Da der Aufwand zur experimentellen Bestimmung des J-Integrals im allgemeinen zu groß ist, sind eine Reihe von Abkürzungsverfahren und Näherungslösungen vorgeschlagen worden. Analog zur kritischen Rißausbreitungskraft $G_{Ic}=K_{Ic}^2/E'$ wird auch ein kritischer Wert für das J-Integral, der J_{Ic}-Wert oder J_o-Wert (für EVZ) ermittelt, bei dem Beginn der Rißausbreitung stattfindet.

Einer der wichtigsten praktischen Aspekte des J-Integrals liegt darin, daß über J_{Ic} gültige K_{Ic}-Werte aus kleinen Proben ermittelt werden können, da die Integrationskontur das Gebiet plastischer Verformung durchsetzen darf:

$$K_{Ic} = \sqrt{J_{Ic}.E/(1-\nu^2)} \quad . \tag{36}$$

2.6. Die Rißwiderstandskurve

Rißausbreitung kann eintreten, wenn die Rißausbreitungskraft G gleich dem Rißwiderstand R gegen Rißwachstum ist. In einem ideal spröden Material ist die Energie für das Rißwachstum gleich der notwendigen Oberflächenenergie, die zur Bildung neuer Rißoberflächen notwendig ist.

Eine allgemeine Darstellung des auf der Energiebilanz beruhenden Bruchkriteriums läßt sich mit Hilfe des Rißwiderstandskurvenkonzeptes erreichen (Abb.17). Für den ebenen Spannungszustand variiert der Rißwiderstand mit der Rißlänge (experimentelles Resultat). Die bei der Rißausbreitung je Bruchflächeneinheit B.da umgesetzte Energie, der Rißwiderstand R, wird zur plastischen Verformung der unmittelbaren Umgebung der Rißspitze und zur Erzeugung neuer Bruchfläche benötigt. Der Rißwiderstand ist derzeit noch nicht aus anderen Werkstoffkenngrößen berechenbar, kann jedoch experimentell ermittelt werden, da - solange die Rißausbreitung stabil verläuft - das Energiegleichgewicht die Erfüllung der Bedingung $G = R$ fordert. Instabiles Rißwachstum, d.h. Bruch tritt ein, wenn

$$\frac{\partial G}{\partial a} = \frac{\partial R}{\partial a} \quad ; \quad G = R \quad . \tag{37}$$

Belastet man eine angerissene Probe mit Rißlänge 2a mit einer monoton ansteigenden Kraft, so stellt man fest, daß ab einer werkstoffabhängigen Spannungsintensität K_c, bzw. einer Rißausbreitungskraft G_c (Punkt B und zugehörige Spannung σ_c in Abb.17) der Riß sich stabil auszubreiten beginnt. Diese Rißausbreitung kann jederzeit durch Laststopp bzw. Entlastung zum Stillstand gebracht werden.

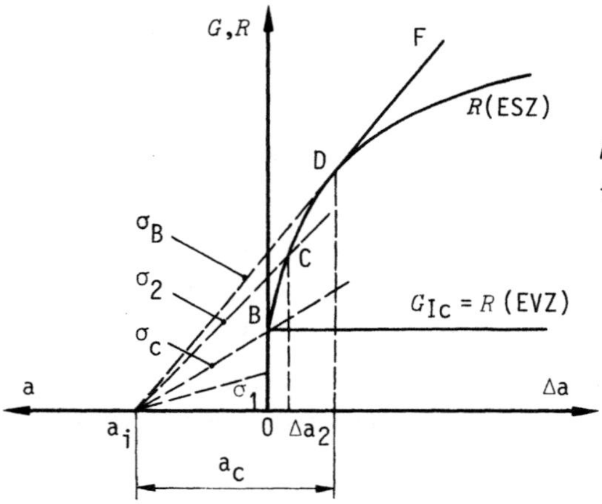

Abb.17 Die Rißwiderstandskurve für den ebenen Spannungszustand

Wird die Belastung auf σ_2 erhöht, so wächst der Riß stabil von der Länge a_i auf $a_i + \Delta a_2$. Bruch tritt nach der Bedingung (37) ein, wenn die Spannung auf σ_B erhöht wird; zuvor ist der Riß aber auf die Länge a_c stabil angewachsen. Über a_c und σ_B hinaus kann die Rißausbreitung auch durch Laststopp nicht mehr verhindert werden.

Allgemein gilt:

$$G = R \quad ; \quad \begin{aligned} \frac{\partial G}{\partial a} &< \frac{\partial R}{\partial a} && \text{stabiles Rißwachstum} \\ \frac{\partial G}{\partial a} &= \frac{\partial R}{\partial a} && \text{kritischer Punkt} \\ \frac{\partial G}{\partial a} &> \frac{\partial R}{\partial a} && \text{instabiles Rißwachstum} \end{aligned} \tag{38}$$

Der Verlauf der G-Kurve wird über die Korrekturfunktion Y(..) von der Probengeometrie und insbesondere von der Probendicke B beeinflußt. Für kleine Risse in dicken Proben ist die G-Kurve eine Gerade; mit ansteigendem Verhältnis Rißlänge/Probendimension krümmt sich die G-Kurve zunehmends. Die Abb. 18 zeigt den Sachverhalt für eine Flachprobe endlicher Breite, für welche G durch die Irwin'sche Tangentenformel bestimmt ist:

$$G = \frac{\pi\sigma^2 a}{E} \left(\frac{W}{\pi a} \operatorname{tg} \frac{\pi a}{W} \right) . \tag{39}$$

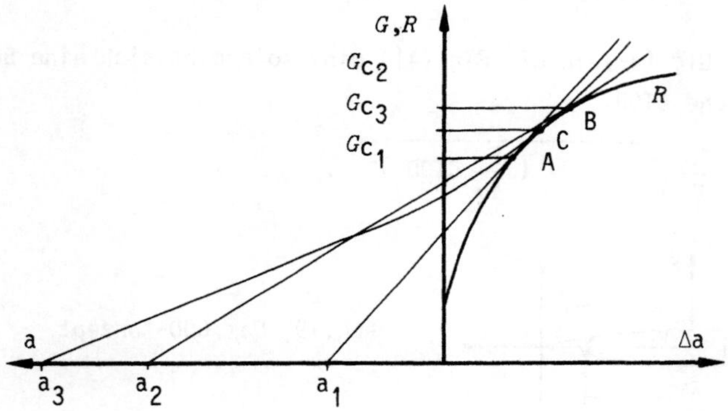

Abb.18 Rißwiderstandsdiagramm für Scheiben endlicher Größe

2.7. Das C O D - Kriterium

Hochfeste Werkstoffe besitzen gewöhnlich eine niedrige Bruchzähigkeit. Bruchprobleme im EVZ können für solche Materialien erfolgreich mit der Methode der linear-elastischen Bruchmechanik behandelt werden. Diese wiederum beruhen auf den Gleichungen des elastischen Spannungsfeldes um die Rißspitze und auf der Voraussetzung einer kleinen plastischen Zone, welche proportional zu $(K_{Ic}/\sigma_{ys})^2$ ist. Niedrigfeste Werkstoffe mit niedriger Fließspannung verhalten sich meist sehr zähe. Dies deutet auf das Vorhandensein ausgedehnter plastischer Gebiete um die Rißspitzen. Da in diesem Bereich die LEBM nicht mehr gilt, sind verschiedene Weiterentwicklungen der LEBM vorgeschlagen worden. Das von Wells entwickelte Rißöffnungsverschiebungskonzept besagt, daß Rißfortschritt einsetzt, wenn die plastischen Verzerrungen an der Rißspitze (CTOD) einen kritischen Wert erreichen.

Aus der LEBM folgt für die mode-1 Verschiebung der Rißufer eines Zentralrisses (COD = Crack Opening Displacement) nach Glg.(4)

$$COD = 2\,v = \frac{4\sigma}{E}\sqrt{a^2-x^2} . \tag{40}$$

mit dem Maximalwert $COD_{max} = 4\sigma a/E$ für x=0.

Unter Berücksichtigung der plastischen Zonenkorrektur nach Irwin gilt nach Abb.19 :

$$COD = \frac{4\sigma}{E}\sqrt{(a+r_p^*)^2-x^2} . \tag{41}$$

und für die Rißspitzenöffnungsverschiebung CTOD (= Crack Tip Opening Displacement) erhält man:

$$CTOD = \frac{4\sigma}{E}\sqrt{(a+r_p^*)^2-a^2} \approx \frac{4\sigma}{E}\sqrt{2ar_p^*} = \frac{4}{\pi}\frac{K^2}{E\sigma_{ys}^2} \; . \tag{42}$$

Setzt man die Glg.(42) in die Glg.(41) ein, so ergibt sich eine Beziehung zwischen COD und CTOD,

$$COD = \frac{4\sigma}{E}\sqrt{a^2-x^2+\left(\frac{E}{4\sigma}\,CTOD\right)^2} \; . \tag{43}$$

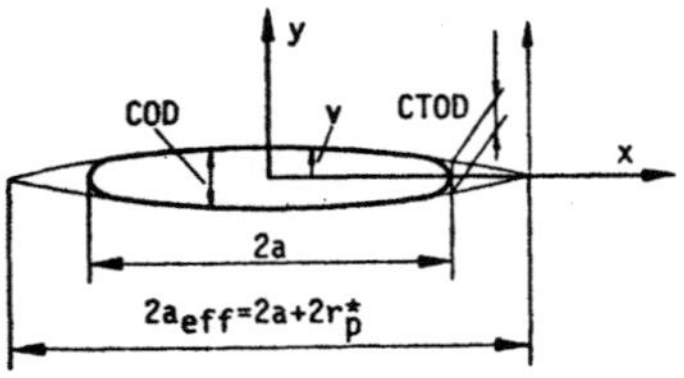

Abb.19 Das COD-Konzept

Diese Beziehung ermöglicht die mittelbare Messung von CTOD über die Messung von COD, z.B. mittels Fühler oder Taster, etc. Da CTOD ein Maß für die plastische Deformation an der Rißspitze ist, kann nach Wells geschlossen werden, daß Bruch dann eintritt, wenn CTOD einen kritischen Wert $CTOD_c$ erreicht.

Da das J-Integral potentielle Anwendung bei großer plastischer Verformung findet und es im linear-elastischen Bereich gleich der Rißausbreitungskraft ist, lassen sich die folgenden Zusammenhänge herleiten:

$$J = \lambda\,\sigma_{ys}\,CTOD \quad \text{und} \quad K = \sqrt{CTOD.E\,\lambda\sigma_{ys}/(1-\nu^2)} \; . \tag{44}$$

2.8. Bruchkriterien bei gemischter Beanspruchungsart

Im Gegensatz zu den bisher behandelten Bruchproblemen sind Bauteile in realen Betriebssituationen häufig simultan wirkenden verschiedenen Belastungsarten unterworfen, z.B. Zug und Torsion. Während das Bruchverhalten von gerissenen Bauteilen unter Normalbeanspruchung als weitgehend geklärt angesehen werden kann, treten bei der Überlagerung verschiedener Belastungsarten (und daher Beanspruchungsarten) grundsätzliche Schwierigkeiten auf.

Für einen Zentralriß der Länge 2a unter der Wirkung der Schubspannung τ lautet der K-Faktor nach Glg.(12) $K_2 = \tau\sqrt{\pi a}$, und Bruch tritt dann ein, wenn K_2 einen kritischen Wert K_{2c} überschreitet. Bei gemischter Beanspruchungsart, bei der K_1 und K_2 gleichzeitig auftreten, tritt Bruch dann ein, wenn eine bestimmte Kombination der beiden Spannungsintensitätsfaktoren einen kritischen Wert K_{mc} erreicht:

$$f(K_1,K_2) = K_{mc} \; . \tag{45}$$

Verschiedene praktisch realisierbare Lösungsvorschläge werden im Beitrag " Strukturen mit Rissen unter überlagerter Normal- und Scherbeanspruchung" ausführlich behandelt.

2.9. Der Reißmodul nach Paris et al.

Im Bereich der Fließbruchmechanik, in dem die Rißausbreitung mit Hilfe des J-Integrals oder anderer spezieller Energieintegrale beschrieben wird, läßt sich in Weiterführung und Analogie zur Griffith'schen Idee eine Instabilitätsbedingung aufstellen. Die Grundidee ist, einen charakteristischen Bruchkennwert - den dimensionslosen Reißmodul (tearing modul) - durch Umformung und Verallgemeinerung der klassischen Beziehung

$$J \;=\; = \frac{\pi\sigma^2 a}{E}\, Y^2(..) \tag{46}$$

zu definieren:

$$T \;=:\; \frac{E}{\sigma_{ys}^2}\,\frac{dJ}{da} \;=\; \pi\, Y^2(..) \tag{47}$$

wobei σ_{ys} die Fließspannung ist. In der Praxis wird der Reißmodul aus der Steigung der J-Δa Kurve ermittelt.

Wie bei den Bruchkriterien in der Sprödbruchmechanik wird auch hier zwischen einem materialspezifischen Kennwert T_{mat} (ähnlich dem K_c-Wert oder J_c-Wert) und einem analytischen, für jede Probengeometrie verschiedenen und mit der Belastung zunehmenden Wert T unterschieden. Die Bedingungen für Instabilität lauten dann hier:

$$J \;=\; J_c \quad \text{und} \quad T \;>\; T_{mat} \;. \tag{48}$$

Das Reißmodulkonzept ist derzeit noch Gegenstand aktiver Forschungstätigkeit und noch lange nicht abgeschlossen.

3. Die Grundlagen der bruchmechanischen Bauteilbemessung

3.1. Die erste Grundformel der Bruchmechanik

Die Grundlage der klassischen Bauteilbemessung ist der Vergleich einer (analytisch ermittelten) Spannung σ_v im Bauteil über eine zulässige Spannung σ_{zul} mit einer werkstoffspezifischen Spannung σ_{mat} bei Berücksichtigung eines bauteil-artspezifischen Sicherheitsbeiwertes S :

$$(\sigma_v)_{Bauteil} \;\leq\; \sigma_{zul} \;=\; \sigma_{mat}/S \tag{49}$$

wobei z.B. S=1,5-2,0 für die Luft- und Raumfahrt und S=2,4-4,0 für einen Kugelbehälter gesetzt wird.

Bei der Bemessung und Auslegung des Bauteiles nach bruchmechanischen Methoden treten an die Stelle der vergleichenden Spannungsgrößen aus Glg.(49) analytische und materialspezifische bruchmechanische physikalische Größen. Im einfachsten Fall treten in der LEBM der Spannungsintensitätsfaktor K oder die Rißausbreitungskraft $\mathcal{G}$ und die entsprechenden kritischen Werte dieser Größen, K_c und $\mathcal{G}_c$:

$$K_{Bauteil} = K_{zul} = K_c/S \quad \text{bzw.} \quad \mathcal{G}_{Bauteil} = \mathcal{G}_{zul} = \mathcal{G}_c/S \,. \tag{50}$$

Obwohl das $\mathcal{G}$-Konzept dem K-Konzept überlegen ist, werden in den praktischen Anwendungen vorzüglich die K-Faktoren verwendet.

Der Spannungsintensitätsfaktor K ist (bei allgemeiner Belastung ein komplexes) Maß für die Intensität des singulären linear-elastischen Spannungsfeldes an der Rißspitze. Elastizitätstheoretische Untersuchungen zeigen, daß sich die analytischen Spannungsintensitätsfaktoren in der allgemeinen einheitlichen Form

$$K = K_1 - i\,K_2 = \{\, \sigma Y(..) - i\,\tau Z(..) \,\}\, \sqrt{\pi a} \tag{51}$$

darstellen lassen. Die Korrekturfunktionen Y und Z hängen von der Bauteilgeometrie und der Art der Belastung ab und werden im allgemeinen numerisch ermittelt.

Für einen Normalspannungsbruch (K_2=0) ergibt sich die Gleichung (16) und in Verbindung mit Gleichung (50) erhält man die für die bruchmechanische Bemessung wichtige

ERSTE GRUNDFORMEL : $\sigma \sqrt{\pi a}\, Y(..) \leq K_c$ (52)

Die materialspezifische Bruchzähigkeit K_c wird unter Verwendung von Bruchproben bestimmter Geometrie nach in Normvorschriften festgelegten geeigneten Prüfverfahren ermittelt. Die Materialkennwertermittlung soll unter Berücksichtigung möglichst aller während des Betriebes auftretenden bruchfördernden Bedingungen (z.B. Temperatur, Versprödung, etc.) erfolgen.

Die Formel (52) gestattet bei bekannten Werten von K_c ,σ und der Korrekturfunktion Y die Berechnung der kritischen Rißlänge a_c, bei welcher instabile schnelle Rißausbreitung einsetzt. Bei Rißlängen $a < a_c$ tritt nach Glg.(52) keine Bruchausbreitung auf. Es gilt:

$$Y = K_c \,/\{\sigma \sqrt{\pi a}\} \quad . \tag{53}$$

3.2. Der bruchmechanische Fehler - Riß

Hohe spezifische Beanspruchungen und Festigkeit, extreme Temperaturverhältnisse, die von sehr tiefen Temperaturen (Flüssiggasbehälter, Raumfahrt, etc.) bis zu extrem hohen Temperaturen (Gasturbinen, Fusionsreaktoren, etc.) reichen, sowie der wirtschaftliche Vorteil großer Anlagen drängen zur Konstruktionsoptimierung und damit in zunehmendem Maße zur Herstellung und Verwendung höherfester Materialien, als auch zur besseren Kenntnis über eventuelles Fehlverhalten der Materialien im Betrieb. Unter den möglichen Fehlern im Werkstoff bilden Risse eine der häufigsten Fehlerquellen im Maschinen- und Anlagenbau; und darunter treten Risse bei Schweißnähten nach der Schadensstatistik am häufigsten auf.

Damit ein Konstruktions- oder Bauteil die von ihm erwartete Leistung uneingeschränkt, d.h. schadfrei, in der vorgegebenen Lebensdauer vollbringen kann, müssen einige Voraussetzungen bezüglich Entwurf, Werkstoff, Konstruktion, Herstellung, Montage, Lagerung, Service, etc. erfüllt sein. Abgesehen vom bruchmechanischen Entwurf und der Auslegung der Konstruktion muß die Widerstandsfähigkeit des gewählten Werkstoffes stets größer als alle während der Fertigung und des Betriebes vorhersehbar auftretenden Beanspruchungen bleiben. Wird die Materialfestigkeit oder die Beanspruchbarkeit der Konstruktion oder des Bauteiles einmal überschritten, so kann ein bleibender Schaden - im schlimmsten Fall Bruch - eintreten.

Die jeweilige Schadensursache wird im allgemeinen Fall eine Kombination der drei Grundfälle: mechanischer, thermischer und korrosiver Schaden sein. Die Abbildung 20 gibt eine Zusammenstellung der durch die verschiedensten Betriebsbedingungen eintretenden Schadenserscheinungsformen. Schadensfälle im chemischen Anlagenbau können z.B. chemisch-thermischer Natur sein.

Risse und allgemeine Fehler entstehen in Bereichen der Konstruktion, in denen die lokale Betriebsbeanspruchung größer als die lokale zulässige Beanspruchbarkeit ist. Grundsätzlich muß sich der Konstrukteur Gedanken darüber machen, welche Bauteilbereiche erhöhter Rißgefährdung bei der Konstruktion, der Fertigung und im Betrieb ausgesetzt sind. Ursachen der Rißentstehung sind bei der Konstruktion schroffe Querschnittsübergänge und konstruktive Kerben (z.B. Unterschneidungen, kleine Übergangsradien), Bereiche mit konstruktiv bedingten Dehnungsbehinderungen, falsche Werkstoffselektion (z.B. höhere Temperatur bei korrosiven Medien, Zuschlagstoffe) und Wärmebehandlungsvorschriften. In der Fertigung ist Rißentstehung und Rißerweiterung zu erwarten bei Abweichungen von Konstruktionszeichnungen, geometrischen Schweißfehlern, fehlender oder fehlerhafter Wärmebehandlung (Eigenspannungen, Versprödung) und fehlende mechanische Nachbearbeitung. Während des Betriebes der Anlage oder des Bauteiles

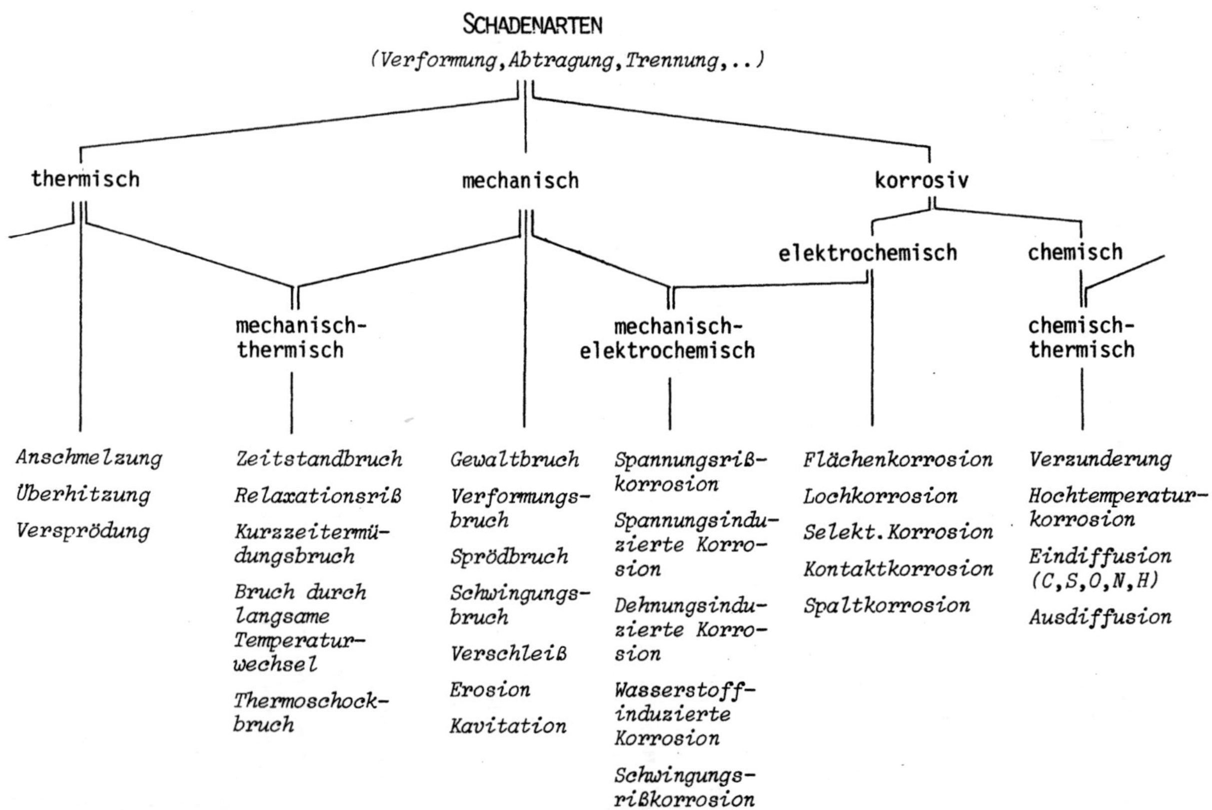

Abb.20 Schematische Zusammenstellung der Schadenarten (nach Ref./5/)

sind alle jene Stellen besonders rißanfällig und bruchgefährdet, welche nach den tatsächlich herrschenden Betriebsbedingungen einer nicht der konstruktiven Auslegung zugrundeliegenden Belastung ausgesetzt waren, z.B. mechanische Oberlast, zusätzliche Schwingungseinflüsse, Temperaturbelastung durch Oberhitzung, Belastung durch die Umwelt durch korrosive Medien und Staub, Bedienungsfehler und bewußte Änderung der Betriebsbedingungen etc.

3.3. Der Oberflächenriß

Von allen Rißproblemen und Fehlerarten hat sich der Oberflächenriß als der für die Praxis wichtigste herausgestellt, da bei etwa 90% der Schadensfälle die Versagensursache auf das Vorhandensein oder die Entstehung eines halbelliptischen Oberflächenanrisses zurückgeführt werden kann. Die bruchmechanische Ermittlung des Spannungsintensitätsfaktors für den Oberflächenfehler geht vom einfachen elliptischen Innenfehler aus. Da ein ellipsoidförmiger Hohlraumfehler Spannungskonzentrationen von geringerer Stärke als flache elliptische Fehler gleichen maximalen Querschnittes unter gleichen Belastungsbedingungen im Werkstoff induziert, genügt es, die flachen Fehler zu bewerten.

Aus der Irwin'schen Formel für den mode-1 Spannungsintensitätsfaktor um einen elliptischen Riß in einem unendlich ausgedehnten elastischen isotropen und homogenen Festkörper, Glg.(22) erhält man unter Berücksichtigung entsprechender Korrekturfunktionen Y_i eine Formel für die Verteilung des Spannungsintensitätsfaktors entlang der halbelliptischen Rißfront in der endlich-dicken Platte nach Abb.12b :

$$K = \sigma\sqrt{\pi a/Q}\; Y(\frac{a}{t},\frac{a}{c},\frac{c}{W},\psi) \qquad (54)$$

Der Formfaktor Q ist der Abb.21 zu entnehmen. Verbesserte Korrekturfunktionen wurden mit verschiedenen mathematischen Verfahren und Methoden ermittelt. Eine Liste der SIF-Lösungen für den Oberflächenriß in chronologischer Ordnung und als Funktion der minimalen Standardabweichung ist in den Tabellen II und III gegeben.

Beispiel: In einer auf einachsigen Zug $\sigma = 200$ N/mm² beanspruchten dicken Platte wurde mit zerstörungsfreien Prüfverfahren ein Fehler geortet. Da die Lage und die Form des Fehlers aus der Prüfung nicht klar hervorgehen, soll unter Berücksichtigung einer Sicherheit S eine sichere untere Schranke für den Spannungsintensitätsfaktor aus den beiden Extremfällen des halbelliptischen Randrisses (Länge 2c, Tiefe a) und des elliptischen Innenfehlers (Länge 2c, Breite 2a) ermittelt werden. Die Streckgrenze des Werkstoffes sei $R_p = \sigma_{ys} = 5\sigma/4$ N/mm². Für die Anwendung der Grundformel der Bruchmechanik Glg.(52) wird der Formfaktor Q dem Nomogramm Abb.21 entnommen. Für ein Verhältnis a/2c=0.3 liest man unter dem Schnittpunkt mit der Kurve σ/σ_{ys}=0.8 den Wert Q = 1,5

Tabelle II: Historische Entwicklung der Lösungen für den Spannungsintensitätsfaktor für den Oberflächenriß (nach Ref./6/)

Name	Jahr	Methode	Gültigkeitsbereich a/t	a/c	2c/W	Ergebnis
Irwin	1962	IA*	≤0.5	0-1	b°	Gleichung
Paris-Sih	1965	IA	≤0.75	0-1	b	Gleichung
Smith	1966	IA+AM	f(a/c)	0.2-1	b	Kurve
Kobayashi-Moss	1969	IA+AM	≤0.98	0-1	b	Kurve
Masters-Haese-Finger	1969	IA	≤0.85	0.1-0.8	b	Kurve
Smith-Alavi	1969	IA+AM	≤0.8	0.4-1	b	Kurve
Rice-Levy	1970	LFM	≤0.7	0-1	b	Kurve
Anderson-Holms-Orange	1970	IA	≤1.0	0-1	b	Gleichung
Newman	1972	IA	≤1.0	0.02-∞	<1	Gleichung
Shah-Kobayashi	1972	AM	≤0.9	0.1-1	b	Kurve
Smith-Sorensen	1974	AM	≤0.9	0.1-1	b	Kurve
Kobayashi	1976	IA+AM	≤0.9	0.2-1	b	Kurve
Raju-Newman	1977	FEM	≤0.8	0.2-2	b	Kurve
Newman-Raju	1978	FEM+IA	≤1.0	0.03-∞	<0.5	Gleichung

* Ingenieur-Abschätzung (IA), Alternierende Methode (AM), Lineares Feder-Modell(LFM), Finite Elemente-Methode (FEM)

° Ohne Berücksichtigung der endlichen Größe der Probe

Tabelle III: Reihung der Lösungen für den Spannungsintensitätsfaktor des Oberflächenfehlers nach zunehmender statistischer Standardabweichung (nach Ref./6/)

Name	Jahr	Gültigkeitsbereich a/t	Analysierte Daten in %	Standardabweichung	Form der Ergebnisse
Raju-Newman	1977	0.8	90	0.044*	Kurve
Smith	1966	f(a/c)	90	0.045	Kurve
Newman-Raju	1978	1.0	100	0.048	Glg.
Paris-Sih	1965	0.75	86	0.052	Glg.
Masters-Haese-Fingers	1969	0.85	88	0.055	Kurve
Irwin	1962	0.5	57	0.056	Glg.
Newman	1972	1.0	100	0.060	Glg.
Kobayashi	1976	0.9	98	0.060	Kurve
Smith-Alavi	1969	0.8	84	0.066	Kurve
Rice-Levy	1970	0.7	79	0.068	Kurve
Smith-Sorensen	1974	0.9	98	0.072	Kurve
Shah-Kobayashi	1972	0.9	98	0.077	Kurve
Anderson-Holms-Orange	1970	1.0	100	0.085	Glg.
Kobayashi-Moss	1969	0.98	99	0.089	Kurve

* Standardabweichung ohne Korrektur für die endliche Probenbreite war 0.048.

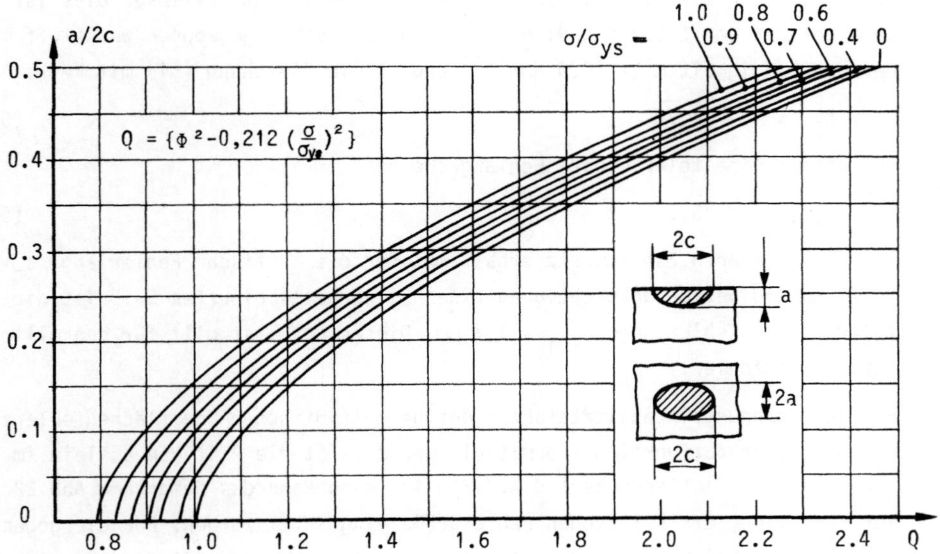

Abb.21 Riß-Formfaktor Q in Abhängigkeit des Fehlerverhältnisses a/2c für Oberflächen- und Innenfehler

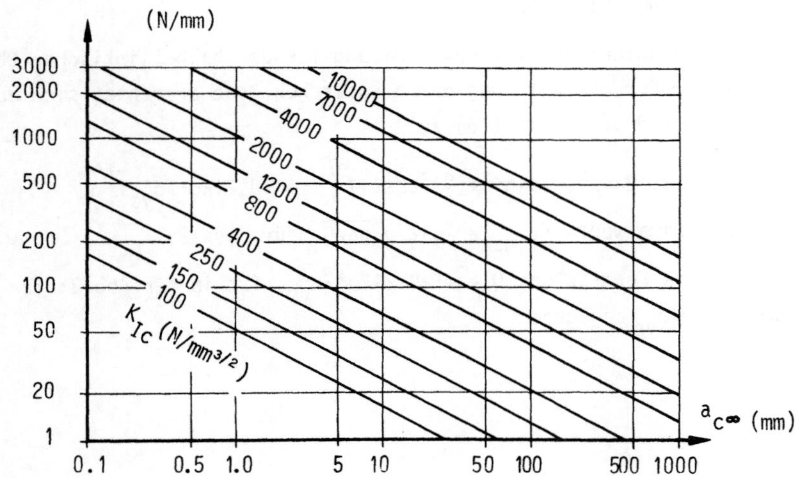

Abb.22 Nomogramm zur Ermittlung der kritischen Fehlergröße $a_{c\infty} = a_c/Q$ für Oberflächenrisse ($a_c/Q = K_{Ic}^2/(1{,}12\pi\sigma^2)$)

ab. Den Maximalwert für den Spannungsintensitätsfaktor entlang der Rißfront erhält man für $\psi=\pi/2$, d.h. für den flachen Scheitel der Ellipse. Dies ist auch der Ort der frühesten Rißerweiterung. Für einen gegebenen Werkstoff mit der Bruchzägigkeit $K_{Ic}= 1200\ Nmm^{-3/2}$ ergibt die Gleichung (54) mit Y=1 :

$$K_{Ic} = \sigma \sqrt{\pi a_c/Q} \tag{55}$$

und daraus eine tolerierbare Fehlergröße von

$$a_{tol} = a_c/S \ . \tag{56}$$

Für die gegebenen Zahlenwerte erhält man für die kritische Fehlerlänge $a_c= 54/\pi$ mm und bei Berücksichtigung eines Sicherheitsbeiwertes S=10 ist die tolerierbare Fehlerlänge $a_{tol} = 1{,}7$ mm. Dieses Resultat gilt für den elliptischen Innenfehler.

Für den Spannungsintensitätsfaktor des halbelliptischen Oberflächenfehlers muß die Korrekturfunktion Y ermittelt werden. Ist die Rißtiefe a klein im Vergleich zur Plattendicke (d.h. $a/t < 1$), dann kann das Nomogramm Abb.22 zur Ermittlung der kritischen Fehlergröße eingesetzt werden. Für die gegebenen Größen erhält man $(a_c/Q)^* =10$, d.h. $a_c^* =15$ mm, und damit die tolerierbare Fehlergröße $a_{tol}^* = a_c^*/S = 15/10 = 1{,}5$ mm . Durch Vergleich der beiden tolerierbaren Fehlergrößen a_c und a_c^* folgt, daß $a_{tol}/a_{tol}^* = 17/15 > 1$ ist und damit der Spannungsintensitätsfaktor für den Kantenriß als Grundlage für die Bemessung des Bauteiles genommen werden muß. Allgemein gilt, daß der exzentrische Innenriß oder der Randriß bei gleichem Verhältnis a/2c gefährlicher als der mittige Innenriß sind.

Die Spannungsintensitätsfaktorverteilung für den halbelliptischen Oberflächenfehler unter Berücksichtigung der plastischen Zone errechnet sich aus den Gleichungen (18),(22) und (26) zu

$$K_1 = 1{,}12\,\sigma \sqrt{\pi a}\ \{\sin^2\psi+(\frac{a}{c})^2\cos^2\psi\}^{1/4}\ \{\Phi^2-0.212\sigma^2/\sigma_{ys}^2\}^{-1/2} . \tag{57}$$

mit dem Maximalwert $K_{1,max}= 1{,}12\ \sigma\sqrt{\pi a/Q}$ für $\psi=\pi/2$.

Die Größe des Formfaktors $Q = \Phi^2-0.212\sigma^2/\sigma_{ys}^2$ ist in der Abb.21 für einige Werte von σ/σ_{ys} angegeben.

4. Ermüdungsrißausbreitung

Fast allen schlagartig auftretenden Brüchen geht anfängliches langsames Rißwachstum durch Ermüdung oder Korrosion voraus. Dies zeigen alltägliche Untersuchungen an gebrochenen Rotorwellen, lecken oder geborstenen Behältern, ausgerissenen Nietlöchern im Flugzeugbau, undichten Staumauern, etc. Ermüdungsrisse breiten sich bei Lastniveaus, die weit unter den kritischen Werten liegen aus, wobei die Rißausbreitungsgeschwindigkeit mit der Zahl der Lastzyklen und der Rißlänge nach Abb.23a zunimmt. Genaue Untersuchungen und umfangreiche Meßreihen zeigten, daß unter den vielen, die Ermüdungsrißausbreitung begünstigenden Faktoren die Probendicke, die Bauteilart, die Wärmebehandlung und die Kaltverformung des Werkstoffes, die Betriebstemperatur, der Erzeuger, die Materialherstellung, die Umgebung und die Frequenz der Lastwechsel die wichtigsten sind, wobei die Reihung mit abnehmender Möglichkeit der bruchmechanischen Behandlung vorgenommen wurde. Nicht mehr die absolute Höhe der maximalen im Service zu erwartenden Spannung ist der allein entscheidende Parameter, sondern die Variation der Spannung, bzw. die Bandbreite des Spannungsintensitätsfaktors,

$$\Delta\sigma = \sigma_{max} - \sigma_{min} \text{ , bzw. } \Delta K = K_{max} - K_{min} \text{ ,} \tag{58}$$

das Spannungsverhältnis R

$$R = \sigma_{min}/\sigma_{max} = K_{min}/K_{max} \tag{59}$$

und die Mittelspannung

$$\sigma_m = (\sigma_{max} + \sigma_{min})/2 \text{ .} \tag{60}$$

Für $\sigma_m > 0$ tritt kein Schließen des Risses auf.

Trägt man bei einer Testreihe die Rißlänge a als Funktion der Lastspielzahl N oder der Zeit t auf, so stellt man im doppelt-logarithmischen Diagramm (Abb.23b) drei spezifische Rißgeschwindigkeitsbereiche I,II und III fest. Im Bereich I findet keine meßbare Verlängerung des Risses statt; im Bereich II kann der Kurvenverlauf durch eine lineare Funktion approximiert werden, während der Bereich III über die schnelle Rißausbreitungsphase zum Bruch führt. Für die bruchmechanische Behandlung technischer Konstruktionen und für die Betriebssicherheit von technischen Anlagen sind die Bereiche I und II von großer Wichtigkeit, wobei Rißinitiation dem Bereich I und langsame Rißausbreitung dem Bereich II zugeordnet werden können.

4.1. Die zweite Grundformel der Bruchmechanik

Um die Einflüsse des absoluten Wertes des Spannungsintensitätsfaktors und seiner Variation auf die Ermüdungsrißausbreitung studieren zu können, ver-

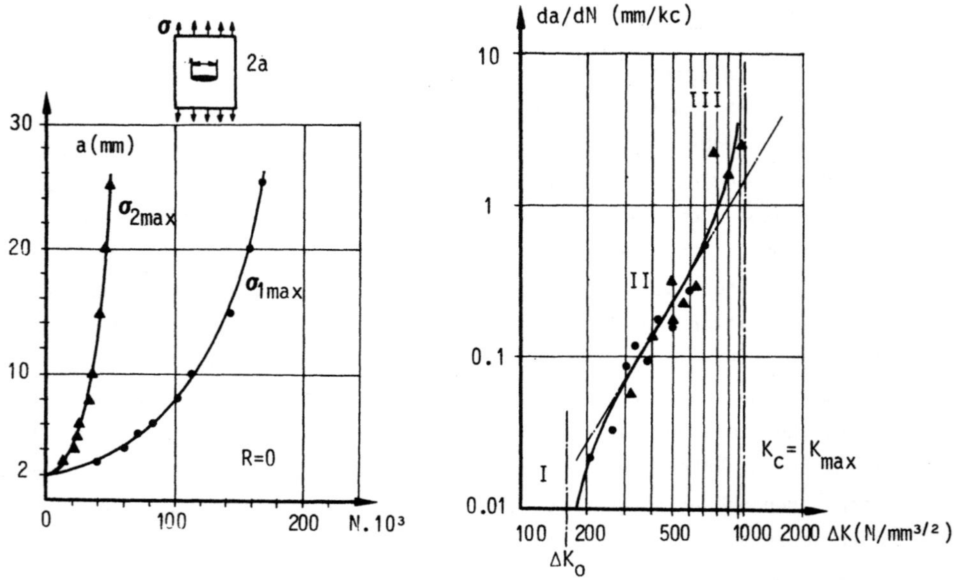

Abb.23 Ermüdungsrißausbreitung: a) Rißwachstumskurven
b) Rißausbreitungsgeschwindigkeitskurve

wendet man in der Praxis zwei verschiedene Darstellungsarten:

a) log(da/dN) vs log(ΔK) - Diagramm (Abb.24a)

b) log(da/dN) vs log(K) - Diagramm (Abb.24b)

Unterhalb einer K-Schwelle - K_{Issc} (ssc = slow stable cracking) oder K_{Iscc} (scc = stress corrosion cracking) findet keine Rißerweiterung statt. Analog dazu stellt man keinen meßbaren Rißfortschritt fest bei ΔK-Werten, die kleiner als ΔK_{th} oder ΔK_o (th = threshold) sind.

Aus den doppelt-logarithmisch aufgetragenen Daten aus Ermüdungsrißversuchen wurde von Paris et al ein empirisches Gesetz abgeleitet, das als zweite Grundformel der Bruchmechanik bezeichnet wird:

$$\text{ZWEITE GRUNDFORMEL}: \quad \frac{da}{dN} = f(\Delta K) = C\,(\Delta K)^n \tag{61}$$

und welches später von verschiedenen Forschern erweitert wurde. Die Erweiterung von Forman,

$$\frac{da}{dN} = f(\Delta K, R;\, K_c) = \frac{C.\,\Delta K^n}{(1-R)K_c - \Delta K} = \frac{C.\,\Delta K^n}{(1-R)(K_c - K_{max})} \tag{62}$$

berücksichtigt den Einfluß des Spannungsverhältnisses R und den rapiden An-

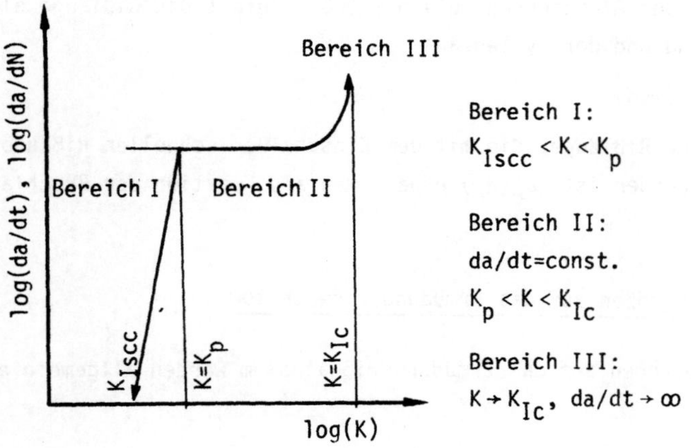

Abb.24a Ermüdungsrißausbreitungsdiagramm: log(da/dN) vs log(ΔK)

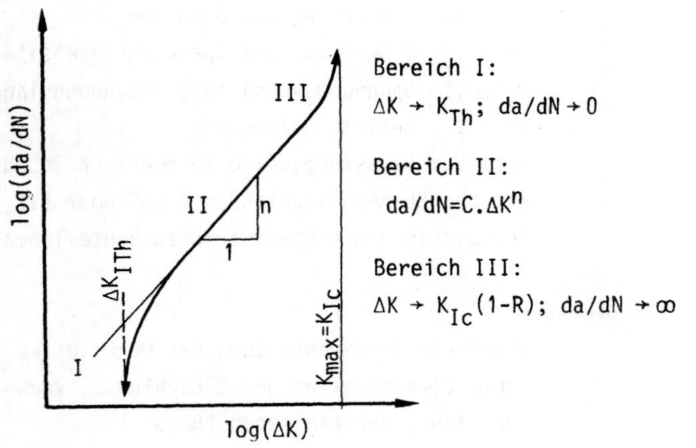

Abb.24b Rißgeschwindigkeit versus Spannungsintensitätsfaktor - Diagramm

stieg des Rißwachstums im Bereich III bei Annäherung von $K_{max} \rightarrow K_c$. In der modifizierten Form

$$\frac{da}{dN} = \frac{C.(\Delta K - \Delta K_o)^n}{(1-R)K_c - \Delta K} \tag{63}$$

wird auch der Bereich I näherungsweise nachgebildet. Bei negativen R-Werten (d.h. wenn der Belastungszyklus einen Druckanteil enthält) ist in erster Näherung nur der positive Anteil des Belastungszyklus für die Rißausbreitungsgeschwindigkeit maßgebend.

Die Größen C und n sind materialabhängige Konstante, die in den entsprechenden Einheiten (!) eingesetzt werden müssen.

Integration der Gleichungen (61) bis (63) liefert die Rißlänge als Funktion der Belastung und der Zyklenzahl

$$a = f(\sigma, N) \quad . \tag{64}$$

Die kritische Rißlänge, die mit dem Einsatz der schnellen Rißausbreitung (Bruch) verbunden ist, $a_c(N_c)$ erhält man als Funktion der Bruchlastspielzahl N_c.

4.2. Einflußgrößen auf das Ermüdungsrißwachstum

Die Einflußgrößen auf das Ermüdungsrißwachstum werden allgemein eingeteilt in:

Mechanische Größen :

σ_{max} ... maximale Spannung
K_{max} ... Spannungsintensitätsfaktor
$\Delta\sigma$ ... Schwankung der Spannung
ΔK ... Schwankung des Spannungsintensitätsfaktors
R ... Spannungsverhältnis, Spannungslage
f ... Belastungsfrequenz
Form der Belastungswelle (harmonisch, quadratisch,..)
Art des Spannungszustandes (ESZ oder EVZ)
Verhältnis von Rißgeometrie zu Bauteilabmessungen

Metallurgische Größen :

chemische Zusammensetzung des Werkstoffes
chem. Eigenschaften der Einschlüsse, Verunreinigungen
Verteilung der einzelnen Phasen
Mikrostruktur und kristallines Gefüge
Wärmebehandlung
Korngröße und Vorzugsorientierung
Kaltverformung
mechanische Eigenschaften

Sonstige Größen :

Art der Umgebung (fest, flüssig, gasförmig) und ihre Zusammensetzung
Temperatur
pH-Wert
Viskosität etc.
aggressive Umgebung (Chloride, Schwefeleinfluß, H_2,..)
Schutzschichten, Rostschutz
kathodische und anodische Schutzgrößen
etc.

Im Bereich I tritt eine Kombinationswirkung der Rißausbreitungsmechanismen ein, welche zur vielfältigen Gestalt der da/dN vs ΔK Kurvenverläufe führt. Der Einfluß der aggressiven Umgebung (z.B. Meerwasser, säurehaltiger Regen, H_2-Atmosphäre, etc.) manifestiert sich z.B. in einer Parallelverschiebung der Geschwindigkeitskurven zu größeren Werten der Rißausbreitungsgeschwindigkeit hin. Bei Rissen in Gläsern wirken sich zunehmende Temperatur und relative Luftfeuchtigkeit rißbeschleunigend aus. Wird ein Glasbehälter z.B. für Normaltemperatur und Normalluftfeuchtigkeit bemessen und ausgelegt, so ist seine Lebensdauer beim Betrieb unter erhöhter Temperatur und Luftfeuchtigkeit unter Umständen wesentlich kürzer. Schwingende und periodische stoßartige Beanspruchungen mit niedriger Frequenz wirken sich ungünstiger auf die Lebensdauer des Bauteiles aus als höher-frequente Belastungsformen (Abb.25).

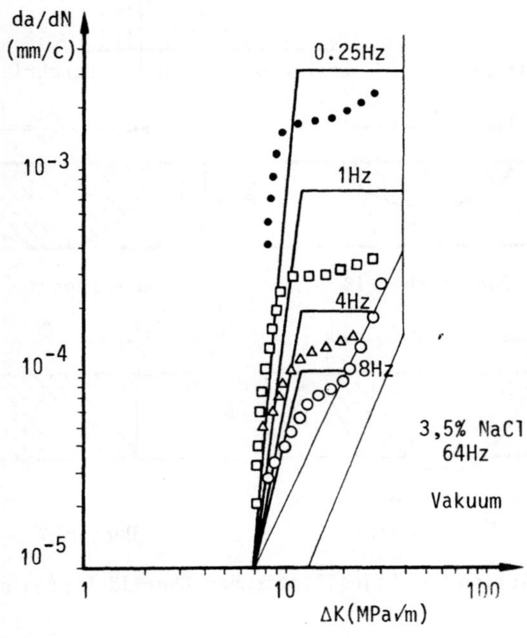

Abb.25 Einfluß der Frequenz auf die Ermüdung von Stahl in einer 3,5 %-igen Sodiumchloridlösung; Vergleich experimenteller mit theoretischen Ergebnissen

4.3. Ermüdungsrißausbreitung eines Oberflächenrisses

Die in den vorangehenden Abschnitten behandelten teilelliptischen Oberflächenfehler können sich während des Betriebes durch mechanische und korrosive Einflüsse mit zunehmender Geschwindigkeit langsam ausbreiten. Ein halbelliptischer Oberflächenfehler in einer dicken Platte nach Abb.26 wächst progressiv durch die Plattendicke, wobei die Folge von geometrischen Konfigurationen: Oberflächenriß → Übergangsriß → Teildurchriß → Durchriß stets eingehalten wird, die Zwischenkonfigurationen aber erheblich von der Geometrie des Bauteils und der Spannungsverteilung im Bauteil in der Umgebung des Fehlers abhängen.

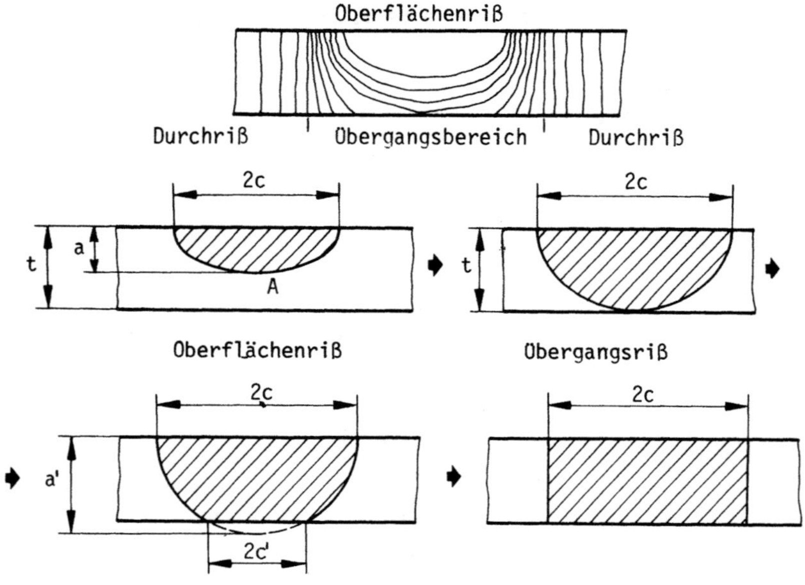

Abb.26 Die Evolution des halbelliptischen Oberflächenfehlers zum Durchriß

Bei I-Profilträgern eines Brückentragwerkes treten im Anschlußbereich von zusätzlichen Verstärkungsplatten häufig Oberflächenanrisse während oder nach dem Schweißvorgang auf. Die Abbildung 27 zeigt einen solchen Brückenträger und den kritischen Bereich in einer vergrößerten Darstellung. Oberflächenfehler verschiedener Größen und Formen haben sich bereits im unteren Flansch eingearbeitet (Ref./7/).

Bei der analytischen Behandlung der veränderten Fehlerkonfiguration werden die geometrischen Bezeichnungen nach Abb.26 verwendet. Im allgemeinen breitet sich der Fehler derart aus, daß seine Länge und Tiefe gleichzeitig (wenn

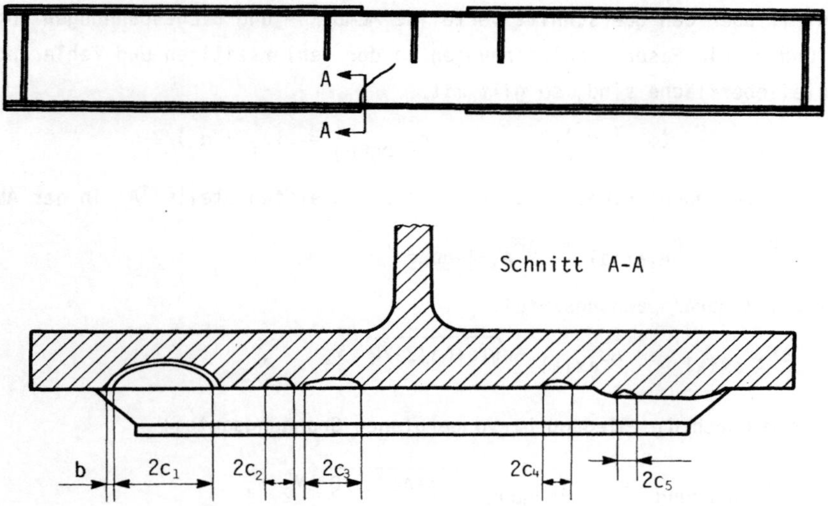

Abb.27 Anwendung der Bruchmechanik auf Brückentragwerke
a) Brückenträger mit Verstärkungsplatten
b) Untergurt mit halbelliptischen Oberflächenermüdungsrissen

auch nicht immer proportional) zunehmen. Die in der praktischen Schadensanalyse verwendeten Computerprogramme berücksichtigen eine planare inkrementelle Fehlervergrößerung nach Abb.28, wobei die inkrementellen Fehlerzuwächse und Variationen des Spannungsintensitätsfaktors in der Längs- bzw. Tiefenrichtung mit Δc und ΔK_C bzw. mit Δa und ΔK_A bezeichnet sind.

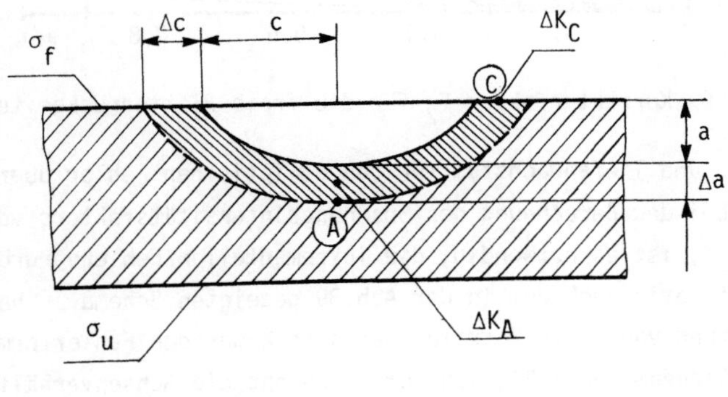

Abb.28 Geometrie der planaren inkrementellen Fehlervergrößerung

Die mathematische Behandlung des Problems läßt sich auf die Anwendung der beiden Grundformeln der Bruchmechanik (52) und (61) reduzieren. Treten im Bauteil über den Querschnitt verteilte Membran- und Biegespannungen auf, wobei σ_f und σ_u die Fasernormalspannungen an der fehlerseitigen und fehlerabgewandten Bauteiloberfläche sind, so gilt mit

$$\sigma_{axial} = (\sigma_f + \sigma_u)/2 \quad , \quad \sigma_{Biegung} = (\sigma_f - \sigma_u)/2 \tag{65}$$

für den Spannungsintensitätsfaktor an der tiefsten Stelle A in der Abb.28

$$\Delta K_A = \Delta K_{A,axial} + \Delta K_{A,Biegung} \tag{66}$$

mit dem Membranspannungsanteil

$$\Delta K_{A,axial} = \Delta\sigma_{axial} \sqrt{\pi(a+\Delta a/2)/Q} \; Y_1 \quad , \tag{67}$$

und dem durch die Biegung hervorgerufenen Spannungsanteil

$$\Delta K_{A,Biegung} = \Delta\sigma_{Biegung} \sqrt{\pi(a+\Delta a/2)/Q} \; Y_2 \quad , \tag{68}$$

wobei der Korrekturfaktor Y_1=1,12 gesetzt und der Korrekturfaktor Y_2 der Abb.29 entnommen wird.

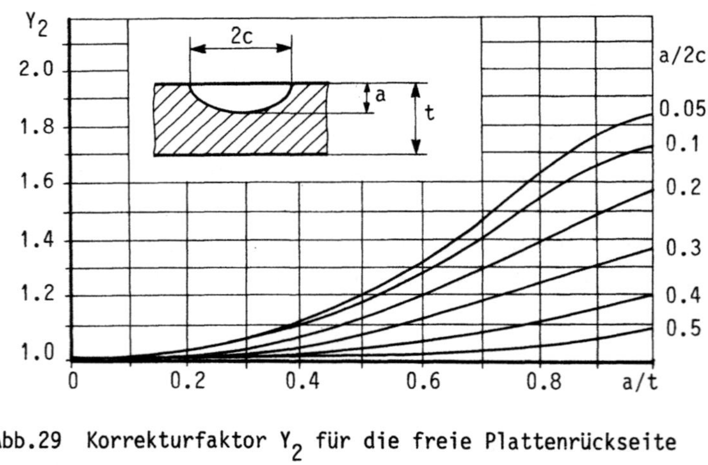

Abb.29 Korrekturfaktor Y_2 für die freie Plattenrückseite

Weil Längen- und Tiefenwachstum für den elliptischen Fehler über das Achsenverhältnis bei der Berechnung des Spannungsintensitätsfaktors voneinander abhängig sind, ist es notwendig, die inkrementellen Fehlervergrößerungen numerisch iterativ nach dem in der Abb.30 gezeigten Schema zu berechnen, wobei die Veränderung von Q als Funktion der sich ändernden Fehlerform berücksichtigt wird. Nachdem jedes Rißwachstumsinkrement die Achsenverhältnisbedingung zu erfüllen hat, wird die für diese Rißgrößenzunahme verantwortliche Lastspielzahl nach der Gleichung

$$(\Delta N)_i \;=\; \Delta a_i \,/(da/dN)_i \qquad (i=1,..)$$

berechnet. Die Gesamtlastspielzahl ergibt sich dann aus der Summation über alle inkrementellen Rißzuwächse beginnend von der Anfangsrißgröße (c_o, a_o) bis zur aktuellen Rißgröße (c,a).

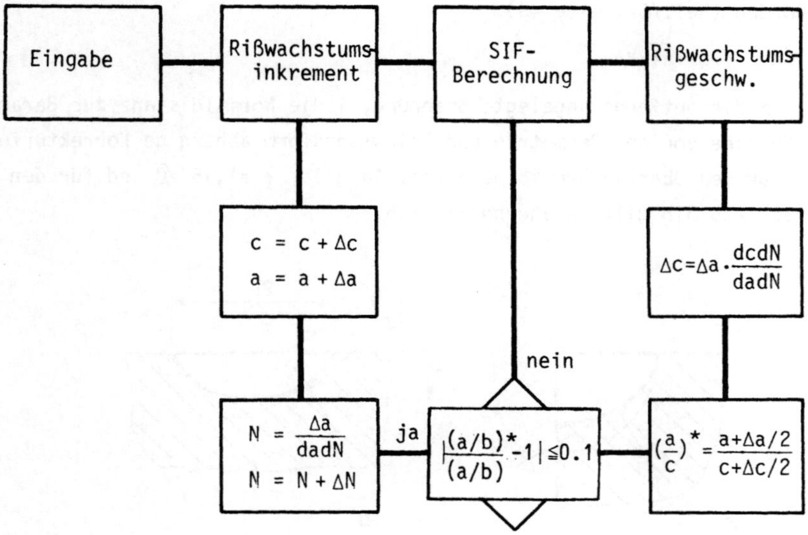

Abb.30 Rißwachstums-Integrationsschema

Die Rißwachstumsraten ergeben sich nach dem Einsetzen der Ausdrücke für den Spannungsintensitätsfaktor (66)-(68) in eine Form der zweiten Grundformel der Bruchmechanik, wobei, um die potentielle Anwendung zu erweitern, die den Werkstoff charakterisierenden Parameter C und n noch als Funktionen des Spannungsintensitätsfaktors aufgefaßt werden, und bei der Programmeingabe aus dem log-log-Datenfeld initialisiert werden. Für numerische Zwecke wird die da/dN-Kurve durch drei lineare Teilbereiche approximiert und das Programm wählt sich dann die entsprechenden Werte für C und n in entsprechender Weise. Diese Kurvensegmentierung ist in der Abb.24b durch die Zonen I,II und III charakterisiert. Bei der Verwendung von Rißwachstumsdaten muß unter Umständen berücksichtigt werden, daß die Daten im allgemeinen von Experimenten mit Kompaktzugproben (mit gerader Durchrißfront) stammen, während der Bauteil einen Oberflächenriß mit gekrümmter Rißfront aufweist. Tiffany entwickelte eine beim Apollo-Raumflugprogramm eingesetzte normalisierte Fehlerwachstumstheorie, bei der die Größe da/dN der Kompaktzugprobe (CT) durch die dem Oberflächenfehlerproblem (PTC) angepaßte Größe (da/Q)/dN für den gleichen berechneten Spannungsintensitätsfaktorwert in einer PTC-Probe ersetzt wird. Praktische Untersuchungen zeigten einen Unterschied im Bruchmechanismus bei Rißwachstumsraten, die kleiner als 0,25 µm/Lastspiel sind. Die Q-Korrektur ist für die mit dem "low cycle fatigue" assoziierten höheren Rißwachstumsraten sinnvoll, für "high cycle fatigue" jedoch fehl am Platze.

Bei allgemeinen konvexen Rißberandungen nach Abb.31 ist von Tada-Paris eine konservative Ingenieurabschätzung für den Spannungsintensitätsfaktor angegeben worden (Ref./6/,Seite 43):

$$K = \sigma \sqrt{\pi l}\, Y^* \,, \tag{69}$$

wobei σ die entfernt angelegte Spannung, l die Normaldistanz zur Berandung und Y^* eine von der Geometrie und Belastungsform abhängige Korrekturfunktion sind. Für den Oberflächenriß nach Abb.31a gilt $Y^*=1,15/\sqrt{Q}$ und für den Eckriß nach Abb.31b gilt annähernd $Y^*=1,15$.

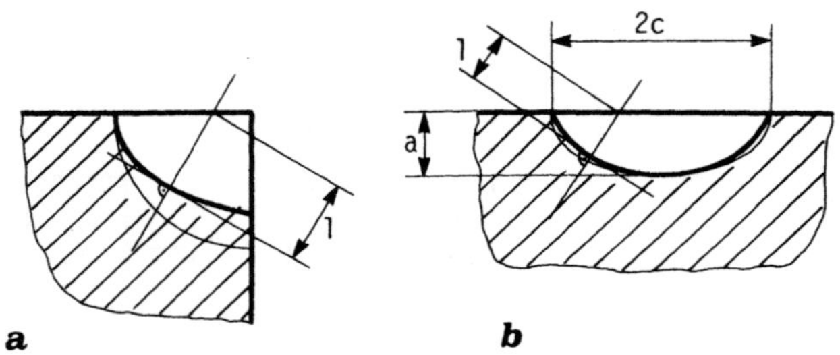

Abb.31 Allgemeiner Oberflächenanriß (a) und Eckriß (b)

In vielen praktischen Fällen muß eine Behälter- oder Rohrleitungskonstruktion bruchmechanisch derart dimensioniert werden, daß im Falle einer unerwünschten, aber oft unvermeidbaren Fehlervergrößerung im Betrieb der Behälter noch in der stabilen Rißausbreitungsphase leck wird, also nicht im kritischen Bereich explosionsartig zu Bruch geht (leak-before-burst-criterion). Derartiges - auf Bruchsicherheit bedachtes - Gedankengut muß in den Entwurf und die Konstruktion von z.B. Flüssiggastransportbehältern (LNG-Container) einfließen, wo z.B. verflüssigtes Erdgas bei einer Temperatur von ca -196°C in bis zu 35 m weiten Kugelbehältern per Schiff unter den rauhen, ermüdungsrißwachstumfördernden Bedingungen auf See transportiert wird. Bei den entsprechenden tiefen Temperaturen zur Gasverflüssigung und den tiefsten Temperaturen bei der Raumfahrt verhalten sich alle Stähle nach den Gesetzen der Sprödbruchmechanik.

4.4. Die Lebensdauer eines Bauteils

In der Praxis ist die Berechnung der Lebensdauer - besonders die Ermittlung der Restlebensdauer - eines gerissenen oder schadhaften Bauteils von primärer Bedeutung. Kurbelwellen müssen z.B. so bemessen werden, daß die Lebenslänge vor dem Auftreten eines Risses wesentlich größer ist als die (geringe) Lebensdauer bei bereits vorhandenem Riß. Damit wird das Problem ein Rißnukleationsproblem, dessen Behandlung außerhalb des Rahmens der linear-ealstischen Bruchmechanik liegt. Bei Tragholmen an Flugzeugen tritt Ermüdungsrißausbreitung an Nietlöchern auf und bei diesem Rißinitiations- und Rißausbreitungsproblem können die Grundformeln der Bruchmechanik angewendet werden.

Bei der Auslegung eines Bauteils und der Lebensdauerberechnung kann man nach Schwalbe /8/ grundsätzlich nach folgenden Prinzipien vorgehen:

a) Keine Schädigung des Bauteils oder der Anlage während der gesamten Lebensdauer (z.B. in der Raumfahrt,etc.) → keine Bruchmechanik notwendig;
b) Beim ersten entdeckten Fehler wird die betreffende Komponente repariert oder ersetzt → bruchmechanische Sicherstellung, daß der Anriß nicht zum Bruch führt;
c) Zwischen entdecktem Anriß und Bruch liegt ein so großes Zeitintervall, daß die Ausschöpfung der Restlebensdauer wirtschaftlich ist → hier kommt die Bruchmechanik zum Einsatz.

Nach den früher angeführten Betriebsbedingungen und Bruchformen kann der Riß

a) stabil durch monoton ansteigende Belastung,
b) stabil durch Ermüdung,
c) stabil durch Spannungsrißkorrosion,
d) stabil durch Kriechen,
e) stabil durch Überlagerung der vorigen Vorgänge, und
f) instabil durch Erreichen der Rißzähigkeit anwachsen.

Für die üblichen Bemessungsgrundlagen wird auf die Kombination (b)+(f) zurückgegriffen.

Für einstufige Beanspruchunge (z.B. harmonische Schwingung) kann die Restlebensdauer eines Bauteiles bis zum Bruch durch Integration der zweiten Grundformel der Bruchmechanik (61)-(63) zwischen den Grenzen a_o (Anfangsrißlänge) und a_c (kritische Rißlänge) ermittelt werden. Mit der Bruchbedingung

$$K_{max} = \sigma_{max} \sqrt{\pi a_c}\, Y(a_c) = K_c \qquad (70)$$

erhält man nach ausgeführter Integration für die Bruchlastspielzahl N_c die Beziehung

$$N_c = \frac{G(a_c) - G(a_o)}{C(\Delta\sigma\sqrt{\pi})^n} \tag{71}$$

mit $G(a) = (a)^{1-n/2}/(1-n/2)$ und $G(a_c) = (K_c/\sigma_o)^{2-n}\,\pi^{-n/2}/(1-n/2)$ für $Y(a) \cong 1$.

Es ergibt sich somit die Lebensdauerberechnung als die Umkehrung der Ermittlung der Rißgeschwindigkeitskurve log(da/dN) vs log(K) nach Abb.32.

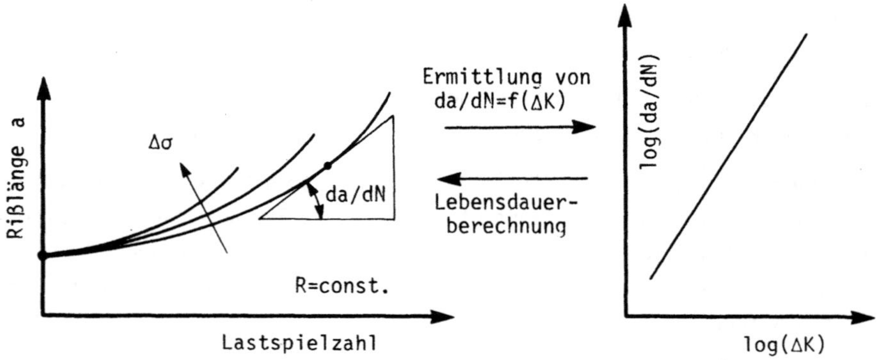

Abb.32 Lebensdauerberechnung als Umkehrung der Ermittlung der Rißgeschwindigkeitskurve (nach Ref./8/).

Bei nicht-einstufiger (allgemeiner) Belastung berechnet man bei bekanntem Last-Zeit-Verlauf mit Hilfe der aus dem Einstufenversuch ermittelten Gesetzmäßigkeit $da/dN = f(\Delta K, R)$ den Rißlängenzuwachs Lastwechsel für Lastwechsel und erhält die Lebensdauer durch Summation bis zur Bruchbedingung. Dabei muß, ausgehend von einer Anrißlänge a_o, bei jedem Lastwechsel nachgeprüft werden, ob die momentanen Werte von a und σ_{max} bereits die Bruchbedingung (z.B. $K_{max} = K_c$) erfüllen.

Bei vorgegebener kritischer Rißlänge a_c ist die Restlebensdauer N_R bzw. das Restlebensdauerverhältnis n_R eines Bauteils mit der aktuellen Rißlänge a_N zum Zeitpunkt der Untersuchung bei N Lastspielen gleich

$$N_R = N_c(a_c) - N(a_N) \tag{72}$$

bzw.

$$n_R = 1 - N(a_N)/N_c(a_c)\ . \tag{73}$$

Die Lebensdauer eines Bauteiles kann durch verschiedene Maßnahmen verlängert (oder verkürzt) werden. Stark veränderliche Lastschwankungen, einzelne oder in Gruppen auftretende Überlasten und die Lage des Mittelwertes der Spannung σ_m können einen die Lebensdauer verlängernden oder verkürzenden Einfluß ausüben. Die Abb.33 zeigt zwei die Lebensdauer verlängernde Überlastfälle.

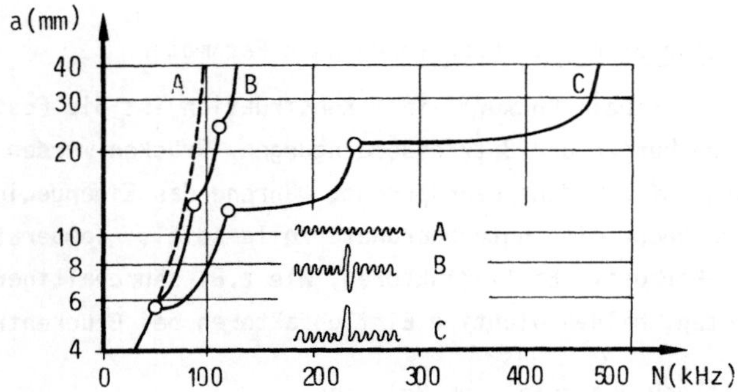

Abb.33 Lebensdauerverlängerung bzw. Rißverlangsamung zufolge einzelner isolierter Überlastzyklen

Lebensdauerverlängerung zufolge Überlasten kann nur bei duktilem Materialverhalten unter Bildung einer plastischen Zone auftreten (Brücken- und Behältertest); bei sprödem Materialverhalten können Überlasten zum totalen Versagen des Bauteils durch Sprödbruch führen.
Weitere Möglichkeiten der Erhöhung der Lebensdauer eines Bauteils bestehen in der Vergrößerung der kritischen Rißlänge durch konstruktive Maßnahmen oder Werkstoffselektion, Verringerung der Betriebsbelastung und in der Verbesserung der Auflösung bei der Inspektion.

5. Bruchkontrolle und Schadensanalyse

5.1. Verringerung der Sprödbruchgefahr

Für sprödbruchgefährdete und ermüdungsrißanfällige Bauteile wurden Maßnahmen und Richtlinien für die Bruchkontrolle zur Verhütung oder wenigstens Verringerung der Möglichkeiten des Sprödbruches ermittelt und erarbeitet. Die vier grundlegenden Elemente der Bruchkontrolle sind:

a) *Identifizierung* derjenigen Parameter, die zum Bruch eines Bauteils oder zum Versagen einer ganzen Anlage führen können;

b) *Quantifizierung* des relativen Beitrages der individuellen Parameter zum Versagen der Struktur;

c) *Bestimmung* und Festlegung der relativen Wirksamkeit verschiedener Entwurfsmethoden für die Verringerung der Sprödbruchgefahr;

d) *Empfehlung* und Ratschläge bzw. Normen für spezifische Entwurfsphilosophien, um die Sicherheit und Zuverlässigkeit der Struktur gegen Schaden und Versagen zu gewährleisten. Dies schließt Empfehlungen bezüglich Werkstoffauswahl, Betriebsbedingungen, Herstellung, Lagerung, Wartung und Inspektion ein.

5.1.1. Identifizierung der bruchfördernden Parameter

Der erste Schritt beim Entwurf einer Konstruktion ist die Festlegung der Betriebsbeanspruchungen und Betriebsbedingungen. Brücken werden z.B. durch Fahrzeugbelastung auf Ermüdung beansprucht, während das Eigengewicht für die Lebensdauerberechnung eine untergeordnete Rolle spielt; Temperaturschwankungen und chemisch-korrosive Einflußfaktoren, wie z.B. säurehaltiger Regen in Industriegebieten, bilden wichtige Einflußfaktoren bei Brückentragwerken.

5.1.2. Ermittlung des relativen Beitrages

Unter den vielen, bei geschweißten Konstruktionen auftretenden, bruchfördernden Parametern sind der Maximalwert der angelegten Zugspannung, die Bruchzähigkeit und die Rißlänge die drei primären Faktoren. Das schematische Diagramm in Abb.34 zeigt die Relation zwischen den genannten Primärfaktoren und ihr Einfluß auf die Verringerung der Bruchgefahr. Die Wahl eines Werkstoffes mit einer höheren Bruchzähigkeit K_{Ic} gestattet die Erhöhung der Entwurfsspannung und/oder eine Ausdehnung des Ermüdungsrißwachstumsbereiches.

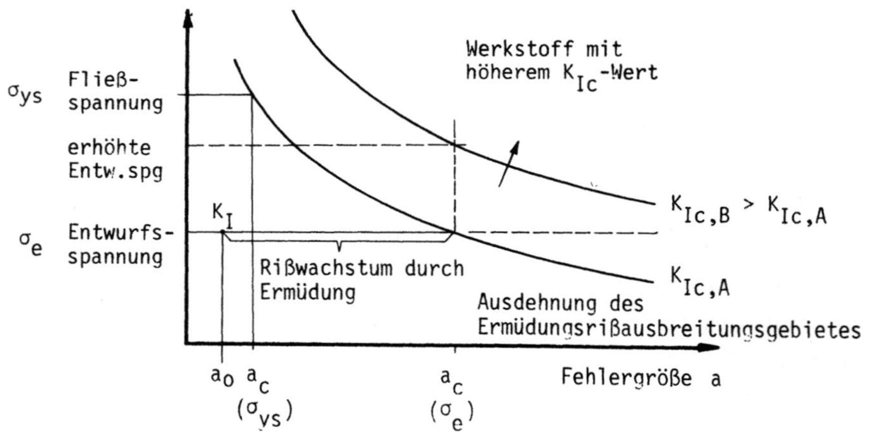

Abb.34 Schema für die Wechselwirkung zwischen Spannung, Rißlänge und Bruchzähigkeit

Bei Schweißkonstruktionen kann im Bereich großer Eigenspannungen bei halbspröden Werkstoffen lokal plastisches Fließen einsetzen. Ist die Möglichkeit des Sprödbruches gegeben, so ist die Ausbildung von Fließzonen in rißbehafteten Bauteilbereichen von Konstruktionen erwünscht. Der Einfluß von lokalen Eigenspannungen und der Effekt des Übergangs vom ebenen Verzerrungs- zum ebenen Spannungszustand auf das Ermüdungsrißwachstum sind in der Fachliteratur hinreichend untersucht und in der Abb.35 schematisch wiedergegeben. Mit zunehmender Temperatur nimmt die Bruchzähigkeit unterhalb des Kriechbereiches im allgemeinen zu.

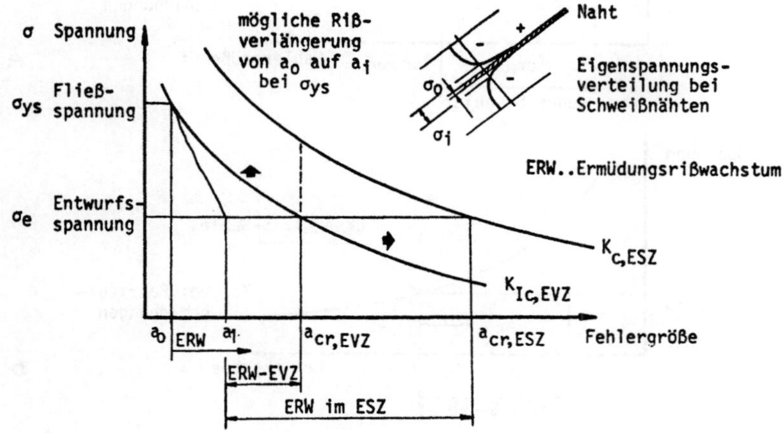

Abb.35 Effekt der lokalen Eigenspannungen und des ESZ-EVZ-Übergangs auf die Ermüdungsrißausbreitung

5.1.3. Relative Wirksamkeit der Entwurfsparameter auf die Bruchsicherheit

Den drei Primärfaktoren entsprechen drei Entwurfsphilosophien zur Verringerung der Sprödbruchgefahr:

a) Reduktion der Entwurfsspannung (Abb.36a);
b) Verringerung der ursprünglichen Imperfektionen im Entwurf und im Werkstoff (Abb.36b);
c) Wahl eines besseren Werkstoffes mit höherer Kerbfestigkeit (Abb.36c).

Die Abbildungen 36a bis 36c illustrieren den allgemeinen Einfluß der obigen konstruktiven und werkstofftechnischen Maßnahmen auf die Bruchkontrolle. Die Reduktion der ursprünglichen Entwurfsspannung einerseits und der reduzierten Anfangsrißdimension zufolge verbesserter Qualität, Herstellung und Inspektion andererseits vergrößern den Sicherheitsbereich im Rahmen der bruchmechanischen Sicherheitsanalyse. Derselbe Effekt wird durch eine werkstoff- oder temperaturbedingte Erhöhung der Bruchzähigkeit erzielt. Die Abb.36d zeigt eine zusätzliche Möglichkeit zur Ausschöpfung der "Bruchreserve" durch die Berücksichtigung des K_{Iscc}-Wertes beim Entwurf der Konstruktion.

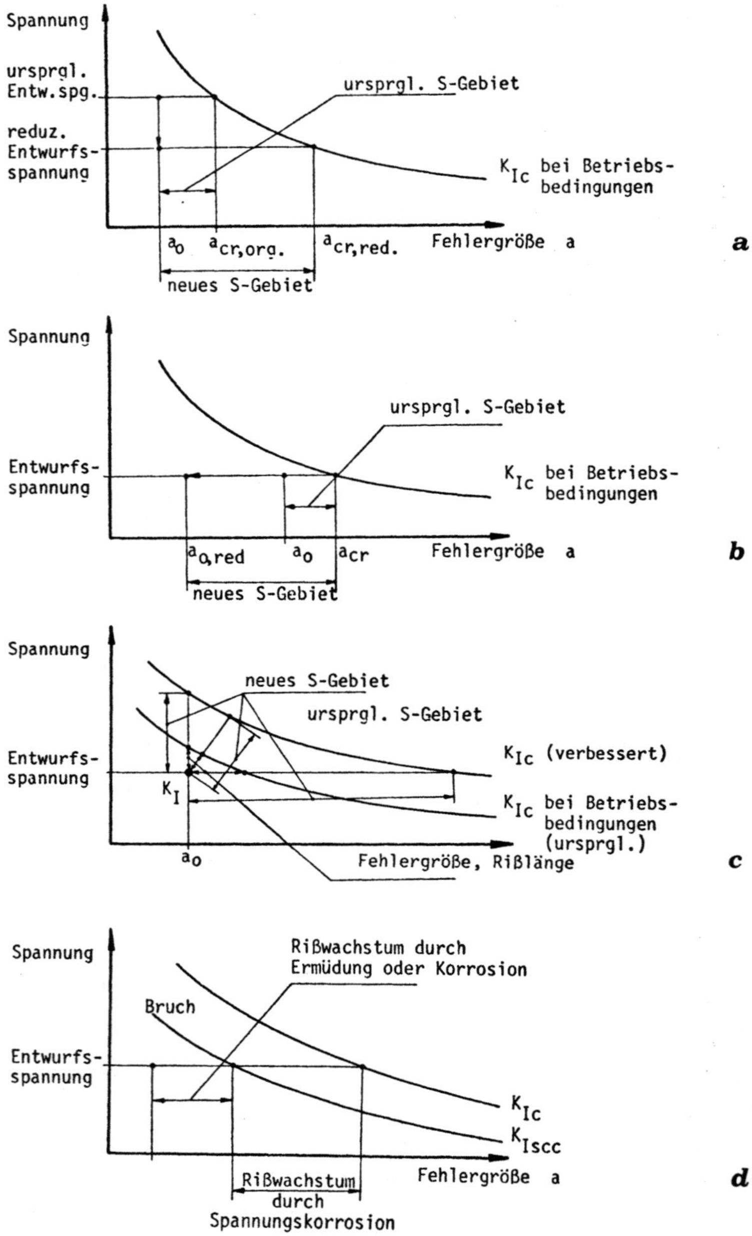

Abb.36 Bruchsicherheit und Bruchkontrolle

a) Effekt der Verringerung der Entwurfsspannung auf die Bruchkontrolle
b) Effekt der Reduktion der Anfangsrißlänge auf die Bruchkontrolle
c) Effekt der Wahl eines Werkstoffes mit erhöhter Bruchzähigkeit
d) Ausschöpfung der durch K_{Iscc} gegebenen "Bruchreserve" beim Entwurf

5.2. Entwicklung eines Bruchkontrollplanes

Die Entwicklung eines Bruchkontrollplanes für große komplexe Strukturen und Anlagen ist äußerst schwierig. Trotzdem ist es möglich, für bestimmte Strukturen, die gewisse Ähnlichkeiten in der Konstruktion, Herstellung, Größe etc. aufweisen, relativ einfache Bruchkontrollpläne zu erstellen.

Ein Bruchkontrollplan ist nach Irwin /9,10/ ein Netzplan zur Vorbeugung, Erfassung und Verhütung von katastrophalen Schadensfällen bei strukturellen Komponenten, Konstruktionen und Bauwerken. Die Bruchkontrollpläne beinhalten Elemente und Einflußgrößen aus Entwurf, Konstruktion, Material, Herstellung, Inspektion und Betriebsbedingungen. Diese Elemente sollen in direkter Verbindung mit der aus der Materialprüfung stammenden Information stehen. Praktisch funktionierende Bruchkontrollpläne sind bis heute für schwere rotierende Komponenten in Turbinengeneratoren, Flugzeuge , dickwandige Druckbehälter, Gasrohrleitungen und Druckgefäßkomponenten für Raumfahrzeuge entwickelt worden.

Kritische Aspekte dieser Bruchkontrollpläne sind im nachstehenden Schema enthalten (Ref./9,10/).

5.3. Fehlernachweis und Rißbeurteilung

Die erste Stufe in einem allgemeinen Schema für die bruchmechanische Sicherheits- und Schadensanalyse bildet der Fehlernachweis. Die Möglichkeiten zum Fehlernachweis hängen von der Art der Konstruktion, des Bauteils, dem Werkstoff etc ab. Ein typisches Fehlernachweisschema für Behälter und Rohrleitungen (und in gewissem Maße auch für ähnliche Bauteilformen) ist in der Abb.37 gezeigt.

Das Schema zerfällt in zwei Stränge für Oberflächenfehler und Volumenfehler. Je nach der Fehlergröße können verschiedene Entscheidungen getroffen werden, welche zu den entsprechenden Fehlerbehandlungen führen, die (a) im besten Fall keine Bedenken gegen den Betrieb der Anlage erheben und im (b) schlechtesten Fall die sofortige Instandsetzung der fehlerhaften Komponente mit sich ziehen. Wurden der Ort, die Lage, die Art, die Größe und die relative Relevanz des Fehlers derart bestimmt, so gilt es zu entscheiden, ob von der Seite der Betriebsbeanspruchungen und der Betriebsbedingungen eine progressive Gefährdung des Bauteils zu befürchten ist. Das Ablaufschema zur Vorgangsweise bei der Rißbeurteilung ist in der Abb.38 aufgezeigt.

Die Prüfung der ertragbaren Betriebsbeanspruchung bezüglich eines Anrisses der Länge a_0 erfolgt über die Lebensdauerberechnung für (a) Schwingbeanspruchung, (b) höchste Beanspruchung im Normalbetrieb und (c) für höchste Bean-

BRUCHKONTROLLPLAN

(Entwurf nach G.R.Irwin)

1. *Entwurf*

   1.1. Information über Spannungsverteilung

   1.2. Fehlertoleranz im gefährdetesten Gebiet bezüglich Spannung

   1.3. Abschätzung des stabilen Rißwachstums für typische Betriebsperioden

   1.4. Empfehlung über sichere Betriebsbedingungen für festgelegte Inspektionsintervalle

2. *Werkstoff*

   2.1. Festigkeits- und Brucheigenschaften σ_{ys}, σ_{Bruch}, K_{Ic},K_c,K_{Iscc} für bestimmte Umgebung

   2.2. da/dN-Kurven für spezielle Bereiche von ΔK und Umgebung

   2.3. empfohlene Wärmebehandlungen

   2.4. empfohlene Schweißmethoden

3. *Herstellung*

   3.1. Inspektion bevor Fertigstellung

   3.2. Inspektion durch Fabrikationskontrolle

   3.3. Kontrolle der Eigenspannungen, Kornvergröberung, Ausscheidungen, Kornorientierung

   3.4. Entwicklung oder Herstellung von ausreichenden Festigkeits- und Brucheigenschaften

   3.5. Aufnahme von Herstellungsüberwachungsberichten

4. *Inspektion*

   4.1. Inspektion bevor Fertigstellung

   4.2. Inspektion durch Fabrikationskontrolle

   4.3. Direkte Inspektion und Fehlersuche mittels entsprechenden zerstörungsfreien Prüfverfahren

   4.4. Prüftesten (proof testing)

   4.5. Abschätzung des größten rißähnlichen Fehlers oder Defektes

5. *Betrieb*

   5.1. Kontrolle des Last- und Spannungsniveaus und der Spannungsschwankungen während des Betriebes

   5.2. Korrosionsschutzüberwachung

   5.3. Periodische Inspektion während des Betriebes.

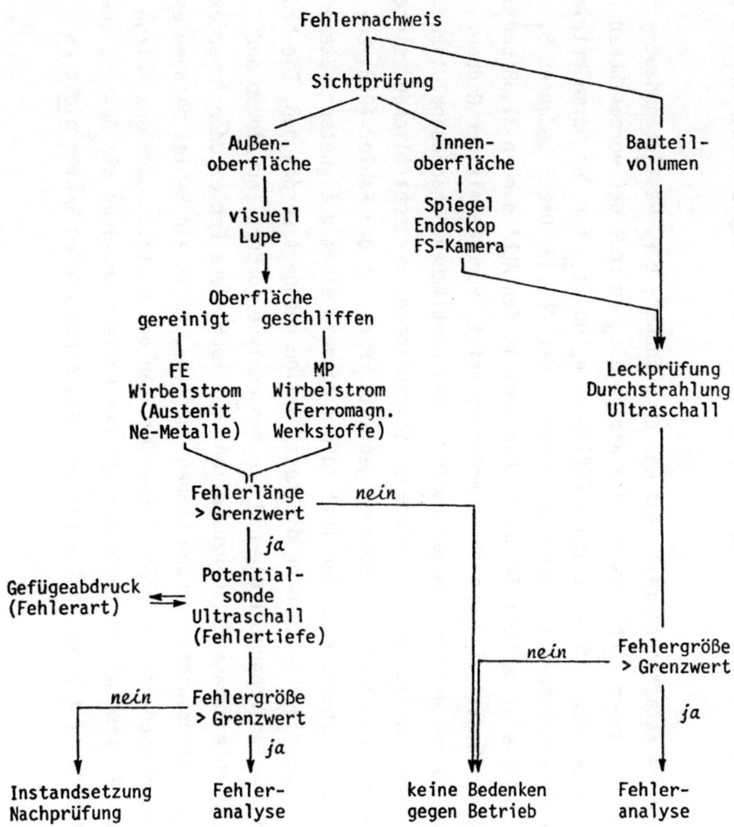

Abb.37 Schema für den bruchmechanischen Fehlernachweis (nach Allianz-AZT/ Schüller)

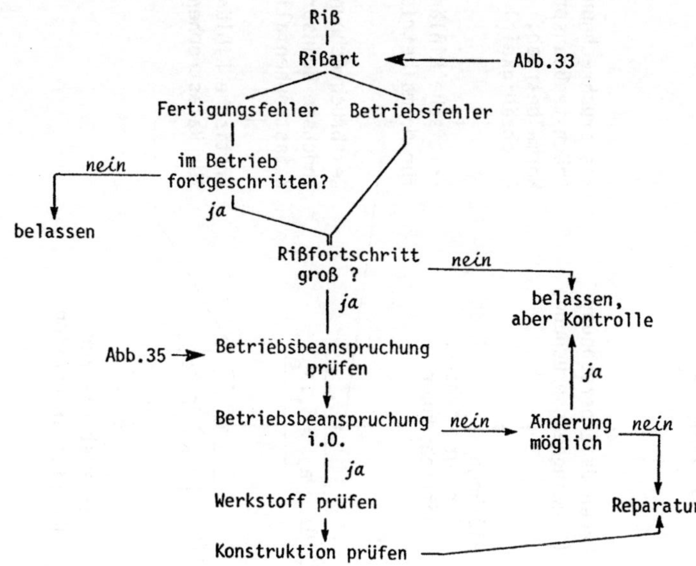

Abb.38 Schematische Vorgangsweise bei der Rißbeurteilung

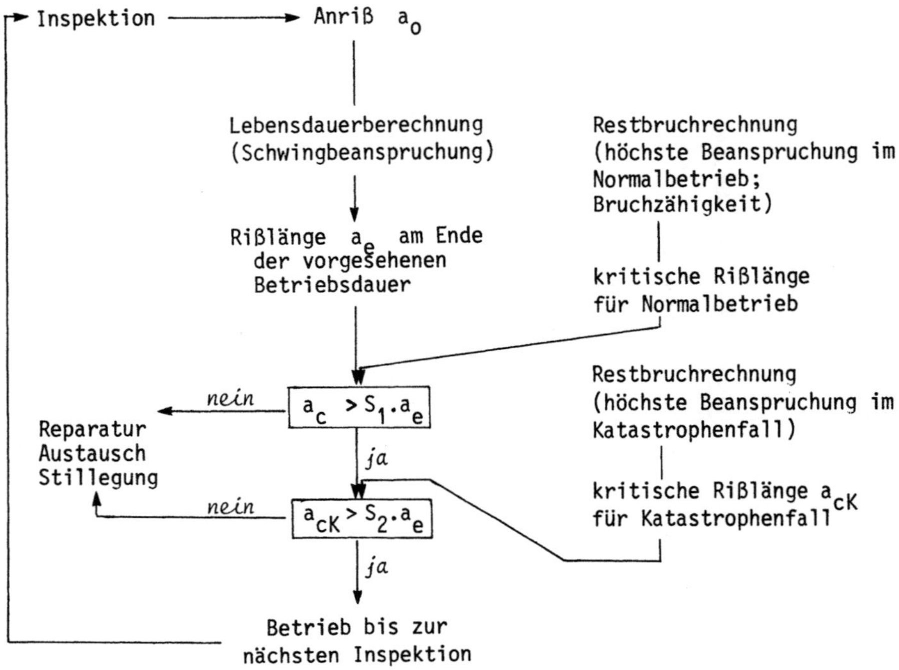

Abb.39 Schema für eine bruchmechanische Sicherheitsanalyse (nach Schwalbe)

spruchung im Katastrophenfall. Aus der Lebensdauer- bzw. Restlebensdauerberechnung ergeben sich entweder die Rißlänge a_e am Ende der vorgesehenen Betriebsdauer bzw. die kritischen Rißlängen a_c und a_{cK} für den Normalbetrieb und den Katastrophenfall nach dem Schema in der Abb.39. Dabei bedeuten S_1 und S_2 gewisse Sicherheitsfaktoren. Die drei in den Abbildungen 37,38 und 39 gezeigten Schemata sind eng miteinander vernetzt. Für den mit der Rißbeurteilung und der weiteren Vorgangsweise verantwortlichen Schadensanalytiker erhebt sich nun die von verschiedenen (technischen, wirtschaftlichen, sicherheitsbedingten, etc.) Überlegungen geprägte Frage, ob der Fehler (Riß) belassen oder ausgebessert, der Teil sofort oder zu einem geeigneten späteren Zeitpunkt ausgewechselt, oder die Konstruktion geändert werden muß. Die bruchmechanische Fehlerbeurteilung und Schadensanalyse fordert Ingenieure und Werkstoffleute heraus, sicherzustellen, daß vorhandene Fehler oder Imperfektionen (a) nachgewiesen werden können, und (b), falls ein Fehler nachgewiesen wurde, kein unerwartetes plötzliches Versagen des Bauteils oder der Anlage eintritt. Es kann als erster Grundsatz des Fehlernachweises die Aussage angesehen werden, daß "es weit wichtiger ist, einen großen Fehler nicht zu übersehen, als kleine Fehler zu finden". Unter diesen Voraussetzungen "können wir mit Rissen leben", wenn dieser Zustand auch nicht gerade angenehm und beruhigend wirkt.

5.4. Zuverlässigkeit einer Struktur

Für die Zuverlässigkeitsanalyse einer versagenssicheren Struktur ist die benaue Kenntnis der Betriebsbeanspruchungen und Betriebsbedingungen und ihr Einfluß auf die Fehlervergrößerung unerläßlich. Bei vielen technischen Anlagen und Strukturen sind jedoch die Beanspruchungen und Bedingungen während des Betriebes nur statistisch erfaßbar. 'Sicherheit während des Betriebes' erfordert dann, daß kritische Fehler (Risse) bei den Inspektionen entdeckt werden, bevor die Wahrscheinlichkeit, daß die Belastung die Restfestigkeit überschreitet, einen nicht vertretbaren Grenzwert annimmt. Die Zuverlässigkeitsanalyse für versagenssichere Bauteile wird hier an den Beispielen eines Flügelholmes eines Flugzeuges und eines Brückentragwerkteiles demonstriert. Das Risiko eines vollständigen Ermüdungsbruches zwischen zwei sukzessiven Inspektionen errechnet sich durch Kombination der Wahrscheinlichkeit für die Fehlerentdeckung und der Wahrscheinlichkeit, daß die Struktur einer Belastung ausgesetzt ist, welche stark genug ist, totales Versagen der geschädigten Struktur hervorzurufen. Bei Flugzeugen hängt die Frequenz des Auftretens von Oberlasten sehr stark vom betrachteten Teil des Flugzeuges und der Art des Flugbetriebes ab. Für bestimmte Normalbedingungen sind für Verkehrsflugzeuge mittlerer Größe Versagenswahrscheinlichkeiten für unbeschädigte und bereits beschädigte Strukturen ermittelt worden (Ref./11/). In der Abb.40 bedeuten

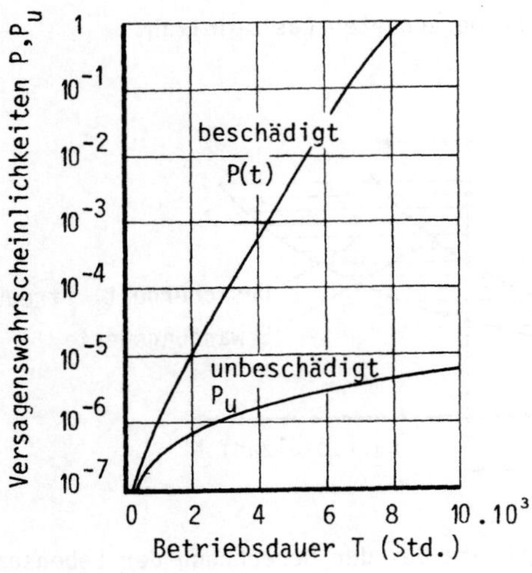

Abb.40 Versagenswahrscheinlichkeit für einen Flugzeugholm als Funktion der Betriebsdauer (nach Ref./11/)

P(t) die Versagenswahrscheinlichkeit der Struktur mit Riß während der Zeit t nach der Entdeckung des Fehlers und $P_u(t)$ die Wahrscheinlichkeit des totalen statischen Versagens der ungerissenen Struktur aufgrund von böigen Winden.

Man erkennt leicht, daß z.B. nach 2000 Betriebsstunden das Verhältnis der Wahrscheinlichkeiten $P(t)/P_u(t) = 10$ ist.

Der Inspektionsplan für eine strukturelle Komponente von der Lieferung (u.U. von der Herstellung) bis zur Außerdienststellung ist in der Abb.41 am Beispiel eines Flugzeuges oder einer Brücke gezeigt. Die Gesamtzahl von n Inspektionen ist derart auf die projektierte Lebensdauer verteilt, daß die ν-te Inspektion zum Zeitpunkt T_ν nach dem Intervall $t_{i\nu}$ auf die vorhergehende Inspektion durchgeführt wird. Die Versagenswahrscheinlichkeit während eines Inspektionsintervalles bzw. während der gesamten projektierten Service-Dauer kann entsprechenden Tabellen und Diagrammen entnommen werden.

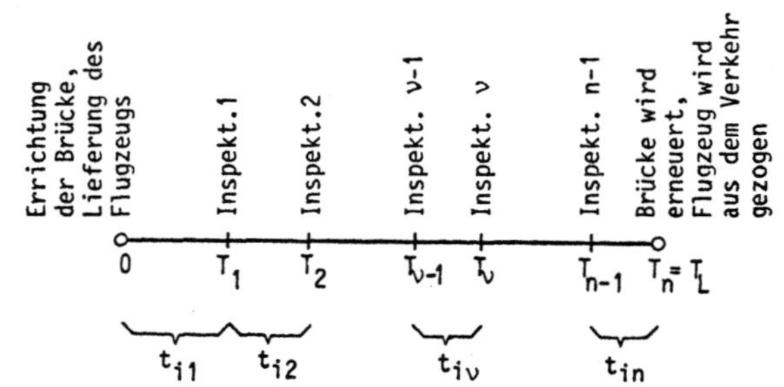

Abb.41 Inspektionszeitplan für wichtige Flugzeugkomponenten oder ein Brückentragwerkteil

Das Diagramm in der Abb.42 zeigt die statistischen Unsicherheiten bei der Lebensdauerermittlung mit N_B als der berechneten Lastspielzahl.

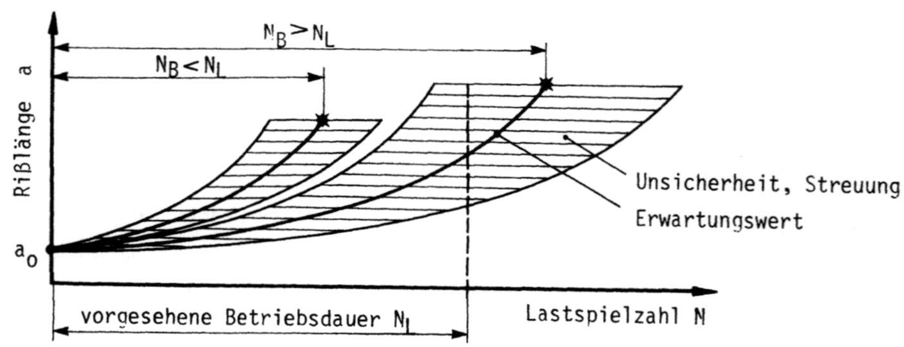

Abb.42 Statistische Unsicherheitsgebiete bei der Berechnung der Lebensdauer von Flugzeugkomponenten und Brückentragwerksteilen mit statistisch beschreibbaren Betriebsbedingungen

Berechnungen der Oberlebenswahrscheinlichkeit, des begrenzten Risikos bei periodischen Inspektionen etc. sind für verschiedene Flugzeugtypen durchgeführt worden. Die einschlägige Literatur umfaßt logische Schemata für den bruchmechanisch gerechten Entwurf von aeronautischen Strukturen als auch Brückentragwerken unter Einbeziehung der realen Beanspruchungsstatistiken, Rißwachstumskenndaten und kritischen Parameter zur Bestimmung der Entwurfsspannung für eine projektierte Lebensdauer.

5.5. Schadensanalyse - Schadensverhütung

Nach den in den vorstehenden Abschnitten dargelegten Methoden und Philosophien für das 'bruchmechanisch angemessene' Konstruieren und den Verfahren der Schadensanalyse erkennt man, daß nach Abb.43 der Schadensanalytiker den vom 'bewußten' Konstrukteur zu folgenden Weg in umgekehrter Richtung durchläuft. Beim bruchmechanisch gerechten Entwurf und ebensolcher Konstruktion werden alle realistischen (physikalischen und möglicherweise auch nicht-physikalischen) Einflußgrößen in der Berechnung berücksichtigt, um den funktionsgerechten Einsatz des Bauteils oder der Anlage mindestens bis zur projektierten erwünschten (und dafür auch bezahlten) Lebensdauer zu ermöglichen. Wird unter

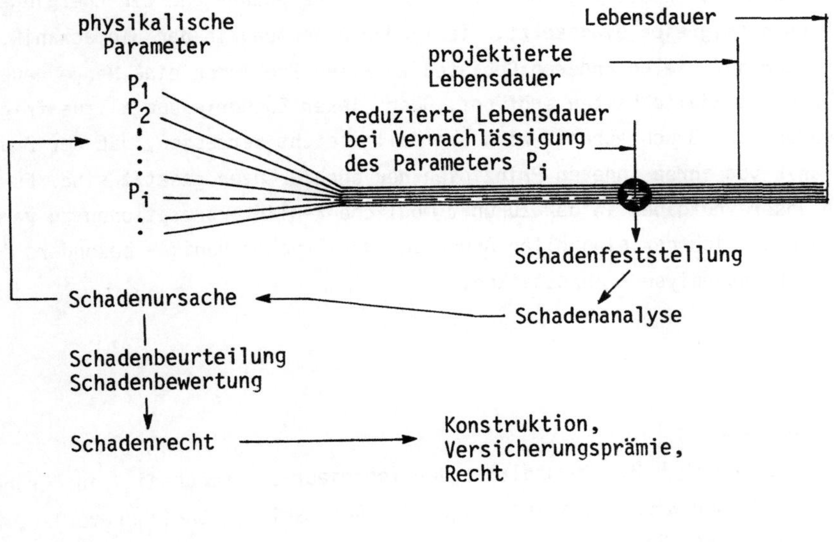

Abb.43 Die bruchmechanische Schadensanalyse als Umkehrung des bruchmechanisch gerechten Entwurfes eines Bauteiles oder einer Anlage; (relevante Parameter: $P_1, \ldots P_{i-1}, P_i, P_{i+1}, \ldots P_n$; vergessener relevanter Parameter P_i)

den für das Problem relevanten Parametern ein einziger oder mehrere Parameter unberücksichtigt gelassen, so kann dies u.U. zur Reduktion der Lebensdauer und im schlechtesten Fall zum Versagen des Bauteils mit allen daraus folgenden Konsequenzen führen. Natürlich bleibt es ein äußerst schwieriges Problem, die jeweiligen relevanten von den nichtrelevanten Einflußgrößen zu trennen. Im Sinne der Wechselwirkung zwischen Schadensanalyse, Schadensbeurteilung und Schadensrecht und den damit zusammenhängenden versicherungsrechtlichen Aspekten ergibt sich für den juridisch-versicherungstechnischen Problemkreis eine der Schadensanalyse parallele Vorgangsweise, die letztlich in der Höhe der Versicherungsprämie endet. Der Kreis schließt sich also bei der bruchmechanisch bewußten Produktentwicklung mit Entwurf, Prämie und Recht wieder. Es ergibt sich einerseits ein unmittelbarer Zusammenhang zwischen der Anzahl und Gewichtung der 'vergessenen' relevanten Parameter bei der Konstruktion und der Höhe der Versicherungsprämie und andererseits das progressive Problem, daß der Versicherer aus der Schadensanalyse, -beurteilung und -bewertung eines im Betrieb vorzeitig versagenden Bauteiles eine bindende Aussage (Prämie) für einen am Anfang seiner Betriebslebensdauer stehenden Bauteil zu machen gezwungen ist.

Die modernen Strömungen in der Bruchmechanikforschung sind sehr stark von der Wechselwirkung mit der Industrie und Technik geprägt. Bruchmechanische Methoden werden heutzutage bei Problemen des Bergbaues und der Energiegewinnung erfolgreich eingesetzt, sie finden Anwendung in der Biomechanik, etc. und haben auf vielen anderen Gebieten zu alten Problemen eine Menge neuer Zugänge und Möglichkeiten eröffnet. Über dieser Euphorie und allzueifrigen Anwendung der Bruchmechanik wird aber allzuleicht vergessen, daß der Bruchmechanik von ihren inneren Prinzipien her auch Grenzen gesetzt sind. Es ist auch unsere Aufgabe, in der Zukunft mögliche Fehlinterpretationen zu vermeiden und den Bereich der sinnvollen Anwendung der Bruchmechanik - besonders in der Schadensanalyse - abzustecken.

6. Literatur

/1/ Rossmanith H.P.: "Grundlagen der Ingenieur-Bruchmechanik" in "Grundlagen der Bruchmechanik" (Hsgb. H.P.Rossmanith), Springer-Verlag, Wien-New York(1982)

/2/ Tada H., P.C.Paris und G.R.Irwin: "The Stress Analysis of Cracks Handbook", Del Research Corporation, Hellertown, Pennsylvania (1973)

/3/ Broek D.: "Elementary Engineering Fracture Mechanics"- Sijthoff/Noordhoff Publ.Comp. (1978)

/4/ Rice J.C.: A path independent integral and the approximate analysis of strain concentrations by notches and cracks. J.Appl.Mech.36,379-386 (1968)

/5/ Schüller H.J.: "Schadenfälle an Schweißverbindungen" in Int.Seminar über 'Schadenanalyse-Bruchmechanik, Technische Versicherung' (Hsgb. H.P.Rossmanith), 28.-29.Okt.1981, Wiener Allianz (1981)

/6/ Newman J.C., Jun.: "A Review and Assessment of the Stress-Intensity Factors for Surface Cracks" in "Part-Through Crack Fatigue Life Prediction"(Hsgb.J.B.Chiang), ASTM STP 687,16-46 (1979)

/7/ Madison R.B.:"Application of Fracture Mechanics to Bridges", Fritz Engineering Laboratory Report No.335.2, Department of Civil Engineering Lehigh University, Bethlehem, PA, USA (1969)

/8/ Schwalbe K.-H.: "Bruchmechanik metallischer Werkstoffe", Carl Hanser Verlag, München (1980)

/9/ Irwin G.R.: Private Mitteilung.

/10/ Rolfe S.T. und Barsom J.M.: "Fracture and Fatigue Control in Structures - Applications of Fracture Mechanics", Prentice-Hall, Inc., Englewood Cliffs, New Jersey (1977)

/11/ Chiang J.B.(Hsgb.): "Part-Through Crack Fatigue Life Prediction", ASTM-STP 687 , ASTM Philadelphia (1979).

Univ.-Doz.Dr.Mag. Hans-Peter Rossmanith
Institut für Mechanik
Technische Universität Wien
Karlsplatz 13
A-1040 Wien, Österreich

EINFÜHRUNG IN DIE METHODE DER FINITEN ELEMENTE

H.A. MANG

1. Einleitung

Viele Rand- und Anfangswertaufgaben zur Beschreibung komplexer naturwissenschaftlicher bzw. technischer Probleme sind derart schwierig, daß an analytische Lösungen von Anfang an nicht zu denken ist. Nicht selten bietet schon die Aufstellung der entsprechenden Differentialgleichungen bzw. Differentialgleichungssysteme überaus große Schwierigkeiten. Dies gilt nicht zuletzt auch für komplizierte Probleme der Strukturmechanik. Ohne Anspruch auf Vollständigkeit zu erheben, werden im folgenden einige Gründe für die Schwierigkeit, zu analytischen Lösungen strukturmechanischer Probleme zu gelangen, aufgezählt. Im einzelnen handelt es sich um

(a) „Unregelmäßigkeiten" in der Struktur
 (abrupte Änderungen der Wandstärke, Aussparungen, Versteifungen, usw.)

(b) Komplizierte geometrische Form der Berandung der Struktur
 (Berandung nicht oder nur unter großen Schwierigkeiten mathematisch beschreibbar)

(c) Komplizierte Lagerung der Struktur
 (elastische bzw. elasto-plastische Stützennachgiebigkeiten verschiedener Art, zeitlich veränderliche Randbedingungen)

(d) Geometrische Nichtlinearität
 (Beziehungen zwischen Verschiebungen und Verzerrungen dürfen nicht linearisiert werden; Stabilitätsprobleme, Spannungsprobleme 2. Ordnung)

(e) Physikalische Nichtlinearität; Plastizität
(nichtlineare Elastizität; Plastizität in vielerlei Erscheinungsformen, komplizierte Fließbedingungen und Fließregeln)
(f) Brucherscheinungen, Risse
(komplizierte Spannungszustände in der Umgebung vorgegebener Risse, Rißausbreitung im Zuge von Traglastanalysen im Stahlbetonbau)
(g) Zeitabhängige Effekte
(Schwingungen von Maschinenteilen und Maschinenfundamenten, Erdbebenerregung; Schwinden und Kriechen des Betons)
(h) Komplizierte Form der Belastung
(Winddruck auf Schalen, Silodruck)
(i) Folgelasten
(Verschiebungsabhängigkeit des hydrostatischen Drucks)

Die aufgezählten Schwierigkeiten sowie eine Reihe weiterer, nicht angeführter Probleme stellen den Beweggrund für das Zurückgreifen auf numerische Verfahren und hier in erster Linie auf die Finite Elemente Methode (FEM) dar. Genau genommen müßte man eigentlich von Finite Elemente Methoden sprechen, da es eine große Anzahl von Varianten gibt, die sich nach verschiedenen Gesichtspunkten klassifizieren lassen. Gemeinsam ist allen diesen Verfahren, daß der zu untersuchende Bereich in eine Reihe von Teilgebieten einfacher geometrischer Form - sogenannte Finite Elemente - zerlegt wird. Der Vollständigkeit halber sei angeführt, daß in zunehmendem Maße eine Variante der „klassischen" FEM die sogenannte Randelementmethode (Boundary Element Method (BEM)) auch in der Praxis an Bedeutung gewinnt /1/. Bei diesem Verfahren wird nur der Rand des zu untersuchenden Bereichs in einzelne Finite Elemente zerlegt.

2. Grundkonzept der Diskretisierung (FE-Zerlegung) von Strukturen

Die zu untersuchende Struktur wird bei der FEM, wie bereits erwähnt, in eine Reihe endlicher Elemente einfacher geometrischer Form zerlegt. Man spricht von der Diskretisierung der Struktur. Anhand des einfachen Beispiels einer dünnen Scheibe wird der

Sachverhalt erläutert.

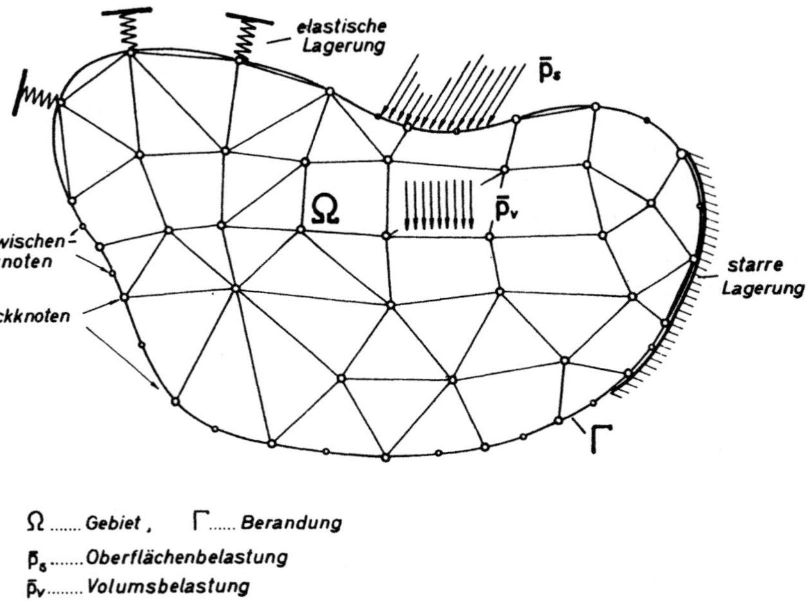

Abb. 1. FE-Zerlegung einer Scheibe bei Verwendung verschiedener Elementstypen

Abb. 1 läßt erkennen, daß zur Diskretisierung verschiedene Elementstypen verwendet worden sind. Neben Elementen mit geradliniger Berandung gelangten auch Elemente mit krummliniger Berandung zum Einsatz. Mit derartigen Elementen läßt sich der gekrümmte Rand der Scheibe besser als mit geradlinig berandeten Elementen approximieren. Man entnimmt Abb. 1 ferner, daß sowohl dreieckige als auch viereckige Finite Elemente verwendet worden sind. Mit gewissen Einschränkungen lassen sich verschiedene Elementstypen miteinander koppeln.

Der Sinn der Zerlegung des Gebietes Ω in einzelne Finite Elemente besteht darin, daß wegen ihrer im Vergleich zur Gesamtstruktur einfachen geometrischen Form charakteristische mechanische Eigenschaften der einzelnen Elemente - darunter versteht man etwa ihre Steifigkeit, Nachgiebigkeit, Trägheit, usw.

relativ leicht bestimmt werden können. Durch „Zusammenfügen" der einzelnen Elemente zur Gesamtstruktur mittels des Computers - genauer gesagt, durch geeignete Addition elementsbezogener Steifigkeits-, Nachgiebigkeits-, Massenmatrizen, usw. - erhält man Matrizen, die das Verhalten der Struktur charakterisieren.

Bei Finite Elemente Methoden kann man grundsätzlich zwischen der sogenannten h-Version und der sogenannten p-Version dieser Verfahren unterscheiden /2/. Bei der h-Version wird die Konvergenz der Methode auf der Grundlage sukzessiver Verfeinerung eines bestimmten Ausgangsnetzes untersucht. Bei der p-Version werden die zur Beschreibung des Verschiebungs- oder Spannungszustandes innerhalb eines Finiten Elementes verwendeten Ansatzfunktionen fortschreitend durch Ansatzfunktionen höherer Ordnung zum Zwecke der Feststellung von Konvergenz ersetzt.

In der Praxis werden bei der h-Version Verfeinerungen des FE-Netzes in Bereichen großer Gradienten der Zustandsgrößen vorgenommen. Bei der p-Version werden die erwähnten Ansatzfunktionen in derartigen Bereichen erhöht. Kombinationen beider Versionen gelangen in der Praxis ebenfalls zum Einsatz.

3. Historische Entwicklung der FEM

Der zuvor bereits mehrfach erwähnte Begriff „Diskretisierung" wird von Mathematikern und Ingenieuren zum Teil verschieden verstanden. Der Mathematiker verbindet mit diesem Begriff etwa den Übergang von Differentialgleichungen auf Differenzengleichungen. Der Ingenieur hingegen verknüpft mit diesem Begriff eher eine Analogie zwischen endlichen Teilen eines Kontinuums und reellen, diskreten Elementen.

Ein Vorläufer der FEM ist beispielsweise das sogenannte Hrennikoff'sche Stabmodell /3/, bei dem die tatsächliche Struktur durch ein Stabwerk mit entsprechenden Steifigkeiten ersetzt wird (Abb. 2).

Die Grundlagen für die FEM, wie wir sie heute verstehen, wurden vor allem von Argyris /4/ bzw. Clough und seinen Mitarbeitern

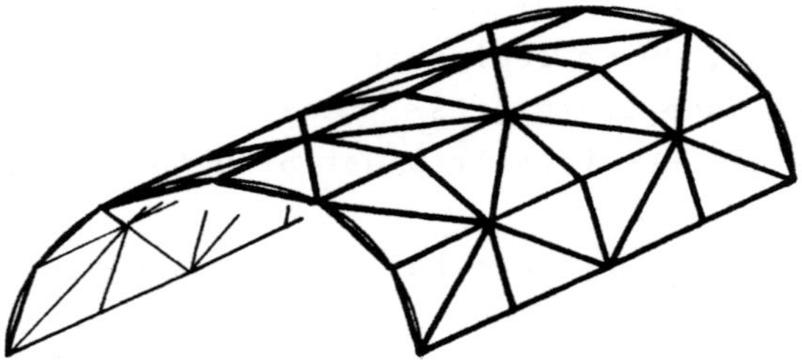

Abb. 2. Hrennikoff'sches Stabmodell zur Berechnung eines Schalendaches

/5/ zu Beginn bzw. um die Mitte der 50er Jahre erstellt. Der Begriff „Finite Elemente" wurde gegen Ende der 50er Jahre erstmals von Clough verwendet. Mit diesem Begriff wird eine mehr oder weniger standardisierte Methodologie für die Behandlung diskretisierter Systeme verbunden.

Im Gegensatz zu Problemen, die ab initio als diskrete Probleme zu bezeichnen sind, handelt es sich bei der FEM um Verfahren, die auf der Diskretisierung des Kontinuums beruhen. Die erwähnte, standardisierte Methodologie zur Lösung physikalischer bzw. technischer Probleme mittels der FEM ist diejenige, die bei der Behandlung diskreter Probleme zum Einsatz gelangt.

Im folgenden wird eine Art Stammbaum Finiter-Elemente Verfahren präsentiert, die dem Standardwerk von Zienkiewicz /6/ entnommen worden ist.

Tabelle 1. Stammbaum Finiter Elemente Verfahren /6/

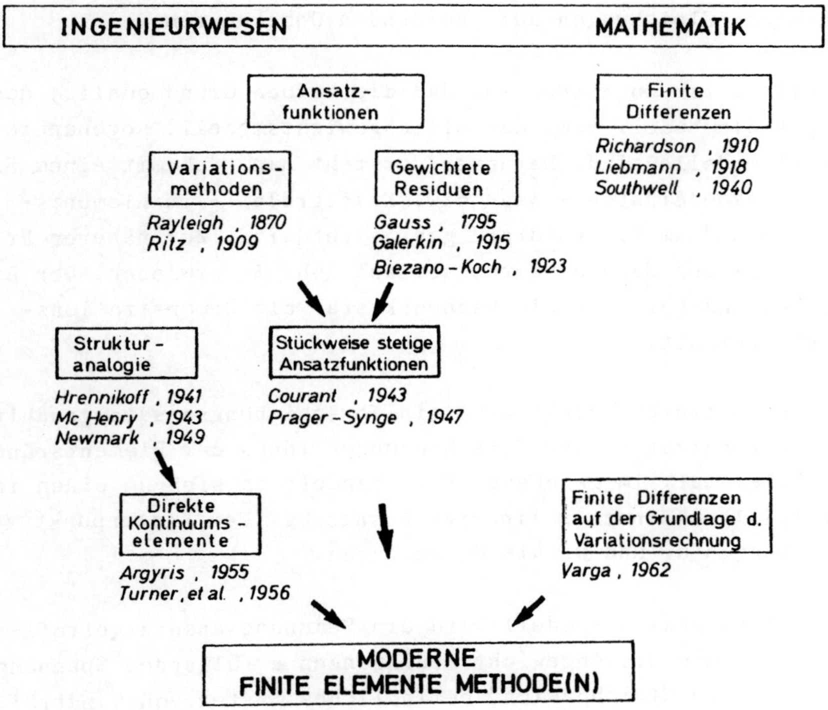

4. Klassifikation Finiter Elemente Verfahren

Den theoretischen Ausgangspunkt bei der Herleitung der Mehrzahl moderner FE-Verfahren stellen Variationsprinzipien dar. In diesem Zusammenhang sei festgestellt, daß die FEM einerseits durch ihre Einbettung in die Variationsprinzipien auf eine solide mathematische Basis gestellt worden ist, daß sie andererseits aber auch die Variationsrechnung entscheidend beeinflußt und befruchtet hat. Dies schlägt sich in einer Fülle neuer, auf die FEM zugeschnittener Variationsprinzipien nieder, von denen einige wenige - diejenigen, denen die meiste Bedeutung zukommt - in der folgenden Zusammenstellung (Tabelle 2) angeführt sind. Die Klassifikation der einzelnen FE-Modelle richtet sich nach dem zugrunde liegenden Variationsprinzip, nach den Ansätzen im Elementsinneren bzw. längs der Elementsränder und nach den in den letztendlich zu lösenden, algebraischen Gleichungen aufscheinenden Unbekannten.

Tabelle 2 ist zu entnehmen, daß die beiden Grundmodelle, das kompatible Modell bzw. das Gleichgewichtsmodell, sogenannte Einfeldmodelle sind. Darunter versteht man, daß mit einem Satz von Lagekoordinaten - Weg- bzw. Kraftgrößen - im Elementsinneren und am Elementsrand gearbeitet wird. Zur näheren Erläuterung des Sachverhaltes sei auf Abb. 3 verwiesen. Der Einfachheit halber wird ein Fachwerksstab als Demonstrationsobjekt gewählt.

Beim kompatiblen Modell wird ein Verschiebungsansatz gewählt, der Kontinuität in den Verschiebungen längs der Elementsränder gewährleistet. Im gegebenen Fall handelt es sich um einen in der Axialkoordinate x linearen Ansatz mit den Knotenpunktsverschiebungen u_1 und u_2 als Unbekannten.

Beim Gleichgewichtsmodell wird ein Spannungsansatz getroffen, wobei die die Gleichgewichtsbedingungen erfüllenden Spannungen durch ein im Gleichgewicht befindliches System von Randkräften ausgedrückt werden. Beim Fachwerksstab ist der Sachverhalt, wie Abb. 3(b) zeigt, sehr einfach, da die Randkräfte mit den Knotenkräften identisch sind. Bei Flächentragwerken bereitet die Erfüllung der Gleichgewichtsbedingungen oftmals Schwierigkeiten. Darin liegt der Hauptgrund dafür, daß sich das Gleichgewichtsmodell in der Praxis nicht durchgesetzt hat.

Die in Tabelle 2 als Hybride Modelle bezeichneten FE-Verfahren beruhen auf sogenannten „unechten" Mehrfeldprinzipien. Darunter versteht man, daß ein Feld von Größen (Weg- oder Kraftgrößen) für das Elementsinnere spezifiziert wird, wobei verallgemeinerte Koordinaten als Unbekannte zum Einsatz gelangen, während ein oder zwei weitere Felder für den Elementsrand festgelegt werden. Dabei wird so vorgegangen, daß für eines dieser „Randfelder" physikalische Lagekoordinaten (Weg- oder Kraftgrößen) spezifiziert werden. Durch Anwendung des zugrunde liegenden

Tabelle 2. Klassifikation Finiter Elemente Verfahren nach den zugrunde liegenden Variationsprinzipien, den Ansätzen im Elementsinneren bzw. längs der Elementsränder und den Unbekannten (nach Pian und Tong /7/)

Modell	Variationsprinzip	Ansatz im Elementsinneren	Forderung bzw. Annahme längs der Elementsränder	Unbekannte in den algebraischen Gleichungen	Proponent
Kompatibel	Minimum der potentiellen Energie	Stetige Verschiebungen	Interelementskompatibilität in den Verschiebungen (Forderung)	Knotenverschiebungen	Melosh
Gleichgewicht	Minimum der Komplementärenergie	Stetige, im Gleichgewicht befindliche Spannungen	Gleichgewichtssystem von Randkräften (Forderung)	(a) Spannungen (b) Verallgemeinerte Knotenpunktsverschiebungen	Elias Morley Veubeke
Hybrid (I)	Stationärer Wert einer modifizierten Form der Komplementärenergie	Stetige, im Gleichgewicht befindliche Spannungen	Interelementskompatible Verschiebungen (Annahme)	Knotenverschiebungen	Pian
Hybrid (II)	Stationärer Wert einer modifizierten Form der potentiellen Energie	Stetige Verschiebungen	Gleichgewichtssystem von Randkräften (Annahme)	Verschiebungsgrößen und Randkräfte	Yamamoto
Hybrid (III)	Stationärer Wert einer modifizierten Form der potentiellen Energie	Stetige Verschiebungen	Randkräfte (Annahme) und Randverschiebungen (Annahme)	Knotenverschiebungen	Tong
Gemischt	Reissner'sches Prinzip, „echtes" Mehrfeldprinzip	Stetige Spannungen und Verschiebungen	Verschiedene Kombinationen von Randverschiebungen und Kraftgrößen	Verschiedene Kombinationen von Randverschiebungen und Kräften	Herrmann

(a) Kompatibles Modell (Einfeldmodell)

Fachwerksstab

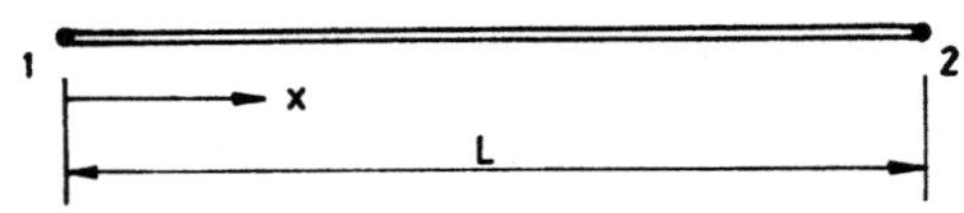

Verschiebungen

$u = (1 - \frac{x}{L}).u_1 + \frac{x}{L} u_2$

u_1, u_2.......... Knotenverschiebungen

(b) Gleichgewichtsmodell (Einfeldmodell)

Fachwerksstab

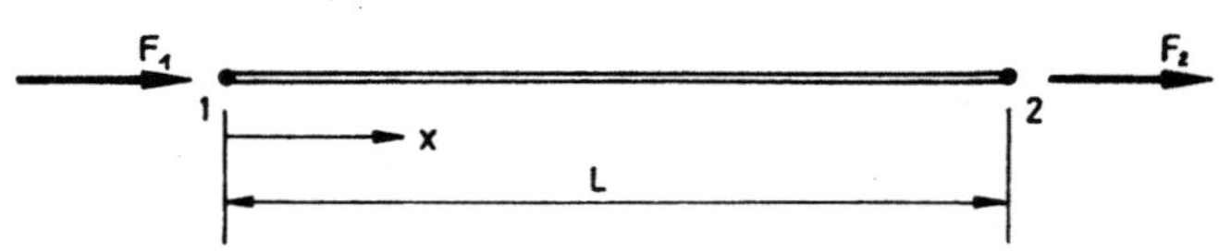

Spannungen

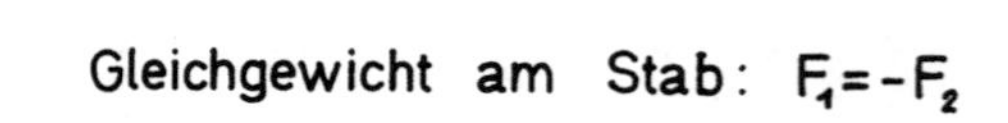

$\sigma = \frac{F_2}{A} = -\frac{F_1}{A}$

F_1, F_2 .... Knotenkräfte

A .... Querschnittsfläche

Gleichgewicht am Stab: $F_1 = -F_2$

Stab: Randkräfte ≡ Knotenkräfte

Flächentragwerk: Randkräfte sind durch Knotenkräfte auszudrücken

Abb. 3. Einfeldmodelle

Variationsprinzips auf Elementsebene werden die zuvor erwähnten verallgemeinerten Koordinaten eliminiert. Zuguterletzt verbleiben entweder Knotenpunktsverschiebungen oder Knotenpunktskräfte als ein Satz unbekannter Lagekoordinaten. Dieser Sachverhalt erklärt den zuvor angeführten Begriff „unechte Mehrfeldprinzipien". In der Praxis findet das „hybride Spannungsmodell" (Hybrid (I)) Verwendung, während das „hybride Verschiebungsmodell" (Hybrid (II)) in seiner klassischen Formulierung kaum zum Einsatz gelangt. Aus diesem Grund beschränkt sich die Erläuterung der hybriden Modelle auf das „hybride Spannungsmodell" (Hybrid (I)). Der Einfachheit halber wird ein Biegestab als Demonstrationsobjekt gewählt (Abb. 4).

Biegestab

Biegemoment

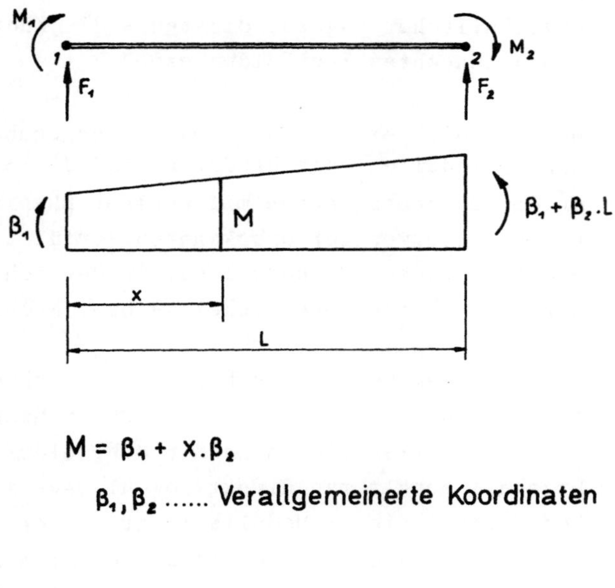

„Spannungsfeld"

$$M = \beta_1 + x.\beta_2$$

β_1, β_2 ...... Verallgemeinerte Koordinaten

Randkräfte durch β_1 und β_2 aus= gedrückt :

$$F_1 = \beta_2 \; , \; F_2 = -\beta_2$$

$$M_1 = \beta_1 \; , \; M_2 = -(\beta_1 + \beta_2.L)$$

Abb. 4. „Unechtes Zweifeldprinzip" erläutert am Beispiel eines Biegestabes

Ergänzende Erläuterungen zu Abb. 4:

Elementsränder: Interelementskompatibles Verschiebungsfeld ausgedrückt durch Knotenpunktsverschiebungen; degeneriert beim Stab zu Knotenpunktsverschiebungen

Knotenpunktsverschiebungen: $$\bar{\underset{\sim}{u}} = \begin{bmatrix} w_1 \\ \delta_1 \\ w_2 \\ \delta_2 \end{bmatrix} .$$

Elimination der verallgemeinerten Koordinaten auf Elementsebene mittels Stationäritätsbedingung für das zugrunde liegende Variationsprinzip. Es verbleibt ein Satz unbekannter, physikalischer Lagekoordinaten - die Knotenpunktsverschiebungen → „unechtes Zweifeldprinzip".

Der Vorteil der hybriden Modelle gegenüber den klassischen Einfeldmodellen besteht darin, daß die Stetigkeitsforderungen an den Elementsgrenzen mit weniger physikalischen Lagekoordinaten, also weniger Unbekannten, erfüllt werden können. Der Nachteil dieser Methode liegt in der schwierigeren Formulierung der entstehenden Steifigkeits- bzw. Nachgiebigkeitsmatrizen.

Zum Abschluß der Besprechung der verschiedenen FE-Modelle gilt es, einige Worte über die Gemischten Modelle zu verlieren. Diesen Modellen liegen „echte Mehrfeldprinzipien" zugrunde. Im Ergebnis erhält man direkt sowohl Weg- als auch Kraftgrößen. Der Vorteil dieser Modelle liegt in der Relaxation der wesentlichen Übergangsbedingungen an den Elementsrändern. Als Nachteil ist der Umstand zu werten, daß infolge des Auftretens indefiniter Koeffizientenmatrizen gegebenenfalls numerische Schwierigkeiten zu gewärtigen sind.

Da das kompatible Modell in der Berechnungspraxis am häufigsten verwendet wird, wollen wir uns im weiteren auf dieses Modell beschränken.

5. Kompatibles Modell

In diesem Abschnitt werden die einzelnen Schritte zur Lösung eines praktischen Problems mittels der FEM auf der Basis des kompatiblen Modells beschrieben. Dabei wollen wir uns auf statische Probleme beschränken. Die einzelnen Schritte sind die Wahl geeigneter Verschiebungsansätze für die Finiten Elemente, die Ermittlung der Elementsteifigkeitsmatrizen, das Zusammensetzen der Elementsteifigkeitsmatrizen zur Globalsteifigkeitsmatrix, die Erfüllung der Randbedingungen, die Lösung des entstehenden linearen Gleichungssystems und die Ermittlung der Spannungen im Wege einer Nachlaufrechnung.

Bevor wir uns den einzelnen Abschnitten einer FE-Analyse im Rahmen des kompatiblen Modells zuwenden, wollen wir uns mit einigen grundlegenden Elementstypen auseinandersetzen (Abb. 5).

5.1. Wahl geeigneter Verschiebungsansätze für die einzelnen Elemente

Im Rahmen des kompatiblen Modells ist darauf zu achten, daß die Verschiebungsansätze folgenden drei Konvergenzforderungen gehorchen:

(a) Starrkörperbedingung (Rigid-Body Requirement)
(b) Bedingung konstanter Verzerrungen (Constant-Strain Requirement)
(c) $C^0(C^1)$ - Stetigkeitsforderung an den Elementsgrenzen ($C^0(C^1)$ - Interelement Continuity Requirement)

Die erste Forderung besagt, daß bei einer Starrkörperbewegung des Elementes keine Verzerrungen im Elementsinneren auftreten dürfen. Die zweite Forderung drückt aus, daß konstante Verzerrungszustände innerhalb eines Elementes realisierbar sein müssen. Die dritte Forderung schließlich bezieht sich auf die Stetigkeit der Verschiebungen an den Elementsgrenzen. Bei Scheiben genügt es, sogenannte C^0-Stetigkeit (Stetigkeit der Verschiebungen) zu fordern. Bei Platten und Schalen hingegen ist sogenannte C^1-Stetigkeit (Stetigkeit in den Verschiebungen

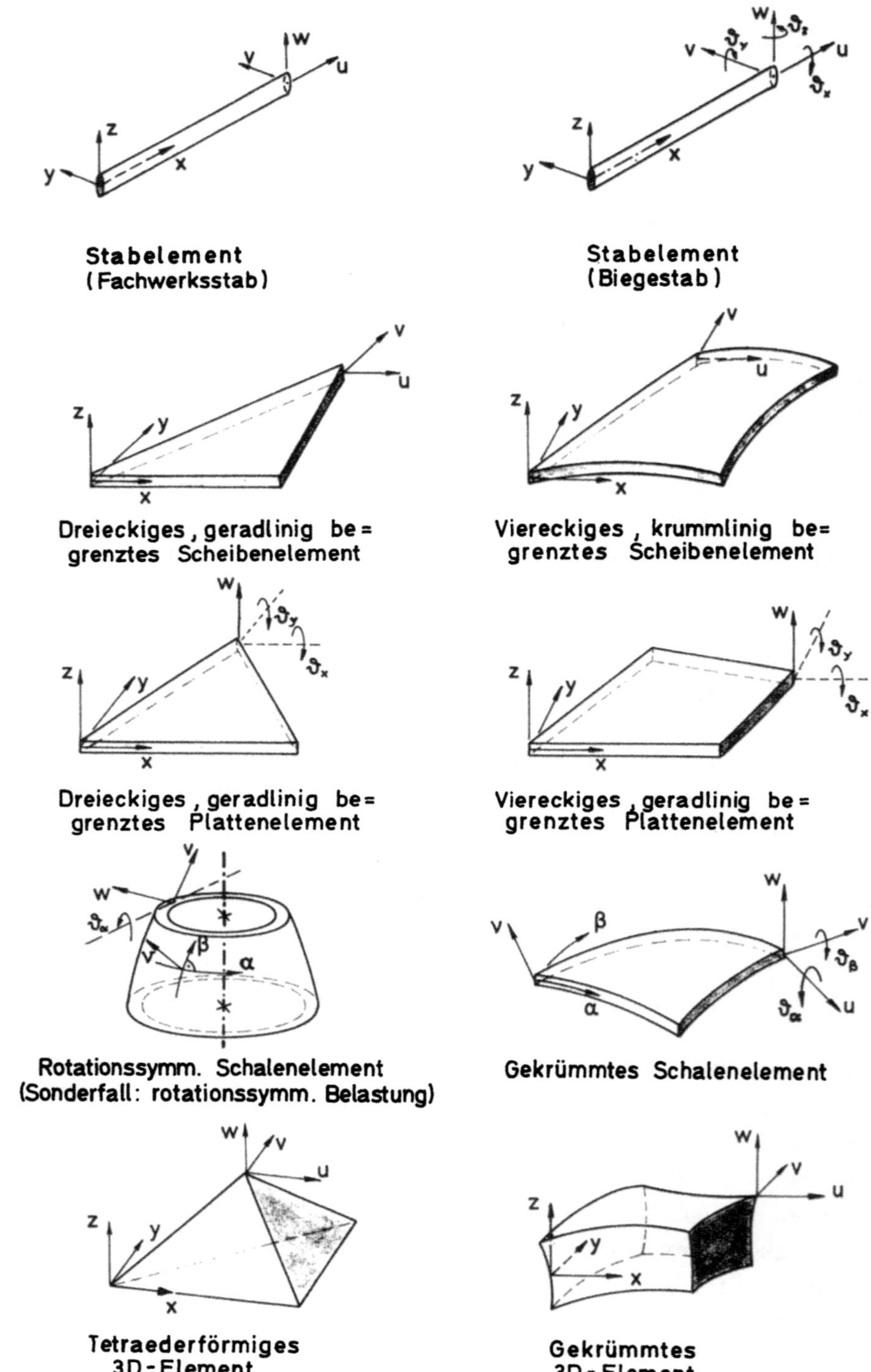

Abb. 5. Elementstypen

und in den Tangentendrehungen) vonnöten. Hinzuzufügen ist, daß die erwähnten Konvergenzkriterien in ihrer Gesamtheit hinreichende Bedingungen darstellen. Fragen, die sich auf die Relaxation der erwähnten Konvergenzkriterien beziehen, liegen außerhalb des Umfanges einer einführenden Abhandlung.

Darstellung der Verschiebungen mit Hilfe von Knotenpunktsverschiebungen (Lagekoordinaten) und Verlaufsfunktionen (Modes, Interpolationsfunktionen):
Allgemein gilt:

$$\underset{\sim}{u} = \underset{\sim}{N}\underset{\sim}{q} \,, \tag{1}$$

wobei

$$\underset{\sim}{u} = \begin{bmatrix} u \\ v \\ w \end{bmatrix} \tag{2}$$

den Verschiebungszustand mit den entsprechenden Komponenten bezeichnet, $\underset{\sim}{q}$ einen Vektor von Knotenverschiebungen darstellt und $\underset{\sim}{N}$ die zugehörige Matrix von Verlaufsfunktionen repräsentiert. Da zum gegebenen Zeitpunkt keine Verwechslungsgefahr zwischen elementsbezogenen Größen einerseits und strukturbezogenen, globalen Größen andererseits besteht, wird zunächst davon abgesehen, elementsbezogene Indices einzuführen.

Ein wesentlicher Punkt bei der Anwendung des kompatiblen Modells im Rahmen der Elastostatik ist die Erstellung der Elementsteifigkeitsmatrix. Zur Erläuterung dieses Punktes wird die Elementsteifigkeitsmatrix für einen besonders einfachen Fall, nämlich für das sogenannte Dreieckselement mit konstanten Verzerrungen (Constant Strain Triangle (CST)) bestimmt. Dieses Element gelangt bei Scheibenproblemen zur Anwendung.

5.2. Ermittlung der Elementsteifigkeitsmatrix für das CST

Abb. 6 zeigt ein dreiecksförmiges, ebenes Finites Element, das in ein kartesisches Koordinatensystem x, y eingebettet ist.

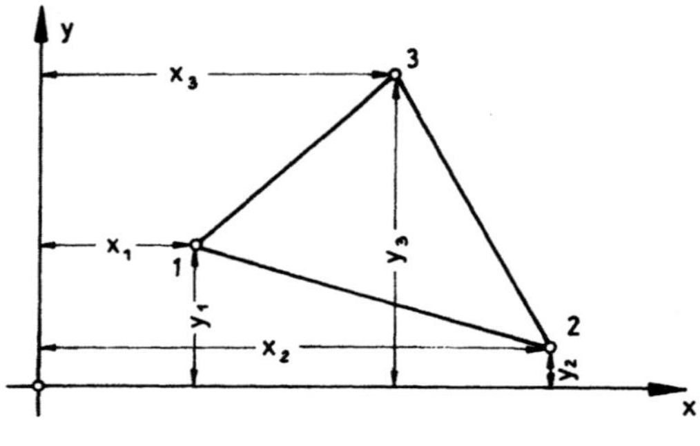

Abb. 6. Dreiecksförmiges, ebenes Finites Element

Der in Glg. (2) angegebene Verschiebungsvektor degeneriert für das ebene Problem zu

$$\underset{\sim}{u} = \begin{bmatrix} u \\ v \end{bmatrix} . \tag{3}$$

Für das CST ergibt sich der Vektor der Lagekoordinaten zu

$$\underset{\sim}{q} = \begin{bmatrix} u_1 \\ v_1 \\ u_2 \\ v_2 \\ u_3 \\ v_3 \end{bmatrix} , \tag{4}$$

wobei u_i, v_i die beiden Verschiebungskomponenten im Knotenpunkt i, i=1,2,3, darstellen. Zur Bestimmung der Matrix der Verlaufsfunktionen erweist es sich als zweckmäßig, sogenannte Dreieckskoordinaten einzuführen (Abb. 7). Für einen beliebigen Punkt P des Dreiecks sind die Dreieckskoordinaten wie folgt definiert:

$$L_i = \frac{A_i}{A} , \quad i=1,2,3, \tag{5}$$

wobei A_i die dem Eckpunkt i gegenüberliegende Fläche des Dreiecks $\overline{jkP}$ ist. Der Vollständigkeit halber sei angeführt, daß

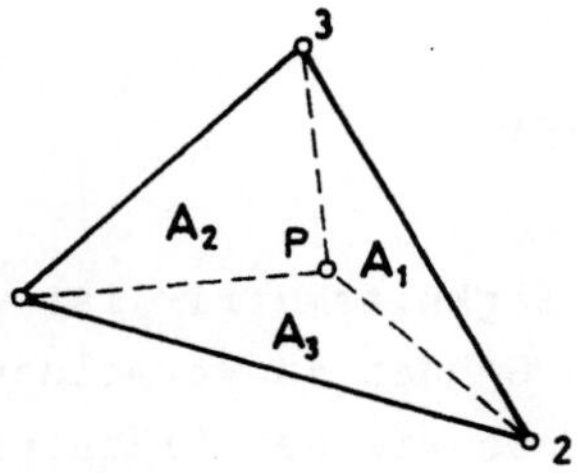

Abb. 7. Dreieckskoordinaten

zwischen den drei Dreieckskoordinaten folgender offenkundiger Zusammenhang besteht:

$$L_1 + L_2 + L_3 = 1. \tag{6}$$

Mit Hilfe der erwähnten Dreieckskoordinaten läßt sich die in Glg. (1) aufscheinende Matrix der Verlaufsfunktionen auf besonders einfache Weise darstellen:

$$\underset{\sim}{N} = \begin{bmatrix} L_1 & 0 & L_2 & 0 & L_3 & 0 \\ 0 & L_1 & 0 & L_2 & 0 & L_3 \end{bmatrix}. \tag{7}$$

Die Elementsteifigkeitsmatrix stellt gleichsam das Bindeglied zwischen den Knotenpunktsverschiebungen und Knotenkräften dar, die den inneren Kräften im Element energetisch äquivalent sind (Abb. 8).

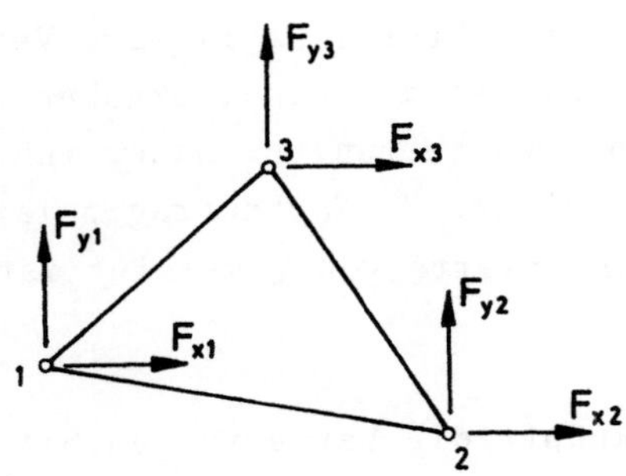

Abb. 8. Energetisch äquivalente Knotenkräfte

Die erwähnten Knotenkräfte ergeben sich zu

$$\underset{\sim}{F} = \underset{\sim}{K}\underset{\sim}{q} , \tag{8}$$

wobei $\underset{\sim}{K} = \underset{\sim}{K}^{(e)}$ die zu

$$K^{(e)} = \int_{A^{(e)}} \underset{\sim}{B}^T \underset{\sim}{E} \underset{\sim}{B} h dA \qquad (9)$$

definierte Elementsteifigkeitsmatrix ist /6/. Um eine Verwechslung mit globalen Größen zu vermeiden, wird die Elementssteifigkeitsmatrix ebenso wie der Flächeninhalt des betreffenden Elementes mit dem Elementsindex e versehen. Es versteht sich von selbst, daß sich die im folgenden definierten Größen im Integranden von Glg. (9) auf das Element beziehen.

Die Matrix $\underset{\sim}{B}$ verknüpft die Knotenpunktsverschiebungen mit den Verzerrungen:

$$\underset{\sim}{\varepsilon} = \underset{\sim}{B}\underset{\sim}{q} \; . \qquad (10)$$

Im gegebenen Fall ist

$$\underset{\sim}{\varepsilon} = \begin{bmatrix} \varepsilon_x \\ \varepsilon_y \\ \gamma_{xy} \end{bmatrix} = \begin{bmatrix} \frac{\partial u}{\partial x} \\ \frac{\partial v}{\partial y} \\ \frac{\partial u}{\partial y} + \frac{\partial v}{\partial x} \end{bmatrix} \; . \qquad (11)$$

Unter Berücksichtigung der Glgn. (1), (7), (10) und (11) läßt sich $\underset{\sim}{B}$ unschwer ermitteln. (Aus Platzgründen wird auf die Wiedergabe von $\underset{\sim}{B}$ verzichtet). Da lineare Verlaufsfunktionen (s. Glg. (7)) gewählt worden sind, ergeben sich innerhalb des Elementes konstante Verzerrungen. Daher rührt der Ausdruck „Constant Strain Triangle". Nachzutragen ist, daß mit $\underset{\sim}{B}^T$ in Glg. (9) die Transponierte von $\underset{\sim}{B}$ gemeint ist; h ist die Scheibendicke.

Die Matrix $\underset{\sim}{E}$ verknüpft die Verzerrungen mit den Spannungen:

$$\underset{\sim}{\sigma} = \underset{\sim}{E}\underset{\sim}{\varepsilon} \; . \qquad (12)$$

Im gegebenen Fall ist

$$\underset{\sim}{\sigma} = \begin{bmatrix} \sigma_x \\ \sigma_y \\ \tau_{xy} \end{bmatrix} . \qquad (13)$$

Bei Beschränkung auf lineare Elastizität und auf Isotropie ergibt sich die Matrix $\underset{\sim}{E}$ für den ebenen Spannungszustand zu

$$\underset{\sim}{E} = \frac{E}{1-\nu^2} \begin{bmatrix} 1 & \nu & 0 \\ \nu & 1 & 0 \\ 0 & 0 & \frac{1-\nu}{2} \end{bmatrix} \qquad (14)$$

und für den ebenen Verzerrungszustand zu

$$\underset{\sim}{E} = \frac{E}{(1+\nu)\,(1-2\nu)} \begin{bmatrix} 1 & \nu & 0 \\ \nu & 1 & 0 \\ 0 & 0 & \frac{1-2\nu}{2} \end{bmatrix} , \qquad (15)$$

wobei E den Elastizitätsmodul und ν die Querdehnungszahl bezeichnet.

Im gegebenen Fall treten im Integranden des Ausdrucks für die Steifigkeitsmatrix ausschließlich konstante Größen auf. Die Integration ist daher trivial. Für jene Fälle, in denen geschlossene Integrationen möglich sind, gibt es entsprechende Quadraturformeln /6/. Für komplizierte Situationen wird auf numerische Integration zurückgegriffen /6/.

5.3. Zusammensetzen der Elementsteifigkeitsmatrizen zur Globalsteifigkeitsmatrix

Wir betrachten nun eine Anzahl Finiter Elemente einer gegebenen scheibenförmigen Struktur. Die Elemente sind dadurch gekennzeichnet, daß ihnen ein bestimmter Knotenpunkt der Struktur, der Punkt i, gemeinsam ist (Abb. 9). Im Knotenpunkt i greife eine äußere Kraft mit den Komponenten P_{xi} und P_{yi} an. Dabei kann es sich um eine Einzelkraft oder um eine energetisch äqui-

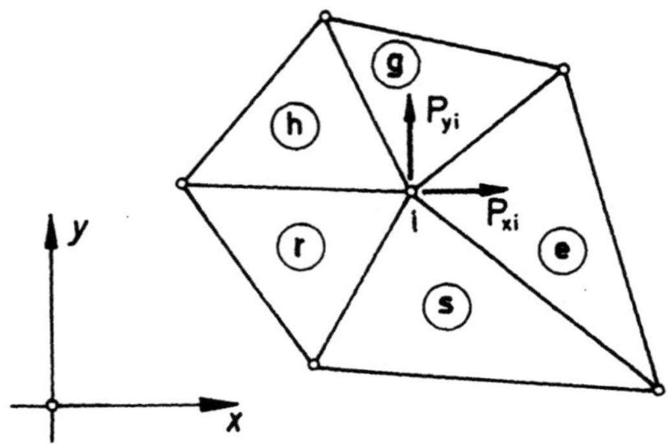

Abb. 9. Finite Elemente e, g, h, r und s mit gemeinsamem Knotenpunkt

valente Knotenkraft zufolge verteilter Kräfte bzw. zufolge Temperaturänderung, Schwinden oder Kriechen, etc., handeln. Betreffend die Bestimmung energetisch äquivalenter Knotenkräfte sei auf die Fachliteratur verwiesen /6/.

Wir wollen jetzt die Gleichgewichtsbedingungen für den Knoten i der diskretisierten Struktur anschreiben. Zu diesem Zweck modifizieren wir Abb. 9 (Abb. 10).

Man entnimmt Abb. 10, daß

$$\sum_{e,g,..s} F_{xi} = P_{xi} \tag{16.1}$$

und

$$\sum_{e,g,...s} F_{yi} = P_{yi} \tag{16.2}$$

Mit Hilfe von Glg. (8) lassen sich die Größen F_{xi} und F_{yi} für die einzelnen Elemente durch die Knotenpunktsverschiebungen ausdrücken. Man erkennt, daß es zu einer teilweisen Überlagerung von Elementssteifigkeitsmatrizen kommt. In jeder der beiden Glgn. (16) scheinen Koeffizienten der Elementsteifigkeitsmatrizen $\underset{\sim}{K}^{(e)}$, $\underset{\sim}{K}^{(g)}$, $\underset{\sim}{K}^{(h)}$, $\underset{\sim}{K}^{(r)}$ und $\underset{\sim}{K}^{(s)}$ auf.

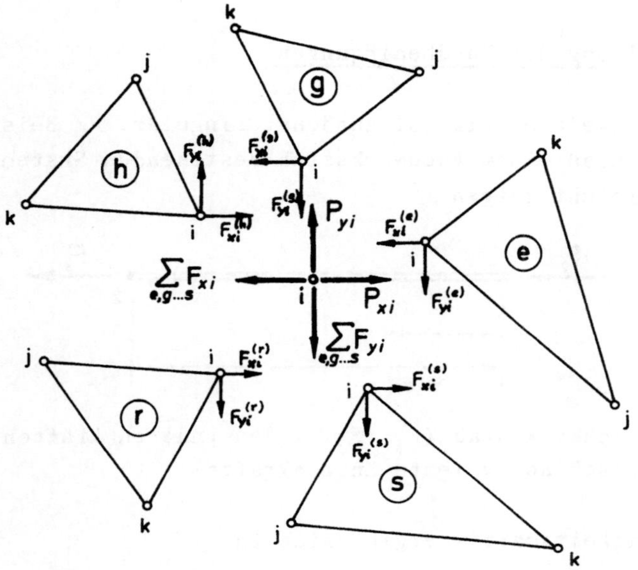

Abb. 10. Gleichgewichtsbedingungen für den Knoten i

Der beschriebene Vorgang beinhaltet das, was im Titel dieses Unterabschnittes angeführt ist, nämlich das „Zusammensetzen der Elementsteifigkeitsmatrizen zur Globalsteifigkeitsmatrix". Nach Durchführung dieses Prozesses, der in der Praxis mittels sogenannter Inzidenztafeln - Auflistungen der Zuordnung von Knotenpunkten zu Elementen (sogenannte „Connectivity List") - erfolgt, erhält man die Gleichgewichtsbedingungen der diskretisierten Struktur. Sie lassen sich formal wie folgt anschreiben:

$$\underset{\sim}{K}\underset{\sim}{q} = \underset{\sim}{P} \ . \qquad (17)$$

Im Gegensatz zu Glg. (8) stellen $\underset{\sim}{K}$ und $\underset{\sim}{q}$ in Glg. (17) globale Größen dar. Man spricht von der Globalsteifigkeitsmatrix oder der Strukturmatrix bzw. vom globalen Verschiebungsvektor. Demgemäß ist $\underset{\sim}{P}$ ein globaler Vektor von Knotenkräften. Glg. (17) stellt ein inhomogenes, lineares Gleichungssystem dar. Der Vollständigkeit halber sei erwähnt, daß bei nichtlinearen Problemen die Matrix $\underset{\sim}{K}$ vom Verschiebungszustand abhängt, daß man es also in diesem Fall erwartungsgemäß mit nichtlinearen algebraischen

Gleichungen zu tun hat.

5.4. Erfüllung der Randbedingungen

Die Steifigkeitsmatrix ist zunächst singulär. Am Beispiel eines aus bloß einem Fachwerksstab bestehenden Systems läßt sich das leicht zeigen.

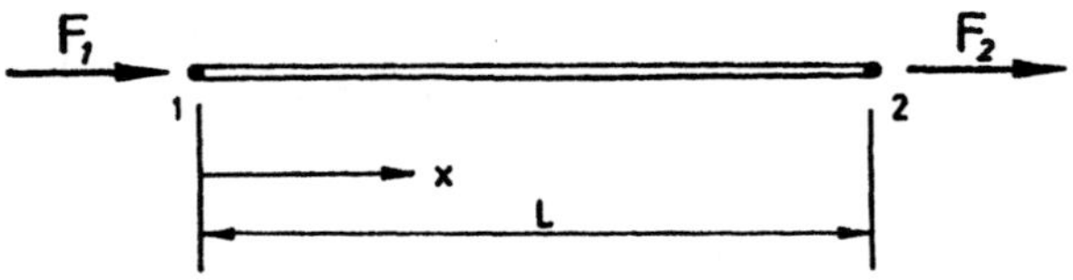

Abb. 11. Fachwerksstab (F_1, F_2... den inneren Kräften energetisch äquivalente Knotenkräfte)

Die Steifigkeitsmatrix ergibt sich zu

$$\underset{\sim}{K} = \frac{AE}{L} \begin{bmatrix} 1 & -1 \\ -1 & 1 \end{bmatrix}, \tag{18}$$

wobei A die Querschnittsfläche, E der Elastizitätsmodul und L die Stablänge ist. Da die Determinante der obenstehenden Matrix verschwindet, ist $\underset{\sim}{K}$, wie angekündigt, singulär.

Nach Spezifikation der Randbedingungen wird $\underset{\sim}{K}$ regulär. Das Gleichungssystem kann dann gelöst werden. In der Praxis können sowohl homogene als auch inhomogene Randbedingungen auftreten. Darüber hinaus ist es möglich, bestimmte Zwangsbedingungen zwischen Freiheitsgraden desselben Knotenpunktes oder aber verschiedener Knotenpunkte zu erfüllen.

Wenn im Rahmen des kompatiblen Modells von der Spezifikation von Randbedingungen gesprochen wird, dann sind die Verschiebungen gemeint. Sie stellen die wesentlichen Randbedingungen des zugrunde liegenden Variationsprinzips dar. Statische Randbedingungen sind im gegebenen Fall natürliche Randbedingungen, die automatisch - allerdings in der Regel nur im gewogenen Integralmittel - erfüllt werden.

5.5. Lösung des linearen Gleichungssystems

Das nach Erfüllung der Randbedingungen entstehende Gleichungssystem ist positiv definit. Von allem Anfang an ist es symmetrisch. Darüber hinaus ist es gebändert. Das heißt, daß die Koeffizientenmatrix außerhalb eines relativ schmalen Bandes nur Nullen aufweist (Abb. 12).

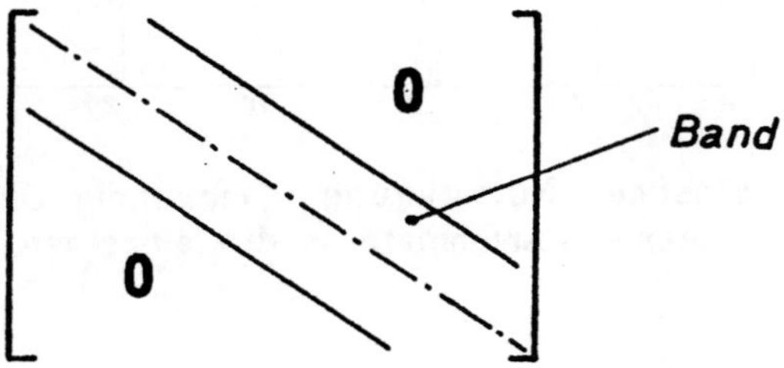

Abb. 12. Gebänderte Koeffizientenmatrix

Da die Rechenzeit bei Systemen mit einer großen Anzahl von Freiheitsgraden in erster Näherung quadratisch von der Halbbandbreite abhängt, ist man bestrebt, die erwähnte Halbbandbreite so klein wie möglich zu halten. Bei konventionellen Algorithmen für die Lösung von Gleichungssystemen des erwähnten Typs kommt es darauf an, die Numerierung der Knotenpunkte so vorzunehmen, daß die Differenzen der Knotenpunktsnummern in den einzelnen Elementen möglichst klein werden. Abb. 13(a) zeigt eine in diesem Sinne günstige und Abb. 13(b) eine in diesem Sinne ungünstige Numerierung.

Manche der marktgängigen Computerprogramme nehmen programmintern eine Optimierung der Numerierung der Knotenpunkte vor.

Die Lösung des Gleichungssystems an sich stellt eine Routineaufgabe dar, mit der sich Anwender der FEM nicht auseinandersetzen müssen. Der interessierte Leser sei auf ein von Bathe und Wilson verfaßtes Buch /8/ verwiesen, das sich vorrangig mit numerischen Methoden in Zusammenhang mit der FEM auseinandersetzt.

Nach Lösung des Gleichungssystems erhält man die vom Vektor

zusammengefaßten Knotenpunktsverschiebungen. Die Spannungen sind im Wege einer Nachlaufrechnung zu ermitteln.

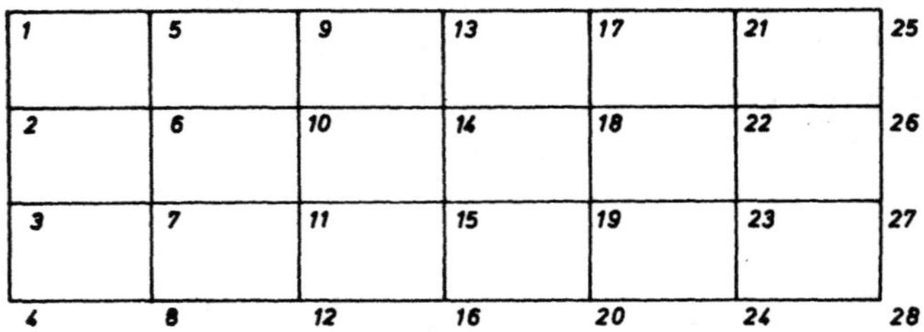

(a) günstige Numerierung (maximale Differenz von Knotenpunktsnummern in den einzelnen Elementen : 5)

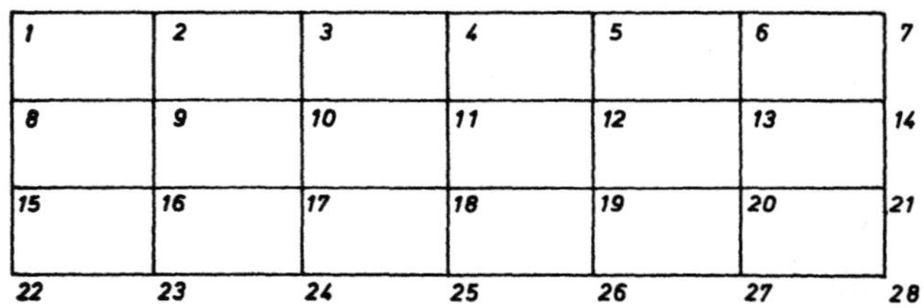

(b) ungünstige Numerierung (maximale Differenz von Knotenpunktsnummern in den einzelnen Elementen : 8)

Abb. 13. Numerierung der Knotenpunkte

5.6. Spannungsermittlung

Setzt man Glg. (10) in Glg. (12) ein, so erhält man

$$\underset{\sim}{\sigma} = \underset{\sim}{E}\,\underset{\sim}{B}\,\underset{\sim}{q}\ . \tag{19}$$

Mit Hilfe der bekannten Matrizen $\underset{\sim}{E}$ und $\underset{\sim}{B}$ und mit Hilfe der berechneten Knotenpunktsverschiebungen $\underset{\sim}{q}$ lassen sich nun die Spannungen unschwer bestimmen.

Im Falle des gegebenen Elementes (CST) erhält man konstante Spannungen in den einzelnen Elementen. Daraus folgt, daß an den

Elementsgrenzen Spannungssprünge auftreten.

Am sinnvollsten ist es im gegebenen Fall, die Spannungen den Elementsschwerpunkten zuzuweisen. Weniger gut ist es, die Spannungen jener Elemente, die einen bestimmten Knotenpunkt enthalten, zu mitteln (gegebenenfalls gewichtet, mit den Flächeninhalten der Elemente als Gewichten) und die so erhaltenen Spannungen dem erwähnten Knotenpunkt zuzuordnen. Strenggenommen besteht für diese Vorgangsweise kein mechanisches Rational.

Am besten ist es, eine sogenannte „Glättung der Spannungen" („Stress Smoothing") vorzunehmen. Zu diesem Zweck kann man etwa von den Verlaufsfunktionen $\underset{\sim}{N}$ für die Verschiebungen Gebrauch machen. Durch Vergleich der Verzerrungsenergie, wie sie sich bei Verwendung der erwähnten Elemente ergibt, mit der Verzerrungsenergie bei Einsatz der Verlaufsfunktionen $\underset{\sim}{N}$ zur Beschreibung der Spannungen erhält man ein lineares Gleichungssystem zur Bestimmung der verbesserten (geglätteten) Spannungen /9/.

6. Literatur

1. Banerjee, P. K., Butterfield, R.(Hrsg.): Developments in Boundary Element Methods. London: Applied Science Publ. 1979.
2. Babuška, I., Szabo, B. A.: On the Rates of Convergence of the Finite Element Method. St. Louis, Missouri: Report WU/CCM-80/2, Center for Computational Mechanics, Washington University. 1980.
3. Hrennikoff, A.: Solution of Problems in Elasticity by the Framework Method. J.Appl.Mech. A8, 169-175 (1941).
4. Argyris, J. H.: Energy Theorems and Structural Analysis. London: Butterworth. 1960. (Neudruck aus Aircraft Eng., 1954-55).
5. Turner, M. J., Clough, R.W., Martin, H.C. and Topp, L.J.: Stiffness and Deflection Analysis of Complex Structures. J.Aero.Sci. 23, 805-23 (1956).
6. Zienkiewicz, O.C.: The Finite Element Method, 2. Aufl. London: McGraw-Hill. 1977.

7. Pian, T. H. H., Tong, P.: Basis of Finite Element Methods for Solid Continua. Int.J.num.Meth.Eng. 1, 3-28 (1969).
8. Bathe, K.-J., Wilson, E. L.: Numerical Methods in Finite Element Analysis. Englewood Cliffs, New Jersey: Prentice Hall. 1976.
9. Rießland, B.: Zur Glättung unstetiger Schnittkraftverläufe bei der Berechnung von Schalentragwerken mittels der Methode der Finiten Elemente. Wien: Diplomarbeit, Technische Universität Wien. 1980.

7. Anhang - Zahlenbeispiel

In diesem Anhang wird ein denkbar einfaches Beispiel - eine aus zwei „Constant Strain Triangles" bestehende Rechtecksscheibe - numerisch durchgerechnet. Abb. 14 enthält eine Übersichtsskizze, der die FE-Zerlegung, die Lagerung und die Belastung zu entnehmen ist.

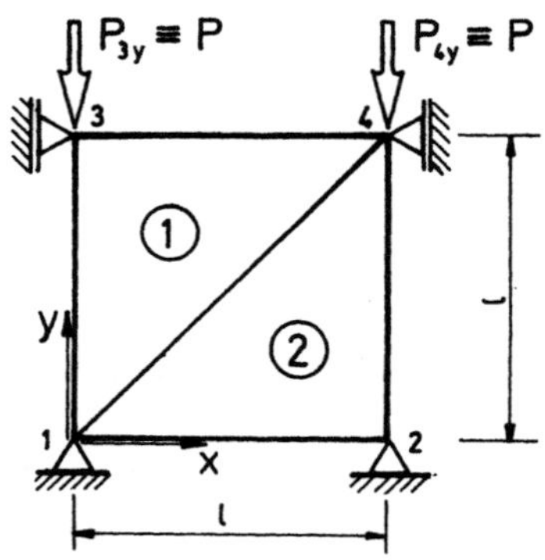

Abb. 14. Scheibe bestehend aus zwei Finiten Elementen

Zur Ermittlung der Elementsteifigkeitsmatrizen $\underset{\sim}{K}^{(e)}$ entsprechend Glg. (9) ist die Kenntnis der Matrizen $\underset{\sim}{B}^{(e)}$, die die Lagekoordinaten $\underset{\sim}{q}^{(e)}$ mit den Verzerrungen $\underset{\sim}{\varepsilon}^{(e)}$ verknüpfen (s. Glg. (11)), vonnöten. Diese Matrizen werden für das „Constant Strain Triangle" wie folgt bestimmt:

$$\varepsilon^{(e)} = \begin{bmatrix} \varepsilon_x \\ \varepsilon_y \\ \gamma_{xy} \end{bmatrix} = \begin{bmatrix} \frac{\partial u}{\partial x} \\ \frac{\partial v}{\partial y} \\ \frac{\partial u}{\partial y}+\frac{\partial v}{\partial x} \end{bmatrix} = \frac{1}{2A} \begin{bmatrix} b_k & 0 & b_1 & 0 & b_m & 0 \\ 0 & c_k & 0 & c_1 & 0 & c_m \\ c_k & b_k & c_1 & b_1 & c_m & b_m \end{bmatrix} \begin{bmatrix} u_k \\ v_k \\ u_1 \\ v_1 \\ u_m \\ v_m \end{bmatrix} =$$

$$= \underset{\sim}{B}^{(e)} \underset{\sim}{q}^{(e)} . \tag{19}$$

Die Größen im Ausdruck für $\underset{\sim}{B}^{(e)}$ stellen Koordinatendifferenzen dar:

$$\begin{aligned} b_1 &= y_2 - y_3 & c_1 &= x_3 - x_2 \\ b_2 &= y_3 - y_1 & c_2 &= x_1 - x_3 \\ b_3 &= y_1 - y_2 & c_2 &= x_2 - x_1 \quad . \end{aligned} \tag{20}$$

Der Einfachheit halber wurde der Elementsindex fortgelassen:

Einsetzen von $B^{(e)}$ sowie von $\underset{\sim}{E}^{(e)}$ (s. Glg. (14)) in den Ausdruck für die Elementsteifigkeitsmatrix (s. Glg. (9)) führt auf

$$\underset{\sim}{K}^{(e)} = \begin{bmatrix} \underset{\sim}{K}^{(e)}_{kk} & \underset{\sim}{K}^{(e)}_{kl} & \underset{\sim}{K}^{(e)}_{km} \\ \underset{\sim}{K}^{(e)}_{lk} & \underset{\sim}{K}^{(e)}_{ll} & \underset{\sim}{K}^{(e)}_{lm} \\ \underset{\sim}{K}^{(e)}_{mk} & \underset{\sim}{K}^{(e)}_{ml} & \underset{\sim}{K}^{(e)}_{mm} \end{bmatrix} , \tag{21}$$

wobei

$$\underset{\sim}{K}^{(e)}_{rs} = \frac{Eh}{4A(1-\nu^2)} \begin{bmatrix} b_r b_s + \frac{1-\nu}{2} c_r c_s & \nu b_r c_s + \frac{1-\nu}{2} b_s c_r \\ \nu b_s c_r + \frac{1-\nu}{2} b_r c_s & c_r c_s + \frac{1-\nu}{2} b_r b_s \end{bmatrix} . \tag{22}$$

In Glg. (22) steht A für die Fläche des betreffenden Dreieckselementes.

Im folgenden wollen wir die Elementssteifigkeitsmatrix für das Element 1 ermitteln. Zu diesem Zweck führen wir eine lokale Knotennumerierung ein (Abb. 15).

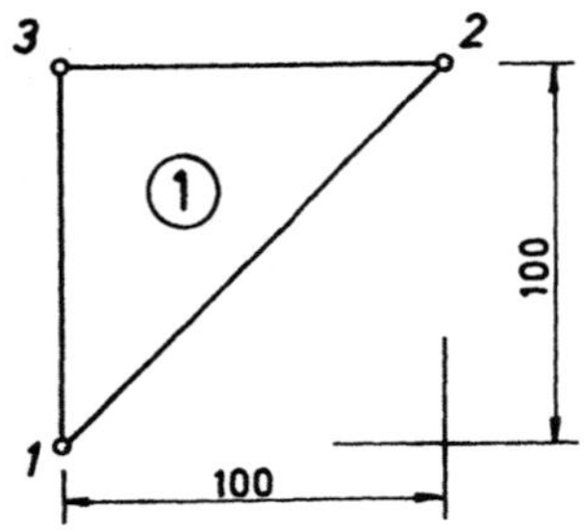

Abb.15 Element 1: Lokale Knotenpunktsnumerierung

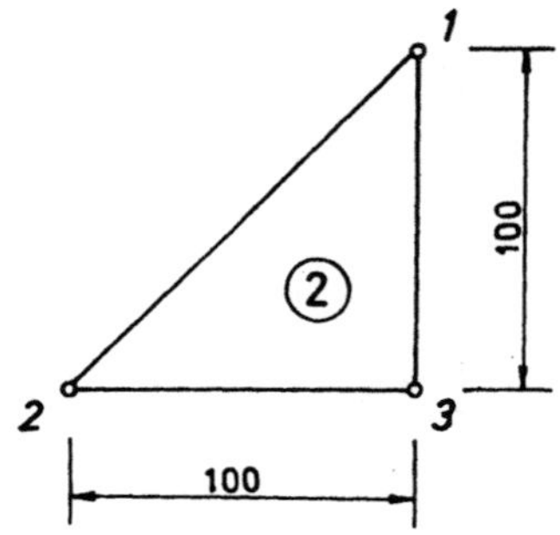

Abb.16 Element 2: Lokale Knotenpunktsnumerierung

Mit $b_1 = 0$, $b_2 = 100$, $b_3 = -100$, $c_1 = -100$, $c_2 = 0$ und $c_3 = 100$ ergibt sich nach Einsetzen in Glg. (21)

$$K^{(1)} = 10^4 \left[\begin{array}{cc|cc|cc} 5 & 0 & 0 & -5 & -5 & 5 \\ 0 & 10 & 0 & 0 & 0 & -10 \\ \hline 0 & 0 & 10 & 0 & -10 & 0 \\ -5 & 0 & 0 & 5 & 5 & -5 \\ \hline -5 & 0 & -10 & 5 & 15 & -5 \\ 5 & -10 & 0 & -5 & -5 & 15 \end{array}\right] \text{kN/cm} \quad . \qquad (23)$$

Führt man für das Element 2 die Abb. 16 zu entnehmende, lokale Knotennumerierung ein, dann ergibt sich dieselbe Elementsteifigkeitsmatrix wie für Element 1, d.h., $\underset{\sim}{K}^{(2)} = \underset{\sim}{K}^{(1)}$.

Zusammensetzen der beiden Elementsteifigkeitsmatrizen zur Globalsteifigkeitsmatrix unter Beachtung der Zuordnung lokaler und globaler Knotenpunktsnummern führt auf:

$$\underset{\sim}{K} = 10^4 \left[\begin{array}{cc|cc|cc|cc} 5 & 0 & 0 & 0 & -5 & 5 & 0 & -5 \\ 0 & 10 & 0 & 0 & 0 & -10 & 0 & 0 \\ \hline 0 & 0 & 0 & 0 & 0 & 0 & 0 & 0 \\ 0 & 0 & 0 & 0 & 0 & 0 & 0 & 0 \\ \hline -5 & 0 & 0 & 0 & 15 & -5 & -10 & 5 \\ 5 & -10 & 0 & 0 & -5 & 15 & 0 & -5 \\ \hline 0 & 0 & 0 & 0 & -10 & 0 & 10 & 0 \\ -5 & 0 & 0 & 0 & 5 & -5 & 0 & 5 \end{array}\right] +$$

$$
+\;10^4\left[\begin{array}{cc|cc|cc|cc}
10 & 0 & -10 & 0 & 0 & 0 & 0 & 0 \\
0 & 5 & 5 & -5 & 0 & 0 & -5 & 0 \\
\hline
-10 & 5 & 15 & -5 & 0 & 0 & -5 & 0 \\
0 & -5 & -5 & 15 & 0 & 0 & 5 & -10 \\
\hline
0 & 0 & 0 & 0 & 0 & 0 & 0 & 0 \\
0 & 0 & 0 & 0 & 0 & 0 & 0 & 0 \\
\hline
0 & -5 & -5 & 5 & 0 & 0 & 5 & 0 \\
0 & 0 & 0 & -10 & 0 & 0 & 0 & 10
\end{array}\right]
$$

$$
=\;10^4\left[\begin{array}{cc|cc|cc|cc}
15 & 0 & -10 & 0 & -5 & 5 & 0 & -5 \\
0 & 15 & 5 & -5 & 0 & -10 & -5 & 0 \\
\hline
-10 & 5 & 15 & -5 & 0 & 0 & -5 & 0 \\
0 & -5 & -5 & 15 & 0 & 0 & 5 & -10 \\
\hline
-5 & 0 & 0 & 0 & 15 & -5 & -10 & 5 \\
5 & -10 & 0 & 0 & -5 & 15 & 0 & -5 \\
\hline
0 & -5 & -5 & 5 & -10 & 0 & 15 & 0 \\
-5 & 0 & 0 & -10 & 5 & -5 & 0 & 15
\end{array}\right]. \qquad (24)
$$

Die Randbedingungen lauten

$$u_1 = v_1 = u_2 = v_2 = u_3 = u_4 = 0. \qquad (25)$$

Ihre Berücksichtigung erfolgt durch Ersetzen des betreffenden Koeffizienten in der Hauptdiagonde der obigen Matrix durch 1 bei gleichzeitigem Nullsetzen aller anderen Koeffizienten in der Zeile und Spalte, die den erwähnten Koeffizienten enthält (s. Glg. (26)).

$$
10^4\left[\begin{array}{cc|cc|cc|cc}
1 & 0 & 0 & 0 & 0 & 0 & 0 & 0 \\
0 & 1 & 0 & 0 & 0 & 0 & 0 & 0 \\
\hline
0 & 0 & 1 & 0 & 0 & 0 & 0 & 0 \\
0 & 0 & 0 & 1 & 0 & 0 & 0 & 0 \\
\hline
0 & 0 & 0 & 0 & 1 & 0 & 0 & 0 \\
0 & 0 & 0 & 0 & 0 & 15 & 0 & -5 \\
\hline
0 & 0 & 0 & 0 & 0 & 0 & 1 & 0 \\
0 & 0 & 0 & 0 & 0 & -5 & 0 & 15
\end{array}\right]
\left[\begin{array}{c} u_1 \\ v_1 \\ u_2 \\ v_2 \\ u_3 \\ v_3 \\ u_4 \\ v_4 \end{array}\right]
=
\left[\begin{array}{c} 0 \\ 0 \\ 0 \\ 0 \\ 0 \\ P \\ 0 \\ P \end{array}\right].
\qquad (26)
$$

Aus Glg. (26) folgt

$$10^4 \begin{bmatrix} 15 & -5 \\ -5 & 15 \end{bmatrix} \begin{bmatrix} v_3 \\ v_4 \end{bmatrix} = \begin{bmatrix} P \\ P \end{bmatrix} \tag{27}$$

und weiters

$$v_3 = v_4 = 10^{-5}P = 10^{-5}(-10^2) = -10^{-3}\text{cm} .$$

In beiden Elementen herrscht derselbe Verzerrungszustand. Wir betrachten etwa Element 1:

$$\underset{\sim}{\varepsilon}^{(1)} = \underset{\sim}{B}^{(1)}\, \underset{\sim}{q}^{(1)} = \frac{1}{2A} \begin{bmatrix} b_1 & 0 & b_2 & 0 & b_3 & 0 \\ 0 & c_1 & 0 & c_2 & 0 & c_3 \\ c_1 & b_1 & c_2 & b_2 & c_3 & b_3 \end{bmatrix} \begin{bmatrix} 0 \\ 0 \\ 0 \\ v_2^{(1)} = v_4 \\ 0 \\ v_3^{(1)} = v_3 \end{bmatrix} =$$

$$= \frac{1}{2A} \begin{bmatrix} 0 \\ c_2 v_4 + c_3 v_3 \\ b_2 v_4 + b_3 v_3 \end{bmatrix} = \frac{1}{2A} \begin{bmatrix} 0 \\ c_3 v_3 \\ 0 \end{bmatrix} . \tag{28}$$

Schließlich erhalten wir

$$\varepsilon_y = \frac{100 v_3}{2A} = -\,10^{-5} . \tag{29}$$

Überprüfung: $\varepsilon_y = \frac{2P}{lhE} = \frac{2(-100)}{100\ 10\ 20000} = -10^{-5}$.

Die Spannungen ergeben sich auf bekannte Weise zu $\underset{\sim}{\sigma} = \underset{\sim}{E}\underset{\sim}{\varepsilon}$ (Glg.(12)).

Prof. Dr.techn. Herbert A. Mang, Ph.D.
Institut für Baustatik und Festigkeitslehre
Technische Universität Wien
Karlsplatz 13
A-1040 Wien, Österreich

FINITE ELEMENTE VERFAHREN IN DER BRUCHMECHANIK

R.H. GALLAGHER und H.A. MANG

1. Einleitung

Im letzten Jahrzehnt ist die numerische Analyse bruchmechanischer Aufgabenstellungen zu einem Forschungszweig geworden, der durch ein hohes Maß an wissenschaftlicher Aktivität gekennzeichnet ist. Übersichtsartikel über die Anwendung numerischer Verfahren - insbesondere der Methode der Finiten Elemente - in der Bruchmechanik erscheinen mit gewisser Regelmäßigkeit in der Literatur /1/, /2/, /3/, /4/. In diesem Beitrag wird auf die Berechnung des singulären Spannungsfeldes um die Rißspitze und der damit assoziierten bruchmechanischen Kenngrößen und Parameter eingegangen. Inelastisches (z.B. elasto-plastisches) Bruchverhalten, welches in geeigneter Weise mit konventionellen, nichtsingulären Elementen beschrieben wird, wird an anderer Stelle eingehend behandelt. Die hier dargelegten Entwicklungen beziehen sich im wesentlichen auf die in der linear-elastischen Bruchmechanik charakteristischen Singularitäten für ebene und räumliche Probleme.

Vom bruchmechanischen "Standardbeispiel", dem Zentralriß der Länge 2a im einachsigen, gleichförmigen Zugspannungsfeld ausgehend, betrachten wir die in Abb. 1 dargestellte Rißspitze, wobei das kartesische Koordinatensystem Oxy in die rechte Rißspitze verschoben wurde. Ein beliebiger Punkt P besitzt dann die lokalen Polarkoordinaten $P(r,\theta)$.

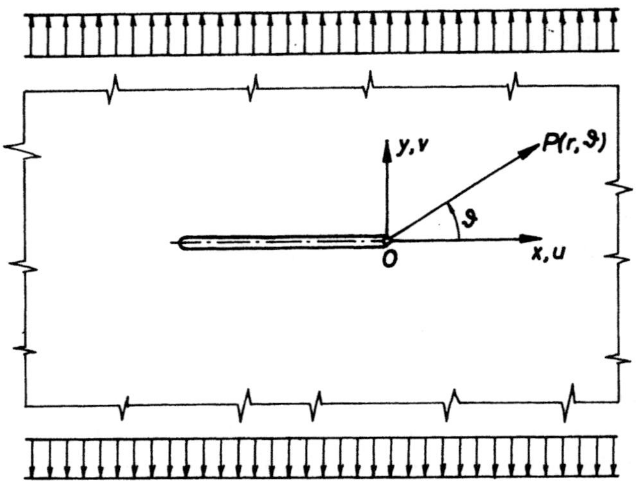

Abb. 1. Riß in einem einaxialen Zugfeld

Die Spannungsverteilung in der Umgebung der Rißspitze hat die Form /5/

$$\sigma_{ij} = \frac{1}{\sqrt{2\pi r}} K_I f_{ij}^I(\theta) + O(1) \tag{1}$$

mit i,j=x,y,z und K_I als dem Spannungsintensitätsfaktor. Die Verschiebungen ergeben sich zu /5/

$$u_i = \sqrt{\frac{r}{2\pi}} \frac{1}{2E} K_I g_i^I(\theta) + O(r^{3/2}) \tag{2}$$

mit E als dem Elastizitätsmodul.

Die in der Strukturmechanik mit Erfolg verwendeten Polynomansätze sind nicht in der Lage, das singuläre Spannungsverhalten nach Glg. (1) in der Rißspitzenumgebung zu beschreiben. Es bedarf einer in den meisten Fällen unvertretbar feinen Diskretisierung in der Umgebung der Rißspitze, um den Spannungsintensitätsfaktor mit herkömmlichen Elementen einigermaßen gut zu approximieren. Als Beispiel sei ein Ergebnis von Kuna /1/ für eine auf konventionelle Weise diskretisierte CT (Compact Tension Bruchversuch) Probe angeführt, wobei auf nähere Angaben zur Geometrie der Probe verzichtet wird. Trotz der über-

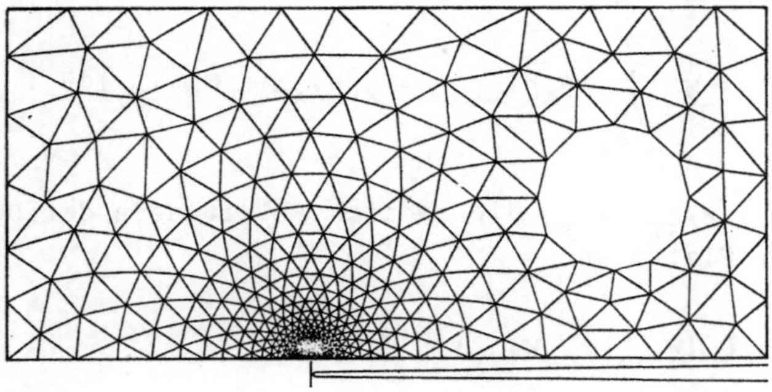

Abb. 2. FE-Netz für die obere Hälfte einer CT-Probe /1/ (689 Elemente, 384 Knotenpunkte; kleinste Elemente an der Rißspitze gleich 1/100 der Rißlänge)

aus starken Netzverdichtung ist der im Wege von Extrapolation bestimmte Spannungsintensitätsfaktor K_I noch immer 3 % unter dem „wahren" Wert. Dieser Sachverhalt erklärt die zentrale Bedeutung von Finiten Elementen mit „eingebauter" Rißspitzensingularität.

2. Finite Elemente mit Rißspitzensingularität

Als Hauptunterscheidungsmerkmal verschiedener Finiter Elemente mit Rißspitzensingularität kann die Erfüllung bzw. Verletzung der Gleichgewichts- und der Kompatibilitätsbedingungen in derartigen Elementen angesehen werden. Sind beide Bedingungen erfüllt, dann lassen sich analytisch-rechentechnische Vereinfachungen vorteilhaft durchführen (Volumsintegrale bzw. Flächenintegrale, wie sie bei der Ermittlung von Elementssteifigkeitsmatrizen auftreten, lassen sich dann auf Flächenintegrale bzw. Linienintegrale zurückführen). In diesem Falle kann also - jedenfalls für das Element mit der Rißspitzensingularität - die Randintegralmethode mit Vorteil eingesetzt werden.

Zur Erläuterung des Sachverhaltes betrachten wir ein dünnwandiges, unbelastetes Plattenelement mit der Mittelfläche $\Omega^{(e)}$. Obwohl für die Lösung bruchmechanischer Aufgabenstellungen anstelle der klassischen (Kirchhoff'schen) Plattentheorie eine geeignete Theorie „schubweicher" Platten verwendet werden sollte, bedienen wir uns zu Demonstrationszwecken der Kirchhoff'schen Theorie. Die potentielle Energie für das erwähnte Plattenelement ergibt sich zu

$$\Pi^{(e)} = -\frac{1}{2} \int_{\Omega^{(e)}} (m_x w,_{xx} + 2m_{xy} w,_{xy} + m_y w,_{yy}) d\Omega \ , \tag{3}$$

wobei $w,_{xx}$, $w,_{xy}$, $w,_{yy}$ die zweiten Ableitungen der Durchbiegung w der Platte und

$$\begin{aligned} m_x &= -D\,(w,_{xx} + \nu w,_{yy}) \\ m_y &= -D\,(w,_{yy} + \nu w,_{xx}) \\ m_{xy} &= -D\,(1-\nu)\, w,_{xy} \end{aligned} \tag{4}$$

die Schnittkräfte mit D als der Biegesteifigkeit darstellen. Partielle Integration und Anwendung des Green'schen Satzes führt auf

$$\begin{aligned} \Pi^{(e)} = &-\frac{1}{2} \int_{\Omega^{(e)}} (m_{x,xx} + 2m_{xy,xy} + m_{y,yy}) w d\Omega \ + \\ &+ \frac{1}{2} \oint_{\Gamma^{(e)}} (-m_n w,_n + q^* w) d\Gamma , \end{aligned} \tag{5}$$

wobei $w,_n$ die partielle Ableitung von w normal zum Plattenrand $\Gamma^{(e)}$, m_n das entsprechende Biegemoment und

$$q^* = q + m_{ns,s} \tag{6}$$

die Kirchhoff'sche Ersatzscherkraft ist; q ist die Querkraft; s stellt die Richtung tangential an $\Gamma^{(e)}$ dar.

Wählt man nun einen Verschiebungsansatz derart, daß sowohl die Gleichgewichtsbedingungen als auch die Kompatibilitätsbedingungen erfüllt sind, dann ist auch die homogene Feldgleichung

$$m_{x,xx} + 2m_{xy,xy} + m_{y,yy} = \Delta\Delta w = 0 \tag{7}$$

erfüllt. In Glg. (7) ist

$$\Delta\Delta = \frac{\partial^4}{\partial x^4} + 2\,\frac{\partial^4}{\partial x^2 \partial y^2} + \frac{\partial^4}{\partial y^4} \qquad (8)$$

der Bipotentialoperator. Das erste Integral in Glg. (5) verschwindet identisch, und es gilt

$$-\frac{1}{2}\int_{\Omega^{(e)}} (m_x w,_{xx} + 2m_{xy} w,_{xy} + m_y w,_{yy})\,d\Omega = \frac{1}{2}\oint_{\Gamma^{(e)}} (-m_n w,_n + q^{*} w)\,d\Gamma \;. \qquad (9)$$

Man kann daher das linksstehende Flächenintegral durch das rechtsstehende Linienintegral ersetzen.

Verläßt man den Spezialfall des Kirchhoff'schen Plattenproblems, und bedient man sich der Matrizenschreibweise, so kann man allgemein schreiben /4/

$$\frac{1}{2}\int_{\Omega^{(e)}} \underset{\sim}{\sigma}^T \underset{\sim}{\varepsilon}\,d\Omega = \frac{1}{2}\int_{\Gamma^{(e)}} \underset{\sim}{u}^T \underset{\sim}{t}\,d\Omega \;. \qquad (10)$$

In Glg. (10) stellt $\underset{\sim}{\varepsilon}$ ($\underset{\sim}{\sigma}$) den Vektor der Verzerrungen (Spannungen) dar; $\underset{\sim}{u}$ ist der Verschiebungsvektor; $\underset{\sim}{t}$ ist der Vektor der Randkräfte.

Im allgemeinen Fall ist es schwierig, Verschiebungsfelder zu finden, die sowohl die Gleichgewichts- als auch die Kompatibilitätsbedingungen erfüllen. Dazu kommt noch, daß die Verschiebungsfunktionen zur Gewährleistung der Konvergenz der Lösung bestimmte Vollständigkeitsbedingungen erfüllen müssen. Nichtsdestoweniger ist eine breite Palette analytischer singulärer Lösungen bekannt, die mit Erfolg im Rahmen der Randintegralmethode zur Formulierung von Elementen mit Singularitäten verwendet werden können. Abb. 3 stellt zwei typische Anwendungsmöglichkeiten der Randintegralmethode dar. Dabei handelt es sich um ein allgemeines Rißproblem und um ein Problem des Tunnelbaus. Beim zweiten Problem ist $\Omega^{(e)}$ ein Bereich, dessen eine Berandung im Unendlichen liegt. Beiden Beispielen ist ein Charakteristikum gemeinsam - die Kopplung des Sonderelementes mit konventionellen Finiten Elementen.

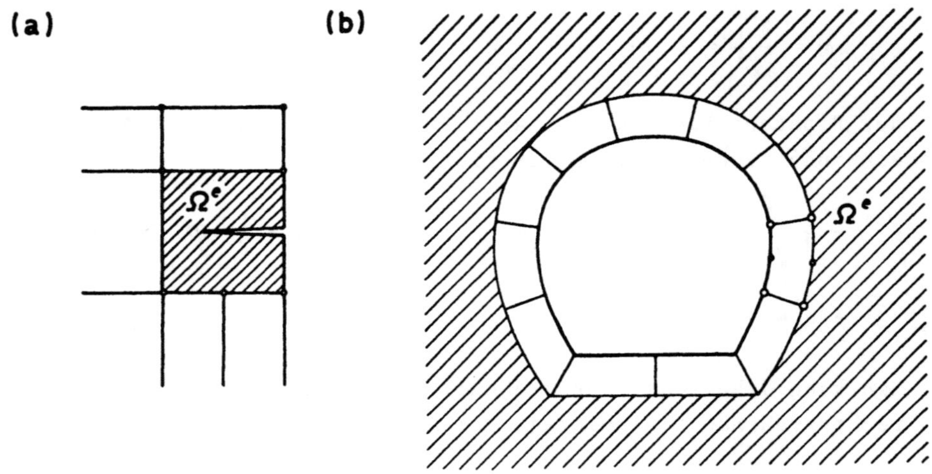

Abb. 3. Zur Randintegralmethode: (a) Element mit Rißspitzensingularität; (b) Element mit zweiter Berandung im Unendlichen

2.1. Gleichgewichts- und Kompatibilitätsbedingungen erfüllt

Als typischer Vertreter Finiter Elemente mit Rißspitzensingularität, bei dem der gewählte Spannungsansatz die beiden Bedingungen erfüllt, sei ein von Pian, Tong und Lasry (6) entwickeltes Element angeführt (Abb. 4).

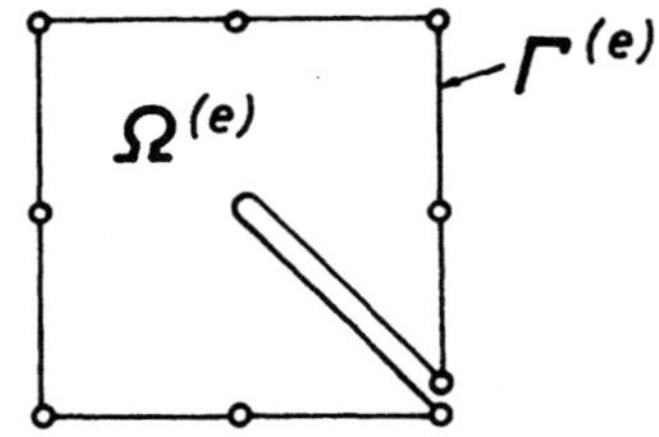

Abb. 4. Element mit Rißspitzensingularität /5/

Der Spannungsansatz für $\Omega^{(e)}$ muß die gewünschte Singularität an der Rißspitze enthalten. Er läßt sich formal wie folgt darstellen /2/:

$$\underset{\sim}{\sigma} = \underset{\sim}{P}_o \underset{\sim}{\beta}_o + \underset{\sim}{P}_s \underset{\sim}{\beta}_s \qquad (11)$$

wobei $\underset{\sim}{P}_o \underset{\sim}{ß}_o$ in der Regel ein gewöhnliches Polynom mit $\underset{\sim}{ß}_o$ als den unbekannten Parametern darstellt, während $\underset{\sim}{P}_s \underset{\sim}{ß}_s$ den singulären Anteil des Spannungsfeldes repräsentiert. Bei Berücksichtigung der ebenen Bruchmodes I und II ergibt sich $\underset{\sim}{ß}_s$ zu /2/:

$$\underset{\sim}{ß}_s = \begin{bmatrix} K_I \\ K_{II} \end{bmatrix}. \tag{12}$$

Mit

$$\underset{\sim}{ß} = \begin{bmatrix} \underset{\sim}{ß}_o \\ \underset{\sim}{ß}_s \end{bmatrix} \tag{13}$$

und

$$\underset{\sim}{P} = \begin{bmatrix} \underset{\sim}{P}_o & \underset{\sim}{P}_s \end{bmatrix} \tag{14}$$

erhalten wir

$$\underset{\sim}{\sigma} = \underset{\sim}{P}\underset{\sim}{ß}. \tag{15}$$

Die Komplementärenergie für das Element lautet

$$\Pi_c = \int_{\Omega^{(e)}} \frac{1}{2} \underset{\sim}{\sigma}^T \underset{\sim}{\varepsilon} d\Omega - \int_{\Gamma^{(e)}} \underset{\sim}{\bar{u}}^T \underset{\sim}{t} d\Gamma, \tag{16}$$

wobei $\underset{\sim}{\bar{u}}$ auf dem Rande $\Gamma^{(e)}$ vorgegebene Verschiebungen darstellen und $\underset{\sim}{t}$ Randkräfte sind, die sich durch die Spannungen ausdrücken lassen.

Da das Spannungsfeld die Gleichgewichts- und die Kompatibilitätsbedingungen erfüllt, gilt Glg. (1o). Somit folgt:

$$\Pi_c^{(e)} = \frac{1}{2} \int_{\Gamma^{(e)}} \underset{\sim}{u}^T \underset{\sim}{t} d\Gamma - \int_{\Gamma^{(e)}} \underset{\sim}{\bar{u}}^T \underset{\sim}{t} d\Gamma. \tag{17}$$

Wir haben es also mit einer typischen Randintegralformulierung zu tun.

Nach einigen Zwischenrechnungen (siehe Anhang) und Variation von $\Pi_c^{(e)}$ ergibt sich die Steifigkeitsmatrix in der Form

$$\underset{\sim}{K}^{(e)} = (\underset{\sim}{Q}^{(e)})^T (\underset{\sim}{H}^{(e)})^{-1} \underset{\sim}{Q}^{(e)}. \tag{18}$$

Die Definitionen von $\underset{\sim}{H}^{(e)}$ und $\underset{\sim}{Q}^{(e)}$ sind dem Anhang zu entnehmen.

Für ebene Probleme ist das beschriebene Modell ideal. Man benötigt nur ein Rißelement mit einem im Element eingebetteten Riß. Wie gezeigt wurde, erstrecken sich die durchzuführenden Integrationen nur über den Rand dieses Elementes, also nicht über die Stelle der Singularität.

Für dreidimensionale Probleme der Bruchmechanik ist die beschriebene Vorgangsweise leider nicht anwendbar /7/. Für derartige Probleme existiert keine vollständige Reihenlösung. Dreidimensionale Probleme können beispielsweise mit Hilfe des Hybriden Spannungsmodells /7/ oder aber mit Hilfe des Hybriden Verschiebungsmodells /8/ gelöst werden.

2.2. Gleichgewichts- und Kompatibilitätsbedingungen nicht erfüllt

In diesem Fall treten Integrationen über das Volumen bzw. über die Fläche des Elementes auf. Für diese Situation gibt es eine Reihe von Verfahren, die Gallagher /2/ wie folgt katalogisiert:

(a) Verfahren, die sich singulärer Lösungen aus der klassischen Mechanik bedienen,

(b) Verfahren, die mit Verschiebungsfunktionen von der Form von Polynomen arbeiten,

(c) Verfahren, die auf der Formulierung isoparametrischer Elemente beruhen, und

(d) Methoden, die auf hybriden Formulierungen basieren.

Im folgenden werden die einzelnen Verfahren kurz beschrieben.

2.2.1. Verfahren, die sich singulärer Lösungen aus der klassischen Mechanik bedienen

Singuläre Spannungsfelder, wie die von Westergaard /9/ oder die von Mußchelischwili /10/, sind seit langem bekannt. Im Rahmen dieses Unterabschnittes wird nur auf Kombinationen singulärer Felder mit konventionellen FE-Ansätzen eingegangen. Derartige Kombinationen erfüllen in der Regel nicht die Gleichgewichts- und Kompatibilitätsbedingungen.

Als Beispiel sei ein von Byskov /11/ entwickeltes Element erwähnt, das auf von Mußchelischwili /10/ angegebenen, singulären Verschiebungsfunktionen beruht. Abb. 5 zeigt das entsprechende Finite Element. Der Ursprung des der Rechnung zugrunde liegenden Koordinatensystems fällt mit der Rißspitze zusammen. Der von Byskov gewählte Ansatz enthält eine relativ große Anzahl von Termen der klassischen Lösung. Letztere wird mit herkömmlichen Verschiebungsansätzen für dreiecksförmige

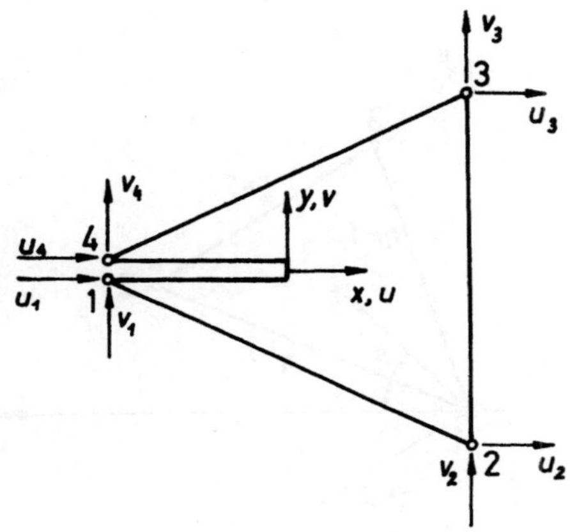

Abb. 5. Element mit Rißspitzensingularität /11/

Elemente kombiniert. Alle Elemente mit Ausnahme desjenigen, das die Rißspitzensingularität enthält, sind konventionelle Scheibenelemente. Byskov verzichtet auf die Erfüllung der Bedingung von C^0-Konformität (Kontinuität in den Verschiebungen) längs der Ränder des Elementes mit Rißspitzensingularität.

2.2.2. Verfahren, die mit Verschiebungsfunktionen von der Form von Polynomen arbeiten

Anstelle klassischer Singularitäten können elementare Polynome mit Erfolg zur Formulierung von Elementen eingesetzt werden, die die gewünschte Singularität enthalten. Diese Vorgangsweise erleichtert die Integrationen bei der Aufstellung der Steifigkeitsmatrix.

Was Dreieckselemente anbelangt, hat Tracey /12/ ein Verschiebungsfeld von der Form eines Polynoms, das die gewünschte Singularität beinhaltet, angegeben. Tracey und Cook /13/ haben das betreffende Element im weiteren zu einer Familie von Elementen verallgemeinert. Unter Bezugnahme auf Abb. 6, bei der die Singularität im Knotenpunkt 1 des Dreiecks auftritt, können die Verschiebungen wie folgt angeschrieben werden /2/:

$$u = (1 - \xi^p)u_1 + \xi^p(1 - \eta)u_2 + \xi^p\eta u_3 \tag{19.1}$$

$$v = (1 - \xi^p)v_1 + \xi^p(1 - \eta)v_2 + \xi^p\eta v_3 \; . \tag{19.2}$$

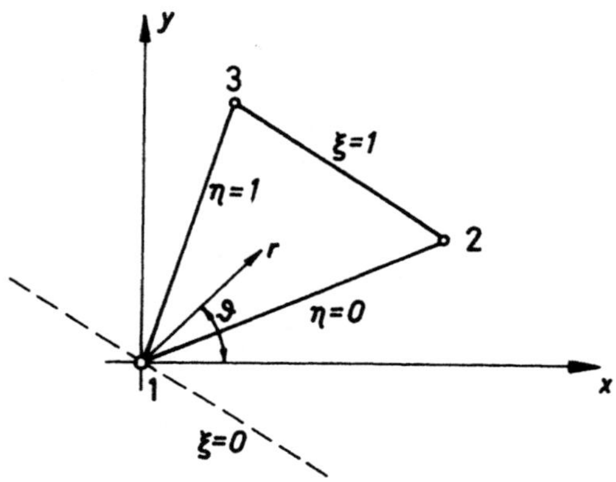

Abb. 6. Dreiecksförmiges Element mit Rißspitzensingularität im Punkt 1 /13/

Dabei stellen ξ und η schiefwinkelige Koordinaten dar, derart, daß $\xi = 1$ mit dem Rand 2-3 zusammenfällt und $\xi = 0$ parallel zu $\xi = 1$ ist und durch den Knotenpunkt 1 hindurchgeht. Die Ränder 1-2 und 1-3 entsprechen den Koordinaten $\eta = 0$ bzw. $\eta = 1$. Die angeführten Verschiebungsansätze liefern Singularitäten der Form r^{-p}, wobei r der Radius eines Polarkoordinatensystems $1r\theta$ ist. Gallagher /2/ weist darauf hin, daß sich mit Elementen auf der Basis der Glgn. (19) das "Constant Strain Requirement" nicht erfüllen läßt.

Auf Akin (14) geht ein Schema zurück, das es gestattet, herkömmliche Verlaufsfunktionen für drei- bzw. vierseitige Elemente derart zu modifizieren, daß die gewünschte Singularität realisiert werden kann. Wenn

$$\underset{\sim}{u} = \underset{\sim}{N}\,\underset{\sim}{q} \tag{20}$$

einen herkömmlichen Verschiebungsansatz mit $\underset{\sim}{q}$ als den unbekannten Lagekoordinaten und $\underset{\sim}{N}$ als den zugehörigen Verlaufsfunktionen repräsentiert, dann ergeben sich die modifizierten Verlaufsfunktionen zu /2/

$$H_1 = 1 - [(1-N_1)/R] \tag{21}$$

und

$$H_i = N_i/R\ , \qquad i = 2, 3, \ldots n, \tag{22}$$

wobei

$$R = (1 - N_1)^p \tag{23}$$

mit N_1 als der dem Knotenpunkt mit der Rißspitzensingularität - im gegebenen Fall dem Knotenpunkt 1 - zugehörigen Verlaufsfunktionen und -p als der gewünschten Ordnung der Singularität. Bei dreiecksförmigen Elementen liefern die erwähnten Verschiebungsansätze Singularitäten der Form r^{-p}, wobei r der Radius eines Polarkoordinatensystems 1rθ ist.

Eine interessante Formulierung, die sich auf ein vierseitiges Element bezieht, geht auf Benzley /15/ zurück. Sie ist durch die Kombination eines konventionellen, bilinearen Verschiebungsfeldes mit einem auf die gewünschte Rißsingularität führenden Verschiebungsfeld gekennzeichnet. Letzteres läßt sich wie folgt beschreiben /4/:

$$u_s = K_I Q_{uI} + K_{II} Q_{uII} \tag{24.1}$$

$$v_s = K_I Q_{vI} + K_{II} Q_{vII}\ . \tag{24.2}$$

In den Glgn. (24) sind K_I und K_{II} unbekannte Spannungsintensitätsfaktoren. Die Funktionen $Q(r,\theta)$ sind zu /4/

$$Q_{uI} = \frac{1}{G\sqrt{2\pi}} \cos\frac{\theta}{2}\left[\frac{\kappa-1}{2} + \sin^2\frac{\theta}{2}\right]\sqrt{r} \tag{25.1}$$

$$Q_{uII} = \frac{1}{G\sqrt{2\pi}} \sin\frac{\theta}{2}\left[\frac{\kappa+1}{2} + \cos^2\frac{\theta}{2}\right]\sqrt{r} \tag{25.2}$$

$$Q_{vI} = \frac{1}{G\sqrt{2\pi}} \sin\frac{\theta}{2}\left[\frac{\kappa+1}{2} - \cos^2\frac{\theta}{2}\right]\sqrt{r} \qquad (25.3)$$

$$Q_{vII} = \frac{1}{G\sqrt{2\pi}} \cos\frac{\theta}{2}\left[-\frac{\kappa-1}{2} + \cos^2\frac{\theta}{2}\right]\sqrt{r} \qquad (25.4)$$

gegeben. Die Konstante G bezeichnet den Schubmodul. Die Konstante κ ergibt sich zu $3-\nu$ für den ebenen Verzerrungszustand und zu $(3-\nu)$ $(1+\nu)$ für den ebenen Spannungszustand. Die von Benzley eingeschlagene Vorgangsweise beschränkt den Einfluß der Singularität auf die Elemente, die die Rißspitze als Knotenpunkt enthalten (Abb. 7). An den Elementsgrenzen ist C^0-Konformität gewährleistet.

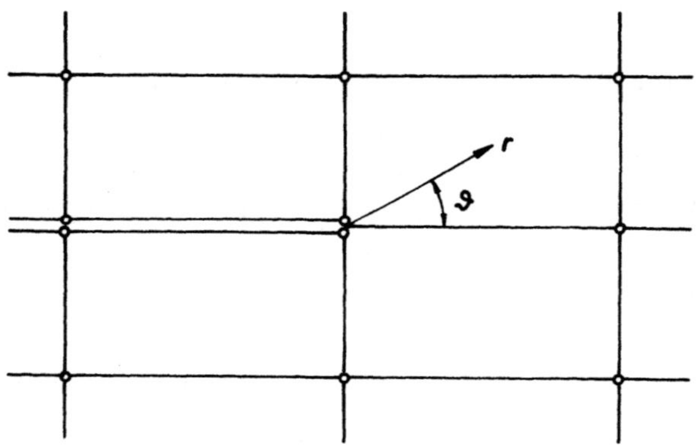

Abb. 7. Elemente mit Kombination aus bilinearen Verschiebungsansätzen und Funktionen zur Erzielung der Rißspitzensingularität /4/

Alternativ kann so vorgegangen werden, daß der Einfluß von u_s und v_s sich über alle Elemente erstreckt. In diesem Falle wird die Bandstruktur des Gleichungssystems zerstört. Bei Verwendung eines elementsorientierten Algorithmus von der Form des Wellenfrontalgorithmus von Irons /16/ zur Auflösung des entstehenden algebraischen Gleichungssystems anstatt eines herkömmlichen, knotenpunktsbezogenen Algorithmus ist die erwähnte Störung der Bandstruktur ohne wesentliche Konsequenzen.

2.2.3. Verfahren, die auf der Formulierung isoparametrischer Elemente beruhen

(a) Grundlagen isoparametrischer Finiter Elemente

Isoparametrische Elemente sind durch eine geometrische Abbildung sogenannter Stammelemente einfacher geometrischer Konfiguration auf Elemente der gewünschten geometrischen Form gekennzeichnet, wobei die zur Beschreibung der Verschiebungskomponenten verwendeten Verlaufsfunktionen zur Durchführung der Transformation von isoparametrischen (lokalen) Koordinaten auf physikalische (globale) Koordinaten verwendet werden. Abb. 8 zeigt zweidimensionale Abbildungen von Stammelementen von der Form eines Quadrats bzw. eines gleichseitigen Dreiecks.

Die erwähnte Koordinatentransformation läßt sich wie folgt anschreiben:

$$\underset{\sim}{x} = \underset{\sim}{N}\underset{\sim}{\bar{x}} \ . \tag{26}$$

In Glg. (26) stellt $\underset{\sim}{x}$ den Vektor der physikalischen Koordinaten dar; $\underset{\sim}{\bar{x}}$ ist der entsprechende Vektor der Knotenpunktskoordinaten Bei $\underset{\sim}{N}$ handelt es sich um eine in isoparametrischen Koordinaten gegebene Matrix von Funktionen. Wie erwähnt, handelt es sich dabei um dieselben Funktionen, die zur Beschreibung der Verschiebungskomponenten verwendet werden.

Der Ausdruck für die Elementsteifigkeitsmatrix ergibt sich zu /4/

$$\underset{\sim}{K}^{(e)} = \int_{A^{(e)}} \underset{\sim}{B}^T \underset{\sim}{E} \underset{\sim}{B} h dA \ , \tag{27}$$

wobei $\underset{\sim}{B}$ die Verknüpfungsmatrix zwischen Lagekoordinaten $\underset{\sim}{q}$ und Verzerrungen $\underset{\sim}{\varepsilon}$ und $\underset{\sim}{E}$ die Elastizitätsmatrix darstellt; A ist der Flächeninhalt und h die Dicke des Elements.

Im Ausdruck für $\underset{\sim}{B}$ scheinen partielle Ableitungen der Verlaufsfunktionen nach x und y auf. Die partiellen Ableitungen der Verlaufsfunktionen N_i nach x und y ergeben sich zu /4/

$$\begin{bmatrix} \frac{\partial Ni}{\partial x} \\ \\ \frac{\partial Ni}{\partial y} \end{bmatrix} = \underset{\sim}{J}^{-1} \begin{bmatrix} \frac{\partial Ni}{\partial \xi} \\ \\ \frac{\partial Ni}{\partial \eta} \end{bmatrix} \tag{28}$$

wobei $\underset{\sim}{J}^{-1}$ die Inverse der Jacobischen Funktionalmatrix

$$\underset{\sim}{J} = \begin{bmatrix} \frac{\partial x}{\partial \xi} & \frac{\partial y}{\partial \xi} \\ \\ \frac{\partial x}{\partial \eta} & \frac{\partial y}{\partial \eta} \end{bmatrix} \tag{29}$$

ist. In den Glgn. (28) und (29) stellen ξ und η die isoparametrischen Koordinaten dar.

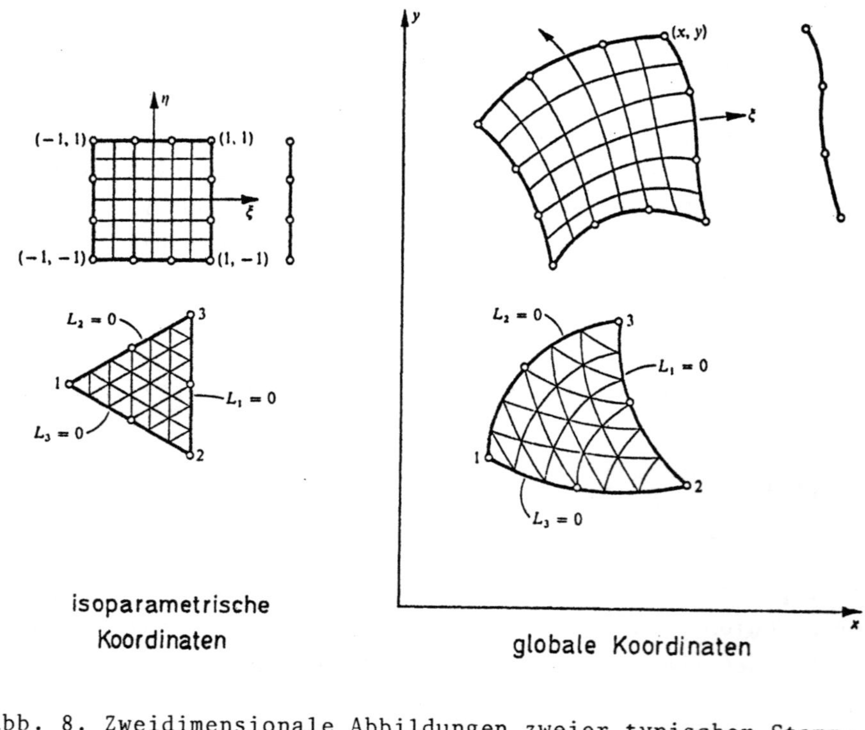

Abb. 8. Zweidimensionale Abbildungen zweier typischer Stammelemente /4/

$\underset{\sim}{J}$ ist singulär, wenn die obige Koeffizientendeterminante verschwindet. Während bei herkömmlichen Problemen der Strukturmechanik eine singuläre bzw. schlecht konditionierte Matrix $\underset{\sim}{J}$ verständlicherweise unerwünscht ist, stellt man sich in der

Bruchmechanik die Aufgabe, mit Hilfe von $\underset{\sim}{J}$ die gewünschte Rißspitzensingularität zu erzielen.

(b) Anwendung isoparametrischer Elemente zur Realisierung der Rißspitzensingularität

Wie Henshell und Shaw (17) und Barsoum (18) unabhängig voneinander gezeigt haben, erhält man bei einem vierseitigen, quadratischen isoparametrischen Element durch Anordnung der Zwischenpunkte in den Viertelpunkten (Abb. 9(a)) die benötigte $r^{-1/2}$-Singularität.

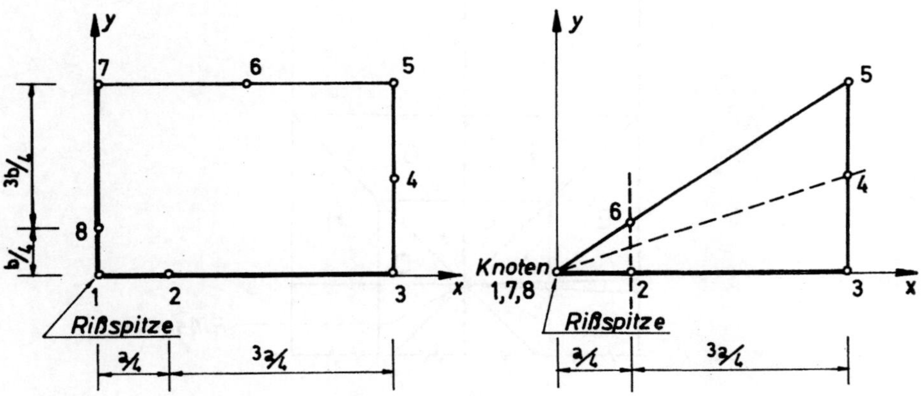

(a) Vierseitiges isoparametrisches Element mit $r^{-\frac{1}{2}}$ Singularität

(b) Dreiseitiges isoparametrisches Element mit $r^{-\frac{1}{2}}$ Singularität

Abb. 9. Isoparametrische Elemente mit Rißspitzensingularität

Ein Nachteil dieses Elementes besteht darin, daß die Singularität zwar gegeben ist, wenn man sich Punkt 1 in Abb. 9(a) auf einer der beiden Koordinatenlinien nähert, nicht jedoch, wenn dies auf einem beliebigen, durch den Punkt 1 gehenden Strahl erfolgt. Dieser Nachteil wurde von Barsoum (19) dadurch beseitigt, daß er die Knotenpunkte 1, 7 und 8 zusammenfallen ließ (s. Abb. 9(b)).

Abb. 10 zeigt eine Hälfte einer Scheibe mit einem vom linken

Seitenrand ausgehenden Riß. Die Elemente mit Rißspitzensingularität (Elemente A, B, C, D) sind mit Übergangselementen (Elemente E, F, G, H) umgeben. Lynn und Ingraffea /20/ haben gezeigt, daß sich bei Ausdehnung des Effekts der Singularität auf Übergangselemente durch geeignete Plazierung von Zwischenknoten eine beträchtliche Steigerung der Genauigkeit ohne zusätzliche Freiheitsgrade ergibt.

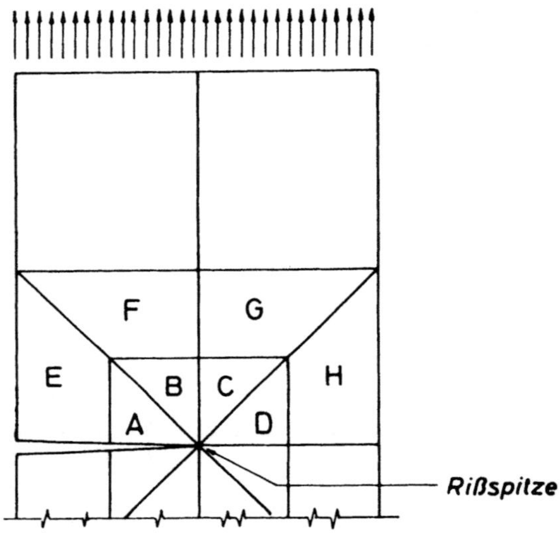

Abb. 10. Scheibe mit vom linken Rand ausgehenden Riß /2/

Bei der Anwendung isoparametrischer Elemente ist zu beachten, daß Spannungsintensitätsfaktoren nicht direkt erhalten werden. Über ihre Bestimmung wird im nächsten Abschnitt gesprochen. Die Tatsache, daß der Integrand der Steifigkeitsmatrix an der Rißspitze eine Singularität aufweist, stört insofern nicht, als die Integrationspunkte für die numerische Integration zur Ermittlung der Steifigkeitsmatrix nicht mit der Rißspitze zusammenfallen.

2.2.4. Methoden, die auf hybriden Formulierungen beruhen

Hybride Formulierungen sind durch die Wahl zweier oder mehrerer Felder von Größen (sowohl Weg- als auch Kraftgrößen) gekennzeichnet /4/. Mit Hilfe des zugrunde liegenden Variationsprinzips werden bereits auf Elementsebene die zur Beschreibung einzelner Felder benötigten unbekannten Parameter (generalisierte Koordinaten) durch physikalische Lagekoordinaten (Weg- bzw. Kraftgrößen) ausgedrückt, mittels der eines der Randfelder beschrieben wird. Dies führt letztlich auf Steifigkeits- bzw. Nachgiebigkeitsmatrizen der herkömmlichen Form.

Während sich hybride Formulierungen als Grundlage von Computerprogrammen für Probleme der klassischen Strukturmechanik kaum durchgesetzt haben, kommt diesen Formulierungen bei der Lösung von Aufgabenstellungen aus der Bruchmechanik einige Bedeutung zu. Dies schlägt sich in vermehrten Anstrengungen nieder, hybride Konzepte zur Erstellung von Spezialprogrammen heranzuziehen.

In der Bruchmechanik kommt dem "hybriden Spannungsmodell" (Hybrid I) /4/ die größte Bedeutung zu /2/. Der Ansatz für das Spannungsfeld im Elementsinneren läßt sich dabei formal so anschreiben, wie das in Glg. (11) geschehen ist. Im Gegensatz jedoch zum Spannungsansatz, der im Rahmen der Randintegralmethode zum Einsatz gelangt (Glg. (11)), erfüllt der beim "hybriden Spannungsmodell" verwendete Spannungsansatz nicht sowohl die Gleichgewichts- als auch die Kompatibilitätsbedingungen. Der bei der Randintegralformulierung eingeschlagene Weg von Glg. (16) auf Glg. (17) ist somit nicht gangbar. Es ist erforderlich, Integrationen über den Elementsbereich durchzuführen. Gallagher /2/ zeigt, daß die Stationäritätsbedingung für die Komplementärenergie, also

$$\delta \Pi_c = 0 \qquad (30)$$

auf ein algebraisches Gleichungssystem mit zwei Feldern von Unbekannten, den Knotenpunktsverschiebungen und den Spannungsintensitätsfaktoren, führt. Durch Lösung dieses Gleichungssystems können die Spannungsintensitätsfaktoren direkt bestimmt werden. Als erste haben Pian, Tong und Luk /21/ das "hybride Spannungsmodell" in der Bruchmechanik verwendet.

3. Bestimmung von Spannungsintensitätsfaktoren

3.1. Direkte Bestimmung von Spannungsintensitätsfaktoren aus Verschiebungen bzw. Spannungen in den Knotenpunkten

Bei FE-Lösungen, die die Spannungsintensitätsfaktoren nicht unmittelbar als Lösungsparameter enthalten, besteht eine wesentliche Aufgabe darin, diese Faktoren bzw. mit ihnen direkt verknüpfte Größen zu bestimmen. Dies kann z.B. durch direkte Benutzung der Ergebnisse für die Verschiebungen bzw. Spannungen in den Knotenpunkten der Elemente geschehen. Mit Hilfe dieser Resultate sowie der singulären Lösungen können Werte für die Spannungsintensitätsfaktoren als Funktion des Abstands r von der Rißspitze bestimmt werden. Durch Extrapolation für r = 0 erhält man letztlich eine Näherung für den gewünschten Spannungsintensitätsfaktor (Abb. 11).

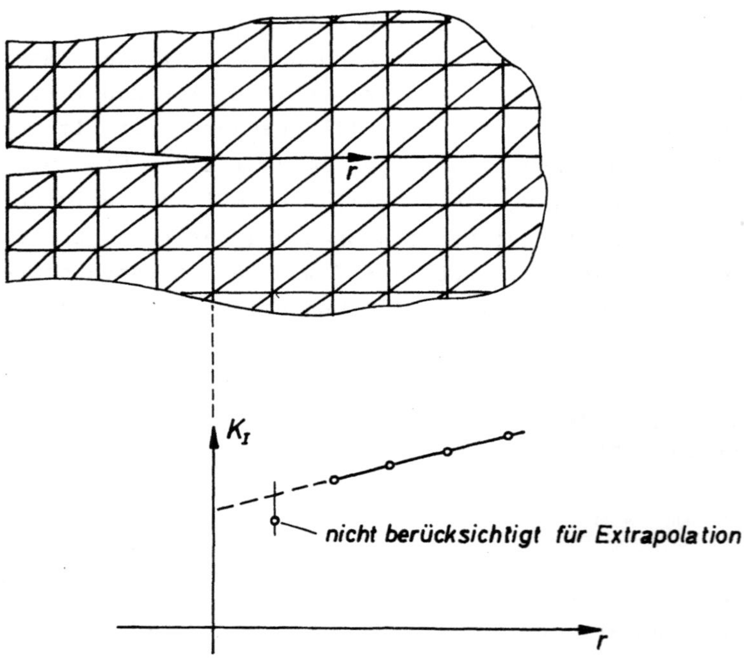

Abb. 11. Bestimmung des Spannungsintensitätsfaktors K_I durch Extrapolation

3.2. Ermittlung von Spannungsintensitätsfaktoren mit Hilfe der Energiefreisetzungsrate

Eine alternative Vorgangsweise besteht darin, die sogenannte Energiefreisetzungsrate $\mathcal{G}$, die zu

$$\mathcal{G} = \frac{\partial \Pi}{\partial A} \tag{31}$$

definiert ist, zu bestimmen. In Glg. (31) ist Π die gesamte potentielle Energie und A die Rißoberfläche. Die Energiefreisetzungsrate hängt auf einfache Weise mit den Spannungsintensitätsfaktoren zusammen. So gilt z.B. /4/

$$\frac{\partial \Pi}{\partial A} = K_I^2\ (\kappa + 1)/8G. \tag{32}$$

3.2.1. Bestimmung der Energiefreisetzungsrate mittels zweier FE-Berechnungen

Die Energiefreisetzungsrate läßt sich auf einfache Weise mit Hilfe zweier separater FE-Analysen approximieren. Zu diesem Zweck schreibt man

$$\frac{\partial \Pi}{\partial A} \approx \frac{\Pi_2 - \Pi_1}{\Delta A}\ , \tag{33}$$

wobei Π_1 und Π_2 die gesamte potentielle Energie für zwei sich um

$$\Delta a = \frac{\Delta A}{h} \tag{34}$$

unterscheidende Lagen der Rißspitze darstellt (Abb. 12). Dabei ist h die Wandstärke der Scheibe. Die beschriebene Vorgangsweise wurde zuerst von Dixon und Pook /22/ vorgeschlagen.

3.2.2. Bestimmung der Energiefreisetzungsrate mittels nur einer FE-Berechnung

Für das nach einer Öffnung des Risses im Ausmaß von Δa geänderte Netz ergibt sich der Vektor der Knotenpunktsverschiebungen zu $\underset{\sim}{q} + \Delta\underset{\sim}{q}$ und die Globalsteifigkeitsmatrix zu $\underset{\sim}{K} + \Delta\underset{\sim}{K}$. Die Änderung der gesamten potentiellen Energie, $\Delta\Pi$, erhält man zu

$$\Delta\Pi = \Pi_2 - \Pi_1 = \frac{1}{2} (\underset{\sim}{q} + \Delta\underset{\sim}{q})^T (\underset{\sim}{K} + \Delta\underset{\sim}{K}) (\underset{\sim}{q} + \Delta\underset{\sim}{q}) - (\underset{\sim}{q} + \Delta\underset{\sim}{q})^T \underset{\sim}{P} - \frac{1}{2} \underset{\sim}{q}^T\underset{\sim}{K}\underset{\sim}{q} + \underset{\sim}{q}^T\underset{\sim}{P}. \tag{35}$$

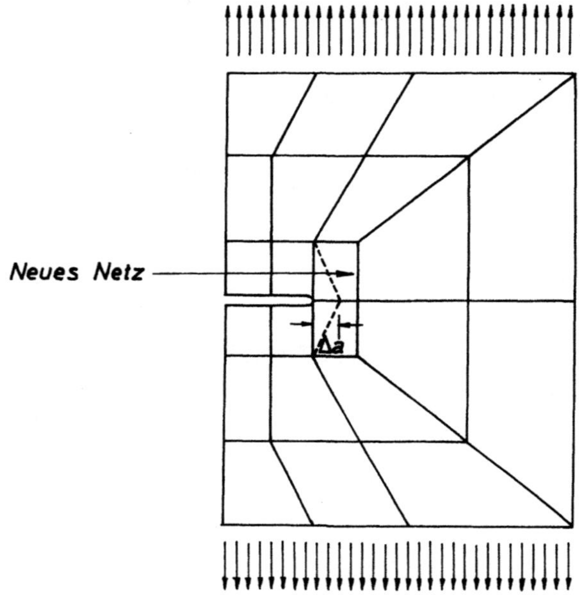

Abb. 12. Rißausbreitung Δa; neues Netz /4/

Vernachlässigt man Terme höherer als erster Kleinheitsordnung und berücksichtigt man die globale Gleichgewichtsbeziehung

$$\underset{\sim}{K}\underset{\sim}{q} = \underset{\sim}{P} \tag{36}$$

so erhält man

$$\Delta\Pi = \frac{1}{2} \underset{\sim}{q}^T \Delta\underset{\sim}{K}\underset{\sim}{q}. \tag{37}$$

Um die Energiefreisetzungsrate zu bestimmen, reicht es folglich hin /4/,

(a) $\underset{\sim}{q}$ im Wege einer FE-Berechnung zu bestimmen und

(b) $\Delta\underset{\sim}{K}$ zufolge einer Änderung des Netzes bei einer Rißausbreitung um Δa zu ermitteln.

An zusätzlichen Rechenoperationen fallen nur die Ermittlung der Elementsteifigkeitsmatrizen in jenem Bereich in der Umgebung der Rißspitze an, in dem das ursprüngliche Netz geändert worden ist.

3.3. Ermittlung von Spannungsintensitätsfaktoren mit Hilfe des J-Integrals

Rice /23/ hat gezeigt, daß das Integral

$$J = \int_{\Gamma} (U dy - \underset{\sim}{t} \cdot \frac{\partial \underset{\sim}{u}}{\partial x} dS) \tag{38}$$

gleich einer Konstanten J ist, wenn sich der ansonsten beliebige Integrationsweg Γ über den Riß erstreckt (Abb. 13). In Glg. (38) ist U die Verzerrungsenergie, $\underset{\sim}{t}$ der Vektor der längs

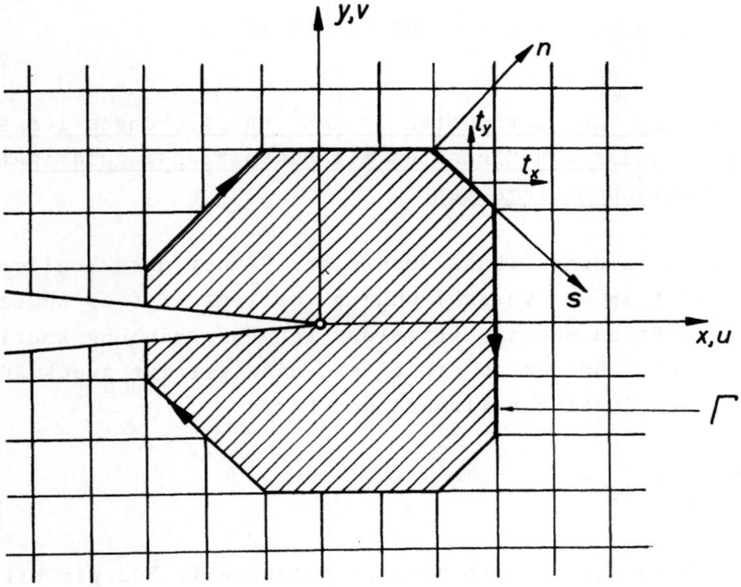

Abb. 13. Integrationsweg zur Bestimmung des J-Integrals /2/

Γ wirkenden Randkräfte und $\underset{\sim}{u}$ der Verschiebungsvektor; dS stellt die differentielle Bogenlänge dar; n ist die ins Äußere gerichtete Normale auf Γ. Die Komponenten von $\underset{\sim}{t}$ lassen sich mit

Hilfe der Cauchyschen Formel durch die Komponenten des Spannungstensors ausdrücken. Auf diese Weise läßt sich Glg. (38) wie folgt anschreiben /4/:

$$J = \int_{\Gamma} (U - \sigma_x \frac{\partial u}{\partial x} - \tau_{xy} \frac{\partial v}{\partial x}) dy + \int_{\Gamma} (\tau_{xy} \frac{\partial u}{\partial x} + \sigma_y \frac{\partial v}{\partial x}) dx \;. \qquad (39)$$

Das J-Integral ist direkt mit der Energiefreisetzungsrate verknüpft. Es kann daher unmittelbar zur Bestimmung des Spannungsintensitätsfaktors verwendet werden. So ergibt sich z.B. K_I für den ebenen Verzerrungszustand zu /2/

$$K_I = \left(\frac{(JE)}{(1-\nu^2)}\right)^{\frac{1}{2}} \;. \qquad (40)$$

Ein besonderer Vorteil des J-Integrals ist seine Anwendbarkeit auf nichtlinear-elastische Fälle. Nach Durchführung geeigneter Modifikationen kann das J-Integral auch für elastisch-plastische Untersuchungen verwendet werden /24/.

4. Erzielung von Kontinuität in den Verschiebungen längs gemeinsamer Ränder von Elementen mit Rißspitzensingularität und herkömmlichen Elementen

In Fällen, in denen längs derartiger Ränder ursprünglich keine Kontinuität in den Verschiebungen vorliegt, ist es angezeigt, geeignete Maßnahmen zur Erzielung von Verschiebungskontinuität längs solcher Ränder zu ergreifen. Dies erfolgt zweckmäßig mit Hilfe eines Zusatzfunktionals der Form

$$\sum_{m=1}^{r} \int_{S_m} \underset{\sim}{\lambda} \underset{\sim}{\Delta} dS,$$

das zum Ausdruck für die gesamte potentielle Energie hinzuzufügen ist. Bei $\underset{\sim}{\Delta} \equiv \underset{\sim}{\Delta}_m$ handelt es sich um den Vektor der Verschiebungsdiskontinuitäten längs des Elementsrandes m; $\underset{\sim}{\lambda} \equiv \underset{\sim}{\lambda}_m$ stellt einen Vektor zugehöriger Kraftgrößen dar, die unabhängig von den Weggrößen zu wählen sind /25/. Mathematisch gesehen handelt es sich bei diesen Kraftgrößen um Lagrangesche Multiplikatoren, genauer gesagt, um Funktionen, die Lagrangesche Multiplikatoren als Koeffizienten enthalten. Die Integrationen in der obigen Summe von Integralen erstrecken sich über die einzelnen Elementsränder. Zu summieren ist über alle Elementsränder längs der Kontinuität in den Verschiebungen hergestellt werden soll.

Bildet man die erste Variation von

$$\bar{\Pi} = \Pi + \sum_{m=1}^{r} \int_{s_m} \underset{\sim}{\lambda}\underset{\sim}{\Delta} dS \ , \tag{41}$$

wobei $\bar{\Pi}$ eine modifizierte Form der potentiellen Energie Π darstellt, und setzt man das Ergebnis gleich Null, so erhält man folgende Stationäritätsbedingungen:

$$\delta\Pi + \sum_{m=1}^{r} \int_{s_m} \underset{\sim}{\lambda}\delta\underset{\sim}{\Delta} ds = 0 \tag{42.1}$$

$$\sum_{m=1}^{r} \int_{s_m} \delta\underset{\sim}{\lambda}\underset{\sim}{\Delta} ds = 0 \quad . \tag{42.2}$$

Glg. (42.2) verdeutlicht, daß es im allgemeinen nicht gelingt, die Kontinuitätsbedingung

$$\underset{\sim}{\Delta}_m = \underset{\sim}{0} \ , \quad m = 1, 2, \ldots r, \tag{43}$$

in jedem Punkt der Elementränder zu erfüllen. Wohl gelingt es aber, diese Bedingung im gewogenen Integralmittel mit den Lagrangeschen Multiplikatoren als Gewichtsfunktionen zu erfüllen.

Diskretisierung der Stationäritätsbedingungen führt auf folgendes indefinites, algebraisches Gleichungssystem:

$$\begin{bmatrix} \underset{\sim}{K} & \underset{\sim}{G}^T \\ \underset{\sim}{G} & \underset{\sim}{0} \end{bmatrix} \begin{bmatrix} \underset{\sim}{q} \\ \underset{\sim}{\lambda} \end{bmatrix} = \begin{bmatrix} \underset{\sim}{P} \\ \underset{\sim}{0} \end{bmatrix} \quad . \tag{44}$$

In Glg. (44) stellt $\underset{\sim}{\lambda}$ die Gesamtheit aller Lagrangescher Multiplikatoren dar;

$$\underset{\sim}{G}\underset{\sim}{q} = \underset{\sim}{0} \tag{45}$$

repräsentiert einen Satz homogener, linearer Zwangsbedingungen für die Lagekoordinaten $\underset{\sim}{q}$.

5. Literatur

1. Kuna, M.: Some Applications of the Finite Element Method to Fracture Mechanics of Elastic and Elastic-Plastic Bodies. In: Proceedings of the First International Conference on Numerical Methods in Fracture Mechanics (Luxmoore, A. R., Owen, D. R. J., Hrsg.), S. 537-549. Swansea: Pineridge Press.(1978).
2. Gallagher, R. H.: A Review of Finite Element Techniques in Fracture Mechanics. In: Proceedings of the First International Conference on Numerical Methods in Fracture Mechanics (Luxmoore, A. R., Owen, D. R. J., Hrsg.), S. 1-25. Swansea: Pineridge Press.(1978).
3. Pian, T. H. H.: Crack Elements. In: Proceedings of World Congress on Finite Element Methods in Structural Mechanics. S. F.1-F.39. Bournemouth. 1975.
4. Zienkiewicz, O. C.: The Finite Element Method, 3. Aufl. London: McGraw-Hill.(1977).
5. Broek, D.: Elementary Engineering Fracture Mechanics, 2. Aufl. Alphen aan den Rijn: Sijthoff/Noordhoff. 1978.
6. Tong, P., Pian, T. H. H., Lasry, S.: A Hybrid Element Approach to Crack Problems in Plane Elasticity. International Journal for Numerical Methods in Engineering 7, S. 297-308 (1973).
7. Pian, T. H. H., Moriya, K.: Three-Dimensional Fracture Analysis by Assumed Stress Finite Elements. In: Proceedings of the First International Conference on Numerical Methods in Fracture Mechanics (Luxmoore, A. R., Owen, D. R. J., Hrsg.), S. 363-373. Swansea: Pineridge Press. (1978).
8. Atluri, S. N., Nakagaki, M., Kathiresan, K., Rhee, H.C.: Hybrid Finite Element Models for Linear and Nonlinear Fracture Analyses. In: Proceedings of the First International Conference on Numerical Methods in Fracture Mechanics (Luxmoore, A. R., Owen, D. R. J., Hrsg.), S. 52-66. Swansea: Pineridge Press.(1978).
9. Westergaard, H. M.: Stresses at a Crack, Size of the Crack, and the Bending of Reinforced Concrete. Proceedings of the ACI 30, S. 93-102 (1934).
10. Muskhelishvili, N. I.: Some Basic Problems of the Mathematical Theory of Elasticity. Groningen: Noordhoff. (1953).

11. Byskov, E.: The Calculation of Stress Intensity Factors Using the Finite Element Method with Cracked Elements. International Journal of Fracture Mechanics 6, S. 159-167 (1970).

12. Tracey, D. M.: Finite Elements for Determination of Crack Tip Elastic Stress Intensity Factors. Engineering Fracture Mechanics 3, S. 255-266 (1971).

13. Tracey, D. M., Cook, T. S.: Analysis of Power Type Singularities Using Finite Elements. International Journal for Numerical Methods in Engineering 11, S. 1225-1235 (1977).

14. Akin, J. E.: The Generation of Elements with Singularities. International Journal for Numerical Methods in Engineering 10, S. 1249-1260 (1976).

15. Benzley, S. E.: Representation of Singularities with Isoparametric Finite Elements. International Journal for Numerical Methods in Engineering 8, S. 537-545 (1974).

16. Irons, B. M.: A Frontal Solution Program for Finite Element Analysis. International Journal for Numerical Methods in Engineering 2, S. 5-32 (1970).

17. Henshell, R. D., Shaw, K. G.: Crack Tip Elements are Unnecessary. International Journal for Numerical Methods in Engineering 9, S. 495-509 (1975).

18. Barsoum, R. S.: On the Use of Isoparametric Finite Elements in Linear Fracture Mechanics. International Journal for Numerical Methods in Engineering 10, S. 25-37 (1976).

19. Barsoum, R. S.: Triangular Quarter Point Elements as Elastic and Perfectly-Plastic Crack Tip Elements. International Journal for Numerical Methods in Engineering 11, S. 85-98 (1977).

20. Lynn, P., Ingraffea, A. R.: Transition Elements to be Used with Quarter-Point Crack Tip Elements. International Journal for Numerical Methods in Engineering 11, S. 1031-1036 (1978).

21. Pian, T. H. H., Tong, P., Luk, C.: Elastic Crack Analysis by a Finite Element Hybrid Method. In: Proceedings of the Third Air Force Conference on Matrix Methods in Structural Mechanics, S. 661-682. Dayton, Ohio: Air Force Flight Dynamics Laboratory. (1971).

22. Dixon, J. R., Pook, L. P.: Stress Intensity Factors Calculated Generally by the Finite Element Technique. S. 166 (1969).

23. Rice, J. R.: A Path-Independent Integral and the Approximate Analysis of Strain Concentration by Notches and Cracks. Transactions ASME, Journal of Applied Mechanics 35, S. 379-386 (1968).

24. Rice, J. R., Tracey, D. M.: Computational Fracture Mechanics. In: Numerical and Computer Methods in Structural Mechanics (S. J. Fenves, N. Perrone, A. R. Robinson, W. C. Schnobrich, Hrsg.), S. 585-623. New York and London: Academic Press. (1973).

25. Mang, H. A., Gallagher, R. H.: A Critical Assessment of the Simplified Hybrid Displacement Method. International Journal for Numerical Methods in Engineering 11, S. 145-167 (1977).

6. Anhang - Ableitung der Steifigkeitsmatrix für das Bruchelement nach Unterabschnitt 2.1

Die Komplementärenergie für das Finite Element nach Ref. /6/ ist entsprechend Glg. (17)

$$\Pi_c^{(e)} = \frac{1}{2} \int_{\Gamma^{(e)}} \underset{\sim}{u}^T \underset{\sim}{t} \, d\Gamma - \int_{\Gamma^{(e)}} \bar{\underset{\sim}{u}}^T \underset{\sim}{t} \, d\Gamma \, . \qquad \text{(A-1)}$$

Bei Kenntnis der Spannungen $\underset{\sim}{\sigma}$ lassen sich Randkräfte $\underset{\sim}{t}$ zu

$$\underset{\sim}{t} = \begin{bmatrix} t_x \\ t_y \end{bmatrix} = \underset{\sim}{G}\underset{\sim}{\sigma} \qquad \text{(A-2)}$$

ermitteln, wobei

$$G = \begin{bmatrix} n_x & 0 & n_y \\ 0 & n_y & n_x \end{bmatrix} \qquad \text{(A-3)}$$

mit n_x und n_y als den Richtungskosinus der Winkel, die die ins Elementsäußere gerichtete Normale im betrachteten Randpunkt mit den Koordinatenachsen x und y einschließt.

Setzt man die Glg. (15),

$$\underset{\sim}{\sigma} = \underset{\sim}{P}\underset{\sim}{\beta} \, , \qquad \text{(A-4)}$$

in die Glg. (A-2) ein, so erhält man

$$\underset{\sim}{t} = \underset{\sim}{G}\underset{\sim}{P}\underset{\sim}{\beta} = \underset{\sim}{R}\underset{\sim}{\beta} \, . \qquad \text{(A-5)}$$

Die Verschiebungen $\underset{\sim}{u}$ lassen sich ebenfalls durch $\underset{\sim}{\beta}$ ausdrücken:

$$\underset{\sim}{u} = \underset{\sim}{Z}\underset{\sim}{\beta} \, . \tag{A-6}$$

Bei $\underset{\sim}{\bar{u}}$ handelt es sich um ein am Elementsrand vorgegebenes Verschiebungsfeld, das wie folgt durch Lagekoordinaten (Knotenpunktsverschiebungen) $\underset{\sim}{q}$ ausgedrückt wird:

$$\underset{\sim}{\bar{u}} = \underset{\sim}{\bar{Y}}\underset{\sim}{q} \, . \tag{A-7}$$

Einsetzen der Glgn. (A-5), (A-6) und (A-7) in Glg. (A-1) ergibt

$$\Pi_c^{(e)} = \underset{\sim}{\beta}^T \left(\frac{1}{2} \int_{\Gamma^{(e)}} \underset{\sim}{Z}^T \underset{\sim}{R} d\Gamma\right) \underset{\sim}{\beta} - \underset{\sim}{q}^T \left(\int_{\Gamma^{(e)}} \underset{\sim}{\bar{Y}}^T \underset{\sim}{R} d\Gamma\right) \underset{\sim}{\beta} \, . \tag{A-8}$$

Variation von $\Pi_c^{(e)}$ ergibt

$$\delta\Pi_c^{(e)} = \delta\underset{\sim}{\beta}^T \left[\int_{\Gamma^{(e)}} \frac{1}{2}(\underset{\sim}{Z}^T \underset{\sim}{R} + \underset{\sim}{R}^T \underset{\sim}{Z}) d\Gamma \right] \underset{\sim}{\beta} - \delta\underset{\sim}{\beta}^T \left(\int_{\Gamma^{(e)}} \underset{\sim}{R}^T \underset{\sim}{\bar{Y}} d\Gamma\right) \underset{\sim}{q} \, . \tag{A-9}$$

Nullsetzen von $\delta\Pi_c^{(e)}$ führt auf

$$\left[\int_{\Gamma^{(e)}} \frac{1}{2}(\underset{\sim}{Z}^T \underset{\sim}{R} + \underset{\sim}{R}^T \underset{\sim}{Z}) d\Gamma \right] \underset{\sim}{\beta} = \left(\int_{\Gamma^{(e)}} \underset{\sim}{R}^T \underset{\sim}{\bar{Y}} d\Gamma\right) \underset{\sim}{q} \, . \tag{A-9}$$

Führt man zur Abkürzung

$$\underset{\sim}{H}^{(e)} = \int_{\Gamma^{(e)}} \frac{1}{2}(\underset{\sim}{Z}^T \underset{\sim}{R} + \underset{\sim}{R}^T \underset{\sim}{Z}) d\Gamma \tag{A-10}$$

und

$$\underset{\sim}{Q}^{(e)} = \int_{\Gamma^{(e)}} \underset{\sim}{R}^T \underset{\sim}{\bar{Y}} d\Gamma \tag{A-11}$$

ein, so erhält man

$$\underset{\sim}{H}^{(e)} \underset{\sim}{\beta} = \underset{\sim}{Q}^{(e)} \underset{\sim}{q} \tag{A-12}$$

und weiter

$$\underset{\sim}{\beta} = (\underset{\sim}{H}^{(e)})^{-1} \underset{\sim}{Q}^{(e)} \underset{\sim}{q} \; . \tag{A-13}$$

Setzt man Glg. (A-13) in Glg. (A-8) ein, so erhält man

$$\begin{aligned} \Pi_c^{(e)} &= \underset{\sim}{q}^T (\underset{\sim}{Q}^{(e)})^T (\underset{\sim}{H}^{(e)})^{-1} \tfrac{1}{2} \underset{\sim}{H}^{(e)} (\underset{\sim}{H}^{(e)})^{-1} \underset{\sim}{Q}^{(e)} \underset{\sim}{q} - \\ &- \underset{\sim}{q}^T (\underset{\sim}{Q}^{(e)})^T (\underset{\sim}{H}^{(e)})^{-1} (\underset{\sim}{Q}^{(e)}) \underset{\sim}{q} = \\ &= - \tfrac{1}{2} \underset{\sim}{q}^T (\underset{\sim}{Q}^{(e)})^T (\underset{\sim}{H}^{(e)})^{-1} (\underset{\sim}{Q}^{(e)}) \underset{\sim}{q} \; . \end{aligned} \tag{A-14}$$

Variation von $\Pi_c^{(e)}$ führt auf

$$\delta \Pi_c^{(e)} = - \delta \underset{\sim}{q}^T (\underset{\sim}{Q}^{(e)})^T (\underset{\sim}{H}^{(e)})^{-1} (\underset{\sim}{Q}^{(e)}) \underset{\sim}{q} \; . \tag{A-15}$$

Die gesuchte Steifigkeitsmatrix ergibt sich folglich zu

$$\underset{\sim}{K}^{(e)} = (\underset{\sim}{Q}^{(e)})^T (\underset{\sim}{H}^{(e)})^{-1} \underset{\sim}{Q}^{(e)} \; . \tag{A-16}$$

Prof. Richard H. Gallagher, Ph.D.
Dean of Engineering
University of Arizona
Tucson, Arizona 85721, USA

Prof. Dr.techn. Herbert A. Mang, Ph.D.
Institut für Baustatik und Festigkeitslehre
Technische Universität Wien
Karlsplatz 13
A-1040 Wien, Österreich

STRUKTUREN MIT RISSEN UNTER ÜBERLAGERTER NORMAL- UND SCHERBEANSPRUCHUNG

H. KORDISCH

1. Problemstellung

Das Konzept der Bruchmechanik zur Charakterisierung des Bruchverhaltens rißbehafteter Konstruktionsteile liefert eine bisher als gesichert anzusehende Aussage über den instabilen Einsatz von Sprödbrüchen unter Normalbeanspruchung. Als Werkstoffkenngröße ist hierbei der kritische Spannungsfaktor K_{Ic} unter Annahme des ebenen Dehnungszustandes als untere Grenze zur Beurteilung der Festigkeit definiert mit der Ebene des Ausgangsrisses als Bruchausbreitungsrichtung.

In realen Bauteilen treten oft durch komplexe Geometrie- und Belastungsbedingungen überlagerte Normal- und Scherbeanspruchungen im Rißspitzenbereich auf. Daher wird sich das Bruchverhalten und der instabile Rißeinsatz nicht mehr mit K_{Ic} allein beschreiben lassen, sondern als neue kritische Materialkenngröße wird sich eine Kombination aller an der Rißspitze auftretenden Beanspruchungsgrößen K_I, K_{II} und K_{III} einstellen mit einer von der Rißursprungsebene abweichenden Bruchausbreitungsrichtung. Der Versuch, Bruchhypothesen für überlagerte Beanspruchung zu erhalten, führte zur Übertragung klassischer, integraler Festigkeitshypothesen auf Rißprobleme. Das Überschreiten kritischer Spannungen, Verschiebungen bzw. Dehnungen oder Energiebeträge wird auch im lokalen Rißspitzenbereich als Ursache für die Rißausbreitung angesehen.

Diese Bruchhypothesen beziehen sich auf analytische Ansätze, die beschränkt sind auf einen Bereich in unmittelbarer Nähe der Rißspitze. Sie sind somit nicht ohne weiteres auf reale Probleme zu übertragen. Erst mit Hilfe numerischer Methoden wird es möglich, die tatsächlich auftretenden Beanspruchungsverhältnisse im Bereich eines Risses unter vorgegebenen Randeinflüssen zu berechnen. Der Vergleich der numerischen Ergebnisse mit den Annahmen und Vorhersagen der Hypothesen kann eine Aussage über den geometrischen Gültigkeitsbereich der Bruchhypothesen liefern.

1.1 Spannungsverteilung vor einer Rißspitze

In rißbehafteten Bauteilen unter Belastung werden im Bereich der Rißspitze Spannungs- und Dehnungsfelder aufgebaut, die im Wechselspiel mit charakteristischen Materialeigenschaften das Bruchverhalten und damit ein mögliches Versagen der Struktur steuern.

Zur Berechnung der Spannungsverteilungen in einem definierten Körper liefert die Elastizitätstheorie die Grundlagen. Eine ausführliche Darstellung ist bei Paris und Sih /1965/ zu finden. In realen Bauteilen liegt ein allgemeines Spannungsfeld vor, das von der Art der Beanspruchung der Rißspitze abhängt und durch Überlagerung von drei Grundbeanspruchungsarten (Modi) darstellbar ist, die durch die relativen Verschiebungen der Rißufer unterschieden werden (Irwin /1958/). In Abbildung 1 sind die drei Grundarten dargestellt.

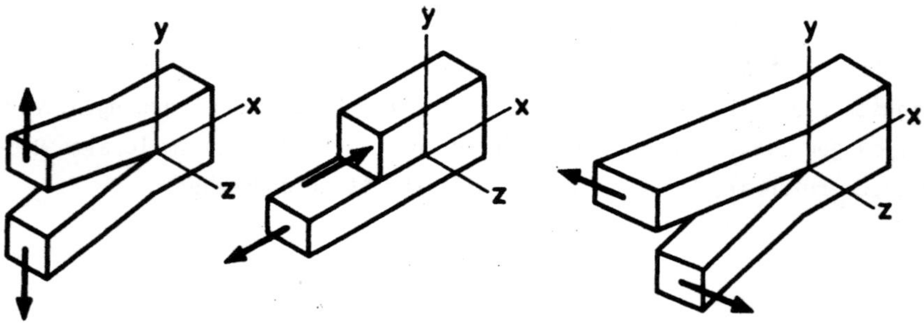

Abb. 1: Die drei Grundbeanspruchungsarten eines Risses

Modus I: "Rißöffnung", Rißufer verschieben sich senkrecht zueinander, Normalbeanspruchung

Modus II: "Längsscherung", Rißufer gleiten übereinander senkrecht zur Rißfront, Scherbeanspruchung

Modus III: "Querscherung", Rißufer gleiten übereinander parallel zur Rißfront, Torsions- oder Schubbeanspruchung.

Für das Beispiel der unendlich ausgedehnten Scheibe mit Innenriß der Länge 2a (Abbildung 2) kann die allgemeine Spannungsverteilung im unmittelbaren Bereich der rechten Rißspitze nach Sneddon /1946/ und Irwin /1958/ in Polarkoordinaten angegeben werden zu ($r \ll a$):

$$\sigma_x = \frac{K_I}{\sqrt{2\pi r}} (\cos \varphi/2 - \tfrac{1}{2} \sin\varphi \sin 3/2\varphi) + \frac{K_{II}}{\sqrt{2\pi r}} (- 2 \sin\varphi/2 - \tfrac{1}{2} \sin\varphi \cos 3/2\varphi)$$

$$\sigma_y = \frac{K_I}{\sqrt{2\pi r}} (\cos\varphi/2 + \tfrac{1}{2} \sin\varphi \sin 3/2\varphi) + \frac{K_{II}}{\sqrt{2\pi r}} \tfrac{1}{2} \sin\varphi \cos 3/2\varphi \tag{1}$$

$$\tau_{xy} = \frac{K_I}{\sqrt{2\pi r}} \tfrac{1}{2} \sin\varphi \cos 3/2\varphi + \frac{K_{II}}{\sqrt{2\pi r}} (\cos\varphi/2 - \tfrac{1}{2} \sin\varphi \sin 3/2\varphi)$$

$$\sigma_z = \frac{\nu K_I}{\sqrt{2\pi r}} 2 \cos\varphi/2 - \frac{\nu K_{II}}{\sqrt{2\pi r}} 2 \sin\varphi/2 \quad \text{(EDZ)} \quad ; \quad \sigma_z = 0 \quad \text{(ESZ)}$$

$$\tau_{yz} = - \frac{K_{III}}{\sqrt{2\pi r}} \sin\varphi/2$$

$$\tau_{xz} = \frac{K_{III}}{\sqrt{2\pi r}} \cos\varphi/2$$

Aus den Gleichungen 1 ist zu ersehen, daß die Spannungen in Rißspitzennähe ($r \to 0$) unendlich hohe Werte annehmen, d.h. sie besitzen eine $1/\sqrt{r}$-Singularität. Die Konstanten K_I, K_{II} und K_{III} werden als Spannungsfaktoren bezeichnet und stellen entsprechend der Beanspruchungsart ein Maß für die Intensität des Spannungsanstieges vor der Rißspitze dar. Sie sind eine Funktion der aufgebrachten Last und der Riß-und Probengeometrie. Durch Grenzwertbetrachtungen z.B. für Modus-I

$$K_I = \lim_{r \to o} \sigma_y (r, \varphi = 0^0) \sqrt{2\pi r}$$

ergeben sich die Spannungsfaktoren für das Beispiel nach Abb. 3 zu:

$$K_I = p_y\sqrt{\pi a} \; ; \; K_{II} = p_{xy}\sqrt{\pi a} \; ; \; K_{III} = p_{yz}\sqrt{\pi a}$$

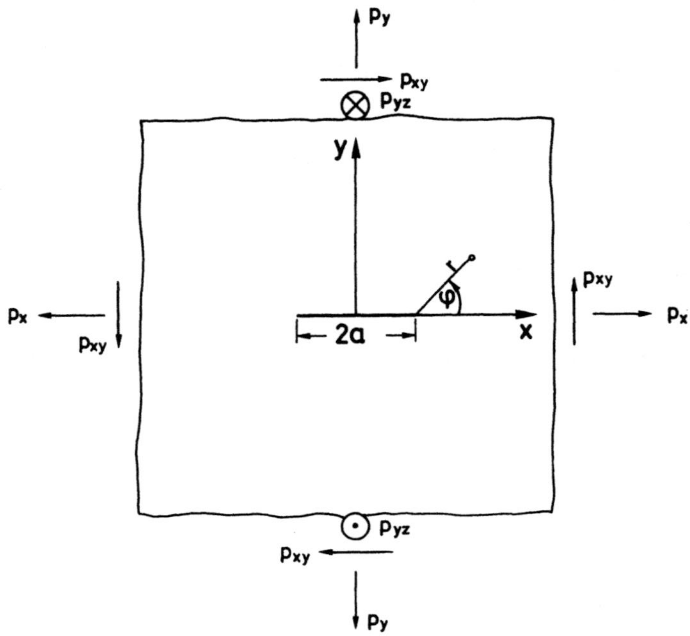

Abb. 2: Unendlich ausgedehnte Scheibe mit Innenriß

1.2 Überblick über vorhandene Bruchhypothesen

1.2.1 Allgemeine Darstellung, einschränkende Annahmen

In den letzten Jahren wurden verschiedene Bruchhypothesen für überlagerte Normal- und Scherbeanspruchung entwickelt. In diesem Abschnitt werden die theoretischen Konzepte einschließlich deren Modifikationen dargestellt.

Mit Hilfe eines allgemeinen Schemas, das Seeger und Führing /1973/ aufgestellt haben, wird die systematische Einordnung der Kriterien erleichtert.

Bei jeder Hypothese wird eine den Bruchvorgang steuernde physikalisch-mechanische "Beanspruchungsgröße" B definiert. Um ein Kriterium zu erhalten, werden drei Bedingungen gefordert:

Bed. a: Der Riß breitet sich radial von der Rißspitze aus

Bed. b: Die Rißausbreitungsrichtung wird je nach Definition der Hypothese durch einen Extremalwert von B bestimmt:

$$\frac{\partial B}{\partial \varphi} = 0 \; ; \; \frac{\partial^2 B}{\partial \varphi^2} \gtrless 0 \quad \text{für } \varphi = \varphi_0 \tag{2}$$

Bed. c: Instabile Rißerweiterung setzt dann ein, wenn gilt

$$B_{extr.}(\varphi_0) \geq B_{krit} \; .$$

B_{krit} ist ein von der Rißspitzenbeanspruchung unabhängiger Materialkennwert. Unter Bezug auf die Modus-I-Beanspruchung wird die Aussage über die Versagenseinleitung bei überlagerter Beanspruchung je nach Maßgabe der gewählten Hypothese auf einen einzigen Parameter reduziert, den der Bruchzähigkeit K_{Ic}.

Damit wird deutlich, daß die Anwendung der zu behandelnden Bruchhypothesen auf den Sprödbruchbereich beschränkt bleibt. Deshalb sind vereinfachende, aber auch einschränkende Annahmen notwendig:

- linear elastisches Materialverhalten;
- Beschränkung auf ebene Probleme, d.h. nur Modus-I und Modus-II-Beanspruchung der Rißspitze;
- die Mehrachsigkeit der Spannungen vor der Rißspitze wird nur im Rahmen der Grenzfälle ebener Spannungszustand (ESZ) und ebener Dehnungszustand (EDZ) behandelt;
- Beschränkung auf die Nahfeldlösung der Spannungen und Verschiebun- um die Rißspitze. Auf Glieder höherer Ordnung in den Spannungsansätzen wird nur im Zusammenhang von Modifikationen der Bruchhypothesen eingegangen.

Für die graphische Darstellung der Hypothesen und der Zuordnung der Spannungsfaktoren wird eine Rißkonfiguration angenommen, die ebenfalls für die späteren Zerreißversuche zur Ermittlung kritischer Kennwerte Verwendung findet, und zwar der unter dem Winkel ß schräg zur Belastungsrichtung liegende Mittenriß (Abb. 3).

Nach Sih, Paris und Erdogan /1962/ sind die Spannungsfaktoren K_I und K_{II} in einer unendlich ausgedehnten Scheibe gegeben durch

$$K_I = p_y\sqrt{\pi a} = \sigma_0\sqrt{\pi a}\,\sin^2\beta$$

$$K_{II} = p_{xy}\sqrt{\pi a} = \sigma_0\sqrt{\pi a}\,\sin\beta\,\cos\beta \tag{3}$$

mit K_{II}/K_{II} = cot β.

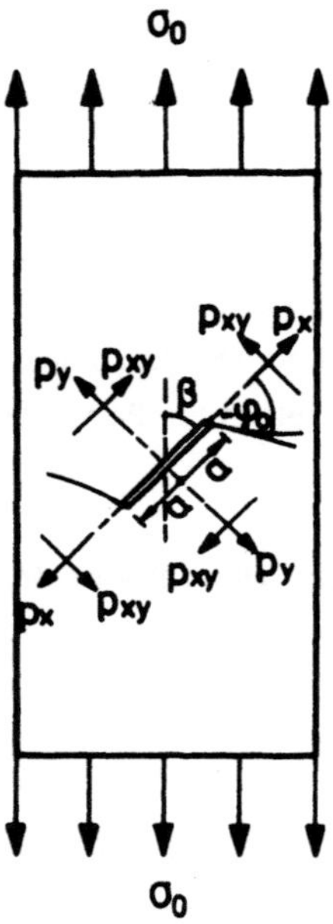

$$p_y = \sigma_0 \sin^2\beta$$

$$p_x = \sigma_0 \cos^2\beta$$

$$p_{xy} = \sigma_0 \sin\beta\cos\beta$$

Abb. 3: Rißgeometrie für überlagerte Beanspruchung

Der Winkel β ist dabei aufzufassen als ein Maß für das Verhältnis von Normal- zu Scherbeanspruchung an der Rißspitze. Damit kann eine beliebige Rißspitzenbeanspruchung im ebenen Fall auf einen äquivalenten Winkel β* zurückgeführt werden.

$$K_I = \sigma_0\sqrt{\pi a}\, f_I$$

$$K_{II} = \sigma_0\sqrt{\pi a}\, f_{II}$$

und $K_{II}/K_I = f_{II}/f_I$ = cot β*.

Die Korrekturfaktoren f_I und f_{II} müssen spannungsanalytisch ermittelt werden.

1.2.2 Tangentialspannungs- und/oder Hauptspannungshypothese

Erdogan und Sih /1963/ entwickelten eine erste Hypothese für überlagerte Beanspruchung in der Terminologie bekannter bruchmechanischer Parameter. Ausgehend von der experimentell abgesicherten "Normalspannungsbedingung", daß sich ein Riß senkrecht zur größten Hauptzugspannung ausbreiten wird, benutzen sie das Spannungsfeld vor einer Rißspitze in Polarkoordinaten und definieren die Tangentialspannung σ_φ, die grundsätzlich senkrecht zum Ortsvektor r liegt (siehe Abb.4), als Beanspruchungsgröße B.

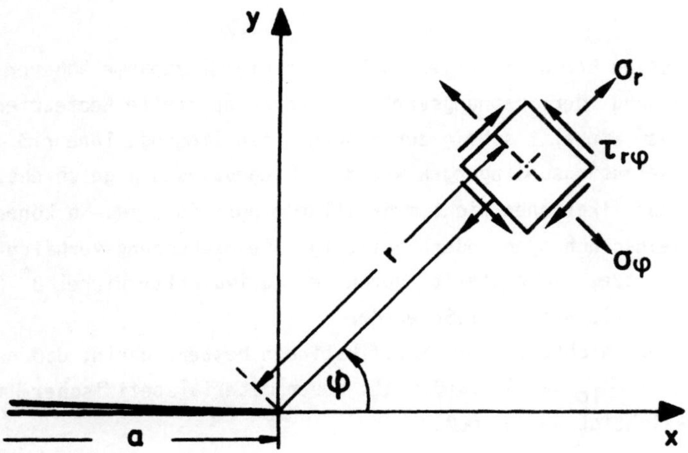

Abb. 4: Spannungsverteilung vor einer Rißspitze in Polarkoordinaten

$$\sigma_\varphi = \frac{1}{\sqrt{2\pi r}} \cos\varphi/2 \; [K_I \cos^2\varphi/2 - \frac{3}{2} K_{II} \sin\varphi] \qquad (4)$$

Die Richtung der zu erwartenden Rißausbreitung φ_o ist durch den Ort der maximalen Tangentialspannung $\sigma_{\varphi max}$ bestimmt. Der instabile Rißeinsatz wird eintreten, wenn $\sigma_{max}(\varphi_o)$ einen kritischen materialspezifischen Wert σ_{krit} erreicht nach Bedingung c. Der Materialkennwert σ_{krit} kann auf die Bruchzähigkeit K_{Ic} übergeführt werden. Gleichung (4) ergibt sich damit zu:

$$K_{Ic} = \cos\varphi_o/2 \; (K_{I\beta}{}^c \cos^2\varphi_o/2 - 3/2 \; K_{II\beta}{}^c \sin\varphi_o)$$

mit $K_{I\beta}{}^c$ und $K_{II\beta}{}^c$ den Spannungsfaktoren für das Rißproblem nach *Abb. 3 bei instabilen Brucheinsatz.*

Eine Modifikation der Tangentialspannungshypothese führten Finnie und Saith /1973/ durch. Sie erweiterten den Ansatz für die Tangentialspannung nach Williams /1957/ unter Berücksichtigung der Parallelkomponente p_x und der Normalkomponente p_y (siehe Abb. 3):

$$\sigma_\varphi = \sqrt{\frac{a}{2r}} \cos\varphi/2 \, (p_y \cos^2\varphi/2 - \frac{3}{2} p_{xy} \sin\varphi) + (p_x - p_y) \sin^2\varphi$$

In einer zusätzlichen Annahme gehen sie davon aus, daß der eigentliche Einflußort der Beanspruchung auf den Bruchvorgang nicht direkt an der Rißspitze ($r \rightarrow 0$) liegt, sondern in einem kleinen Abstand c vor der Rißspitze.

Aber es ist zu berücksichtigen, daß durch die Hinzunahme höherer Glieder eine Anpassung der Spannungsverteilungen an spezielle Geometrien - hier der unter dem Winkel ß schräg zur äußeren Last liegende Innenriß - und an spezielle Belastungsbedingungen wie z.B. Biegebelastung geschieht, so daß derartige Modifikationen nicht mehr allgemeingültig sind. So können reine Modus-II-Beanspruchungen oder beliebige Beanspruchungsverhältnisse an einer Rißspitze, dargestellt durch den äquivalenten Winkel β^* (siehe Abschnitt 1.2.1), nicht erfaßt werden.
Ein weiterer Nachteil der Modifikationen besteht darin, daß neben der Bruchzähigkeit K_{Ic} der Abstand c als neuer materialspezifischer Parameter berücksichtigt werden muß.

Die Tangentialspannungshypothese in der dargestellten Form ist nur auf ebene Fälle anwendbar. Physikalisch scheint es wenig verständlich zu sein, daß der Bruchvorgang durch eine, vom Koordinatensystem abhängige Einzelspannungskomponente wie z.B. σ_φ gesteuert wird. Es kann jedoch gezeigt werden, daß die maximale Tangentialspannung $\sigma_{\varphi_0 max}$, nur mit dem singulären Term im Spannungsansatz nach Erdogan und Sih /1963/, identisch ist mit der größten Hauptzugspannung $\sigma_1(\varphi_0)$, d.h. für $\varphi = \varphi_0$ verschwindet der Schubspannungsanteil $\tau_{r\varphi} = 0$. Durch die Umformulierung geht die Tangentialspannungshypothese in eine Hauptspannungshypothese über, die nicht nur auf ebene Fälle beschränkt ist.

1.2.3 Hypothese der Energiefreisetzungsrate

Nach Griffith /1920/ und Irwin /1957/ besteht bei reiner Normalbeanspruchung eines Risses der Zusammenhang zwischen der Energiefreisetzungsrate G_I und dem Spannungsfaktor K_I

$$G_I = 1/E\ K_I^2 \quad \text{(ESZ)} \quad \text{bzw.} \quad G_I = (1-\nu^2)/E\ K_I^2 \quad \text{(EDZ)}$$

Formal kann der gleiche Zusammenhang für überlagerte Normal- und Scherbeanspruchung gebildet werden:

$$G = (1-\nu^2)/E\ (K_I^2 + K_{II}^2) \quad \text{(EDZ)} \tag{5}$$

Diese Verknüpfung setzt allerdings voraus, daß sich der Riß in der Richtung des Ausgangsrisses erweitert (siehe Abschnitt 1.2.5), was im Gegensatz zum experimentellen Befund steht.

Eine analytische Lösung für die Energiefreisetzungsrate G mit einer von der ursprünglichen Rißrichtung abweichenden virtuellen Rißvergrößerung stellt ein großes mathematisches Problem dar, da die Spannungs- und Dehnungsverteilungen im Bereich eines abgeknickten Risses sehr aufwendig zu bestimmen sind. Die Beanspruchungen um die ursprüngliche Ausgangsrißspitze sind nicht mehr zutreffend für eine Energieformulierung. In der Literatur gibt es verschiedene Ansätze und Lösungen, die zum Teil übereinstimmen, aber auch für das gleiche Problem unterschiedliche Aussagen liefern. Hier soll die Hypothese nach Hussain, Pu und Underwood /1972/ diskutiert werden, da sie als einzige in geschlossener Form darstellbar ist, was die praktische Anwendung erleichtert, und sie im Vergleich zu experimentellen Ergebnissen eine konservative Grenzkurve darstellt und somit eine sicherheitstechnisch relevante Versagensabschätzung erlaubt (siehe Abschnitt 1.3).

Hussain, Pu und Underwood /1972/ haben mit Hilfe elastischer Gleichungen über wegunabhängige Integrale die Energiefreisetzungsrate G berechnet für einen zur Belastungsrichtung beliebig liegenden Riß, an dessen Ende sich ein kleiner, den Rißfortschritt simulierender Ast befindet, der um das Ende des Hauptrisses frei drehbar ist. Auch im Grenzfall verschwindender Rißastlänge hängt die so berechnete Energiefreisetzungsrate von der Winkelorientierung des Astes ab und unterscheidet sich damit von der Lösung nach Gleichung 5. Der Zusammenhang zwischen G und K ist durch folgende quadratische Form gegeben:

$$G_\varphi = \frac{(1+\nu)(1+\varkappa)}{E}\left(\frac{1}{3+\cos^2\varphi}\right)^2\left(\frac{1-\varphi/\pi}{1+\varphi/\pi}\right)^{\varphi/\pi}\cdot \tag{6}$$

$$[(1+3\cos^2\varphi)K_I^2 + 8\sin\varphi\cos\varphi\, K_I\, K_{II} + (9-5\cos^2\varphi)K_{II}^2]$$

mit $\varkappa = 3-4\nu$ (EDZ) oder $\varkappa = (3-\nu)/(1+\nu)$ (ESZ).

Die Autoren definieren die Energiefreisetzungsrate $G(\varphi)$ als Beanspruchungsgröße B und nehmen an, daß sich der Riß in Richtung der maximalen Energiefreisetzungsrate $G_{max}(\varphi_0)$ ausbreiten wird, wenn G_{max} den kritischen Wert G_{Ic} erreicht.

Bedingung b: $\frac{\partial G}{\partial\varphi} = 0$; $\frac{\partial^2 G}{\partial\varphi^2} < 0$ für $\varphi = \varphi_0$

Bedingung c: $G_{max} = G_{krit} = G_{Ic}$

Die Annahme der maximalen Energiefreisetzungsrate als Bruchkriterium ist physikalisch sinnvoll. In der hier dargestellten Form ist die Energiefreisetzungsratehypothese auf ebene Probleme beschränkt; sie ist aber erweiterbar auf die Erfassung von Modus-III-Anteilen (Wu /1978/).

1.2.4 Hypothese der Energiedichte

Sih /1973/ geht davon aus, daß der Bruchvorgang durch die pro Volumeneinheit gespeicherte elastische Formänderungsenergie gesteuert wird, die durch den Spannungs- und Dehnugszustand um die Rißspitze bestimmt ist. Mit Hilfe der Hooke-schen Spannungs-Dehnungs-Beziehungen ergibt sich ganz allgemein:

$$dU = \frac{1}{2}\Big[\frac{1}{E}(\sigma_x^2 + \sigma_y^2 + \sigma_z^2) - \frac{2\nu}{E}(\sigma_x\sigma_y + \sigma_x\sigma_z + \sigma_y\sigma_z) + \frac{1}{G}(\tau_{xy}^2 + \tau_{xz}^2 + \tau_{yz}^2)\Big]\, dV \tag{7}$$

Unter Einführung der Spannungsverteilungen nach Sneddon (Glgn. 1) unter Vernachlässigung der höheren Glieder, kann für die lokale Energiedichtefunktion folgende quadratische Gleichung geschrieben werden:

$$\frac{dU}{dV} = \frac{1}{r}(a_{11}K_I^2 + 2a_{12}K_I K_{II} + a_{22}K_{II}^2 + a_{33}K_{III}^2) = \frac{S}{r} \tag{8}$$

mit

$$a_{11} = \frac{1}{16G'}\,[(1 + \cos\varphi)(\varkappa - \cos\varphi)]$$

$$a_{12} = \frac{1}{16G'}\,\sin\varphi\,[2\cos\varphi - (\varkappa - 1)]$$

$$a_{22} = \frac{1}{16G'}\,[(\varkappa+1)(1-\cos\varphi) + (1+\cos\varphi)(3\cos\varphi - 1)]$$

$$a_{33} = \frac{1}{4G'}$$

(G' = Schubmodul, $\varkappa = 3-4\nu$ (EDZ) oder $\varkappa = (3-\nu)/(1+\nu)$ (ESZ), ν = Querkontraktionszahl. Sih berücksichtigt nicht den Faktor π.)

Die Koeffizienten a_{ij} hängen von den elastischen Konstanten und vom Polarenwinkel φ ab. Die Intensität der Energiedichteverteilung, die eine 1/r-Singularität besitzt, wird durch den Energiedichtefaktor S (strain energy density factor) beschrieben.

Der Energiedichtefaktor S wird von Sih als Beanspruchungsgröße B definiert. Als Bedingung für den Bruchablenkungswinkel φ_0 wird von Sih die Richtung des minimalen Energiedichtefaktors $S_{min}(\varphi_0)$ postuliert. Instabiler Bruchеinsatz tritt ein, wenn $S_{min}(\varphi_0)$ einen kritischen Wert S_{krit} erreicht. Entsprechend den Bedingungen nach Glg.2 bedeutet dies:

$$\frac{\partial S}{\partial \varphi} = 0\;;\;\frac{\partial^2 S}{\partial \varphi^2} > 0 \qquad \text{für } \varphi = \varphi_0$$

$$S_{min}(\varphi_0) \geq S_{krit}.$$

Der kritische Wert S_{krit} kann unter Annahme des ebenen Dehnungszustandes (EDZ) für einen Riß unter Modus-I-Beanspruchung mit der Bruchzähigkeit K_{Ic} verknüpft werden.

$$S_{min}\Big|_{\substack{\beta=90^\circ\\ \varphi_0=0^\circ}} = S_{krit} = (1-2\nu)/4G'\,K_{Ic}^2$$

Im Gegensatz zu den zuvor beschriebenen Bruchhypothesen hängt die Energiedichtehypothese stark von der Querkontraktionszahl ν ab. In der mit Gleichung 8 angegebenen allgemeinen Form ist die Sih-sche Hypothese für längs einer beliebigen Rißfront vorgegebene überlagerte Beanspruchungen anwendbar (Sih und Cha /1974/, Sih /1975/).

1.2.5 Die Energiefreisetzungsrate in vektorieller Form

Die Definition der Energiefreisetzungsrate für einen Riß unter überlagerter Beanspruchung nach Gleichung (5)

$$G = (1-\nu^2)/E\ (K_I^2 + K_{II}^2) \qquad \text{(EDZ)}$$

stellt den Sonderfall einer Rißverlängerung in Richtung des Ausgangsrisses dar. Im folgenden Abschnitt wird eine Formulierung der Energiefreisetzungsrate abgeleitet, die eine virtuelle Rißänderung da in beliebiger Richtung von der Ausgangsrißspitze zuläßt.

Die Energiefreisetzungsrate ist allgemein definiert als die negative Änderung der potentiellen Energie einer rißbehafteten Struktur infolge einer Rißlängenänderung da:

$$G = -\ dP/da \qquad (9)$$

Hierbei stellt sich die potentielle Energie P einer rißbehafteten Scheibe der Einheitsdicke "1" unter beliebiger Belastung (Abbildung 5) dar als die Differenz aus der in einem Flächenelement gespeicherten inneren Dehnungsenergie $W_i = \int_F W\ dF$ und der durch äußere Belastung geleisteten Arbeit $A_a = \int_S \vec{T}\ \vec{u}\ ds$:

$$P = W_i - P_a$$

Damit kann die Änderung der potentiellen Energie durch eine virtuelle Veränderung des Ausgangsrisses um da in beliebiger Richtung geschrieben werden

$$G = -\partial P/\partial a = -\partial/\partial a\ [\int_F W\ dF - \int_S \vec{T}\ \vec{u}\ ds\ ]$$

mit ds = Wegelement auf Kurve S um die Rißspitze
$\vec{T}$ = Spannungsvektor auf Wegelement ds
$\vec{u}$ = Verschiebungsvektor auf Wegelement ds
dF = Flächenelement von der Fläche F, die von S umschlossen wird
W = Energiedichte im Flächenelement dF.

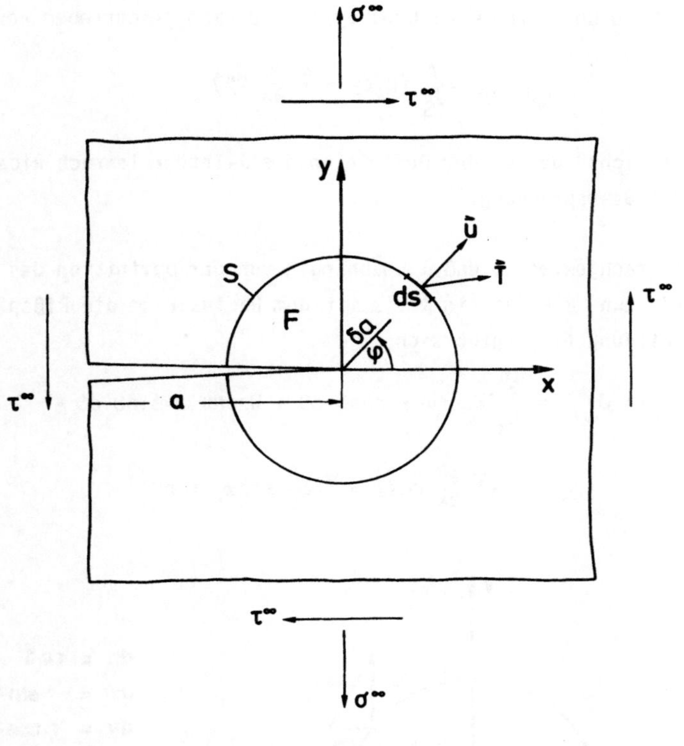

Abb. 5: Skizze zur Definition des Linienintegrals

Durch Umformung ergibt sich

$$G_\varphi = -\int_S \left[W \frac{\partial x}{\partial a}\, dy - W \frac{\partial y}{\partial a}\, dx - \left(\hat{T}\, \frac{\partial \hat{u}}{\partial x} \frac{\partial x}{\partial a} + \hat{T}\, \frac{\partial \hat{u}}{\partial y} \frac{\partial y}{\partial a}\right) ds\right]$$

Der lokale Wert von G_φ hängt bei gegebener Geometrie und Belastung von der Richtung φ der virtuellen Rißlängenänderung da ab, d.h. G_φ hat den Charakter eines Vektors (siehe Knowles und Sternberg /1972/).

Mit dx/da = $-\cos\varphi$ und dy/da = $-\sin\varphi$ ergibt sich die allgemeine Form von G_φ

$$G_\varphi = \int_S \left[W\cos\varphi\, dy - W\sin\varphi\, dx - \left(\hat{T}\, \frac{\partial \hat{u}}{\partial x} \cos\varphi + \hat{T}\, \frac{\partial \hat{u}}{\partial y} \sin\varphi\right) ds\right]$$

Für den Sonderfall der virtuellen Rißverlängerung in Rißrichtung (x-Richtung) mit $\varphi = 0$ und $dx/da = -1$ bzw. $dy/da = 0$ kann geschrieben werden:

$$G_\varphi\Big|_{\varphi=0^0} = \int_S \left(W\,dy - \vec{T}\,\frac{\partial \vec{u}}{\partial x}\,ds\right)$$

Dies entspricht genau der Definition des J-Integrals nach Rice /1968/, für Modus-I-Beanspruchung.

Rice hat nachgewiesen, daß J unabhängig von der Definition des Weges S ist. Wird nun als Weg ein Kreis mit dem Radius r um die Rißspitze gewählt (Abbildung 6), ergibt sich

$$G_\varphi = J_\varphi = \int_{-\pi}^{+\pi} [W\cos\varphi\; r\cos\vartheta\, d\vartheta + W\sin\varphi\; r\sin\vartheta\, d\vartheta -$$

$$-(\vec{T}\,\frac{\partial \vec{u}}{\partial x}\cos\varphi + \vec{T}\,\frac{\partial \vec{u}}{\partial y}\sin\varphi)\; r\, d\vartheta]$$

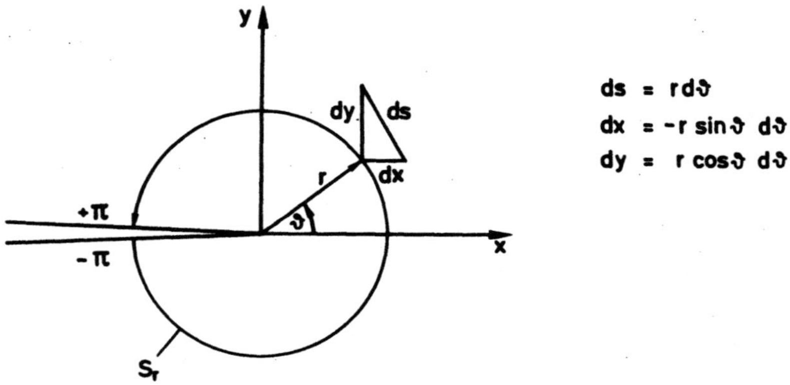

Abb.6: Weg S auf einem Kreisbogen um die Rißspitze

W, $\vec{T}$ und $\vec{u}$ sind Funktionen von den Polarenkoordinaten r und φ und von den Spannungsfaktoren K_I und K_{II} für eine Rißspitze unter überlagerter Beanspruchung.

Nach der Integration kann für die Gesamtenergiefreisetzungsrate J_φ geschrieben werden:

$$J_\varphi = \cos\varphi\,\frac{1-\nu^2}{E}\,(K_I^2 + K_{II}^2) - \sin\varphi\,\frac{2(1-\nu^2)}{E}\,K_I\,K_{II} \qquad (10)$$

Für $\varphi = 0$,d.h. Rißverlängerung in Rißursprungsrichtung ist Gleichung 10 identisch mit der von Irwin /1957/ abgeleiteten Energiefreisetzungsrate (Glg. 5) für den ebenen Dehnungszustand.

$$J = G = (1-\nu^2)/E\,(K_I{}^2 + K_{II}{}^2)$$

Die Energiefreisetzungsrate besitzt bei ausgezeichneten Winkeln φ_o ein Maximum, so daß sich J_φ für die Formulierung einer Bruchhypothese anbietet.

Nach Bedingung b (Glg. 2) wird sich der Riß in Richtung des lokalen Maximums von J_φ ausbreiten:

$$\frac{\partial J_\varphi}{\partial \varphi} = 0 = -\sin\varphi_o \frac{1-\nu^2}{E}(K_I^2 + K_{II}^2) - \cos\varphi_o \frac{2(1-\nu^2)}{E} K_I\,K_{II}$$

Und nach Bedingung c (Glg. 2) wird instabiles Rißwachstum eintreten, wenn J_{φ_o} einen kritischen materialspezifischen Wert J_c erreicht. Der Zusammenhang zwischen J_c und der Bruchzähigkeit K_{Ic} für Modus-I-Beanspruchung ist unter Annahme des ebenen Dehnungszustandes gegeben zu

$$J_{\varphi_o max} = J_c = (1-\nu^2)/E\,K_{Ic}^2$$

Hellen und Blackburn /1975/ erhielten durch Auswertung des Linienintegrals mit Hilfe komplexer Potentialfunktionen den gleichen Zusammenhang zwischen der Energiefreisetzungsrate und den Spannungsfaktoren $K_{I\beta}$ und $K_{II\beta}$, konnten aber durch Nachrechnung mit der Finite Element Methode die Lage der maximalen Energiefreisetzungsrate gegenüber der theoretischen Vorhersage bei zunehmender Scherbeanspruchung nicht bestätigen. Über ähnliche eigene numerische Ergebnisse wird in Abschnitt 2.4 berichtet.

1.2.6 Rückführung auf reine Modus-I-Beanspruchung

Einen grob vereinfachenden, aber für den Konstrukteur leicht zu handhabenden Vorschlag, Risse unter überlagerter Normal- und Scherbeanspruchung zu beurteilen, bieten internationale Regelwerke, wie z.B. der ASME-Boiler and Pressure Vessel Code /1974/ oder das BSI-Dokument PD 649 /1980/. Hierbei wird die überlagerte Beanspruchung zurückgeführt auf reine Modus-I-Beanspruchung, so daß bewährte Modus-I-Versagenskriterien zur Anwendung kommen können. So werden z.B. schräg zur Belastungsrichtung liegende Risse in die Ebene normal zur Richtung der größten Hauptzugspannung projiziert und Mehrfachrisse entweder als unabhängige Einzelrisse oder, wenn sie in bestimmten Grenzen zueinanderliegen, zu einem Einzelriß zusammengefaßt. Aus diesem Vorgehen resultiert eine Grenzkurve, die eine konservative Beurteilung überlagerter Rißbeanspruchungen gewährleisten soll. Eine Aussage über die zu erwartende Bruchausbreitungsrichtung ist nicht möglich.

Eine derartige Beurteilung im Vergleich zu der Tangentialspannungshypothese und der Energiefreisetzungsratehypothese führt in bestimmten Bereichen der Schräglage des Risses ($45^0 < \beta < 90^0$) zu nicht konservativen Werten, so daß eine formale Anwendung der Richtlinien der Regelwerke nicht kritiklos durchgeführt werden sollte. (Hodulak und Klein /1974/, Kordisch et al /1976/, Rossmanith /1980/, Kordisch /1981/).

Zusammenfassend sind in den nächsten Abbildungen die Vorhersagen der diskutierten Bruchhypothesen in graphischer Form aufgetragen. Abbildung 7 zeigt die zu erwartende Bruchausbreitungsrichtung φ_0 als Funktion der Schräglage β des Innenrisses. Mit Ausnahme der Energiefreisetzungsrate in vektorieller Form nach Glg. 10 liegen die Aussagen aller Bruchhypothesen eng beieinander. In Abbildung 8 sind die kritischen Spannungsfaktoren $K^c_{II\beta}$ als Funktion von $K^c_{I\beta}$, jeweils normiert auf die Bruchzähigkeit K_{Ic}, aufgetragen. Es ist festzustellen, daß mit zunehmendem Scheranteil die Vorhersagen aufgrund unterschiedlicher Annahmen der Hypothesen voneinander abweichen. Im wesentlichen stimmen sie mit Ausnahme der Energiefreisetzungsrate in vektorieller Form und der Formulierung nach Irwin darin überein, daß z.B. bei reiner Modus-II-Beanspruchung das Verhältnis $K_{IIc}/K_{Ic} < 1$ sein sollte, d.h. eine relativ höhere Gefährdung durch Bruch gegeben sein sollte als bei reiner Normalbeanspruchung.

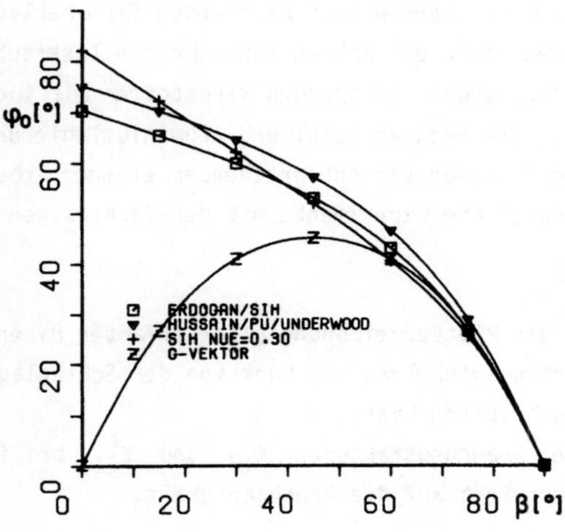

Abb. 7: Zu erwartende Bruchablenkungswinkel φ_0 nach den Aussagen der Bruchhypothesen

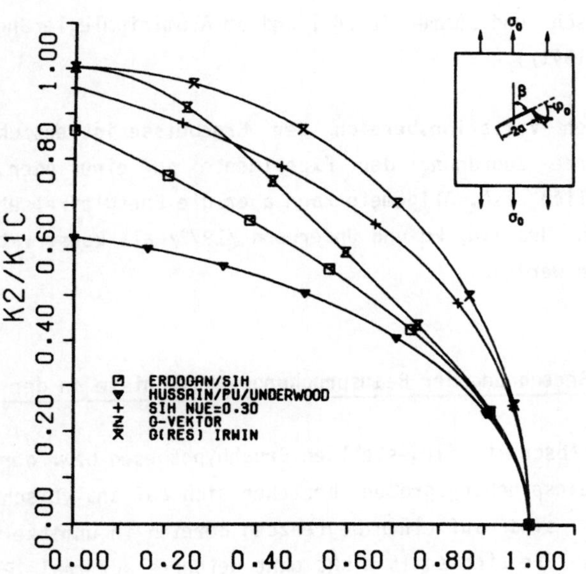

Abb. 8: Kritische Spannungsfaktoren nach den Vorhersagen der Bruchhypothesen

1.3 Experimentelle Ergebnisse, Vergleich mit Bruchhypothesen

Zur Stützung der diskutierten Bruchhypothesen für überlagerte Beanspruchung sind in den letzten Jahren von mehreren Institutionen Versuche durchgeführt worden, sowohl an spröden Werkstoffen mit ideal-elastischem Materialverhalten, als auch an Stahl und Aluminiumlegierungen. In diesem Abschnitt werden die Ergebnisse entsprechender eigener Arbeiten sowie aus der Literatur zugängliche Experimente mit den Vorhersagen der Bruchhypothesen verglichen.

Abbildung 9 zeigt die Plotterzeichnung aller erfaßten Daten und zwar

1) die Bruchablenkungswinkel φ_0 als Funktion der Schräglage ß des Innenrisses zur aufgebrachten Last;
2) die kritischen Spannungsfaktoren $K^c_{I\beta}$ und $K^c_{II\beta}$ bei instabilem Brucheinsatz, normiert auf die Bruchzähigkeit.

Bei den dargestellten experimentellen Ergebnissen handelt es sich um die Werkstoffe Glas (Panasyuk et al. /1965/, Kordisch et al. /1976/), Araldit B (Kordisch, Sommer /1978/), PMMA (Erdogan, Sih /1963/, Williams und Ewing /1972/, Seidelmann /1976/ und Ueda et al. /1976/), Polyurethan (Planiswamy, Knauss /1974/) und um Stahl (Shah /1974/, Ueda et al. /1976/, Kordisch und Sommer /1978/) und um Aluminiumlegierungen (Wilson /1969/, Pook /1971/).

Aus dem großen Variationsbereich der Ergebnisse ist ersichtlich, daß keine gesicherte Zuordnung der Experimente zu einer oder gegen eine Hypothese möglich ist. Allgemein kann aber die Energiefreisetzungsratehypothese nach Hussain, Pu und Underwood /1972/ als konservative Grenzkurve angesehen werden.

2. Numerische Berechnung der Beanspruchungsverhältnisse an der Rißspitze

Die im letzten Abschnitt dargestellten Bruchhypothesen bzw. deren charakteristische Beanspruchungsgrößen beziehen sich auf analytische Ansätze, die beschränkt sind auf einen begrenzten Bereich in unmittelbarer Nähe der Rißspitze. Sie sind somit nicht ohne weiteres auf reale Probleme zu übertragen. Erst mit Hilfe numerischer Methoden wird es möglich, die tatsächlich auftretenden Beanspruchungsverhältnisse im engeren und weiteren Bereich einer Rißspitze unter vorgegebenen Randeinflüssen zu be-

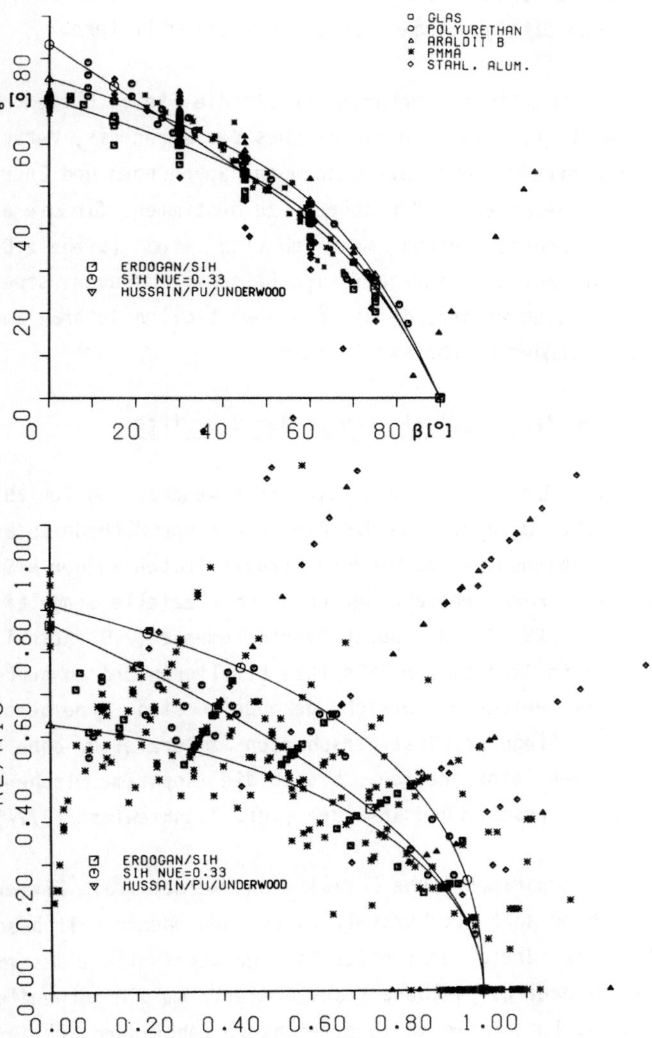

Abb. 9: Vergleich der Vorhersagen der Bruchhypothesen mit exp. Ergebnissen

rechnen. Der Vergleich der numerischen Ergebnisse mit den Vorhersagen der Bruchhypothesen unter vereinfachenden Annahmen kann eine Aussage über den geometrischen Gültigkeitsbereich der Kriterien liefern.

Unter den numerischen Methoden stellt die Finite Element Methode (kurz FEM genannt) ein weit gebräuchliches Verfahren dar, Verschiebungen und daraus abgeleitete Größen wie Dehnungen, Spannungen und Energiebeträge in beliebigen, belasteten Strukturen zu bestimmen, für die allgemeine geschlossene Lösungen nicht mehr möglich sind (siehe z.B. Zienkiewicz /1977/). Allerdings kann auf analytische Lösungen, soweit vorhanden, nicht verzichtet werden, da sie einen wertvollen Beitrag zur Abschätzung der zu erwartenden Ergebnisse liefern.

2.1 Erfassung der Singularitäten an der Rißspitze

Die FEM ist für allgemeine Strukturen anwendbar. Sollen aber Rißprobleme untersucht werden, muß die Finite Element Methode zusätzlich in der Lage sein, Spannungs- und Dehnungssingularitäten an der Rißspitze zu erfassen. Dies kann erreicht werden durch spezielle Singularitätselemente (z.B. Tracey /1973/) oder durch Hybridelemente (z.B. Atluri /1977/), die das Nahfeld im Bereich der Rißspitze simulieren und an herkömmliche Elementtypen im weiteren Bereich gekoppelt sind. Eine besonders bequeme Möglichkeit, Singularitätseigenschaften zu erzielen, ohne in bestehende Programmsysteme einzugreifen, bieten die isoparametrischen Elemente mit quadratischen Verschiebungsansätzen (vgl. Zienkiewicz /1977/).

Durch die isoparametrische Formulierung werden reale Elemente in der x-y-Ebene (-hier soll die Darstellung auf den ebenen Fall beschränkt bleiben; für den dreidimensionalen Fall gelten ähnliche Zusammenhänge-) in eine rechtwinkelige ξ-η-Ebene transformiert, um die notwendigen Differentiationen und Integrationen zu erleichtern (Abbildung 10). Die Lage eines beliebigen Punktes P(x,y) im Inneren oder auf den Kanten eines Elementes ist durch Verschiebungsfunktionen $N_i(\xi,\eta)$ aus den Koordinaten der Elementknotenpunkte $P_i(x_i,y_i)$ festgelegt.

$$\begin{Bmatrix} x \\ y \end{Bmatrix} = \sum_i N_i(\xi,\eta) \begin{Bmatrix} x_i \\ y_i \end{Bmatrix}$$

Der gleiche Zusammenhang gilt für den Verschiebungsvektor $\hat{u}(u_x,u_y)$ in einem beliebigen Punkt P(x,y) im Element.

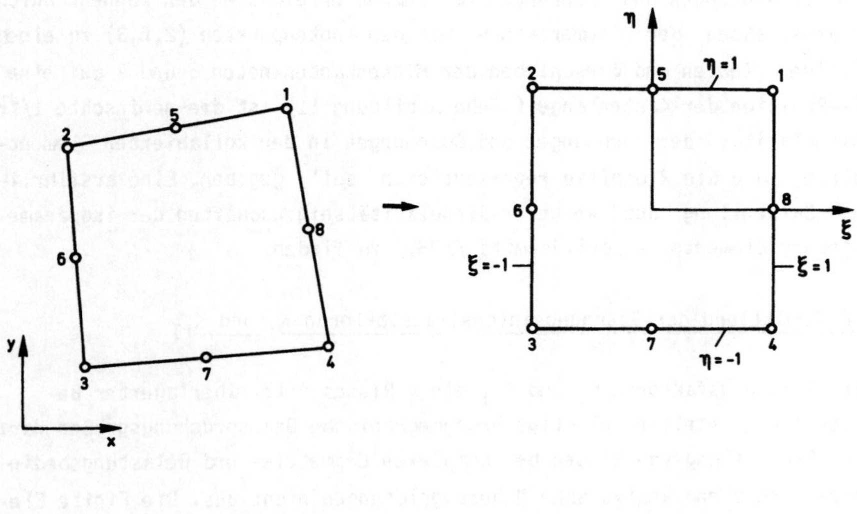

Abb. 10: 8-knotiges isoparametrisches Element

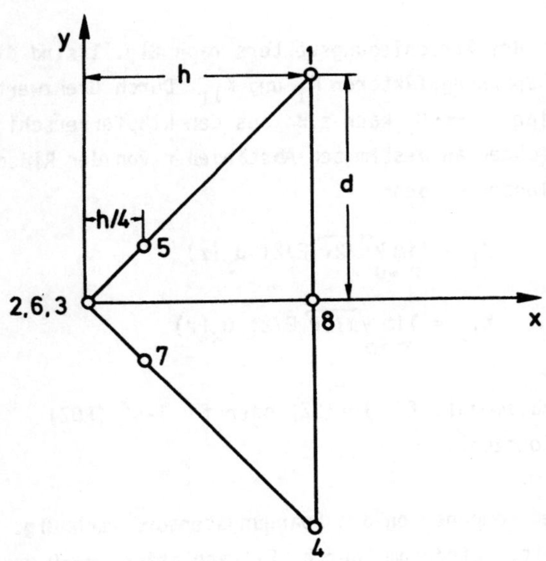

Abb. 11: Kollabiertes 8-knotiges Rißspitzenelement

Henshell und Shaw /1975/ und Barsoum /1977/ haben nachgewiesen, daß durch eine bestimmte Lage der Knotenpunktskoordinaten Singularitätseigenschaften der Dehnungen und Spannungen im Element erreicht werden können. Durch Zusammenfassen der Elementkante mit den Knotenpunkten (2,6,3) zu einem einzigen Knoten und Verschieben der Mittenkantenknoten 5 und 7 auf eine 1/4-Position der Kantenlänge (siehe Abbildung 11) ist die gewünschte $1/\sqrt{r}$ -Singularität der Dehnungen und Spannungen in der kollabierten Elementspitze, die die Rißspitze repräsentieren soll, gegeben. Eine ausführliche Darstellung auch weiterer Singularitätseigenschaften der isoparametrischen Elemente ist bei Schmitt /1981/ zu finden.

2.2 Ermittlung der Spannungsintensitätsfaktoren K_I und K_{II}

Die Spannungsfaktoren K_I und K_{II} eines Risses unter überlagerter Beanspruchung stellen wichtige bruchmechanische Beanspruchungsgrößen dar. Zur Beurteilung von Rissen bei komplexen Geometrie- und Belastungsbedingungen reichen analytische Näherungslösungen nicht aus. Die Finite Element Methode bietet die Möglichkeit, die Spannungsfaktoren nach verschiedenen Verfahren zu ermitteln.

2.2.1 K_I und K_{II} aus Verschiebungen und Spannungen

Die Komponenten des Verschiebungsvektors nach Glg. 1 sind direkt korreliert mit den Spannungsfaktoren K_I und K_{II}. Durch Grenzwertbildung bzw. Extrapolation $r \to 0$ kann z.B. aus den Rißuferverschiebungen (bei $\varphi = 180^0$), berechnet an bestimmten Abständen r von der Rißspitze, auf K_I und K_{II} geschlossen werden:

$$K_I = \lim_{r \to 0} \sqrt{\pi/2r}\, E/2f\; u_y(r)$$

$$K_{II} = \lim_{r \to 0} \sqrt{\pi/2r}\, E/2f\; u_x(r)$$

mit E = Elastizitätsmodul, f = 1 (ESZ) oder $f = 1-\nu^2$ (EDZ)
ν = Querkontraktionszahl.

Ebenso sind die Komponenten des Spannungstensors nach Glg. 1 mit K_I und K_{II} gekoppelt. Wiederum durch Extrapolation $r \to 0$ der aus den Spannungskomponenten auf dem Ligament (bei $\varphi = 0$) formal bestimmten

Spannungsfaktoren bei verschiedenen Abständen r von der Rißspitze sind K_I und K_{II} zu ermitteln:

$$K_I = \lim_{r \to 0} \sqrt{2\pi r}\, \sigma_y(r)$$

$$K_{II} = \lim_{r \to 0} \sqrt{2\pi r}\, \tau_{xy}(r)$$

Die Bestimmung der Spannungsfaktoren nach diesen beiden Verfahren ist sehr aufwendig und erfordert eine relativ feine Elementaufteilung in Rißspitzennähe.

2.2.2 K_I und K_{II} aus der Energiefreisetzungsrate

Aus der in Abschnitt 1.2.5 abgeleiteten analytischen Darstellung der Energiefreisetzungsrate G_φ in vektorieller Form ergibt sich der Zusammenhang zwischen G_φ und den Spannungsfaktoren K_I und K_{II} nach Glg. 10. Aus den Werten von G_φ in zwei ausgezeichneten Richtungen von $\varphi = 0$ und $\varphi = 90^0$ der virtuellen Rißänderung da lassen sich K_I und K_{II} ableiten (EDZ):

$$G_{I\,\varphi=0^0} = (1-\nu^2)/E\,(K_I^2 + K_{II}^2)$$

$$G_{II\,\varphi=90^0} = -2(1-\nu^2)/E\; K_I\, K_{II}$$

Entsprechend Glg. 9 ist die Energiefreisetzungsrate G definiert als die negative Änderung der potentiellen Energie P einer rißbehafteten Scheibe infolge einer Rißänderung da. In der FEM-Formulierung ist die potentielle Energie gegeben durch

$$P = 1/2\,\{u\}^T[K]\,\{u\} - \{u\}^T\{F\}$$

mit $[K]$ der globalen Steifigkeitsmatrix, $\{u\}$ dem Verschiebungsvektor und $\{F\}$ dem Vektor der äußeren Kräfte. Der hochgestellte Index T bedeutet den transponierten Vektor.

Durch Ableitung nach da wird erhalten

$$G = -\frac{\partial P}{\partial a} = -\frac{\partial\{u\}^T}{\partial a}\,([K]\{u\}-\{F\}) - \frac{1}{2}\,\{u\}^T\,\frac{\partial K}{\partial a}\,\{u\} + \{u\}^T\,\frac{\partial\{F\}}{\partial a} \qquad (11)$$

Aus dem Kräftegleichgewicht ist die Differenz zwischen den inneren und äußeren Kräften $[K]\{u\} - \{F\} = 0$. Die äußere Belastung soll sich durch die virtuelle Rißänderung nicht ändern, d.h. $\partial\{F\}/\partial a = 0$.

Damit reduziert sich Glg. 11 zu

$$G = - \partial P/\partial a = - \frac{1}{2} \{u\}^T \frac{\partial [K]}{\partial a} \{u\} \qquad (12)$$

Durch die virtuelle Rißänderung sind nur die Elemente direkt an der Rißspitze betroffen, so daß nur einige wenige Elemente der Gesamtstruktur betrachtet werden müssen (Parks /1974,1977/).

$$G = - 1/2 \{u\}^T \sum_{i=1}^{N} \frac{\partial [k_i]}{\partial a} \{u\}$$

mit $[k_i]$ der Elementsteifigkeitsmatrix der betroffenen Elemente und N der Anzahl dieser Elemente um die Rißspitze.

Nach der FEM-Formulierung für isoparametrische ebene Elemente im linearelastischen Fall und durch Integration nach dem Gauß-schen Quadraturschema unter 2x2-Integration reduziert sich Glg. 12 zu (siehe z.B. Schmitt /1981/):

$$G = - \sum_{n=1}^{N} \sum_{i=1}^{2} \sum_{j=1}^{2} (W \frac{\partial \det[J]}{\partial a} + [\sigma] \frac{\partial [B]}{\partial a} \{u\} \det [J]) \qquad (13)$$

Für jeden Gauß-schen Integrationspunkt in den isoparametrischen Koordinaten ξ_i und η_i in einem betroffenen Element k stellt W die elastische Formänderungsenergie dar, $[\sigma]$ den Spannungstensor, $\det[J]$ die Determinante der Funktionalmatrix $[J]$ und $[B]$ einen Tensoroperator, der den Zusammenhang zwischen dem Dehnungstensor und dem Verschiebungsvektor festlegt ($[\varepsilon] = [B]\{u\}$).

Mit Gleichung 13 läßt sich unter Vorgabe der virtuellen Rißlängenänderung da der Betrag des Energiefreisetzungsrate-Vektors G_φ in beliebiger Richtung φ ermitteln.

2.2.3 K_I und K_{II} aus dem J-Integral

Das wegunabhängige Linienintegral nach Rice /1968/ kann, bezogen auf karthesische Koordinaten, ausgeschrieben werden

$$J = \int_S [(W - \sigma_{11} \frac{\partial u_x}{\partial x} - \sigma_{21} \frac{\partial u_y}{\partial x}) \, dy + (\sigma_{12} \frac{\partial u_x}{\partial x} + \sigma_{22} \frac{\partial u_y}{\partial x}) \, dx] \qquad (14)$$

mit W der elastischen Formänderungsenergie, u_x und u_y den Komponenten des Verschiebungsvektors und σ_{ij} den Komponenten des Spannungstensors längs eines Pfades S um die Rißspitze (deLorenzi /1978/).

Das J-Integral in der Form von Glg. 14 bzw. die Definition von J als Bruchparameter ist zur Beurteilung von Rissen unter überlagerter Normal- und Scherbeanspruchung nicht geeignet. Dazu ist eine Aufspaltung des J-Integrals in zwei Komponenten notwendig, die die Anteile der Rißöffnung (Modus I) und der Längsscherung (Modus II) separat enthalten:

$$J = J_I + J_{II}$$

Ishikawa, Kitagawa und Okamura /1979/ führten diese Aufspaltung durch, indem sie die Beanspruchungen vor der Rißspitze in einen symmetrischen und einen antimetrischen Anteil bezogen auf die x-Achse im Rißkoordinatensystem separieren. Werden z.B. die Spannungskomponenten in einem Punkt P(x,y) in Abbildung 12 betrachtet, erfolgt die Aufspaltung nach

$$\sigma_{ij} = \sigma_{ij}^{I} + \sigma_{ij}^{II}$$

wobei definiert wird

$$\begin{Bmatrix} \sigma_{11}^{I} \\ \sigma_{22}^{I} \\ \sigma_{12}^{I} \end{Bmatrix} = \frac{1}{2} \begin{Bmatrix} \sigma_{11} + \sigma_{11}' \\ \sigma_{22} + \sigma_{22}' \\ \sigma_{12} - \sigma_{12}' \end{Bmatrix} \quad \text{und} \quad \begin{Bmatrix} \sigma_{11}^{II} \\ \sigma_{22}^{II} \\ \sigma_{12}^{II} \end{Bmatrix} = \frac{1}{2} \begin{Bmatrix} \sigma_{11} - \sigma_{11}' \\ \sigma_{22} - \sigma_{22}' \\ \sigma_{12} + \sigma_{12}' \end{Bmatrix}$$

Der hochgestellte Index ' bedeutet die Beanspruchungskomponenten in einem zum Punkt P(x,y) in bezug auf die x-Achse symmetrischen Punkt P'(x,-y) (siehe Abbildung 12).

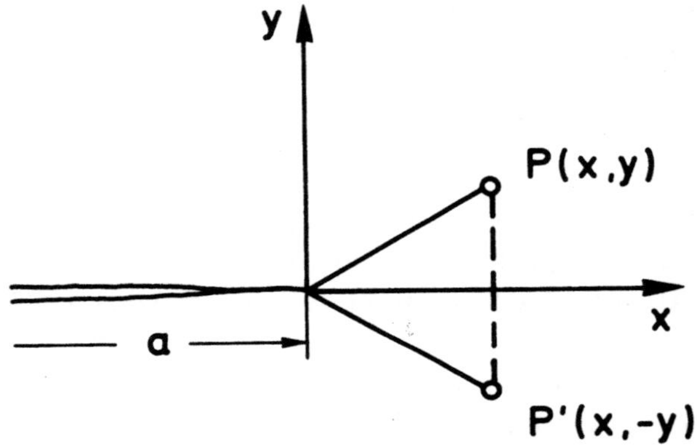

Abb. 12: Ortsdefinition der Beanspruchungskomponenten

Analog wird bei den Verschiebungs- und Dehnungskomponenten verfahren:

$$u = u^{I} + u^{II} \quad ; \quad \varepsilon_{ij} = \varepsilon_{ij}^{I} + \varepsilon_{ij}^{II}$$

Nach Einsetzen der einzelnen Beanspruchungskomponenten in Gleichung 14 stellt sich J dar als die Summe von vier Teilintegralen

$$J = J_{I\,I} + J_{I\,II} + J_{II\,I} + J_{II\,II} \, ,$$

für die allgemein geschrieben werden kann

$$J_{MN} = \int_S \left[\left(W_{MN} - \sigma_{11}^{M} \frac{\partial u_x^N}{\partial x} - \sigma_{21}^{M} \frac{\partial u_y^N}{\partial x} \right) dy + \left(\sigma_{12}^{M} \frac{\partial u_x^N}{\partial x} + \sigma_{22}^{M} \frac{\partial u_y^N}{\partial x} \right) dx \right]$$

$$(M,N = I,II)$$

Ishikawa und Mitarbeiter wiesen die Wegunabhängigkeit der Teilintegrale J_{MN} nach und zeigten, daß für den Fall eines zur x-Achse symmetrischen Pfades, z.B. ein Kreis um die Rißspitze, die gemischten Teilintegrale J_{MN} $(M \neq N)$ verschwinden.

Für den linear-elastischen Fall können die Teilintegrale $J_{I\,I}$ als Energiefreisetzungsrate G_I für Modus-I-Beanspruchung bzw. $J_{II\,II}$ als G_{II} für Modus-II-Beanspruchung aufgefaßt werden, und der Zusammenhang zwischen G_I, G_{II} und K_I, K_{II} ist gegeben durch

$$J_{I\,I} = G_I = f/E\, K_I^2$$

$$J_{II\,II} = G_{II} = f/E\, K_{II}^2 \qquad (15)$$

mit E = Elastizitätsmodul, f = 1 (ESZ) oder $f = 1-\nu^2$ (EDZ).

2.3 Vergleich der numerischen Ergebnisse mit der analytischen Nahfeldlösung am Beispiel "Schräger Riß"

Für das Strukturbeispiel des unter dem Winkel ß schräg zur Lastrichtung liegenden Innenrisses in einer endlich ausgedehnten Scheibe unter einachsigem Zug (siehe Abb. 3) werden mit Hilfe der FEM im linear-elastischen Fall die Beanspruchungen im Rißspitzenbereich numerisch berechnet und mit analytischen Nahfeldlösungen verglichen. Die Berechnungen sind durchgeführt mit dem am Fraunhofer-Institut für Werkstoffmechanik eigens auf bruchmechanische Problemstellungen modifizierten FE-Programmsystem ADINA (Bathe /1975/) auf dem Großrechner UNIVAC 1100/81 des Rechenzentrums der Universität Freiburg. Für die Generierung der Strukturen und die Auswertung und Dokumentation der Ergebnisse stehen selbst erstellte Vor- und Nachlaufprogramme auf dem institutseigenen 16-bit Rechner hp 1000 zur Verfügung, der via Standleitung direkt mit der UNIVAC in Verbindung steht.

Die untersuchten Strukturen sind idealisiert durch ebene, 8-knotige isoparametrische Elemente. Die $1/\sqrt{r}$-Singularität in Spannungen und Dehnungen an den beiden Rißspitzen ist durch kollabierte Dreieckselemente um die Rißspitze mit der Verschiebung der Seitenkantenknoten auf eine 1/4-Position der Kantenlänge erreicht (siehe Abschnitt 2.1). Die Länge L der Zugscheibe beträgt 400 mm, die Breite W = 200 mm, die halbe Rißlänge a = 10 mm. Folgende Winkelorientierungen sind untersucht: $\beta = 15^o$, 30°, 45°, 60° und 90°. Abbildung 13 zeigt als Beispiel die Struktur mit $\beta = 30^o$. Die analytisch ermittelten Spannungsfaktoren K_I und K_{II} für einen schrägen Riß in einer unendlich ausgedehnten Scheibe sind durch Glg. 3 gegeben. Korrekturwerte für eine endliche Scheibe hat Wilson /1969/ für einige Winkelorientierungen angegeben.

In den Abbildungen 14 und 15 sind die nach den unter Abschnitt 2.2 dargestellten Verfahren formal an bestimmten Abständen r von der Rißspitze ermittelten Spannungsfaktoren $K_I(r)$ bzw. $K_{II}(r)$ für $\beta = 30^o$ (Abb.13)

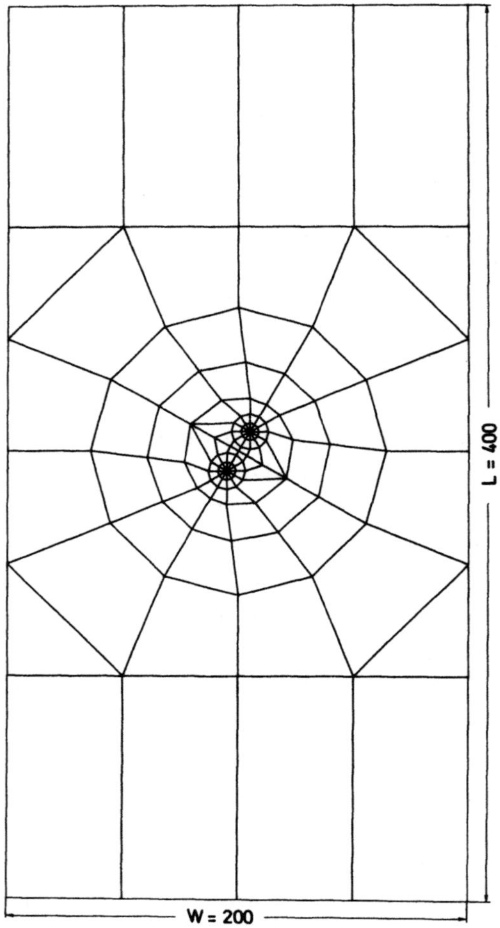

Abb. 13: Netzplot einer Struktur mit schrägem Riß ($\beta = 30^0$)

als Funktion dieser Abstände aufgetragen. Die Extrapolation $r \rightarrow 0$ führt zu wenig voneinander abweichenden Werten. Bedingt durch die Wegunabhängigkeit des Linienintegrals, sind die Werte der daraus ermittelten Spannungsfaktoren ebenfalls unabhängig vom Abstand r. Die geringfügigen Abweichungen von weniger als 1% sind auf numerische Ungenauigkeiten zurückzuführen. Der Vorteil der J-Integral-Methode gegenüber den anderen Verfahren besteht darin, daß das Wegintegral nur bei einem Abstand r von der Rißspitze bestimmt zu werden braucht und die Extrapolation entfällt.

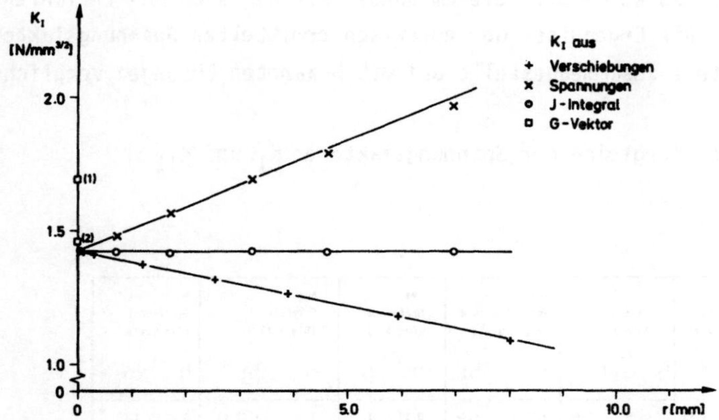

Abb. 14: Ermittlung des Spannungsfaktors K_I

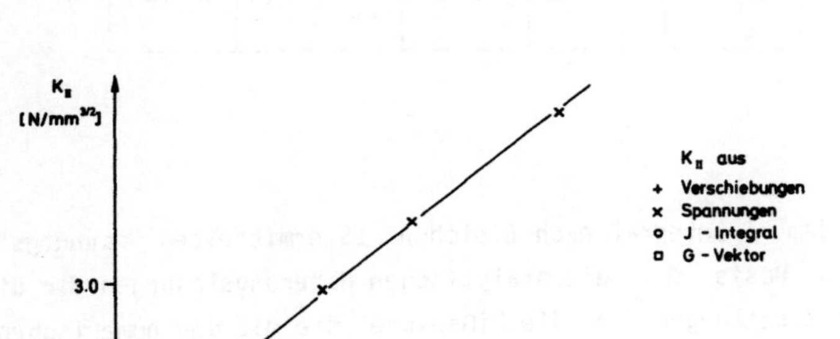

Abb. 15: Ermittlung des Spannungsfaktors K_{II}

Das Verfahren des G-Vektors erscheint nicht geeignet zur Ermittlung der Spannungsfaktoren K_I und K_{II} für überlagerte Beanspruchung. Für reine Modus-I-Beanspruchung hingegen braucht nur die Komponente $G(\varphi = 0^o)$ berechnet zu werden. In diesem Sonderfall hat sich das Verfahren bestens bewährt. Die Ergebnisse der numerisch ermittelten Spannungsfaktoren sind in Tabelle 1 zusammengestellt und mit bekannten Lösungen verglichen.

Tabelle 1: Vergleich der Spannungsfaktoren K_I und K_{II}

	analytisch (Glg.3.1.3)		Wilson /1969/		aus Verschiebungen (Glg.5.5)		aus Spannungen (Glg.5.6)		aus G-Vektor (Glg.5.7)		aus J-Integral (Glg.5.14)	
β	K_I	K_{II}	K_I	K_{II}	K_I	K_{II}	K_I	K_{II}	K_I	K_{II}	K_I	K_{II}
15^0	0,38	1,40	0,36	1,44	0,38	1,42	0,38	1,43	0,69 0,57	1,29 (1) 1,35 (2)	0,39	1,42
30^0	1,40	2,43	1,42	2,50	1,42	2,46	1,42	2,46	1,69 1,45	2,27 (1) 2,43 (2)	1,42	2,45
45^0	2,80	2,80	2,80	2,80	2,84	2,83	2,84	2,84	2,90 2,97	2,76 (1) 2,68 (2)	2,84	2,83
60^0	4,20	2,43	–	–	4,25	2,45	4,30	2,46	4,32 4,48	2,32 (1) 2,00 (2)	4,25	2,44
90^0	5,61	0,0	5,64	0,0	5,67	0,0	5,70	0,0	5,65 5,66	– (1) – (2)	5,66	0,0

Die aus dem J-Integral nach Gleichung 15 ermittelten Spannungsfaktoren dienen als Basis für die analytischen Näherungslösungen für die Beanspruchungsverteilungen um die Rißspitze, die mit den numerischen Ergebnissen verglichen werden sollen. Als Beispiel werden die Spannungen in Polarkoordinaten für die Zugscheibe mit einem Riß unter dem Winkel $\beta = 30^0$ zur Lastrichtung betrachtet. In Abbildung 16 sind die Spannungsverteilungen geplottet als Funktion des Polarenwinkels in einem Abstand von $r = 0.02$ mm vor der Rißspitze. Strichliert sind die analytisch nach den Ansätzen in Gleichung 4 ermittelten Spannungen eingetragen. Mit zunehmendem Abstand von der Rißspitze sind zum Teil erhebliche Abweichungen festzustellen, insbesondere im Bereich des Maximums der Tangentialspannung σ_φ, die als Beanspruchungsgröße in die Bruchhypothese nach Erdogan und Sih /1963/ eingeht. Werden für den gleichen Abstand r die nach Finnie und

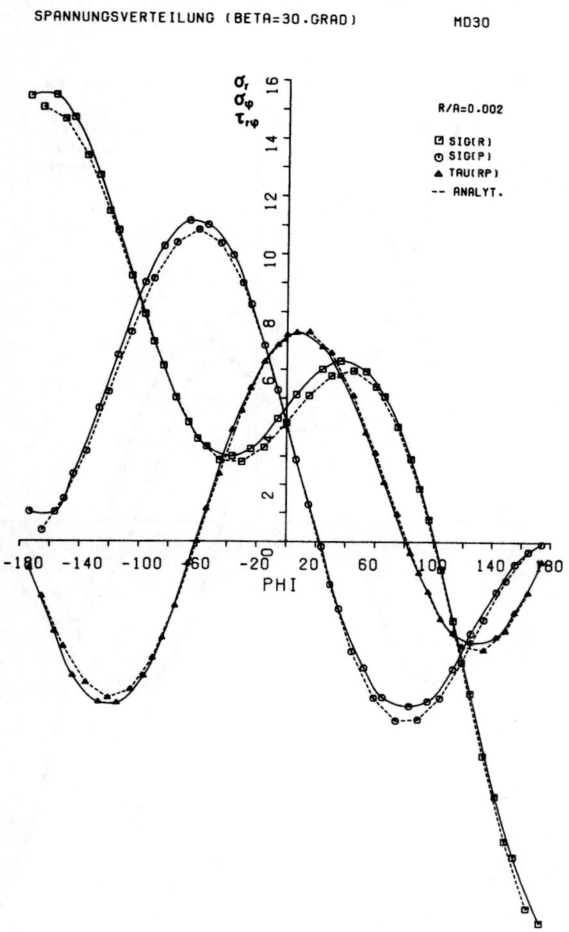

Abb. 16: Spannungsverteilung um eine Rißspitze in Polarenkoordinaten (analytisch ohne höhere Glieder)

Saith /1973/ modifizierten analytischen Spannungsverteilungen mit höheren Gliedern eingetragen (Abbildungen 17), so ist eine deutlich bessere Übereinstimmung festzustellen. Dieser Effekt verstärkt sich mit zunehmendem Scheranteil an der Rißspitze, d.h. mit steiler werdendem Riß, da hier der Einfluß der Parallelkomponente p_x (siehe Abb. 3) dominierend eingeht. Um dies zu verdeutlichen, sind für Werte im Bereich des Maximums der Tangentialspannung die relativen Fehler in % der analytisch ermittelten Tangentialspannung bezogen auf die FEM-Ergebnisse in der Abbildung 18 als Funktion des auf die halbe Rißlänge normierten Abstandes r/a aufgetragen.

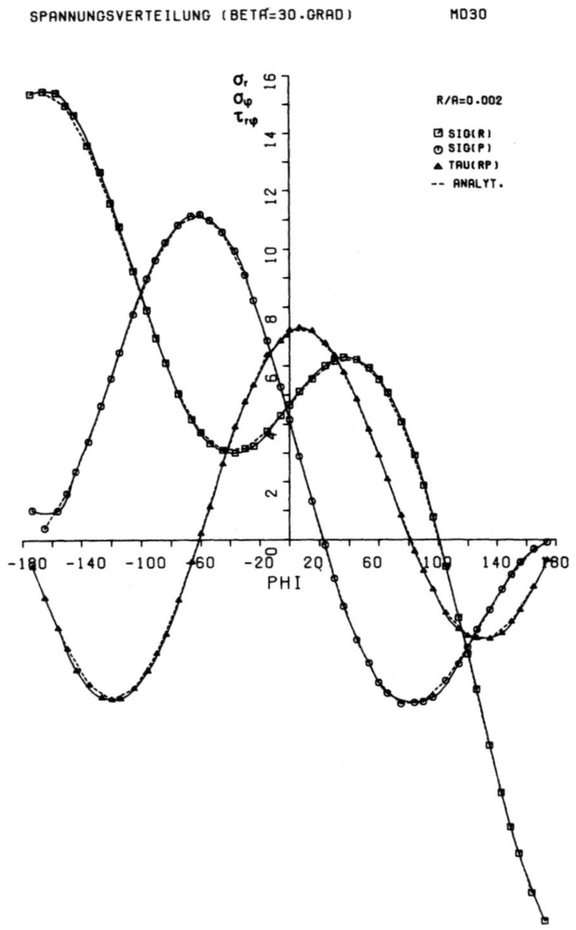

Abb. 17: Spannungsverteilung in Polarkoordinaten (analytisch mit höheren Gliedern)

Dabei wird angenommen, daß sich die FEM-Ergebnisse den tatsächlichen Spannungsverläufen in der Struktur genügend genau nähern und implizit die höheren Glieder der Reihenentwicklung beinhalten. Die strichliert eingetragene Kurve bezieht sich auf die Erweiterung nach Finnie und Saith.

Für einen auf die halbe Rißlänge bezogenen Abstand r/a = 0.1, einem Bereich, in dem die Sneddon-Ansätze im allgemeinen noch als gute Näherung angesehen werden, sind relative Fehler von etwa 30% bei $\beta = 30^o$ und von etwa 100 % bei $\beta = 15^o$ festzustellen. Die Obereinstimmung der FEM-Ergebnisse mit den erweiterten Spannungsansätzen nach Finnie und Saith ist in diesem für die Bruchhypothesen hauptsächlich interessierenden Bereich erstaunlich gut. Es muß wiederum darauf hingewiesen werden, daß die Modifikation nach Finnie und Saith nur für die spezielle Konfiguration des schrägen Risses in einer Zugscheibe gilt und somit nicht verallgemeinert werden darf.

In Abbildung 19 ist der Energiedichtefaktor S = (dU/dV)r nach Sih /1973/ als Funktion des Polarenwinkels φ aufgetragen mit dem Abstand r von der Rißspitze als Parameter. Bei diesem Beispiel handelt es sich um eine Rißkonfiguration mit $\beta = 33^0$ und a = 17mm, die einer realen Probe nachempfunden ist mit $\nu = 0.33$, E = 3400 N/mm^2 im ebenen Dehnungszustand (siehe Abschnitt 2.5). Es ist festzustellen, daß der Energiedichtefaktor S radiusabhängig ist und mit geringer werdendem Abstand r gegen die analytische Nahfeldlösung nach Glg. 8 konvergiert. Auch in der Formulierung des Energiedichtefaktors müssen höhere Glieder eingehen, wie es sich ebenfalls aus dem Vergleich mit experimentellen Ergebnissen in Abschnitt 2.5 zeigt.

Eine weitere Beanspruchungsgröße, die numerisch bestimmbar ist, ist die Energiefreisetzungsrate in vektorieller Form, wie sie in den Abschnitten 1.2.5 und 2.2.2 dargestellt ist. Hierbei wird formal ein virtueller Rißast der Länge da um die Rißspitze in Abhängigkeit vom Winkel φ gedreht. In Abschnitt 1.2.5 ist die Energiefreisetzungsrate abgeleitet nach der Definition der negativen Änderung der potentiellen Energie infolge einer virtuellen Rißänderung, und für den Sonderfall der Rißänderung in Rißursprungsrichtung ($\varphi = 0^0$) ist die Identität zwischen der Energiefreisetzungsrate G und dem Linienintegral J nach Rice /1968/ gezeigt. Dabei wird das J-Integral aufgefaßt als die Energieänderung in einem begrenzten Volumenelement mit eingeschlossenen Singularitäten, das eine infinitesimale Translation um die Strecke ds erfahren hat. Aus dem Energieerhaltungssatz kann weiterhin gefolgert werden, daß die Energieänderung in Form des J-Integrals ebenfalls aus einer virtuellen Rotation des Volumenelementes hervorgeht (Buggisch, Gross und Krüger /1980/). Das bedeutet, daß das Rißspitzenkoordinatensystem in Abbildung 5 um den Winkel φ gedreht werden muß, um das J-Integral in vektorieller Form zu erhalten, im folgenden mit J_φ bezeichnet.

In Abbildung 20 sind die numerischen Ergebnisse der Energiefreisetzungsrate G_φ in vektorieller Form als Funktion des Drehwinkels φ aufgetragen für eine Schräglage des Risses von $\beta = 30^0$ für den rißspitzennächsten Pfad (r=0.05 mm). Die Werte für G sind über die Prozedur nach Gleichung 13 erhalten. Strichliert ist die analytische Verteilung nach Glg. 10 ein-

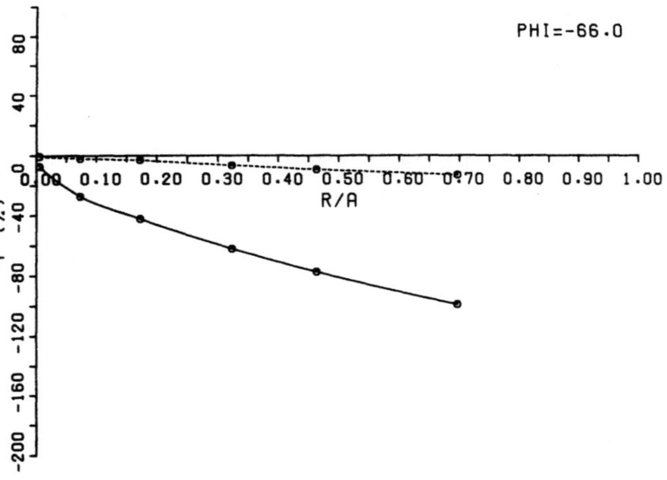

Abb. 18: Relative Abweichung der analytischen Tangentialspannung σ_φ bezogen auf FEM-Ergebnisse (β = 30^0;φ= - 66^0)

getragen. Für den rißspitzennächsten Pfad ist die Übereinstimmung zufriedenstellend. Als weitere Linie ist strichliert der Verlauf der Energiefreisetzungsrate nach Hussain, Pu und Underwood (siehe Abschnitt 1.2.3) aufgezeichnet. Es ist ein total abweichender Verlauf gegenüber G festzustellen. Allerdings betrachten Hussain, Pu und Underwood das Beanspruchungsfeld vor einem Ausgangsriß mit einem realen Rißast Δr und erhalten die Energiefreisetzungsrate durch Grenzwertbildung $\Delta r \to 0$. Eine FEM-Simulation dieses Vorgehens ist in Abschnitt 2.4 beschrieben.

2.4 Ermittlung des Bruchablenkungswinkels und Vergleich mit den Vorhersagen der Bruchhypothesen

Neben der Vorhersage der kritischen Lasten erlauben die Bruchhypothesen die Ermittlung der zu erwartenden Bruchausbreitungsrichtung. Der Winkel φ_0 ist bestimmt durch die lokale Lage des Extremwertes der die jeweilige Bruchhypothese charakterisierenden Beanspruchungsgröße B (siehe Abschnitt 1.2.1). Um die Vorhersagen der Bruchhypothesen bezüglich φ_0 zu verifizieren, sind aus den numerischen Resultaten die lokalen Orte der Extremwerte der Beanspruchungsverteilungen um die Rißspitze ermittelt worden. In Abbildung 21 ist der Winkel φ_0, bestimmt aus dem Maximum der Tangentialspannung σ_φ, als Funktion des Abstandes r von der Rißspitze aufgetragen.

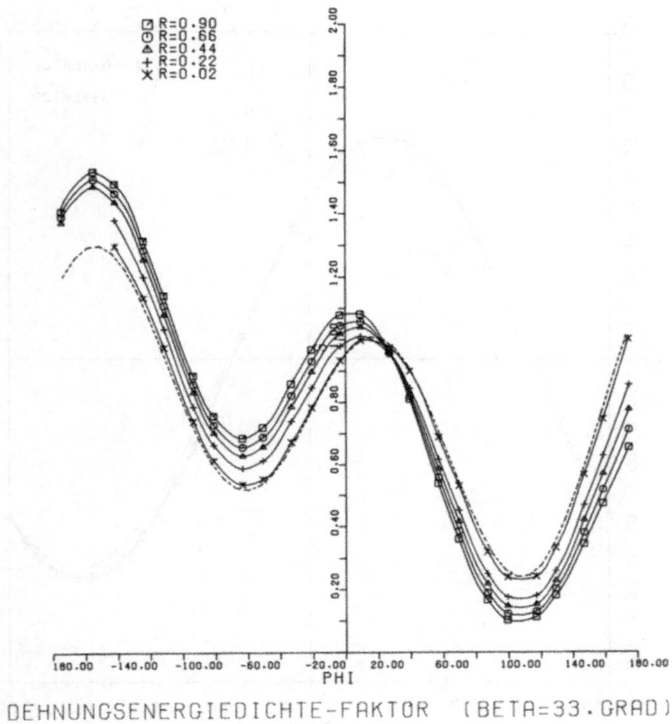

Abb. 19: Dehnungsenergiedichtefaktor (dU/dV)r an verschiedenen Rißspitzenabständen (strichliert: analytische Lösung ohne höhere Glieder)

Parameter ist hierbei die Schräglage ß des Risses. Die Auswertegenauigkeit liegt bei +/- 0.5 Grad. Obwohl die berechneten Tangentialspannungsverteilungen auf der Geometrie des Ausgangsrisses basieren, ist zu erkennen, daß die Maxima mit zunehmendem Abstand r in die Richtung $\varphi_0 = 90^0 - \beta$ tendieren, d.h. die Maxima konvergieren in eine Richtung normal zu der Zugbelastungsrichtung. Die Minima der Energiedichteverteilung $S(\varphi)$ zeigen diese Tendenz zumindest im untersuchten Bereich ($r < 4$ mm) nicht, wie aus Abbildung 24 zu entnehmen ist, wobei die Auswertegenauigkeit wegen der relativ flachen Minima in $S(\varphi)$ bei +/- 1.0 Grad liegt.

In Tabelle 2 sind für die untersuchten Strukturen die nach FEM-Ergebnissen ermittelten Bruchablenkungswinkel aus den einzelnen Beanspruchungsgrößen den Vorhersagen der Bruchhypothesen gegenübergestellt.

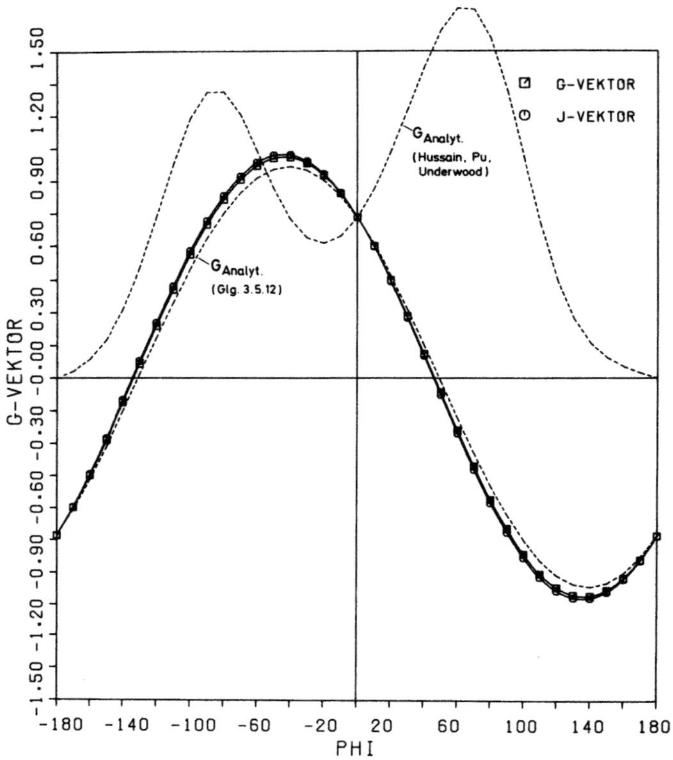

Abb. 20: Energiefreisetzungsrate in vektorieller Form als Funktion des Polarwinkels φ.

Tabelle 2: Bruchablenkungswinkel φ_0

β[°]		$\sigma_{\varphi max}$ (Erdogan, Sih)	$\sigma_{\varphi max}$ (α = 0,06) (Finnie, Saith)	$\sigma_{\varphi max}$ (α = 0,06) (FEM)	Smin (Sih)	Smin (FEM)	$G_{\varphi max}$ (Glg. 3.5.13)	$G_{\varphi max}$ (FEM)	$J_{\varphi max}$ (FEM)	Hussain, Pu Underwood
15	EDZ	65.5	69.8	70.0	72.2	-	26.6	35.0	38.0	70.3
30	EDZ	60.0	61.8	61.5	59.2	58.5	40.9	42.5	43.0	64.7
30	ESZ	60.0	61.8	62.0	62.1	56.5	40.9	42.5	43.0	64.7
45	EDZ	53.1	53.1	53.0	51.9	51.5	45.0	45.0	45.0	57.3
60	EDZ	43.2	41.5	41.5	40.6	37.0	40.9	40.0	40.0	46.6

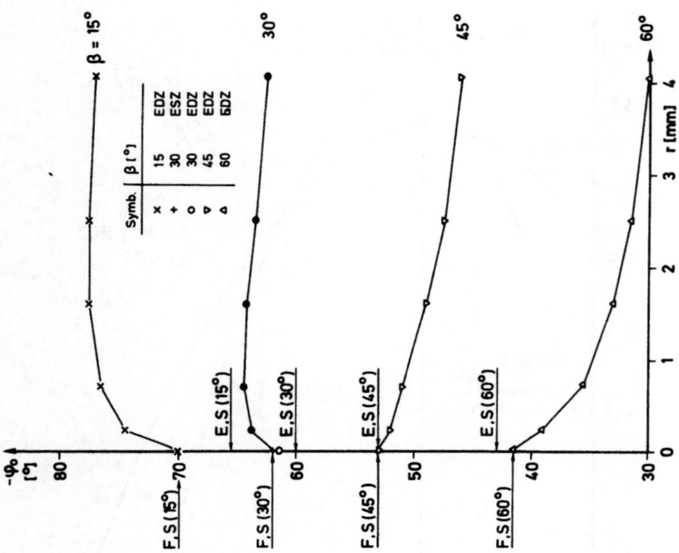

Abb.21 Bruchablenkungswinkel φ_0 für verschiedene Schräglagen β (ermittelt aus numerischen Ergebnissen über $\sigma_{\varphi\, max}$)

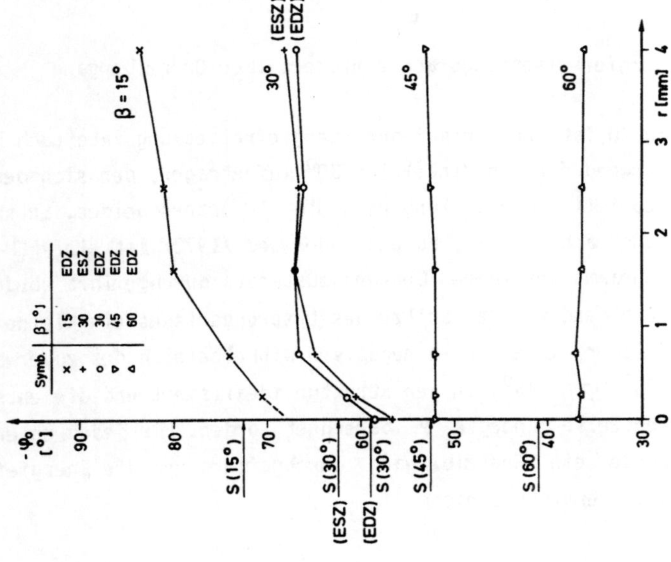

Abb.22 Bruchablenkungswinkel φ_0 für verschiedene Schräglagen β (ermittelt aus numerischen Ergebnissen über S_{min})

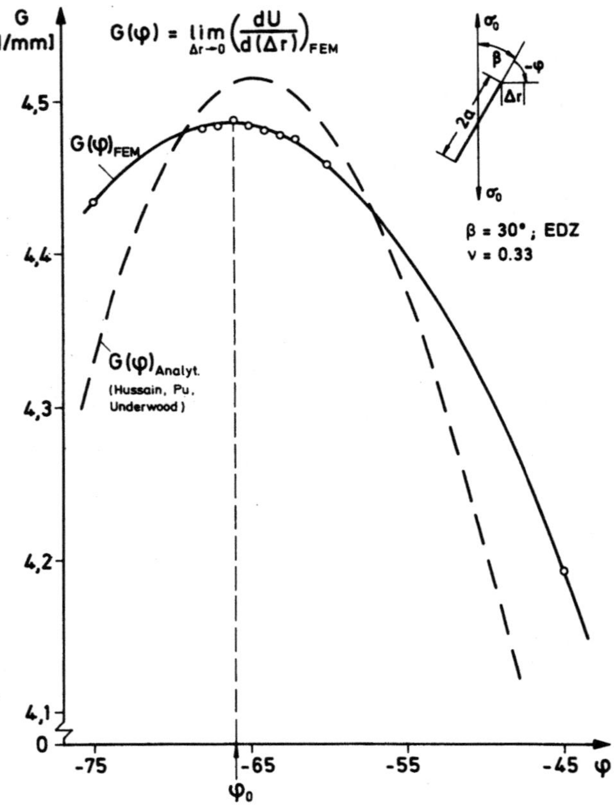

Abb. 23: Energiefreisetzungsrate ermittelt über Grenzübergang

In Abbildung 20 ist der Verlauf der Energiefreisetzungsrate nach Hussain, Pu und Underwood für den Winkel $\beta = 30^0$ aufgetragen, der sich deutlich von der vektoriellen Darstellung nach Glg. 10 unterscheidet. Entsprechend der Ableitung nach Hussain, Pu und Underwood /1972/ ist eine FEM-Simulation unter Annahme des ebenen Dehnungszustandes durchgeführt worden. Hierbei ist ausgehend von der Spitze des Ursprungsrisses ein kleiner Rißast unterschiedlicher Länge Δr im negativen Winkelbereich des zu erwartenden Maximums ($-75^0 < \varphi < -45^0$) in der Struktur idealisiert und die entsprechende potentielle Energie P berechnet worden. Für jeden untersuchten Winkel φ wurde ein Grenzübergang durchgeführt und die Energiefreisetzungsrate $G(\varphi)$ ermittelt nach

$$G_\varphi = - \lim_{\Delta r \to 0} \frac{\partial P}{\partial \Delta r}$$

Das Ergebnis der recht aufwendigen Rechnung ist in Abbildung 23 aufgetragen. Das Maximum der Energiefreisetzungsrate erscheint bei $\varphi_o = -66^o$, während die Vorhersage von Hussain, Pu und Underwood $\varphi_o = -64.7^o$ beträgt, d.h. der Verlauf der theoretisch abgeleiteten Energiefreisetzungsrate nach Hussain, Pu und Underwood kann zumindest für den Fall $\beta = 30^o$ mit numerischen Berechnungen bestätigt werden. Aus diesen Untersuchungen wird deutlich, daß sich das Spannungs- und Verschiebungsfeld vor einer Rißspitze ändert bei Vorhandensein eines kleinen Rißastes.

2.5. Experimentelle Ermittlung der Energiedichteverteilung und Vergleich mit numerischen Ergebnissen

Wichtig für die Beurteilung der Energiedichtehypothese nach Sih /1973/ ist die Kenntnis der tatsächlich in einer Probe um die Rißspitze vorliegendenEnergiedichteverteilung, da die theoretische Ableitung notwendigerweise von vereinfachenden Annahmen ausgeht. Aus diesem Grunde wurde die Energiedichteverteilung von Riedmüller /1975/ experimentell ermittelt, und es soll ein Vergleich zwischen theoretischen, numerischen und experimentellen Ergebnissen vorgenommen werden.

Wie in Abschnitt 1.2.4 dargestellt, läßt sich die Energiedichte bei Reduzierung auf ebene Fälle unter Anwendung der Hooke-schen Spannungs-Dehnungs-Beziehung und nach Transformation in das Hauptachsensystem schreiben:

$$\frac{dU}{dV} = \frac{1}{8G'} \left[f(\sigma_1 + \sigma_2)^2 + (\sigma_1 - \sigma_2)^2\right] \tag{16}$$

mit $G' = E/2(1+\nu)$ (Gleitmodul); $f = 1-2\nu$ (EDZ) ; $f = (1-\nu)/(1+\nu)$ (ESZ)

In Gleichung 16 setzt sich die Energiedichte aus der Summe der Quadrate der Hauptspannungssumme und der Hauptspannungsdifferenz zusammen. Beide Größen sind mit Hilfe interferometrischer Methoden bestimmbar. Ausgewertet wird dabei das Interferenzmuster, wie es bei der Überlagerung eines von der belasteten Scheibe beeinflußten mit einem zu diesem kohärenten jedoch unbeeinflußten Lichtbündels entsteht (Mach-Zehnder-Interferometer). Das so entstandene Interferenzmuster setzt sich aus zwei unabhängigen Liniensystemen zusammen, den Isopachen, d.h. den Linien gleicher Hauptspannungssumme, und den Isochromaten, d.h. den Linien gleicher Hauptspannungsdifferenz.

Der absolute Wert von $(\sigma_1 + \sigma_2)$ und $(\sigma_1 - \sigma_2)$ läßt sich durch einfaches Abzählen der entsprechenden Linienordnungen δ_p und δ_c über das Maxwell-Neumann-Gesetz gewinnen (in Föppl, Mönch /1972/). Der Verlauf der Energiedichte wird auf konzentrischen Kreisen um die Rißspitze bestimmt.

$$\frac{dU}{dV}_{r,\varphi,\sigma} = \frac{1}{3E} [g\ \delta_p^2(\varphi) + h\ \delta_c^2(\varphi)]$$

Die Konstanten g und h sind abhängig vom Spannungszustand und den mechanischen und optischen Materialkennwerten. Probenmaterial war bei diesen Versuchen Araldit B mit $E = 3400\ N/mm^2$ und $\nu = 0.33$. Die Probengröße betrug 400 x 200 x 3 mm bei einer Rißlänge von etwa 35 mm. Eine eingehende Darstellung des experimentellen Verfahrens und eine ausführliche Fehleranalyse sind bei Riedmüller /1975/ beschrieben.

Für eine reale Probe mit einem Riß unter dem Winkel $\beta = 33^0$ zur Lastrichtung wurde eine FEM-Idealisierung vorgenommen, wobei darauf geachtet wurde, daß der Abstand der Gauß-Punkte der Elemente um die Rißspitze identisch ist den experimentellen Auswerteradien des Interferenzmusters. In den Abbildungen 24 bis 26 ist die Energiedichtefaktorverteilung (dU/dV)r als Funktion des Polarenwinkels aufgetragen, wie sie nach folgenden drei Methoden unter Annahme des EDZ oder des ESZ dargestellt werden kann:

- experimentelle Ermittlung aus dem Interferenzmuster (große Symbole ohne Linienverbindung)
- numerische FEM-Ergebnisse (durchgezogene Linien)
- analytische Verteilung unter Hinzunahme höherer Glieder entsprechend Finnie und Saith /1973/ (strichlierte Linien)

Da der Energiedichtefaktor (dU/dV)r nur bei endlichen Abständen von der Rißspitze ermittelt werden kann, ist der Einfluß des Rißspitzenabstandes und der Übergang des Spannungszustandes vom ebenen Dehnungszustand (EDZ) zum ebenen Spannungszustand (ESZ) von Bedeutung. Während in der realen Probe ein Mischzustand herrscht, gehen alle drei dargestellten Methoden von EDZ oder ESZ getrennt aus. Entsprechend Glg. 16 wird der Einfluß des Spannungszustandes - charakterisiert durch die Konstante f - vernachlässigbar, wenn der erste Term ,die Hauptspannungssumme, klein gegenüber der Hauptspannungsdifferenz wird. Dies ist der Fall für den Winkelbereich $40^0 < \varphi < 100^0$ (Riedmüller /1975/). Daher ist die Übereinstimmung in diesem Bereich zwischen den Aussagen der drei Methoden sehr gut. Wenn allerdings der absolute Betrag der Hauptspannungssumme außerhalb dieses

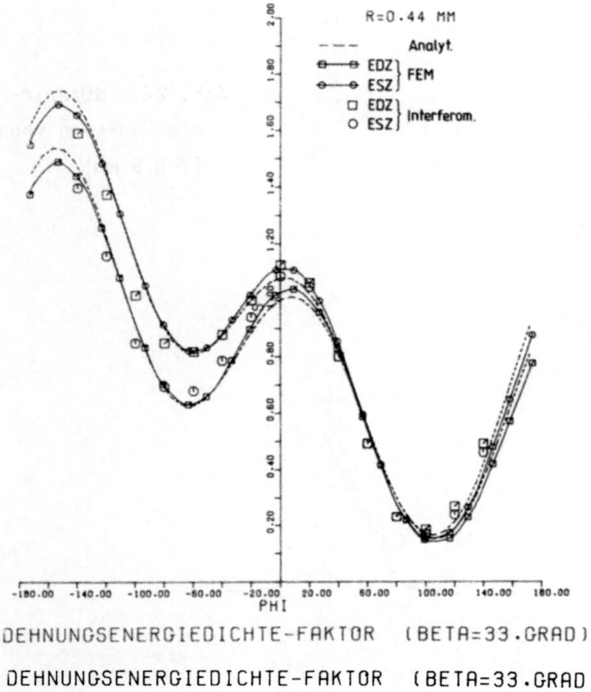

Abb. 24: $(dU/dV)r$ als Funktion von φ ($r=0.44$ mm)

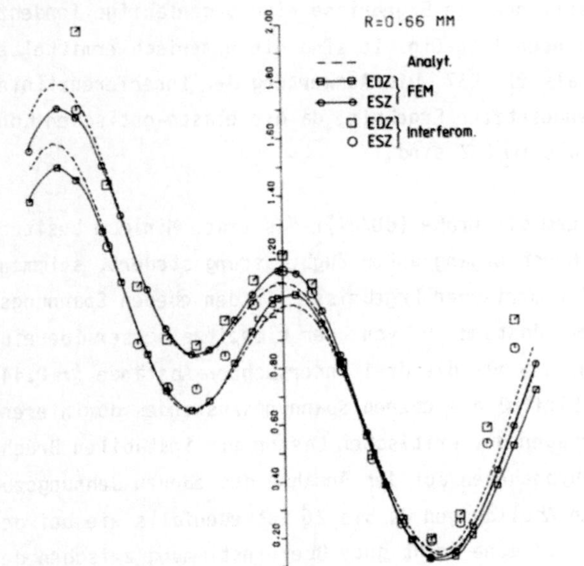

Abb. 25: $(dU/dV)r$ als Funktion von φ ($r=0.66$ mm)

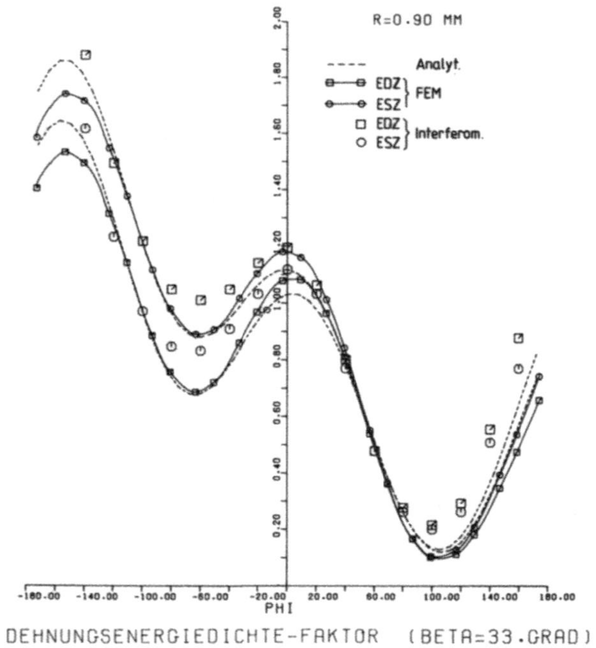

Abb. 26: (dU/dV)r als Funktion von φ (r=0.9 mm)

Bereiches überwiegt, teilt sich die Kurve in zwei Äste. Außerdem zeigen die numerischen und experimentellen Ergebnisse eine gegenläufige Tendenz: bedingt durch die Konstanten f in Glg. 16 sind die numerisch ermittelten Werte höher für EDZ als für ESZ. Die Auswertung der Interferenzlinien führt zu einem entgegengesetzten Ergebnis, da die elasto-optischen Konstanten kleiner im EDZ als im ESZ sind.

Im Winkelbereich, in dem die Größe (dU/dV)r das erste Minimum besitzt, das nach Sih /1973/ den Bruchvorgang unter Zugbelastung steuert, stimmen die experimentellen und numerischen Ergebnisse für den ebenen Spannungszustand mit zunehmendem Abstand r von der Rißspitze besser überein. Daraus ist zu schließen, daß für die drei untersuchten Abstände (r=0.44, 0.66 und 0.9 mm) der Einfluß des ebenen Spannungszustandes dominierend ist, während die Vorhersagen der kritischen Lasten für instabilen Brucheinsatz nach den Bruchhypothesen auf der Annahme des ebenen Dehnungszustandes beruhen. Aus den Abbildungen 24 bis 26 ist ebenfalls wie bei den Spannungen in Abschnitt 2.4 eine recht gute Übereinstimmung zwischen der numerisch ermittelten Energiedichteverteilung und dem analytischen Verlauf festzustellen, wenn wiederum die Erweiterung in den Spannungsansätzen nach Finnie und Saith zugrunde gelegt wird.

3. Untersuchungen zum Bruchverhalten von wechselwirkenden Rissen

Die Festigkeit von Bauteilen wird durch das Vorhandensein von Fehlerstellen, insbesondere aber Rissen stark beeinträchtigt. Soweit es sich um Sprödbruchphänomene handelt, läßt sich hierbei die Auswirkung von Einzelrissen unter Last weitgehend mit Hilfe bruchmechanischer Methoden beurteilen. Eine Bewertung von Mehrfachrissen oder Rißfeldern, die besonders in Verbindung mit Schweißvorgängen auftreten, ist dagegen schwierig; denn die für die Beurteilung von unter Normalbeanspruchung stehenden Einzelrissen bewährten Methoden werden fraglich.

Häufig benutzte Regelwerke wie z.B. der ASME-Code /1974/ umgehen diese Schwierigkeit durch große Abstraktion von der Realität, indem sie das Rißproblem geometrisch auf reine Modus-I-Beanspruchung reduzieren und somit Modus-I-Versagenskriterien anwenden können (siehe Abschnitt 1.2.6). Um die Grundlagen für eine differenziertere Sicherheitsbeurteilung zu schaffen, wurden sowohl numerische als auch experimentelle Untersuchungen des Verhaltens von Mehrfachrissen durchgeführt. Diese Untersuchungen basieren einerseits auf Berechnungen der Beanspruchungsverteilung im Umfeld wechselwirkender Risse, andererseits auf den Bruchhypothesen für Risse unter überlagerter Normal- und Scherbeanspruchung.

Als Beispiel werden zunächst einfache Rißkonfigurationen ausgewählt, die in erster Näherung einen Schritt in Richtung dreidimensionaler Rißfelder darstellen sollen. Hierbei handelt es sich um Zugscheiben mit zwei parallelen, versetzten Innenrissen (Abb. 27). Die quantitative Auswertung des Bruchverhaltens während der Zerreißversuche ist auf scharfe Anrisse beschränkt, die im Ermüdungsversuch durch Verlängerung von Sägeschnitten erzeugt sind, während die beeinflussenden Risse durch stumpfe Sägeschnitte simuliert sind. Die Rißkonfiguration ist so gewählt, daß A und B scharfe Risse darstellen mit der Zusatzbedingung: $K_{IA} \simeq K_{IB}$; $K_{IIA} = 0$; $K_{IIB} \neq 0$. Damit ist zu klären, inwieweit bei annähernd gleicher Normalbeanspruchung einer Rißspitze sich ein überlagerter Scheranteil auf das Bruchverhalten und den Rißeinsatz auswirkt.

Um die Spannungsfaktoren K_I und K_{II} der einzelnen Rißspitzen zu erhalten, wurde eine FEM-Simulation unter Annahme des ebenen Dehnungszustandes durchgeführt. Abbildung 28 zeigt den Rißbereich als Ausschnitt der idealisierten Struktur. Die Ermittlung der Spannungsfaktoren aus Verschiebungen oder Spannungen erweist sich bei der dargestellten Struktur

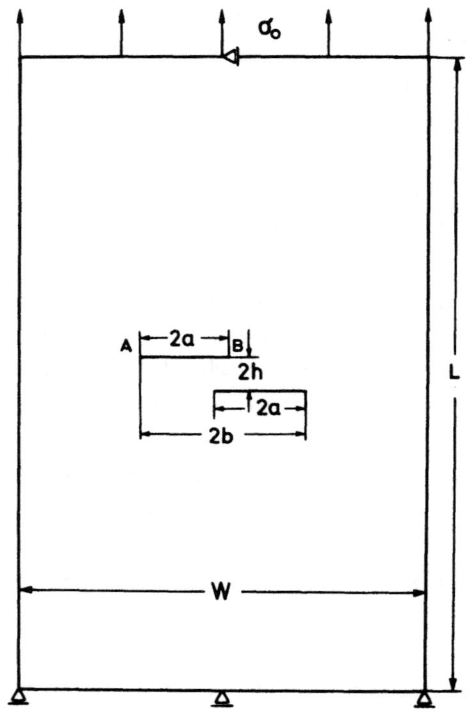

Abb. 27: Prinzipskizze einer Zugscheibe mit wechselwirkenden Rissen (L=500mm, W=120mm, 2a=30mm, 2b=56mm, 2h=6mm)

als ungenau, da sich die Störeinflüsse zweier wechselwirkender Risse auf das Nahfeld jeder einzelnen Rißspitze auswirken. Ein Verschiebungsplott in Abbildung 29 macht dies deutlich. Aus diesem Grunde sind K_I und K_{II} aus dem Linienintegral bestimmt worden, das von Fernfeldeinflüssen unbeeinflußt bleibt.

In Tabelle 3 sind die so bestimmten Korrekturwerte $f_{Ii} = K_{Ii} / \sigma_o\sqrt{\pi a_i}$ bzw. $f_{IIi} = K_{IIi} / \sigma_o\sqrt{\pi a_i}$ im Vergleich zu Lösungen der unendlich ausgedehnten Scheibe zusammengestellt.

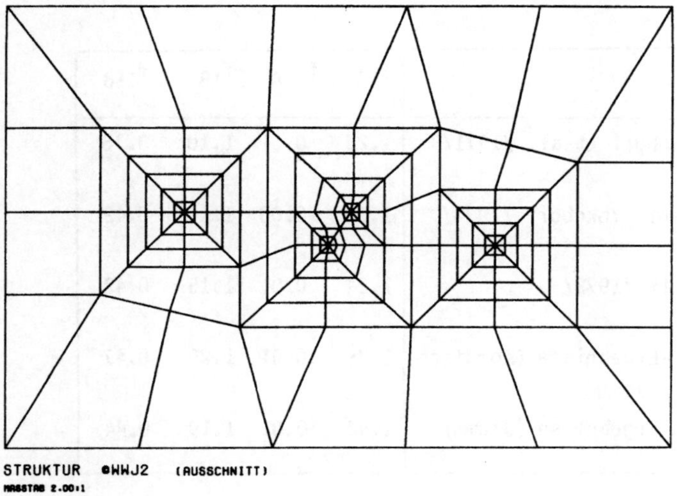

Abb. 28: FEM-Idealisierung (Ausschnitt)

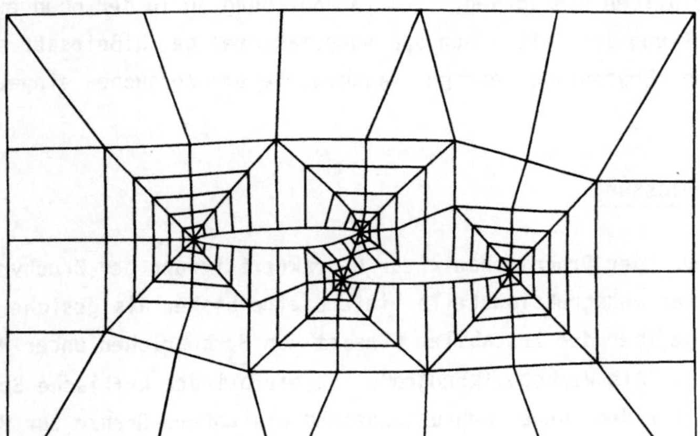

Abb. 29: Verschiebungsplot der belasteten Struktur (Ausschnitt)

Tabelle 3: Korrekturfaktoren $f_i = K_i / \sigma_0 \sqrt{\pi a}$

	f_{IA}	f_{IIA}	f_{IB}	f_{IIB}
Yokobori et al. /1971/	1.25	0.01	1.10	0.38
Kamei, Yokobori /1974/	1.25	0.00	1.10	0.42
Pucik /1972/	1.24	0.01	1.15	0.42
FEM-Ergebnisse (Kordisch)	1.39	0.01	1.29	0.47
FEM-Ergebnisse (Drumm)	1.42	0.01	1.19	0.44

Zerreißversuche mit diesen Rißkonfigurationen wurden durchgeführt an den Werkstoffen St 90, 30 CrNiMo 8 und Al 6061-T651. Ohne näher auf die Versuchseinzelheiten einzugehen, sind in Abbildung 30 in der oben eingeführten Darstellung der kritischen Spannungsfaktoren bei Rißeinsatz die experimentellen Ergebnisse einiger ausgewerteter Versuche eingezeichnet.

4. Zusammenfassung

Das Konzept der Bruchmechanik zur Charakterisierung des Bruchverhaltens rißbehafteter Konstruktionsteile liefert eine bisher als gesichert angesehene Aussage über den instabilen Einsatz von Sprödbrüchen unter Normalbeanspruchung. Als Werkstoffkenngröße ist hierbei der kritische Spannungsfaktor K_{Ic} für den ebenen Dehnungszustand als untere Grenze zur Beurteilung der Festigkeit definiert mit der Ebene des Ausgangsrisses als Bruchausbreitungsrichtung. Bei gemischten Beanspruchungszuständen läßt sich das Bruchverhalten und der instabile Rißeinsatz nicht mehr mit K_{Ic} allein beschreiben, sondern als neue kritische Kenngröße wird sich eine Kombination aller an der Rißspitze auftretenden Beanspruchungsgrößen K_I und K_{II} einstellen mit einer von der Rißebene abweichenden Bruchausbreitungsrichtung.

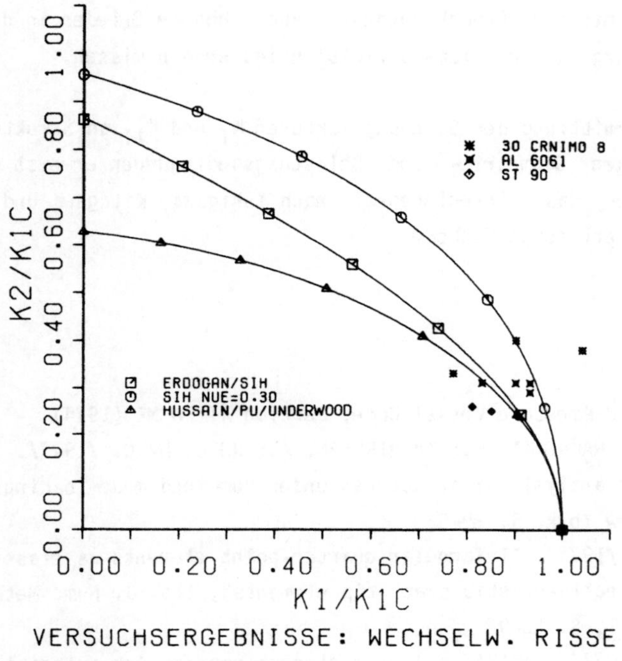

Abb. 30: Ergebnisse von Zerreißversuchen an Proben mit wechselwirkenden Rissen aus metallenen Werkstoffen.

Das vorliegende Manuskript liefert neben einer Umschau über verfügbare Bruchhypothesen und experimentelle Ergebnisse eine Zusammenstellung möglicher Verfahren, die Beanspruchungsverhältnisse vor einer Rißspitze unter überlagerter Beanspruchung numerisch mit Hilfe der Finite-Element-Methode zu berechnen.

Folgende Schwerpunkte sind hervorzuheben:

- Die Auswertung experimenteller Ergebnisse läßt unter Berücksichtigung der Meßwertstreuung keine eindeutige Zuordnung für oder gegen eine der theoretischen Hypothesen zu; allgemein kann aber die Hypothese der Energiefreisetzungsrate nach Hussain, Pu und Underwood /1972/ als konservative Grenzkurve angesehen werden.

- Aus numerischen Berechnungen der Spannungs-, Energiedichte- und Energiefreisetzungsrateverteilung um eine Rißspitze für linear-elastisches Materialverhalten ergibt sich, daß für eine verfeinerte Aussage der theoretisch abgeleiteten Bruchhypothesen auch höhere Glieder in der Spannungsentwicklung nach Williams berücksichtigt werden müssen.

- Für die Ermittlung der Spannungsfaktoren K_I und K_{II} an Strukturen unter komplexen Geometrie- und Belastungsbedingungen erweist sich das Verfahren über das Linienintegral nach Ishigawa, Kitagawa und Okamura /1979/ als zuverlässige Methode.

5. Literatur

ASME-Boiler and Pressure Vessel Code, Section XI, ASME (1974)

ATLURI, S. N.; NAKAGAKI, M.; KATHIRESAN, K.; RHEE, H. C. /1977/: "Fractur analysis of structures under combined mode loadings", ASCE, New York, S. 89-93

BARSOUM, R.S. /1977/: "Triangular quarter-point elements as elastic and perfectly-plastic crack tip elements", Int. J. Num. Meth. Engn., 11, S. 85-98

BATHE, K.H. /1975/: "ADINA, a finite element program for automatic dynamic incremental nonlinear analysis", Report 82 448-1, Massachusetts Institute of Technology, Cambridge, Mass., USA

BSI-Document PD 6493 /1980/: Guidance on some methods for the derivation of acceptance levels for defects in fusion welded joints.

BUGGISCH, H.; GROSS, D.; KRÜGER, K.-H. /1980/: "Einige allgemeine Erhaltungssätze vom J-Integral-Typ", ZAMM 60, T112-T113

DE LORENZI, H. G. /1978/: "J-Integral and crack growth calculations with the finite element program ADINA", Electric-Power Research Inst., Palo Alto, California, RP 601-2

DRUMM, R. /1981/: persönliche Mitteilung

ERDOGAN, F.; SIH, G.C. /1963/:"On the crack extension in plates under plane loading and transverse shear", J. Basic Eng. 85D, S. 519 ff

FINNIE, I.; SAITH, A. /1973/: "A note on the angled crack problem and the directional stability of cracks", Int. J. of Fracture, Vol. 9, S. 484-486

GRIFFITH, A.A. /1920/: "The phenomena of rupture and flow in solids", Phil. Trans. Roy. Soc., A 221

HELLEN, T. K.; BLACKBURN, W.S. /1975/: "The calculation of stress intensity factors for combined tensile and shear loading", Int. J. of Fracture, Vol. 11, No. 4, S. 605-617

HENSHELL, R.D.; SHAW, K.G. /1975/: "Crack tip finite elements are unnecessary", Int. J. Num. Meth. Engn., 9, S. 496-507

HODULAK, L.; KLEIN, G. /1974/: "Spannungsanalyse von Mehrfachrissen", Wiss. Bericht 7/74, Inst. f. Festkörpermechanik, Freiburg

HUSSAIN, M.A.; PU, S.L.; UNDERWOOD, I. /1972/: "Strain energy release rate for a crack under combined mode I and mode II", Rep. Benet Weapons Labtervliet Arsenal (1972) und in Fracture Analysis, ASTM STP 560, S. 2-28 (1974)

IRWIN, G.R. /1957/: "Analysis of stresses and strains near the end of a crack", Journ. of Appl. Mech., Vol. 24, S. 361

IRWIN, G.R. /1958/: "Fracture", in Handbuch der Physik, Band 6, Springer-Verlag, S. 551-590

ISHIKAWA, H.; KITAGAWA, H.; OKAMURA, H. /1979/: "J-Integral of a mixed mode crack and its application", ICM 3, Vol. 3, S. 447-455 (MS 104)

KNOWLES, J.K.; STERNBERG, E. /1972/: "On a class of conservation laws in linearized and finite elastostatics", Arch. Rat. Mech. Anal., 44, S. 187-211

KORDISCH, H.; SEIDELMANN, U.; SOLTESZ, U.; SOMMER, E. /1976/: Untersuchungen zum Bruchverhalten bei überlagerter Normal- und Scherbeanspruchung. 8. Sitzung des AK "Bruchvorgänge" im DVM, Köln

KORDISCH, H. /1981/:" Bruchhypothesen für überlagerte Beanspruchung-Vergleich mit den Aussagen des ASME-Codes", Vortrag auf 13. Sitzung der AG B2 "Bruchmechanische Fehlerbewertung" im DVS, Düsseldorf, Mai 1981, (erscheint demnächst)

KORDISCH, H.; SOMMER, E. /1978/: "Bruchkriterien bei überlagerter Normal- und Scherbeanspruchung", Wiss. Bericht W6/77 des Fraunhofer-Institut für Werkstoffmechanik, Freiburg

PALANISWAMY, K.; KNAUSS, W.G. /1974/: "On the problem of crack extension in brittle solids under general loading", Report SM 74-8, Graduate Aeronautical Laboratories, California Inst. of Technology

PANASYUK, V.V.; BERESHNITZKY, L.T.; KOVCHIK, S.Y. /1965/: "Propagation of an Arbitrarily Oriented Rectilinear Crack During Extension of a Plate" Techn.Translation NASA TT F-403

PARIS, P.S.; SHI, G.C. /1965/: "Stress analysis of cracks", in "Fracture toughness testing and its application", ASTM-STP 381, S. 30-83

PARKS, D.M. /1974/:"A stiffness-derivative finite element technique for determination of elastic crack tip stress intensity factors", Int. J. of Fracture, 10, S. 487-502

PARKS, D.M. /1977/: "The virtual crack extension method for nonlinear material behavior", Comp. Methods Appl. Mech. Eng., 12, 353-364

POOK, L.P. /1971/: "The effect of crack angle on fracture toughness", Eng. Fracture Mechanics, Vol. 3, S. 205-218

RICE, J.R. /1968/: "A path independent integral and the approximate analysis of strain concentration by notches and cracks", Journal of Applied Mechanics, S. 379-386

RIEDMÜLLER, J. /1975/: "Experimentelle Bestimmung der Energiedichteverteilung in der Nähe von Rißspitzen bei überlagerter Normal- und Scherbeanspruchung", Bericht 2/75 des Instituts für Festkörpermechanik, Freiburg

ROSSMANITH, H. P. /1980/:" Über Sicherheitsabschätzungen bei der bruchmechanischen Fehlerbewertung", Materialprüfung, Vol. 22, No. 8, S. 337-340

SCHMITT, W. /1981/: "Anwendung der Methode der Finiten Elemente in der Bruchmechanik unter besonderer Berücksichtigung dreidimensionaler und elasto-plastischer Probleme", Dissertation, TH Darmstadt

SEEGER, T.; FÜHRING, H. /1973/: Seminarvortrag im IFKM (Nov. 1973)

SEIDELMANN, U. /1976/: "Anwendung des schattenoptischen Kaustikenverfahrens zur Bestimmung bruchmechanischer Kennwerte bei überlagerter Normal- und Scherbeanspruchung", Bericht 2/76 des Inst. für Festkörpermechanik, Freiburg

SHAH, R.C. /1974/: "Fracture under combined modes in 4340 steel", ASTM-STP 560, S. 29-52

SIH, G.C.; PARIS, P.; ERDOGAN, F. /1962/: "Crack tip stress intensity factors for plane extension and plate bending problems", J. of Appl.Mech S. 306 ff

SIH, G.C. /1973/: "A special theory of crack propagation",in Mechanics of Fracture I, Noordhoff Int.Publ. Leyden, S. IX-XLV

SIH, G.C. /1974a/:"Strain-energy-density factor applied to mixed-mode crack problems", Int. J. of Fracture, Vol. 10, S. 305-321

SIH, G.C.; CHA, B.C.K. /1974/: "A fracture criterion for three-dimensional crack problems", Eng. Fracture Mech., Vol. 6, S. 699-723

SIH, G.C. /1975/: "A three-dimensional strain-energy-density factor theory of crack propagation", in Mechanics of Fracture II, Noordhoff Int.Publ. Leyden

SNEDDON, J.N. /1946/: "The distribution of stress in the neighbourhood of a crack in an elastic solid", Proc. phys. Soc. (London), Vol. 187, S. 229-260

TRACEY, D. M. /1973/: "Finite elements for three-dimensional elastic crack analysis", Nucl. Eng. Design, Vol. 26, S. 1-9

UEDA, Y.; IKEDA, K. und Mitarb. /1976/: "Brittle fracture initiation characteristics under bi-axial loading", IWM-Doc. X-812-76

WILLIAMS, M.L. /1957/: "On the stress distribution at the base of a stationary crack", J. appl. Mech., Vol. 24, S. 109-114

WILLIAMS, J.G.; EWING, P.D. /1972/: "Fracture under Complex Stress - The Angled Crack Problem", Int. J. of Fracture, Vol. 8, S. 441-446

WILSON, W.K. /1969/: "Combined mode fracture mechanics", University of Pittsburgh, Ph. D.-Thesis (1969)

WU, C.H. /1978/: "Fracture under combined loads by maximum-energy-release-rate criterion", J. of appl. Mech., Trans. ASME, Vol. 45, S. 553-558

ZIENKIEWICZ, O.C. /1977/: "The finite element method", McGraw-Hill, London

Dr. H. Kordisch
Fraunhofer-Institut für Werkstoffmechanik
Rosastr. 9
D-7800 Freiburg , BRD

BRUCHMECHANIK DER PLATTEN UND SCHALEN

HANS-PETER ROSSMANITH

1. Einleitung

Im Verlaufe der letzten zwanzig Jahre hat sich die Bruchmechanik als eines der wichtigsten Hilfsmittel des Ingenieurs bei der praktischen Durchführung des Entwurfes, der Herstellung und Ausführung einer Konstruktion erwiesen. Die große Stärke der Bruchmechanik liegt nicht nur in ihrer Anwendung in der Schadensanalyse sondern auch in der Tatsache, daß bruchmechanische Konzepte bereits beim Entwurf und der Berechnung eines Bauwerkes neben die in der klassischen Festigkeitslehre üblichen Bemessungskonzepte treten und in das zu fertigende Produkt - den Bauteil - einfließen. Große Erfolge wurden bei der theoretischen und experimentellen Behandlung des Sprödbruches und bei der Ermüdungsrißausbreitung in strukturellen Bauteilen erzielt, wobei bei den Untersuchungen die beste Übereinstimmung für die Bedingungen des ebenen Verzerrungszustandes (EVZ) - wie sie an der existierenden Rißfront anzutreffen sind - erhalten wurde.

Der Spannungsintensitätsfaktor als die charakteristische physikalische Größe der linear-elastischen Bruchmechanik (LEBM) ist höchst relevant bei Untersuchungen über Ermüdungsrißausbreitung in relativ dünnwandigen Platten und Schalen unter Membran- und Biegespannungszuständen, wo der Riß ein sich über die ganze Wandstärke erstreckender Durchriß ist und in der Platte ein verallgemeinerter ebener Spannungszustand (VESZ) vorherrscht. Durch die - eine Approximation darstellende - Annahme eines 'ebenen Spannungszustandes' werden dreidimensionale Effekte, insbesonders die veränderliche Spannungsverteilung in der Dickenrichtung der Platte, verwischt.

Da derzeit nur Rißprobleme im Rahmen der linearisierten Elastizitätstheorie analytisch und rechentechnisch mit ökonomischem Rechenaufwand bewältigbar sind, muß die Geometrie der dünnwandigen Struktur zumindest lokal der Theorie der Platten und flachen Schalen mit kleinen Deformationen als Berechnungsgrundlage entsprechen. Die lokale Substitution von gekrümmten Schalensegmenten oder -bereichen durch die entsprechenden Projektionsbereiche auf den Tangentialebenen führt zum Verlust des Einflusses der Schalenkrümmung auf den Spannungsintensitätsfaktor. Überdies bewirkt die Schalenkrümmung ein wesentlich unterschiedliches strukturelles Verhalten von Schalentragwerken im Gegensatz zu flachen Platten, indem Zugbeanspruchungen einen Membran- und Biegespannungszustand in der Schale induzieren. Die sich in der Umgebung von fertigungsbedingten oder während des Betriebes auftretenden Schadstellen oder Rissen einstellenden Spannungsumlagerungen führen in vielen Fällen zu einer Herabsetzung der Bruch- und Traglast des Bauteils. Zusätzliche dynamische Belastungen des Bauteils oder der Struktur (z.B. Kollision, Explosion, Schwingungen, Erdbebenerregung, etc.), wobei die Dauer der Kraft- oder Beschleunigungseinwirkung kleiner als die Dauer einer halben Eigenschwingungsperiode ist, verursachen im allgemeinen eine dynamische Verstärkung des Spannungsintensitätsfaktors.

Die zufriedenstellende Übersetzung der physikalischen Phänomene in die analytisch-numerische Sprache, d.h. die mathematische Modellbildung, stößt auf viele grundlegende Schwierigkeiten. Die Forderung auf strikte Erfüllung aller Differentialgleichungen und Randbedingungen in der dreidimensionalen Elastizitätstheorie kann nicht immer erfüllt werden und schwächende Einschränkungen müssen eingeführt werden, um das Rißproblem einer Lösung zuführen zu können. Die klassische Kirchhoff'sche Ersatzrandbedingung, welche zur approximativen Befriedigung der Randbedingungen an der freien Rißoberfläche formuliert wurde, führt auf ein Problem mit einer Differentialgleichung 4.Ordnung, während die erweiterte Theorie von Reissner, die den Querkrafteinfluß im Rahmen eines auf dem Minimum der komplementären potentiellen Energie basierenden Variationsprinzips berücksichtigt, auf ein Problem mit einer Differentialgleichung 6. Ordnung führt. Notwendigerweise unterscheiden sich die mit beiden Theorien erhaltenen Spannungsverteilungen um die Rißspitze ebenfalls.

2. Scheiben und Platten mit Rissen

2.1. Grundlagen

Die Mehrzahl der bruchmechanischen Untersuchungen bezieht sich auf Rißprobleme in dünnen Scheiben und Platten. Die Variation der Spannungen in der Dickenrichtung wird bei Plattenproblemen im allgemeinen als bekannt vorausgesetzt oder gar vernachlässigt. Die Einführung des VESZ oder des EVZ führt bereits auf Schwierigkeiten, da diese Spannungs- und Verschiebungszustände nur für ebene und einfach-zusammenhängende Gebilde ohne Risse definiert sind. In der Nähe der Rißfront (mit Ausnahme der Plattenoberflächen) herrscht ein EVZ und der VESZ ist nur in einer entsprechenden Entfernung von der Rißspitze gewährleistet.

Betrachte eine dünne Platte der Dicke h mit zentralem Riß der Länge 2a nach Abbildung 1. Das Koordinatensystem (Oxzy) liegt in der Plattenmittelfläche zentriert. Die an einem Volumselement angreifenden Spannungskomponenten σ_x, σ_y, σ_z, τ_{xy}, τ_{yz} und τ_{xz} sind in der Abb.2 dargestellt. Die ebenen Spannungskomponenten σ_x, σ_y und τ_{xy} mögen linear in z variieren, d.h.

$$\sigma_x = M_x \cdot 12z/h^3 \quad , \quad \sigma_y = M_y \cdot 12z/h^3 \quad , \quad \tau_{xy} = M_{xy} \cdot 12z/h^3 \quad , \tag{1}$$

wobei M_x und M_y die Biegemomente und M_{xy} das Drillmoment pro Einheitslänge

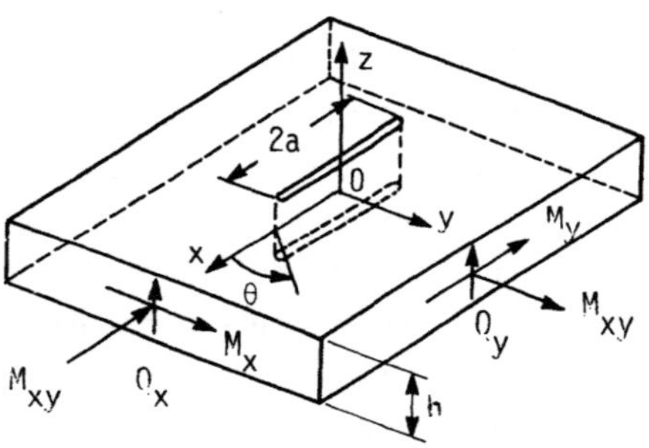

Abb.1 Biegung einer dünnen Platte mit Riß

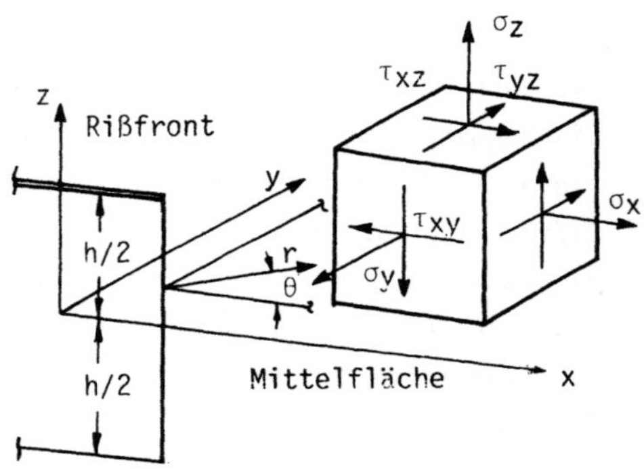

Abb.2 Spannungskomponenten im Volumselement vor der Rißfront in einer dünnen Platte

in den zu den Ebenen (xz) und (yz) parallelen Schnitten sind, und aus den entsprechenden Spannungen durch Integration folgen:

$$\begin{aligned} M_x(x,y) &= \int_{-h/2}^{h/2} \sigma_x(x,y,z)zdz \\ M_y(x,y) &= \int_{-h/2}^{h/2} \sigma_y(x,y,z)zdz \\ M_{xy}(x,y) &= \int_{-h/2}^{h/2} \tau_{xy}(x,y,z)zdz \end{aligned} \tag{2}$$

Die Randbedingungen an den freien Plattenoberflächen $z=\pm h/2$ fordern:

$$\sigma_z(x,y,\pm h/2) = 0, \quad \tau_{xz}(x,y,\pm h/2) = 0, \quad \tau_{yz}(x,y,\pm h/2) = 0 \ . \tag{3}$$

Aus Gleichgewichtsbetrachtungen folgt, daß die Spannungen τ_{xz} und τ_{yz} parabolisch über den Querschnitt verteilt sind:

$$\tau_{xz} = \frac{3}{2h}\cdot\{1 - (2z/h)^2\}\, Q_x \quad , \quad \tau_{yz} = \frac{3}{2h}\cdot\{1 - (2z/h)^2\}\, Q_y \, . \tag{4}$$

und die Querkräfte werden durch Integration ermittelt:

$$Q_x(x,y) = \int_{-h/2}^{h/2} \tau_{xz}(x,y,z)\, dz \, , \quad Q_y(x,y) = \int_{-h/2}^{h/2} \tau_{yz}(x,y,z)\, dz \tag{5}$$

Für einen kraft- und momentenfreien Riß gelten die Randbedingungen

$$M_y(x,0) = 0, \quad M_{xy}(x,0) = 0, \quad Q_y(x,0) = 0 \qquad (0 \leq |x| \leq a). \tag{6}$$

In der Poisson-Kirchhoff'schen Plattentheorie (4.Ordnung) wird der Einfluß der transversalen Schubdeformation vernachlässigt und die beiden Bedingungen $M_{xy}=0$ und $Q_y=0$ werden durch die Kirchhoff'sche Ersatzrandbedingung ersetzt:

$$Q_y + \partial M_{xy}/\partial x = 0 \, . \tag{7}$$

Die Grundgleichungen der Plattentheorien nach Poisson-Kirchhoff /1/, Reissner /2/ und Goldenweizer /3/ sind im Anhang B zusammengefaßt. In den beiden ersten Plattentheorien sind die Spannung σ_z linear und die Spannungen τ_{yz} und τ_{xz} parabolisch über den Querschnitt verteilt. Die letztere Theorie und eine von Hartranft und Sih /4/ entwickelte Plattentheorie lassen für die Spannungen σ_z, τ_{yz} und τ_{xz} allgemeine Verteilungen f(z) zu.

2.2. Das Spannungsfeld um die Rißspitze

Im folgenden wird von der allgemeinen Taylorreihenentwicklung des aus der klassischen Biegetheorie abgeleiteten Spannungsfeldes um die Rißspitze nur das erste Glied berücksichtigt, welches dem singulären Spannungsfeld zugeordnet ist.

In der Biegetheorie der Platten ist der Spannungsintensitätsfaktor entlang der Rißfront veränderlich, d.h. eine Funktion von z. Im folgenden bezeichnen k_1 und k_2 ($k_i=k_i(z)$; i=1,2) die veränderlichen Spannungsintensitätsfaktoren, während K_1 und K_2 die Biegemomentenintensitätsfaktoren und K_3 der Querkraftintensitätsfaktor sind. Für die Poisson-Kirchhoff'sche und Reissner'sche Plattentheorien gelten die Zusammenhänge:

$$k_1 = K_1\, 12z/h^3 \, , \quad k_2 = K_2\, 12z/h^3 \, , \quad k_3 = (3/2h)\cdot\{1-(2z/h)^2\}\, K_3 \tag{8}$$

und die Spannungsverteilung um die Rißspitze lautet in der Kirchhoff'schen Theorie:

$$\sigma_x = \frac{k_1}{\sqrt{2\pi r}}\frac{z}{2\mu h}\left(-3\cos\frac{\theta}{2} - \cos\frac{5\theta}{2}\right) + \frac{k_2}{\sqrt{2\pi r}}\frac{z}{2\mu h}\left(-\frac{9+7\nu}{1-\nu}\sin\frac{\theta}{2} + \sin\frac{5\theta}{2}\right)$$

$$\sigma_y = \frac{k_1}{\sqrt{2\pi r}}\frac{z}{2\mu h}\left(\frac{11+5\nu}{1-\nu}\cos\frac{\theta}{2} + \cos\frac{5\theta}{2}\right) + \frac{k_2}{\sqrt{2\pi r}}\frac{z}{2\mu h}\left(\sin\frac{\theta}{2} - \sin\frac{5\theta}{2}\right) \qquad (9)$$

$$\tau_{xy} = \frac{k_1}{\sqrt{2\pi r}}\frac{z}{2\mu h}\left(-\frac{7+\nu}{1-\nu}\sin\frac{\theta}{2} - \sin\frac{5\theta}{2}\right) + \frac{k_2}{\sqrt{2\pi r}}\frac{z}{2\mu h}\left(\frac{5+3\nu}{1-\nu}\cos\frac{\theta}{2} - \cos\frac{5\theta}{2}\right)$$

$$\tau_{xz} = \frac{f(z)}{\sqrt{2\pi r}}\left(-k_1\cos\frac{3\theta}{2} + k_2\sin\frac{3\theta}{2}\right)$$

$$\tau_{yz} = \frac{-f(z)}{\sqrt{2\pi r}}\left(k_1\sin\frac{3\theta}{2} + k_2\cos\frac{3\theta}{2}\right) \qquad (10)$$

mit der Verteilung $f(z) = (h^2-4z^2)/(4z(3+\nu))$ und μ ist der Schubmodul.

Man beachte, daß die ebenen Spannungen σ_x, σ_y und τ_{xy} die klassische $\sqrt{r}$-Singularität aufweisen; die Schubspannungen τ_{xz} und τ_{yz} sind jedoch mit einer Singularität der Ordnung $r^{-3/2}$ assoziiert - eine direkte Folge der Kirchhoff'schen Ersatzrandbedingung !

Die Reissner'sche Plattentheorie 6.Ordnung liefert bei Befriedigung aller drei Randbedingungen Glg(6) den gewünschten Charakter der Biegemomente und Querkräfte:

$$M_x = \frac{K_1}{\sqrt{2\pi r}}\cos\frac{\theta}{2}\left(1-\sin\frac{\theta}{2}\sin\frac{3\theta}{2}\right) - \frac{K_2}{\sqrt{2\pi r}}\sin\frac{\theta}{2}\left(2+\cos\frac{\theta}{2}\cos\frac{3\theta}{2}\right) + O(1)$$

$$M_y = \frac{K_1}{\sqrt{2\pi r}}\cos\frac{\theta}{2}\left(1+\sin\frac{\theta}{2}\sin\frac{3\theta}{2}\right) + \frac{K_2}{\sqrt{2\pi r}}\sin\frac{\theta}{2}\cos\frac{\theta}{2}\cos\frac{3\theta}{2} + O(1) \qquad (11)$$

$$M_{xy} = \frac{K_1}{\sqrt{2\pi r}}\sin\frac{\theta}{2}\cos\frac{\theta}{2}\cos\frac{3\theta}{2} + \frac{K_2}{\sqrt{2\pi r}}\cos\frac{\theta}{2}\left(1-\sin\frac{\theta}{2}\sin\frac{3\theta}{2}\right) + O(1)$$

$$Q_x = \frac{-K_3}{\sqrt{2\pi r}}\sin\frac{\theta}{2} + O(1)$$

$$Q_y = \frac{K_3}{\sqrt{2\pi r}}\cos\frac{\theta}{2} + O(1) \qquad (12)$$

Achtung: Von mehreren Autoren (G.Sih et al.) wird die Schreibweise $M_x = K_1/\sqrt{2r}\cdot f(\theta)$, etc. der obigen vorgezogen; dann ist der obige K-Wert durch $\sqrt{\pi}$ zu dividieren!

2.3. Biegung und Drillung von Platten mit Innenriß

Eine dünne Platte nach Abb.3 wird durch ein beliebig orientiertes (β) Biegemoment M auf reine Biegung und Drillung beansprucht. Es gilt die Äquivalenz:

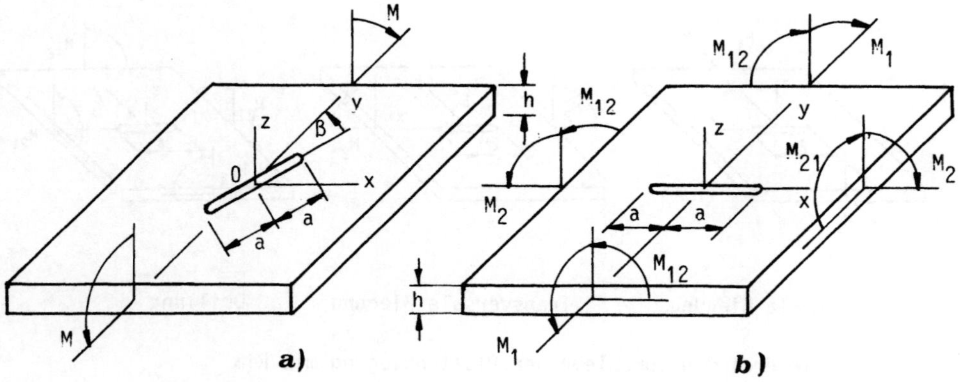

Abb.3 Biegung und Drillung einer Platte mit Riß
a) Schräger Riß unter Biegung
b) Biegung und Drillung eines parallelen Risses

schräg angreifendes Biegemoment M	$M_1 = M \sin^2\beta$	normale Biegemomente	
	$M_2 = M \cos^2\beta$		(13)
	$M_{12} = M \sin\beta\cos\beta$	Drillmoment	

In der klassischen Bruchmechanik endlicher Bauteile mit Riß läßt sich der Spannungsintensitätsfaktor K als Funktion der angelegten Spannung σ (τ), der Rißlänge a und einer geometrieabhängigen Korrekturfunktion Y darstellen:

$$\begin{aligned} &\text{Modus-1}: \quad K_1 = \sigma\sqrt{\pi a}\, Y_1(..) \\ &\text{Modus-2}: \quad K_2 = \tau\sqrt{\pi a}\, Y_2(..) \quad , \end{aligned} \tag{14}$$

wobei die Funktionen Y_1 und Y_2 mit geeigneten Berechnungsverfahren ermittelt werden. Ähnliche Darstellungen für den Spannungsintensitätsfaktor (SIF) gelten auch hier bei der Biegetheorie gerissener Platten (und später auch bei den Schalen):

$$\begin{aligned} K_1 &= M_1 \sqrt{\pi a}\, Y_{m1} = M \sqrt{\pi a}\, Y_{m1} \sin^2\beta \\ K_2 &= M_{12} \sqrt{\pi a}\, Y_{m2} = M \sqrt{\pi a}\, Y_{m2} \sin\beta\cos\beta \\ K_3 &= M_{12} \sqrt{\pi a}\, Y_{m3} = M \sqrt{\pi a}\, Y_{m3} \sin\beta\cos\beta \end{aligned} \tag{15}$$

mit den Korrekturfunktionen Y_{mi} (i=1,2,3). Die Gleichungen (15) zeigen, daß das Biegemoment M_2 (für unendliche Platten) zu keiner Momentensingularität an der Rißspitze führt (Abb.4).

Die Korrekturfunktionen Y_{mi} sind den Abbildungen 5-7 zu entnehmen.

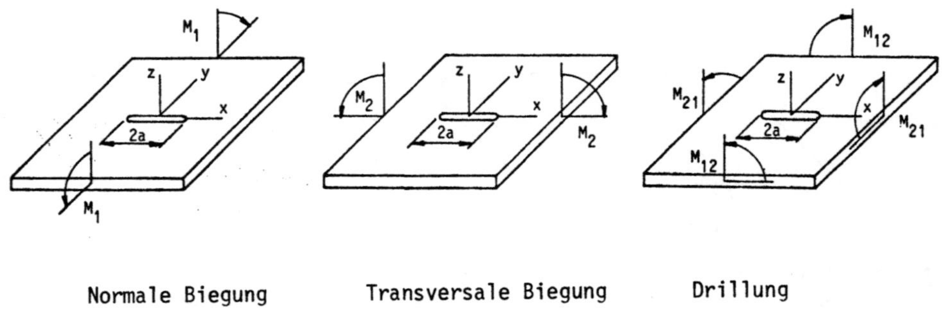

Abb.4 Die drei Grundprobleme der Plattenbiegung mit Riß

Die entlang der Rißfront veränderlichen Spannungsintensitätsfaktoren lauten nach Kombination der Gleichungen (8) und (15):

$$
\begin{aligned}
k_1 &= (12z/h^3)\ M \sqrt{\pi a}\ Y_{m1} \sin^2\beta \\
k_2 &= (12z/h^3)\ M \sqrt{\pi a}\ Y_{m2} \sin\beta \cos\beta \\
k_3 &= \{1-(2z/h)^2\}\ 3/2h \cdot M \sqrt{\pi a}\ Y_{m3} \sin\beta \cos\beta
\end{aligned} \tag{16}
$$

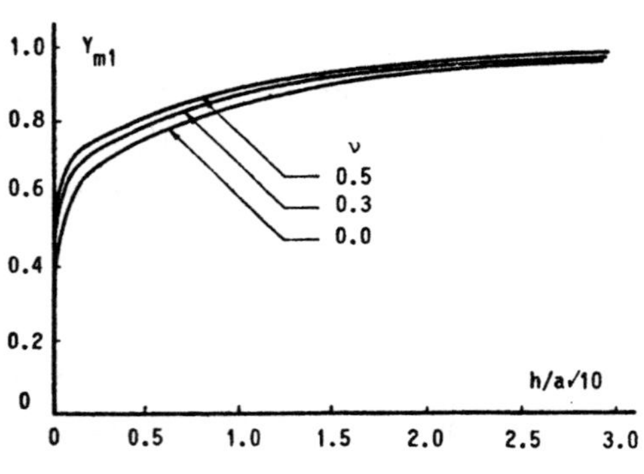

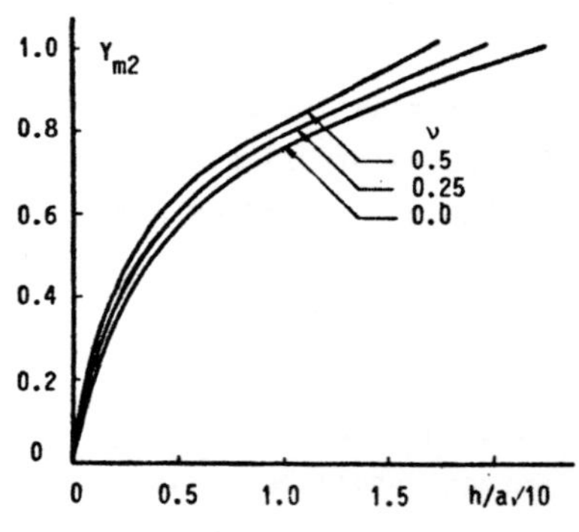

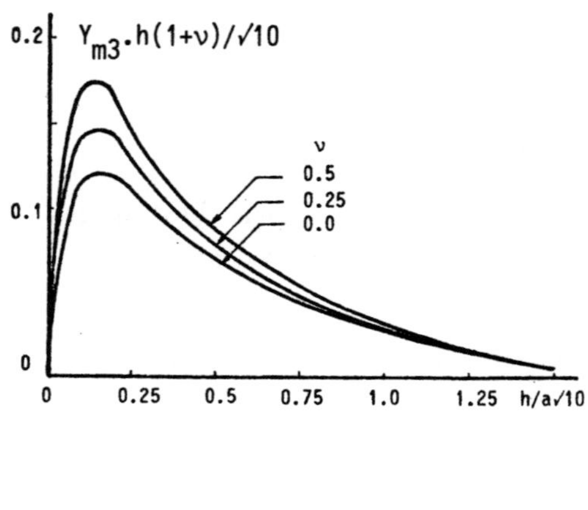

Abb.5 Korrekturfunktion Y_{m1}

Abb.6 Korrekturfunktion Y_{m2}

Abb.7 Korrekturfunktion Y_{m3}

Für den Bruchwinkel des Plattenbiegeproblems ergibt sich nach dem Verzerrungsenergiedichtekriterium eine Verteilung nach Abb.8 für verschiedene Parameter ν und h/a. Der Bruchwinkel ist negativ, wenn der Riß auf der Zugseite der Platte initiiert.

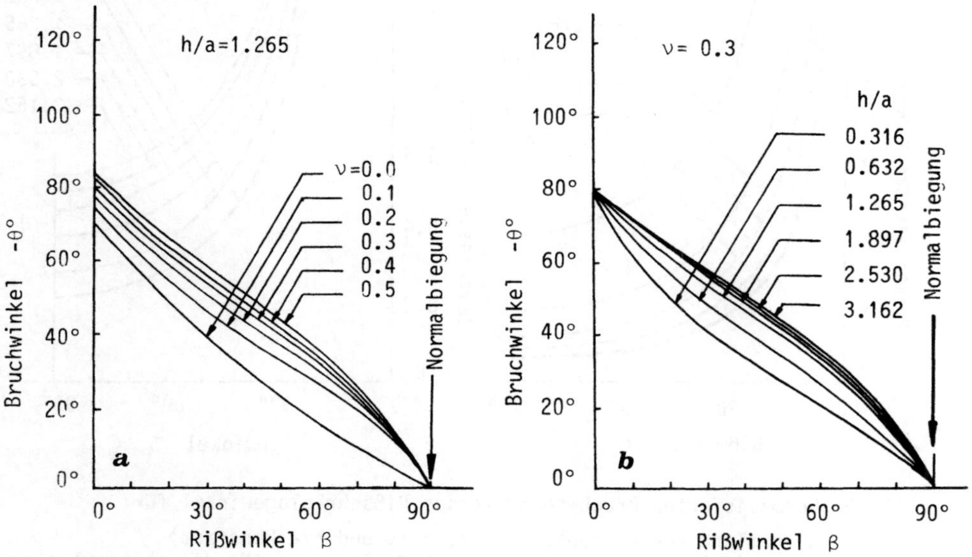

Abb.8 Variation des Bruchwinkels mit der Rißschräglage für eine Platte mit Riß unter Biege- und Drillmomentenbelastung für

a) variable Poisson-Zahl ν
b) variables Verhältnis von Plattendicke/Rißlänge h/a

Der kritische Wert M_c des Biegemomentes M errechnet sich bei bekanntem Bruchwinkel $(-\theta_0)$ nach Sih aus dem Minimum der Verzerrungsenergiedichte S_{min} /4/, wobei S_{min} mit einer experimentell zu ermittelnden Materialkenngröße S_c verglichen wird. Die Abbildungen 9a und 9b zeigen den Verlauf des normalisierten Bruchmomentes $M_c/(Eh^3S_c)^{1/2}$ als Funktion des Rißfrontparameters z/h und des Verhältnisses h/a. Der Bruch wird an der Zugseite z/h=0.5 eingeleitet. Das Bruchbiegemoment M_c ist von der Poisson-Zahl ν für kleine Winkel β ($\leq 40°$) fast unabhängig.

2.4. Erweiterte Theorie für Platten mit Rissen

Bei der von Hartranft und Sih /3/ entwickelten, verbesserten approximativen Theorie der Biegung und Dehnung ebener Platten wird eine Verallgemeinerung des Reissner'schen Variationsprinzips (Variation der Spannungen und Verschiebungen ohne Berücksichtigung der Gleichgewichtsbeziehungen für Minimierung

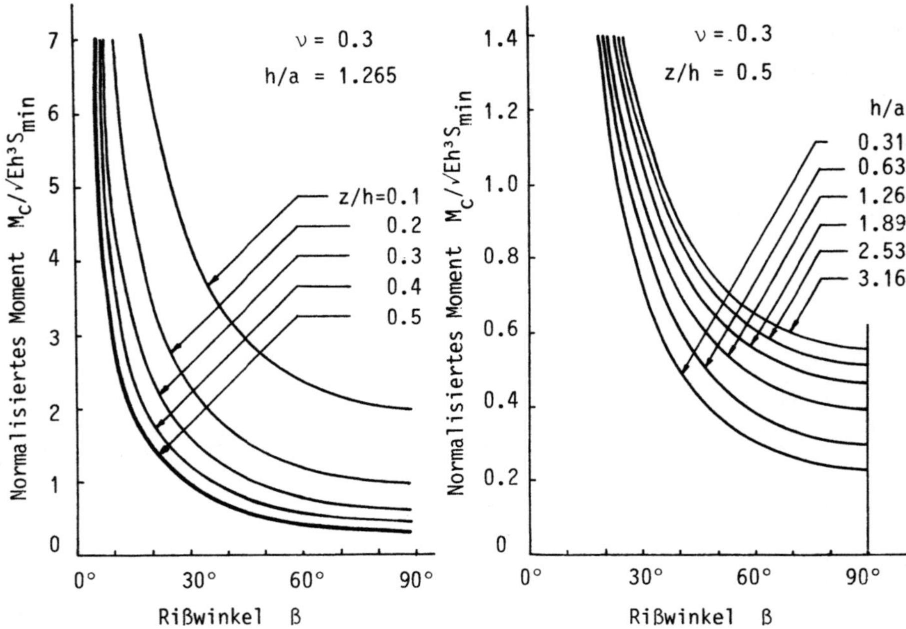

Abb.9 Normalisiertes Bruchmoment versus Rißschräglagewinkel für

a) entlang der Dickenkoordinate z (ν und h/a konstant)
b) variables Verhältnis h/a (ν =0.3; Ergebnis für die obere Plattenfläche z/h=0.5)

eines Funktionals der Verzerrungsenergie) vorgeschlagen, wobei die Spannungen über die Plattendicke wie

$$\begin{array}{lll} \sigma_x = M_x f''(z) & \sigma_y = M_y f''(z) & \sigma_z = p f(z) \\ \tau_{xz} = -Q_x f'(z) & \tau_{yz} = -Q_y f'(z) & \tau_{xy} = M_{xy} f''(z) \end{array} \tag{17}$$

mit $f'(\pm h/2)=0$, $f(h/2)=-1$ und $f(-h/2)=0$ variieren mögen.

Die Reissner'sche Theorie folgt als Spezialfall für

$$f(z) = \frac{1}{4}(2z/h)^3 - \frac{3}{4}(2z/h) - \frac{1}{2} \; . \tag{18}$$

Der Unterschied im Spannungsintensitätsfaktor zwischen Reissner'scher und verallgemeinerter Theorie für eine Platte mit Zentralriß der Länge 2a unter reiner Biegung M_1 ist der Abb.10 zu entnehmen.

Jede spezielle Wahl von f(z) ergibt aus α einen Wert für α/a und der SIF folgt aus der Abb.10. Allgemeine Betrachtungen /4/ ergeben Spannungsverläufe über die Plattendicke nach Abb.11a-11c.

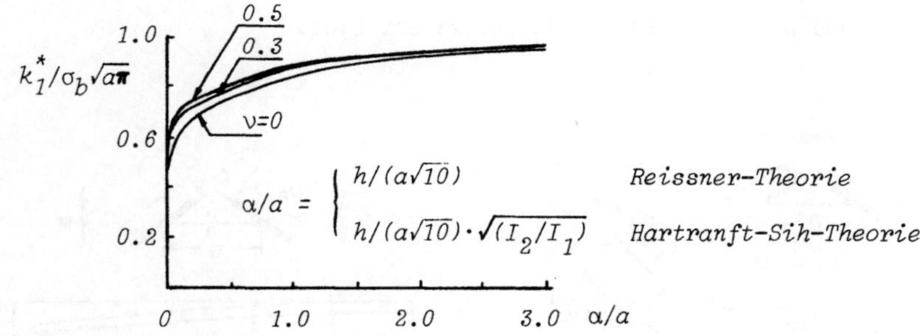

Abb.10 Spannungsintensitätsfaktor k_1^* für die Plattenbiegung

Bei der Anwendung der Abb.10 ist zu beachten, daß $\sigma_b = 6M/h^2$ ist und $k_1 = k_1^*\, h^2/6\cdot f''(z)$. Für I_1 und I_2 siehe den Anhang B.

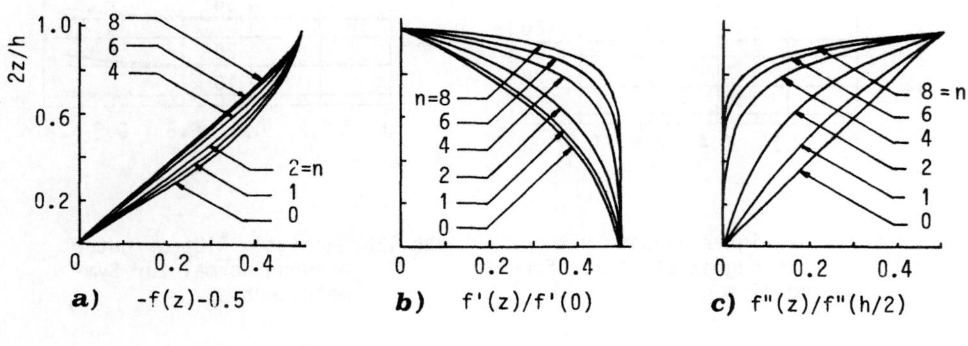

Abb.11 Variationen der Spannungen über die Plattendicke nach Hartranft-Sih

a) transversale Normalspannung σ_z
b) transversale Schubspannungen τ_{xz} und τ_{yz}
c) ebene Spannungen σ_x, σ_y und τ_{xy}

2.5. Platten mit mehreren Rissen

Sind mehrere Risse in den Platten vorhanden, so lassen sich nach Isida /4/ die Spannungsintensitätsfaktoren für die einzelnen Rißspitzen A_j und B_j des j-ten Risses in der folgenden Form darstellen:

$$\begin{aligned} k_{1,A_j} &= \sigma_b \sqrt{\pi a_j}\, Y_{A_j}^{(1)} \qquad & k_{2,A_j} &= \sigma_b \sqrt{\pi a_j}\, Y_{A_j}^{(2)} \\ k_{1,B_j} &= \sigma_b \sqrt{\pi a_j}\, Y_{B_j}^{(1)} \qquad & k_{2,B_j} &= \sigma_b \sqrt{\pi a_j}\, Y_{B_j}^{(2)} \end{aligned} \tag{19}$$

mit $\sigma_b = 6M/h^2$. Die Korrekturfunktionen $Y_{A_j}^{(1)}, \ldots Y_{B_j}^{(2)}$ müssen im allgemeinen numerisch berechnet werden. Die Abbildungen 12a und 12b zeigen die Korrekturfunktionen für zwei schräge Risse, während die Abbildungen 13a-13e mit den kollinearen und periodischen Rissen assoziiert sind.

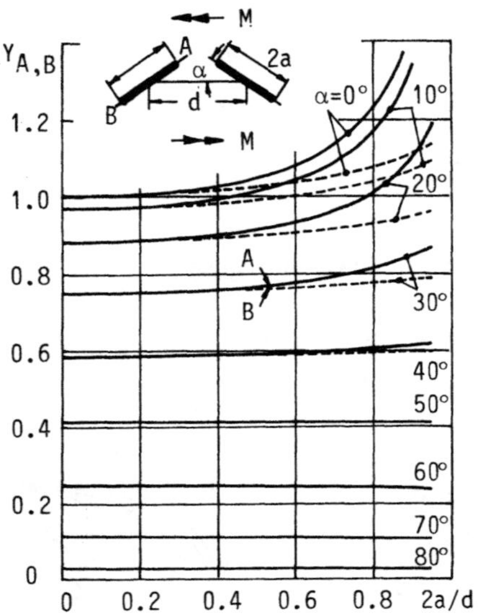

Abb.12a Geneigtes Rißpaar unter Biegung parallel zur Symmetrieachse

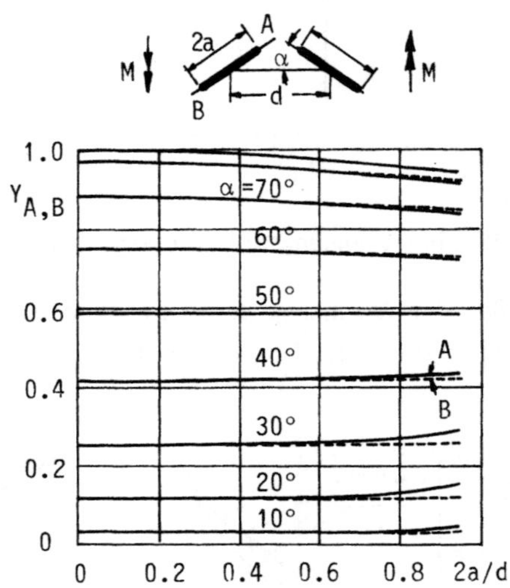

Abb.12b Geneigtes Rißpaar unter Biegung normal zur Symmetrieachse

2.6. Risse in Mehrschicht (Sandwich)-Platten

Die analytische Behandlung von Rißproblemen in geschichteten Platten ist wegen ihrer Dreidimensionalität äußerst kompliziert. Mit Hilfe des Prinzips der minimalen Komplementärenergie sind für einfache Grundfälle approximative Verteilungen des Spannungsintensitätsfaktors ermittelt worden. Für eine dreischichtige symmetrische Platte mit zentralem Durchriß der Länge 2a nach Abb.14 unter Rißuferbelastung

$$\sigma_y\,(x,0,z) = p_0(x,z) \quad \text{für } (0 \leq |x| \leq a)$$

wird der Spannungsintensitätsfaktor durch die für jede Schichte definierte Funktion $f_p(z)$ bestimmt (p= Nummer der Schichte). Die Ergebnisse in Abb.15 hängen von den geometrischen und werkstoffbedingten Parametern h_2/h_1, h_1/a, E_1/E_2, ν_1 und ν_2 ab und sind in dimensionsloser Form mit $\sigma_p(z)$ als der über die Plattendicke variierenden Rißflächenlastverteilung aufgetragen. Die Größe $k_{1,p}(z)$ ist der auf die p-te Schichte bezogene Spannungsintensitätsfaktor. Die Größe $\Omega = h_1\,\omega\,(h_1, h_2, \ldots\ _2)$ ist geometrie- und werkstoffabhängig

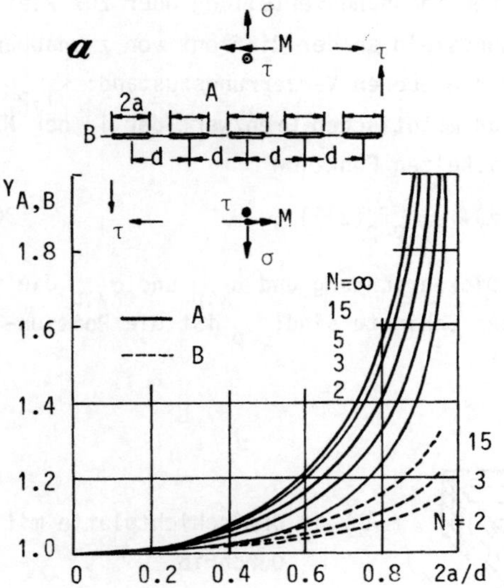

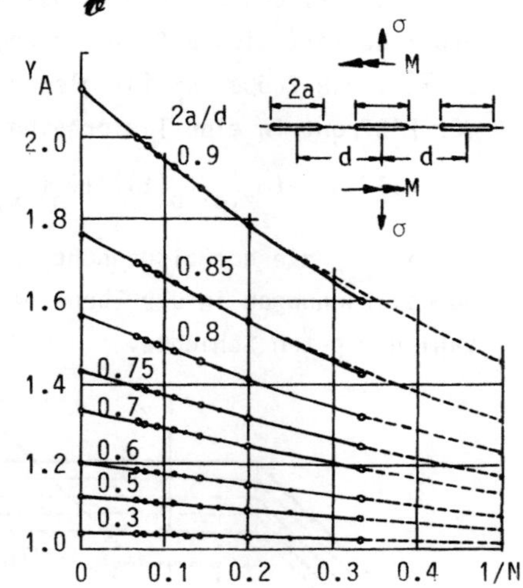

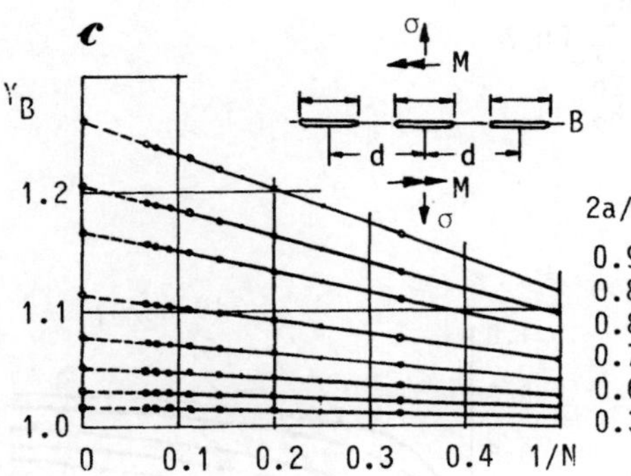

Abb.13 Korrekturfunktionen Y für kollineare, parallele und versetzte Rißsysteme mit N Rissen

a) Y für extreme innere und äußere Rißspitzen

b) Y_A vs 1/N für 2a/d=const.

c) Y_B vs 1/N für 2a/d=const.

d) Y für extreme innere und äußere Rißspitzen

e) Y_A für periodisch versetzte Risse

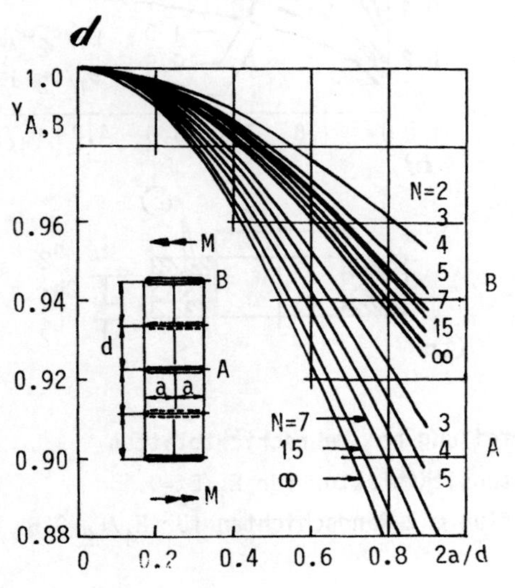

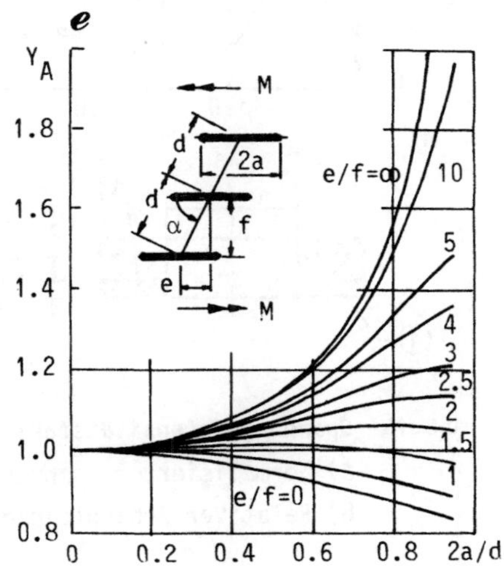

und jedes Ω entspricht einer bestimmten Spannungsverteilung quer zur Platte. Für h=const. und $\omega \to 0$ wird das Spannungsfeld an der Rißfront von z unabhängig und reduziert sich auf die Lösung für den ebenen Verzerrungszustand: $k_{1,p} = \sigma\sqrt{\pi a}$. Die Größe ω_p^2 ist gleich dem asymptotischen Grenzwert der in der Nähe der Rißfront in eine Taylorreihe entwickelten Funktion

$$\omega_p^2 \sim -(\sigma_{z,p}/f_p(z))/\{\nu_p(\sigma_{x,p} f_p''(z) + \sigma_{y,p} f_p''(z))\} , \tag{20}$$

wobei $\sigma_{z,p}$ die Normalspannung in der Dickenrichtung und $\sigma_{x,p}$ und $\sigma_{y,p}$ die Normalspannungen in der Ebene der p-ten Schichte sind; ν_p ist die Poissonzahl der p-ten Schichte.

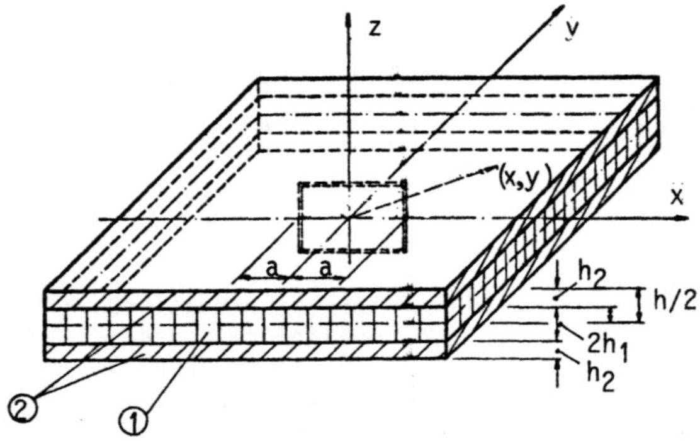

Abb.14 Dreischichtplatte mit Durchriß

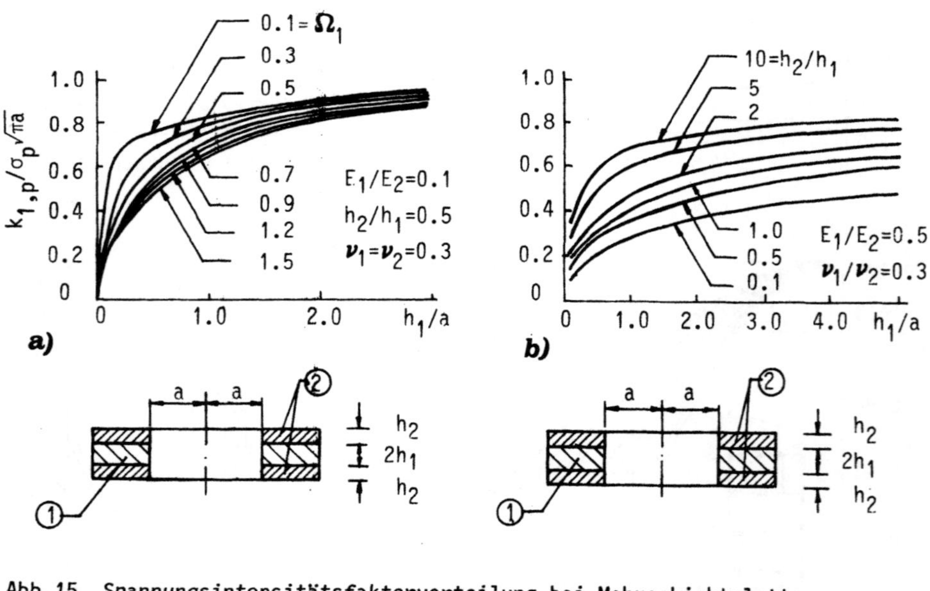

Abb.15 Spannungsintensitätsfaktorverteilung bei Mehrschichtplatten

a) Normalisierter Spannungsintensitätsfaktor für $E_1/E_2=0.1$

b) Relativer Schichtdickeneinfluß mit Randschichten für $E_1/E_2=0.5$

2.7. Rotierende Scheiben mit Rissen

Für eine mit der Winkelgeschwindigkeit ω rotierende Scheibe mit dem Dickenprofil $h(r)=k \cdot r^n$ gilt aus der Elastizitätstheorie für die Umfangsspannung

$$\sigma_\phi = \frac{C}{hr^2} \{ R_a^2 R_i^2 + (R_a^2+R_i^2)\, r^2 - \frac{1+3\nu}{3+\nu} r^4 \} \tag{21}$$

mit $C = (3+\nu)\rho\omega^2 k/\{(3+\nu)n+8\}$ und R_a = Aussenradius, R_i = Innenradius, r = Bezugsradius und ρ = Dichte des Materials.

Für eine Scheibe konstanter Dicke (h=const.; k=h, n=0) ergibt sich aus Glg. (21) für die maximale Umfangsspannung am inneren Rand

$$\sigma_{\phi,max} = \frac{(3+\nu)}{4} \rho\, \omega^2 R_a^2 \{1 + \frac{1-\nu}{3+\nu} (R_i/R_a)^2\} \; . \tag{22}$$

Die bruchmechanische Behandlung des Problems setzt diese maximale Spannung in die Gleichung (14) ein und vergleicht den Spannungsintensitätsfaktor mit dem zugeordneten kritischen Wert K_c. Für einen kleinen Riß am Innenrand ($a < R_a - R_i$) gilt dann:

$$K_c = 1{,}12\, \sigma_{\phi,max} \sqrt{\pi a} \quad , \tag{23}$$

und aus den Gleichungen (22) und (23) ergibt sich für die kritische Winkelgeschwindigkeit (unter Voraussetzung der linear-elastischen Bruchmechanik)

$$\omega_{Bc}^2 = 4\, K_c \, \{1{,}12 \sqrt{\pi a}\, (3+\nu)\, \rho\, R_a^2 \, \{1 + \frac{1-\nu}{3+\nu} (R_i/R_a)^2\}\}^{-1/2} \quad , \tag{24}$$

während die Elastizitätstheorie für die ungerissene Scheibe die kritische Winkelgeschwindigkeit

$$\omega_{Ec}^2 = 4\, \sigma_{zul} \, \{ (3+\nu)\rho\, R_a^2 \, \{1 + \frac{1-\nu}{3+\nu} (R_i/R_a)^2\}\}^{-1/2} \tag{25}$$

berechnet.

Sieht man von extrem kleinen Rißlängen - für welche die Bruchmechanik nach Glg.(24) unzulässig hohe Winkelgeschwindigkeiten errechnet - ab, so zeigt das Verhältnis

$$\omega_{Bc}^2 / \omega_{Ec}^2 = K_c / (1{,}12 \sqrt{\pi a}\, \sigma_{zul}) \quad , \tag{26}$$

daß die elastizitätstheoretische Aussage für ω bei Rißlängen $a < \frac{1}{1{,}25\pi} (\frac{K_c}{\sigma_{zul}})^2$ zu konservativ ausfällt.

Exakte elastizitätstheoretische Lösungen für den Spannungsintensitätsfaktor für eine rotierende Scheibe mit Radialriß nach Abb.16 sind von Rooke und Tweed /6/ mit Hilfe der Integraltransformationstechnik entwickelt worden:

$$K_1 = \sigma^* \sqrt{\pi a}\, Y_r \tag{27}$$

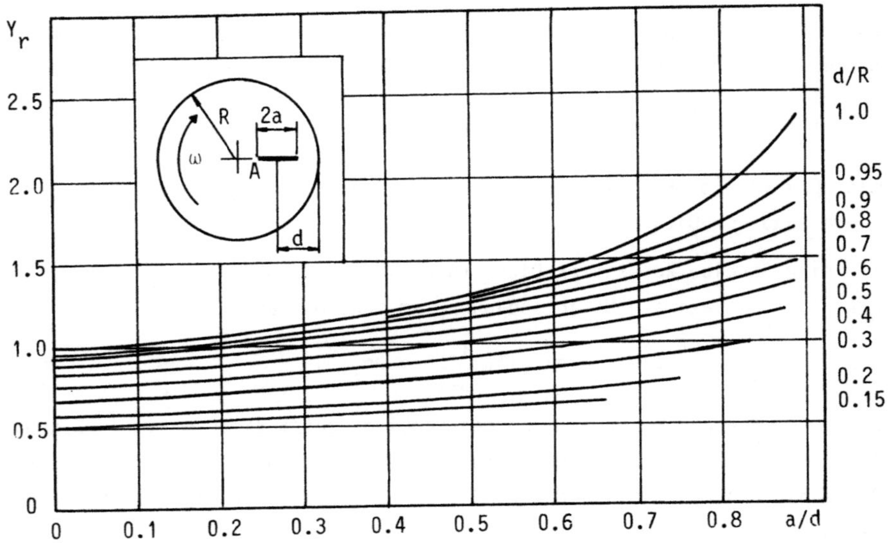

Abb.16a Korrekturfunktion Y_r für die Rißspitze A eines inneren radialen Risses in einer rotierenden Scheibe (EVZ; $\nu = 0.3$)

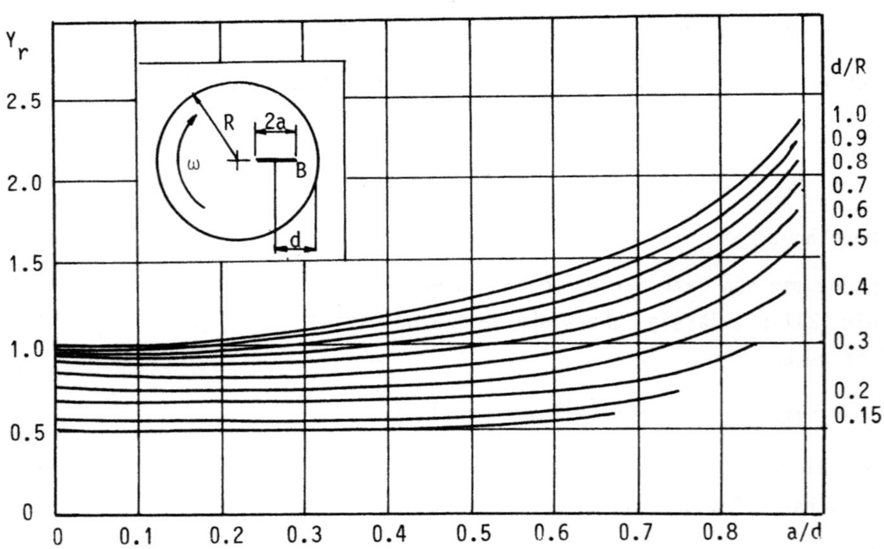

Abb.16b Korrekturfunktion Y_r für die Rißspitze B eines inneren radialen Risses in einer rotierenden Scheibe (EVZ; $\nu = 0.3$)

mit

$$\sigma^* = \frac{1}{8}\rho\,\omega^2\,R^2 \begin{cases} (3-2\nu)/(1-\nu) & \text{EVZ} \\ 3+\nu & \text{ESZ} \end{cases} \tag{28}$$

Die nur von der Geometrie abhängige Korrekturfunktion Y_r ist den Abb.16a und 16b zu entnehmen.

2.8. Biegewellen und Longitudinalwellen in Platten mit Rissen

In vielen Bereichen des Maschinenbaues, Hoch- und Tiefbaues etc. werden Scheiben und Platten durch statische und dynamische Belastungen beansprucht. Dabei kann es bei instationären Belastungen zu starken Spannungsüberhöhungen - und damit zu Überhöhungen des Spannungskonzentrationsfaktors - und im folgenden zu Bruch kommen. Die eher spärlichen Arbeiten, die sich mit Plattenrißproblemen beschäftigen, behandeln im wesentlichen schwingungs- und stoßartige Belastungsvorgänge, wobei sich Wellen in der Platte ausbreiten und die Wechselwirkung mit dem Riß, der als Materialdiskontinuität modelliert wird, zu einer äußerst komplizierten Spannungsverteilung führt. Den folgenden Berechnungen liegt die Kirchhoff'sche Plattentheorie zugrunde, da der rechnerische Aufwand bei den erweiterten dynamischen Plattentheorien unverhältnismäßig hoch ist. In der klassischen Plattenbiegetheorie betrachtet man eine Platte mit Zentralriß der Länge 2a nach Abb.17.

2.8.1. Biegewellen

Die Platte sei durch eine unter dem Winkel γ einfallende Biegewelle der Amplitude A und Frequenz ω belastet.

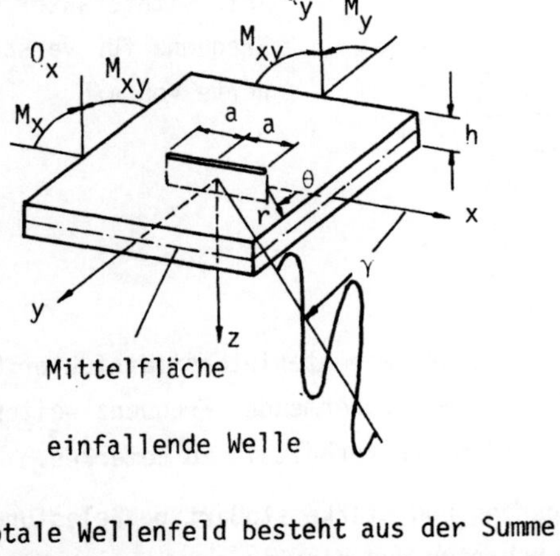

Abb.17 Biegewellen in einer Platte mit zentralem Durchriß

Das totale Wellenfeld besteht aus der Summe des einfallenden und des gestreuten Wellenfeldes. Die Lösung der dynamischen Plattengleichung führt auf die Lösung einer Fredholm'schen Integralgleichung und der Momentenintensitätsfaktor

K_1 für einen unbelasteten Riß lautet:

$$K_1 = M_0\sqrt{\pi a}\,|K_1^*|\,\exp\{-i\omega(t-\delta_1)\} \quad , \tag{29}$$

wobei $M_0 = A\,\omega\,\sqrt{Dh\rho}$ der Maximalwert des an der Wellenfront induzierten Biegemomentes ist (das für $\omega \to 0$ endlich bleibt). D ist die Biegesteifigkeit.

Die mit dem singulären gestreuten Wellenfeld assoziierten Momente sind durch

$$M_x = M_{x,s} = \frac{K_1}{\sqrt{2\pi r}}\left(\frac{1-\nu}{3+\nu}\right)\left(\frac{1}{2}\sin\theta\,\sin\frac{3\theta}{2} - \cos\frac{\theta}{2}\right) + O(1)$$

$$M_y = M_{y,s} = \frac{K_1}{\sqrt{2\pi r}}\left(\frac{1-\nu}{2(3+\nu)}\right)\left(\sin\theta\,\sin\frac{3\theta}{2} - \cos\frac{\theta}{2}\right) + O(1) \tag{30}$$

$$M_{xy} = M_{xy,s} = \frac{K_1}{\sqrt{2\pi r}}\left(\frac{1}{3+\nu}\right)\left(2\sin\frac{\theta}{2} + \frac{1-\nu}{2}\sin\theta\,\cos\frac{3\theta}{2}\right) + O(1)$$

gegeben, woraus man den linear über die Plattendicke variierenden Spannungsintensitätsfaktor $k_1(z)$ durch Multiplikation mit $12z/h^3$ erhält:

$$\sigma_x = (12z/h^3)M_x \quad , \quad \sigma_y = (12z/h^3)M_y \quad , \quad \tau_{xy} = (12z/h^3)M_{xy} \quad . \tag{31}$$

Die Verteilung der Amplitude K_1^* des Momentenintensitätsfaktors K_1 ist in der Abb.18 gezeigt, wobei $\omega_0 = \pi c_2/h$ die Grenzfrequenz für die Platte und c_2 die Scherwellenausbreitungsgeschwindigkeit ist.

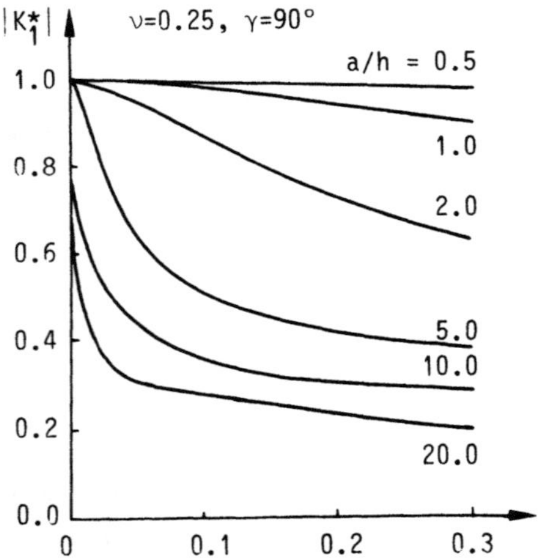

Abb.18 Normalisierter Momentenintensitätsfaktor versus Frequenz für verschiedene Werte von a/h

Die Ergebnisse zeigen, daß der dynamische Momentenintensitätsfaktor kleiner als der zugeordnete statische ist und mit zunehmender Frequenz weiter abnimmt. Dieser Effekt ist besonders bei großem a/h-Verhältnis zu bemerken.

Für hochfrequente Plattenschwingungen und starke stoßartige Belastungen wird die klassische Plattentheorie durch eine von Mindlin entwickelte Plattentheorie ersetzt, welche die Schubdeformation und die Rotationsträgheit berücksichtigt.

2.8.2. Longitudinalwellen

Die Platte wird durch eine einfallende harmonische Longitudinalwelle der Frequenz ω in ihrer Ebene beansprucht. Die Längsschwingungen der Platte werden nach der von Kane und Mindlin entwickelten Theorie untersucht, wobei die Wellenlänge im Vergleich zur Plattendicke groß sein muß, d.h. die Ergebnisse sind für Frequenzen brauchbar, welche niedriger als die Frequenz des ersten Modes der Dickenschwingungen der Platte sind. Die Kane-Mindlin Theorie ergibt eine dreidimensionale Spannungsverteilung um die Rißspitze, da eine Koppelung zwischen den Deformationen in der Plattenebene und den Dickenschubschwingungen besteht.

2.8.3. Stoßartige Belastungen

Wird die Platte nicht periodisch dynamisch belastet, sondern stoßartig, so ergibt sich der Spannungsintensitätsfaktor mit Hilfe der Integraltransformationstheorie oder ähnlichen Methoden. Die Natur der dynamischen Belastungen beeinflußt nur die Intensität, aber nicht die Verteilung des Momentes um die Rißspitze. Der Momentenintensitätsfaktor $K_1(t)$ als Funktion der Zeit lautet für das Problem, wo ein gleichförmiges Biegemoment M_o an den Rißufern (Rißlänge 2a) zur Zeit t=0 plötzlich aufgebracht und konstant belassen wird:

$$K_1(t) = M_o \sqrt{\pi a}\, T_m(t) \quad . \tag{32}$$

Die Zeitfunktion bzw. dynamische Korrekturfunktion $T_m(t)$ ist für diesen Fall in der Abb.19 angegeben. Der dynamische Momentenintensitätsfaktor nimmt mit der Zeit zu und nähert sich asymptotisch dem statischen Wert. Bei gewissen anderen dynamischen Problemen kann es zu einem Überschwung des Intensitätsfaktors kommen (over-shooting).

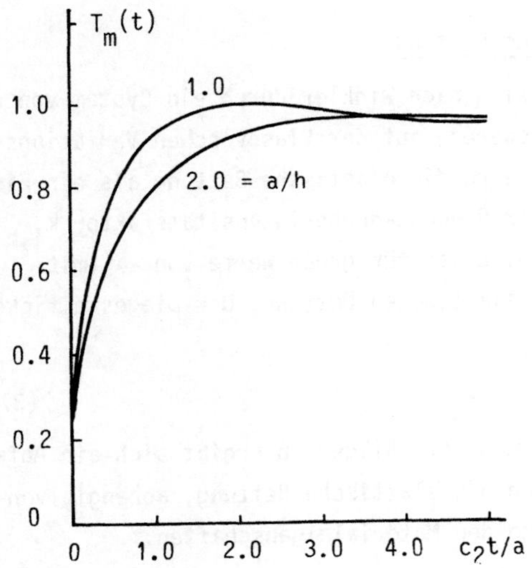

Abb.19 Dynamische Korrekturfunktion für eine klassische Platte unter der Wirkung eines plötzlich aufgebrachten Biegemomentes an den Rißufern

2.9. Gerissene Platten mit Flächenlasten

Für Platten mit fast beliebiger konvexer Berandung und zentralem Riß der Länge 2a (kleinster Plattendurchmesser $\gg$ 2a) unter gleichmäßiger Flächenlast p nach Abb.20 gilt für den Spannungsintensitätsfaktor auf der zugseitigen Plattenoberfläche (z=-h/2):

$$k_{1,m} = \bar{\sigma}_m \sqrt{\pi a} \quad , \quad k_{1,b} = \bar{\sigma}_b \sqrt{\pi a} \tag{33}$$

mit

$$\bar{\sigma}_m = N_y/h \quad , \quad \bar{\sigma}_b = 6M_y/h^2 \quad . \tag{34}$$

Für flächenbelastete endliche Rechteckplatten (2a/2b) mit Zentralriß, Einfachkantenriß oder symmetrischem Kantenriß gilt für den Spannungsintensitätsfaktor auf der zugseitigen Oberfläche

$$K_1 = \sigma_o \sqrt{\pi a}\, Y_p \tag{35}$$

mit σ_o als der in der ungerissenen Platte auf der zugseitigen Plattenoberfläche im Mittelpunkt gemessenen maximalen Zugspannung, d.h.

$$\sigma_o = \alpha\, p\, b^2/h^2 \quad , \tag{36}$$

mit

α = 1,2 vierseitig drehbar gelagert; symmetrischer Riß

0,96 eingespannt an den Rändern senkrecht zum Riß, sonst frei drehbar gelagert; symmetrische Fälle

0,3 vierseitig drehbar gelagert; Einzelkantenriß

0,24 eingespannt an den Rändern senkrecht zum Riß, sonst frei drehbar gelagert; Einzelkantenriß.

Die Korrekturfunktion $Y_p = K_1/K_o$ mit $K_o = \sigma\sqrt{\pi a}\cdot(1+\nu)/(3+\nu)$ ist in der Abb.21 für verschiedene Rißgeometrien und Auflagerfälle angegeben.

2.10. Platten mit Riß auf elastischer Bettung

Die elastische Bettung von Platten wird nach Winkler durch ein System von ungekoppelten Federn modelliert. In neueren, auf der Vlasov'schen Variationsmethode basierenden Modellbildungen wird die elastische Bettung als ein Ein- oder Zweischichtsystem behandelt. Der Biegespannungsintensitätsfaktor $k_{1,b}$ auf der Zugseite der Platte nach Abb.22 ist für große Werte von λ (mit $\lambda = a\sqrt[4]{k/D}$; k = Federkonstante der elastischen Bettung, D = Biegesteifigkeit der Platte) gegeben durch

$$k_{1,b} = \bar{\sigma}_b \sqrt{\pi a}/\sqrt{\lambda} + O(\lambda^{-3/2}); \ \lambda > 4 \tag{37}$$

wobei σ_b aus der Glg.(34) zu entnehmen ist. Allgemein ergibt sich ein Abfall des Spannungsintensitätsfaktors durch die elastische Bettung, abhängig von der Art der Bettung, der Rißlänge und den Materialeigenschaften.

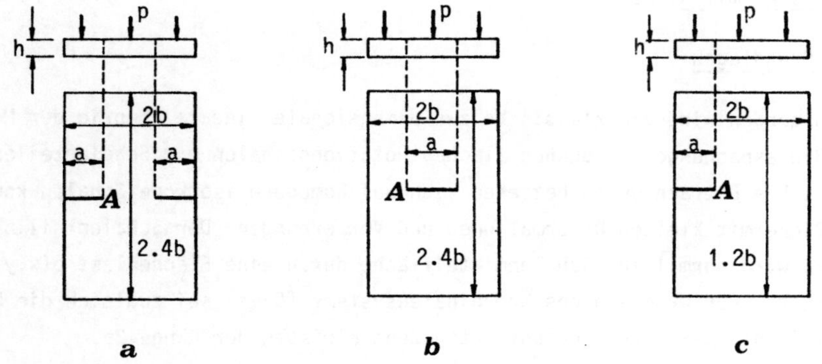

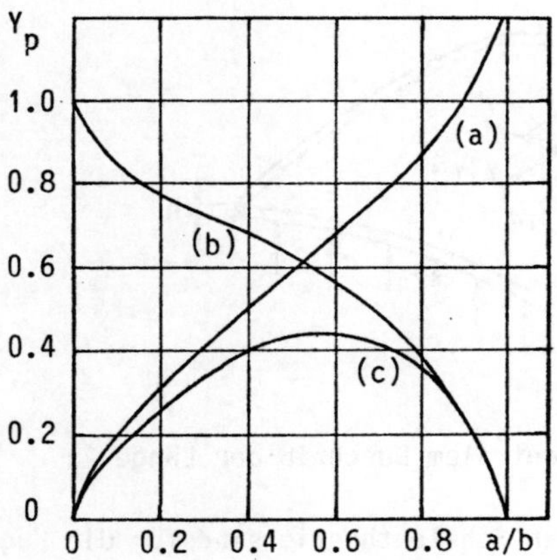

Abb.21 Korrekturfunktionen Y_p für den Punkt A eines Zentral- oder Kantenrisses in einer durch eine gleichförmige Flächenlast beanspruchte Platte

a) Symmetr. Doppelkantenriß
b) Zentralriß
c) Einfachkantenriß

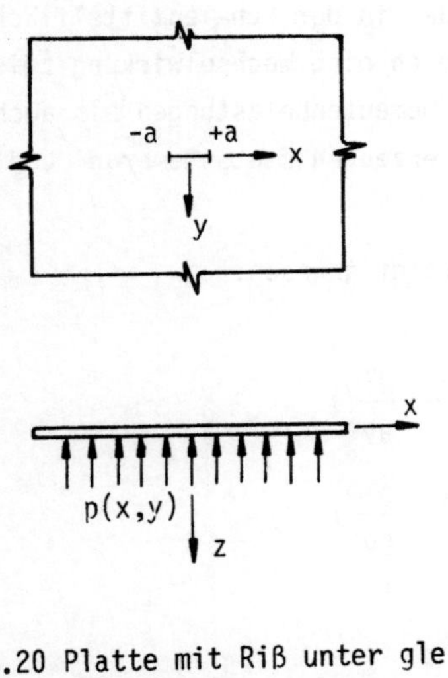

Abb.20 Platte mit Riß unter gleichförmiger Flächenlast

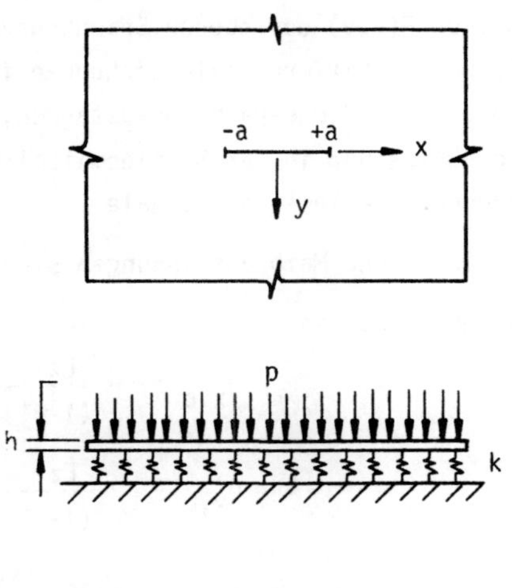

Abb.22 Rechteckplatte mit Riß unter Gleichlast auf elastischer Bettung

3. Schalen mit Rissen

3.1. Grundlagen

Im folgenden wird die klassische zweidimensionale lineare Theorie der Membran- und Biegespannungen in dünnen flachen Rotationsschalen und Schalenteilen verwendet. Die Betrachtungen beziehen sich auf homogene isotrope Schalen konstanter Dicke mit kleinen Deformationen und Verzerrungen. Der Schalenteil nach Abb.23 wird normal zur Schalenmittelfläche durch eine Flächenlast p(x,y) beansprucht. Der Ursprung des Koordinatensystems (Oxyz) sei zugleich die Mitte eines in die x-Richtung orientierten Zentralrisses der Länge 2a.

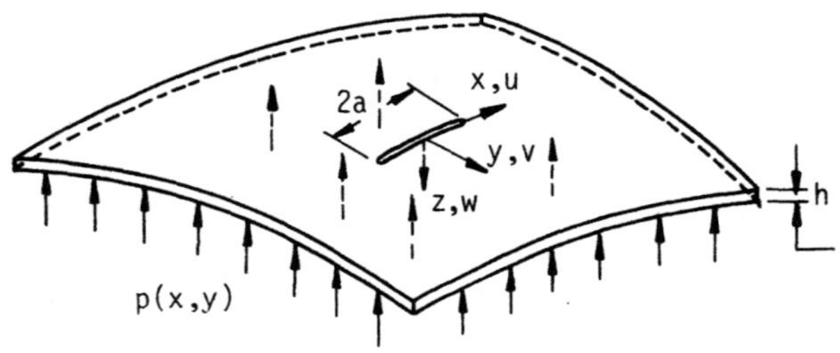

Abb.23 Allgemeiner Schalenteil mit zentralem Durchriß der Länge 2a

Die Grundgleichungen der Marguerre'schen Schalentheorie sind für die Kugel- und Zylinderschale im Anhang B-2 zusammengestellt. Die fundamentalen Variablen sind die Verschiebungsfunktion w(x,y) in der z-Richtung und die Spannungsfunktion F(x,y) des ebenen Spannungszustandes in der Schalenmittelfläche. Die gekoppelten Differentialgleichungen induzieren eine Wechselwirkung zwischen Membran- und Biegespannungszuständen, d.h. Momentenbelastungen als auch Zug-Druck-Belastung in der Schalenmittelfläche erzeugen stets Membran- und Biegespannungsanteile in der Schale.

Die Biege- und Membranspannungen sind wie folgt gegeben:

Biegespannungen

$$\sigma_{x,b} = -\frac{Ez}{(1-\nu^2)}\left(\frac{\partial^2 w}{\partial x^2} + \nu\frac{\partial^2 w}{\partial y^2}\right)$$

$$\sigma_{y,b} = -\frac{Ez}{(1-\nu^2)}\left(\nu\frac{\partial^2 w}{\partial x^2} + \frac{\partial^2 w}{\partial y^2}\right) \qquad (38)$$

$$\tau_{xy,b} = -2Gz\frac{\partial^2 w}{\partial x \partial y}$$

Membranspannungen

$$\sigma_{x,m} = \frac{1}{h}\,\frac{\partial^2 F}{\partial y^2}$$
$$\sigma_{y,m} = \frac{1}{h}\,\frac{\partial^2 F}{\partial x^2} \qquad (39)$$
$$\tau_{xy,m} = -\frac{1}{h}\,\frac{\partial^2 F}{\partial x \partial y}$$

Das Schalenproblem kann aufgrund der mathematischen Schwierigkeiten nur für einfache Schalengeometrien exakt gelöst werden.

3.2. Die flache Kugelschale mit Riß

Ein flacher Kugelschalenteil (Kugelkappe) mit zentralem Durchriß der Länge 2a nach Abb.24 sei durch einen Innendruck $p(x,y)$ belastet. Die Lösung erfolgt mit Hilfe der Fourier-Integraltransformationsmethode und anschließender Reduktion über eine singuläre Integralgleichung auf ein System dualer Integralgleichungen. Dieses kann für kleine λ ($\lambda = a\sqrt[4]{Eh/R^2D}$; R = Krümmungsradius der Schale) gelöst werden. Die vorstehende Theorie für Schalenrißprobleme

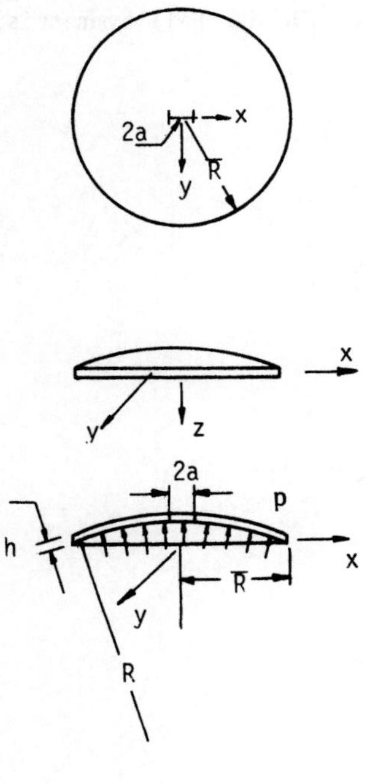

Aufsicht

Seitenansicht

Schnitt

Abb.24 Flacher Kugelschalenteil mit zentralem Durchriß der Länge 2a

ergibt brauchbare Ergebnisse für Rißlängen kleiner als ein Zehntel des Umfangs, d.h. für $2a < 2\overline{R}\,\pi/10$ und für $R/h > 10^3$. Als obere Grenze für λ erhält man daraus $\lambda \leq 20$; praktische Werte sind $0 \leq \lambda < 2$.

Schalenprobleme mit Rissen werden wie die klassischen Schalenprobleme behandelt. Man sucht eine Lösung in zwei Teilen: eine 'ungestörte oder partikuläre' Lösung, welche die Grundgleichungen des Schalenproblems mit den Randbedingungen an den Schalenrändern erfüllt, aber an den Rißufern residuale Spannungen induziert, die mit Hilfe des zweiten Lösungsteiles, der 'komplementären' Lösung, an den Rißufern gerade wieder annulliert werden. Im folgenden sind diese residualen Größen wie folgt definiert:

$$\begin{aligned} &\text{residuales Moment} && M_y = m_o D/a^2 = \bar{\sigma}_b\, h^2/6 \\ &\text{residuale Ersatzquerkraft} && Q_y = 0 \\ &\text{residuale Normalkraft} && N_y = -n_o/a^2 = -h\,\bar{\sigma}_m \\ &\text{residuale Schubkraft} && N_{xy} = 0 \end{aligned} \tag{40}$$

Die residualen Momente induzieren in der (räumlich gekrümmten) Schale Zug-Druck-Normalspannungen; andererseits induzieren die residualen Normal- und Schubkräfte in der Schale Biegespannungen $\bar{\sigma}_b$.

3.2.1. Symmetrische Belastung

Die Spannungsverteilung um die Rißspitze hat für den Fall symmetrischer Belastung die Gestalt:

Membranspannungen (durch die Schalendicke):

$$\begin{aligned} \sigma_{x,m} &= \frac{k_{1,m}}{\sqrt{2\pi r}} \cos\frac{\theta}{2} \left\{ 1 - \sin\frac{\theta}{2} \sin\frac{3\theta}{2} \right\} \\ \sigma_{y,m} &= \frac{k_{1,m}}{\sqrt{2\pi r}} \cos\frac{\theta}{2} \left\{ 1 + \sin\frac{\theta}{2} \sin\frac{3\theta}{2} \right\} \\ \tau_{xy,m} &= \frac{k_{1,m}}{\sqrt{2\pi r}} \cos\frac{\theta}{2} \sin\frac{\theta}{2} \cos\frac{3\theta}{2} \end{aligned} \tag{41}$$

Biegespannungen (auf der Zugseite der Schale):

$$\begin{aligned} \sigma_{x,b} &= \frac{k_{1,b}}{\sqrt{2\pi r}} \kappa \left\{ 3\cos\frac{\theta}{2} + \cos\frac{5\theta}{2} \right\} \\ \sigma_{y,b} &= \frac{k_{1,b}}{\sqrt{2\pi r}} \kappa \left\{ \cos\frac{5\theta}{2} + \frac{11+5\nu}{1-\nu} \cos\frac{\theta}{2} \right\} \\ \tau_{xy,b} &= \frac{k_{1,b}}{\sqrt{2\pi r}} \kappa \left\{ \sin\frac{5\theta}{2} + \frac{7+\nu}{1+\nu} \sin\frac{\theta}{2} \right\} \end{aligned} \tag{42}$$

mit den Spannungsintensitätsfaktoren $k_{1,m}$ und $k_{1,b}$

$$k_{1,m} = \bar{\sigma}_m \sqrt{\pi a}\,\{1+ \frac{3\pi}{32}\lambda^2\} + \bar{\sigma}_b \sqrt{\pi a}\,\lambda^2\sqrt{(1-\nu^2)/3}\{\frac{7}{32} + \frac{3}{8}(\lambda + \ln\frac{\lambda}{4})$$

$$+ O(\lambda^4 \ln\lambda)$$

$$k_{1,b} = -\bar{\sigma}_m \sqrt{\pi a}\,\lambda^2\sqrt{3}\{\sqrt{(1-\nu^2)}(3+\nu)\}^{-1}\{\frac{1+7\nu}{32} + \frac{1+3\nu}{8}(\gamma + \ln\frac{\lambda}{4})$$

$$- \bar{\sigma}_b \sqrt{\pi a}\,\{1 + \frac{1+3\nu}{3+\nu}\frac{\pi}{32}\lambda^2\} + O(\lambda^4 \ln\lambda) \tag{43}$$

für $0 \leq \lambda < 1$.

Numerische Berechnungen zeigen, daß mit der einfachen Ingenieurformel

$$k_{1,m} = \bar{\sigma}_m \sqrt{\pi a}\,(1 + 0{,}466\,\lambda^2)^{1/2} \tag{44}$$

für alle Werte von λ 5%-genaue Ergebnisse erhalten werden.

Aus den obigen Resultaten kann man schließen, daß

a) die Spannungen proportional zu $\sqrt{a/r}$ sind,
b) die Spannungsverteilungen in der Platte und der flachen Schale gleich sind,
c) der Spannungsintensitätsfaktor eine Funktion der Schalengeometrie ist und
d) die Spannungen Ausdrücke beinhalten, welche die Wechselwirkung zwischen Biege- und Membranspannungen in der Schale berücksichtigen.

3.2.2. Asymmetrische Belastung

Falls die Schale in ihrer Mittelfläche durch Spannungen $\bar{\tau}$ belastet wird, gilt für die Spannungsverteilung um die Rißspitze:

Membranspannungen (durch die Schalendicke):

$$\sigma_{x,m} = -\frac{k_{2,m}}{\sqrt{2\pi r}}\sin\frac{\theta}{2}\,\{2 + \cos\frac{\theta}{2}\cos\frac{3\theta}{2}\}$$

$$\sigma_{y,m} = \frac{k_{2,m}}{\sqrt{2\pi r}}\sin\frac{\theta}{2}\cos\frac{\theta}{2}\cos\frac{3\theta}{2} \tag{45}$$

$$\tau_{xy,m} = \frac{k_{2,m}}{\sqrt{2\pi r}}\cos\frac{\theta}{2}\,\{1 - \sin\frac{\theta}{2}\sin\frac{3\theta}{2}\}$$

Biegespannungen (auf der Zugseite der Schale):

$$\sigma_{x,b} = \frac{k_{2,b}}{\sqrt{2\pi r}}\,\kappa\,\{\sin\frac{5\theta}{2} - \frac{9+7\nu}{1-\nu}\sin\frac{\theta}{2}\}$$

$$\sigma_{y,b} = \frac{k_{2,b}}{\sqrt{2\pi r}}\,\kappa\,\{\sin\frac{\theta}{2} - \sin\frac{5\theta}{2}\} \tag{46}$$

$$\tau_{xy,b} = \frac{k_{2,b}}{\sqrt{2\pi r}}\,\kappa\,\{\frac{3\nu+5}{1-\nu}\cos\frac{\theta}{2} - \cos\frac{5\theta}{2}\}$$

mit den Spannungsintensitätsfaktoren $k_{2,m}$ und $k_{2,b}$

$$k_{2,m} = -\ \bar{\tau}\ \sqrt{\pi a}\,\{1 + \frac{\pi\lambda^2}{32} + O(\lambda^4\ \ln\lambda)\}$$

$$k_{2,b} = -\ \bar{\tau}\ \sqrt{\pi a}\ \frac{\sqrt{3}(3+\nu)}{2\sqrt{(1-\nu^2)}}\ \lambda^2\{\frac{7+\nu-4(5-\nu)\gamma}{16(1-\nu)} - \frac{5-\nu}{4(1-\nu)}\ \ln\frac{\lambda}{4} + O(\lambda^2\ \ln\lambda)\} \tag{47}$$

mit $\bar{\tau} = \tau_0/ha^2$.

Zu den (gewöhnlich ruhenden) äußeren Belastungen treten bei Druckgefäßen und Rohrleitungen häufig noch Schwingungsbelastungen hinzu. Untersuchungen zeigen, daß für den Fall, wo sich die Erregerfrequenz der Eigenfrequenz der ungerissenen Schale nähert, der Spannungsintensitätsfaktor über alle Grenzen wächst. Diese Tatsache kann in Verbindung mit der $\sqrt{r}$-Singularität den Bruch des Druckgefäßes bei Betriebsspannungen herbeiführen, welche weit unter der Entwurfsspannung liegen.

3.3. Die Zylinderschale mit Riß

Eine Zylinderschale mit zur Erzeugenden unter dem Winkel α geneigtem Riß der Länge 2a sei nach Abb.25 durch Axialkräfte N_x und/oder Innendruck p belastet.

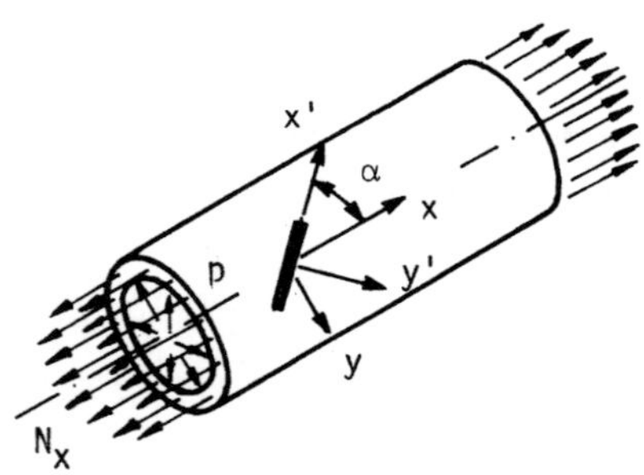

Abb.25 Zylinderschale mit Riß unter Axialkraft und Innendruck

Die Spannungsverteilung um die Rißspitze ist die gleiche wie bei der Kugelschale. Die Spannungsintensitätsfaktoren für eine beliebige Rißorientierung lauten für

symmetrische Belastung:

$$k_{1,m} = \bar{\sigma}_m\ \sqrt{\pi a}\ \{1 + \frac{1}{64}\ \pi\lambda^2(5\cos^2\alpha + \sin^2\alpha)\} +$$

$$+ \bar{\sigma}_b\ \sqrt{\pi a}\ \lambda^2\ \sqrt{(1-\nu^2)}\{\sqrt{3}(3+\nu)\}^{-1}\ \cdot$$

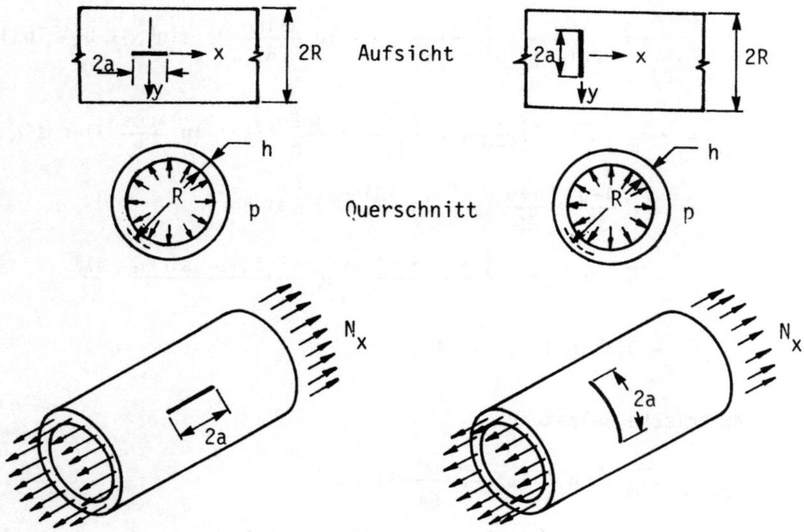

Abb.26 Der axiale und peripherale Riß in der Zylinderschale

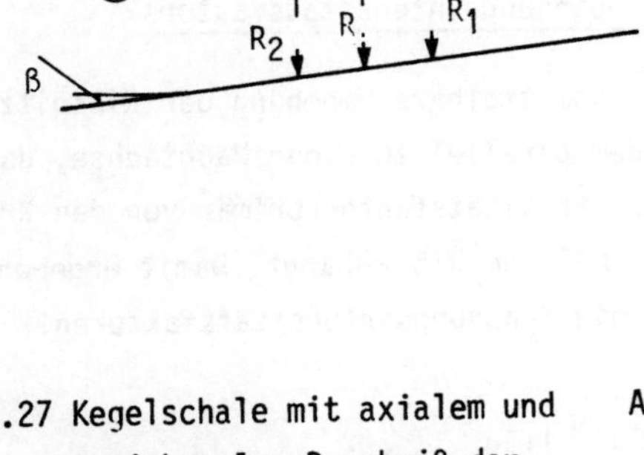

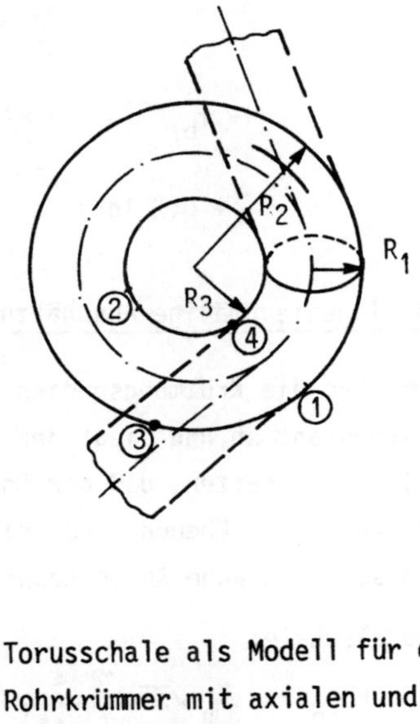

Abb.27 Kegelschale mit axialem und peripheralem Durchriß der Länge 2a

Abb.28 Torusschale als Modell für einen Rohrkrümmer mit axialen und peripheralen Rissen

$$\cdot\{\{\frac{5+37\nu}{96(1-\nu)} + \frac{1+5\nu}{16(1-\nu)}(\gamma + \ln\frac{\lambda\cos\alpha}{8})\}\cos^2\alpha$$

$$+\{\frac{1+\nu}{32(1-\nu)} + \frac{1+\nu}{16(1-\nu)}(\gamma + \ln\frac{\lambda\sin\alpha}{8})\}\sin^2\alpha\} + O(\lambda^4\ln\lambda)$$

$$k_{1,b} = -\bar{\sigma}_m\sqrt{\pi a}\,\frac{\sqrt{3}\,\lambda^2}{\sqrt{(1-\nu^2)}}\{\{\frac{5+37\nu}{96} + \frac{1+5\nu}{16}(\gamma + \ln\frac{\lambda\cos\alpha}{8})\}\cos^2\alpha$$

$$+\{\frac{1+\nu}{32} + \frac{1+\nu}{16}(\gamma + \ln\frac{\lambda\sin\alpha}{8})\}\sin^2\alpha\}$$

$$-\bar{\sigma}_b\sqrt{\pi a}\{1 - \frac{(1+2\nu+5\nu^2)\cos^2\alpha+(5+2\nu+\nu^2)\sin^2\alpha}{(3+\nu)(1-\nu)}\frac{\pi\lambda^2}{64}\}$$

$$+ O(\lambda^4\ln\lambda) \quad ; \quad \lambda < 1 \qquad (48)$$

asymmetrische Belastung:

$$k_{2,m} = \bar{\tau}_m\sqrt{\pi a}\{1 + \sqrt{5}\,\frac{\pi\lambda^2}{64}\sin 2\alpha\}$$

$$+\bar{\tau}_b\sqrt{\pi a}\,\frac{\sqrt{(1-\nu^2)}\,\lambda^2}{\sqrt{3}(3+\nu)}\{\frac{5+37\nu}{96(1-\nu)} + \frac{1+5\nu}{16(1-\nu)}(\gamma + \ln\frac{\lambda\cos\alpha}{8})\}^{1/2}$$

$$\{\frac{(1+\nu)}{32(1-\nu)} + \frac{(1+\nu)}{16(1-\nu)}(\gamma + \ln\frac{\lambda\sin\alpha}{8})\}^{1/2}\sin 2\alpha + O(\lambda^4\ln\lambda)$$

$$k_{2,b} = \bar{\tau}_m\sqrt{\pi a}\,\frac{\sqrt{3}\,\lambda^2}{\sqrt{(1-\nu^2)}}\{\{\frac{5+37\nu}{96} + \frac{1+5\nu}{16}(\gamma + \ln\frac{\lambda\cos\alpha}{8})\}^{1/2}$$

$$\{\frac{1+\nu}{32} + \frac{1+\nu}{16}(\gamma + \ln\frac{\lambda\sin\alpha}{8})\}^{1/2}\}\sin 2\alpha$$

$$+\bar{\tau}_b\sqrt{\pi a}\{1 + \frac{\sqrt{(5\nu_0^2-12\nu_0+8)(\nu^2+2\nu+5)}}{(4-\nu_0)\nu_0}\frac{\pi\lambda^2}{64}\sin 2\alpha\}$$

$$+ O(\lambda^4\ln\lambda) \quad ; \quad \lambda < 1 \qquad (49)$$

3.4. Ingenieurmäßige Abschätzung des Spannungsintensitätsfaktors

Nimmt man die Krümmungsradien für die unmittelbare Umgebung der Rißspitze als konstant an und liegt der Riß zudem parallel zu einer Hauptachse, dann läßt sich ansetzen, daß der Spannungsintensitätsfaktor primär von den Krümmungsradien in Ebenen parallel und normal zum Riß abhängt. Damit ergeben sich sehr einfache Abschätzungen für die Spannungsintensitätsfaktoren.

Kugelschale:

$$k_{1,b} = -\bar{\sigma}_m\sqrt{\pi a}\,\frac{\sqrt{3}\,\lambda^2}{\sqrt{(1-\nu^2)}}\{\frac{-0{,}1+5\nu}{32} + \frac{1+3\nu}{8}(\gamma + \ln\frac{\lambda}{4})\} \quad ; \quad \lambda < 1 \qquad (50)$$

$$k_{1,m} = \overline{\sigma}_m \sqrt{\pi a} \{ 1 + \frac{3\pi}{32} \lambda^2 \} ; \qquad \lambda < 1 \tag{50}$$

Kegel- und Zylinderschale nach Abb.27 :

Axialriß: SIF im Punkt ① $k_{1,m} = \overline{\sigma}_m \sqrt{\pi a} \{ 1 + \frac{5\pi}{64} \lambda_1^2 \} \; ; \lambda_1 < 1$

SIF im Punkt ② $k_{1,m} = \overline{\sigma}_m \sqrt{\pi a} \{ 1 + \frac{5\pi}{64} \lambda_2^2 \} \; ; \lambda_2 < 1$ (51)

Peripheralriß:

SIF im Punkt ③ $k_{1,m} = \overline{\sigma}_m \sqrt{\pi a} \{ 1 + \frac{\pi}{64} \lambda_3^2 \} \; ; \lambda_3 < 1$ (52)

mit $\lambda_i^2 = \sqrt{\{12(1-\nu^2)\}}\, a^2/(R_i h)$ und $R_1 = R - a.\mathrm{tg}\beta$, $R_2 = R + a.\mathrm{tg}\beta$.

Für ß=0 ergeben sich die Spannungsintensitätsfaktoren für die Zylinderschale.

Torusschale:

Axialriß in der Außenerzeugenden ①

$$k_{1,m} = \overline{\sigma}_m \sqrt{\pi a} \{1 + \frac{5\pi}{64} \lambda_1^2 + \frac{\pi}{64} \lambda_2^2 \} \; ; \lambda_{1,2} < 1 \tag{53}$$

Axialriß in der Innenerzeugenden ②

$$k_{1,m} = \overline{\sigma}_m \sqrt{\pi a} \{1 + \frac{5\pi}{64} \lambda_1^2 - \frac{\pi}{64} \lambda_3^2 \} \; ; \lambda_{1,3} < 1 \tag{54}$$

Peripheralriß außen ③

$$k_{1,m} = \overline{\sigma}_m \sqrt{\pi a} \{1 + \frac{5\pi}{64} \lambda_2^2 + \frac{\pi}{64} \lambda_1^2 \} \; ; \lambda_{1,2} < 1 \tag{55}$$

Peripheralriß innen ④

$$k_{1,m} = \overline{\sigma}_m \sqrt{\pi a} \{1 - \frac{5\pi}{64} \lambda_3^2 + \frac{\pi}{64} \lambda_1^2 \} \; ; \lambda_{1,3} < 1 \tag{56}$$

Dabei muß beachtet werden, daß $\overline{\sigma}_m$ die in der ungerissenen Schale senkrecht zum hypothetischen Riß wirkende Spannung ist. Abschätzungen für den Spannungsintensitätsfaktor bei Rissen in Rohrkrümmern können aus den obigen Formeln erhalten werden.

Literatur

/1/ Kirchhoff G.: Über das Gleichgewicht und die Bewegung einer elastischen Scheibe. J.reine und angew. Mathematik 40,51-88 (1850)

/2/ Reissner, E.: On bending of elastic plates. Quart.Appl.Mathem. 5, 55-68 (1947)

/3/ Hartranft, R.J. und G.C. Sih: An approximate three-dimensional theory of plates with application to crack problems. Int.J.Eng.Sci. 8,711-729 (1970)

/4/ Sih, G.C.(Editor): Mechanics of Fracture, Vol.3: Plates and Shells with Cracks. Noordhoff Int. Publ., Leyden (1977)

/5/ Tada, H., P.C.Paris und G.R.Irwin: The Stress Analysis of Cracks Handbook. Del Research Corp., Hellertown, Pa, USA (1973)

/6/ Rooke, D.P. und D.J. Cartwright: Compendium of Stress Intensity Factors. HMSO, London (1976)

/7/ Sih, G.C.: Handbook of Stress-Intensity Facots for Researchers and Engineers. Lehigh University (1973)

/8/ Pook, L.P.: Approximate stress intensity factos obtained from simple plate bending theory. Eng.Fract.Mech. 12,505-522 (1979).

Anhang A

A-1. Grundprobleme der Biegung gerissener Platten und Schalen mit zentralen Durchrissen

Biaxiale Biegung (Abb.A-1):

$$k_1 = 12z/h^3\ \sqrt{\pi a}\ (M_1 \sin^2\alpha + M_2 \cos^2\alpha)$$
$$k_2 = 12z/h^3\ \sqrt{\pi a}\ (M_1 - M_2)\ \sin\alpha\cos\alpha$$

Biaxiale Verdrillung (Abb.A-2):

$$k_1 = 12z/h^3\ \sqrt{\pi a}\ \{\tfrac{1}{2}(M'_{12} - M''_{12}) + \tfrac{1}{2}(M'_{12} + M''_{12})\sin 2\alpha\}$$
$$k_2 = 12z/h^3\ \sqrt{\pi a}\ \{\tfrac{1}{2}(M'_{12} + M''_{12})\cos 2\alpha\}$$

Gleichförmige Querkraft der Stärke q pro Einheitslänge (Abb.A-3):

$$k_1 = 0$$
$$k_2 = 8q/h^2 \cdot a\ \sqrt{\pi a}$$

Einzelbiegemoment und/oder Einzeldrillmoment am Rißufer (Abb.A-4):

$$k_1 = 12z/h^3\ \frac{1}{2\sqrt{\pi a}}\{M^* \sqrt{\frac{a+b}{a-b}} + M^*_{12}\ \frac{1+\nu}{2}\}$$
$$k_2 = 12z/h^3\ \frac{1}{2\sqrt{\pi a}}\{M^* \frac{1+\nu}{2} - M^*_{12}\sqrt{\frac{a+b}{a-b}}\}$$

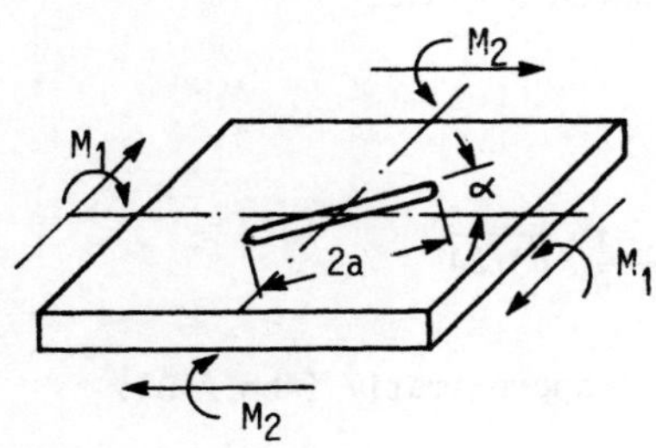

Abb.A-1

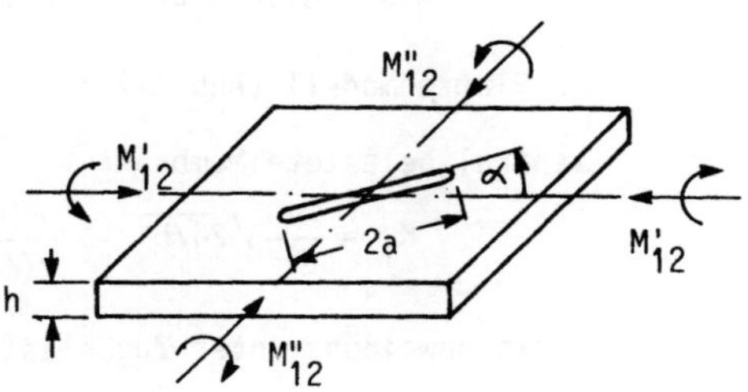

Abb.A-2

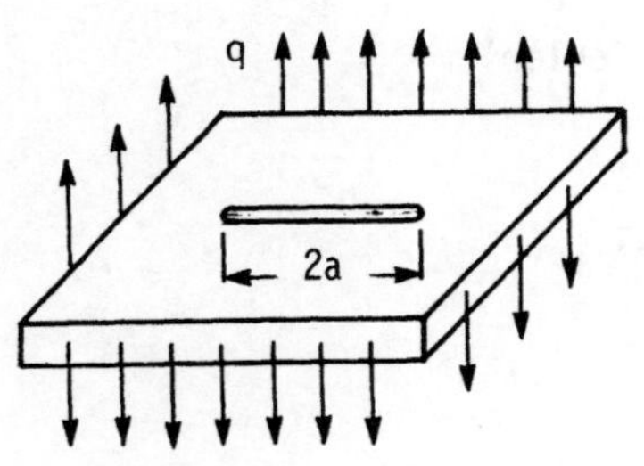

Abb.A-3

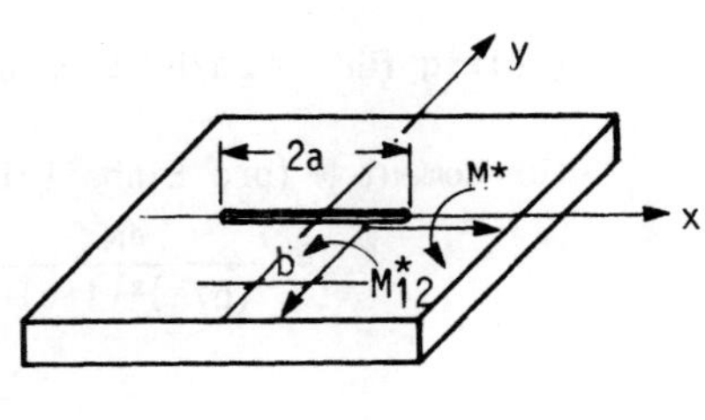

Abb.A-4

Beliebig verteilte Belastung (Abb.A-5):

Biegemoment $m_y(x)$; Drillmoment $m_{xy}(x)$

$$k_1 = \frac{1}{\sqrt{\pi a}} \int_{-a}^{a} m_y(x) \sqrt{\frac{a+x}{a-x}}\, dx$$

$$k_2 = \frac{1}{\sqrt{\pi a}} \int_{-a}^{a} m_{xy}(x) \sqrt{\frac{a+x}{a-x}}\, dx$$

Diese 'Green-schen Funktionen' des Plattenproblems erweisen sich als praktisch bei unstetiger Belastung und bei der allgemeinen Verwendung des Superpositionsprinzips.

A-2. Platten mit Riß in der Mittelfläche

Die nachstehenden Abschätzungen für den Spannungsintensitätsfaktor wurden mit Hilfe der Balkentheorie gewonnen und sind nur dann brauchbar, wenn die Plattendicke wesentlich kleiner als die Rißlänge oder die übrigen charakteristischen Abmessungen der Platte ist.

Doppelbalkenmodell (Abb.A-6):

$$K_1 = 2pa\sqrt{24/h^3} = \sigma\sqrt{h/6} = 2m\sqrt{24/h^3} = E/(2R)\sqrt{h^3/24}$$

$$K_2 = 0$$

mit m...Biegemoment der Belastung um die Rißspitze,

σ...nominale Biegespannung (Faserspannung) in der Rißspitzenumgebung

R...Krümmungsradius der Faser durch den Riß.

3D-Plattenmodell (Abb-A-7):

zentral belastete Membran

$$K_1 = \frac{P}{2\pi}\sqrt{24/h} = \frac{E}{2(1-\nu^2)}\frac{1}{R}\sqrt{h^3/24}$$

Punktschweißung unter Zugbelastung ; approximativ (Abb.A-8):

für Kraft P (pro Einheitslänge)

$$K_1 = P\sqrt{3/h^3}\left\{1{,}02 + 0{,}92\ \ln\frac{a}{b} + 0{,}17\left(\ln\frac{a}{b}\right)^2\right\}$$

(gültig für $1 \leq a/b \leq 5$, $\nu = 0{,}3$; 1% Fehler)

für Moment M (pro Einheitslänge)

$$K_1 = \frac{4M}{(b/a)^2(1+\nu)+1+\nu}\sqrt{3/h^3}$$

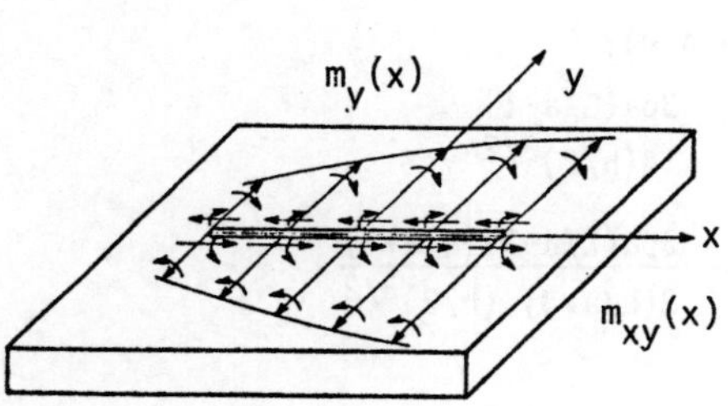

Abb.A-5

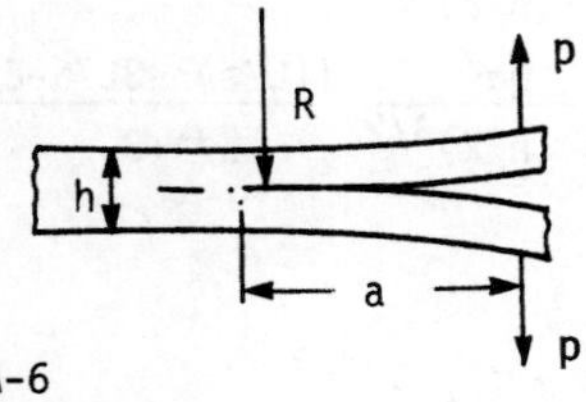

Abb.A-6

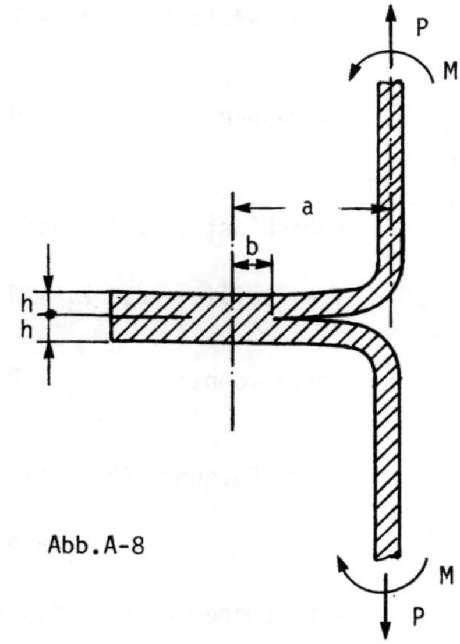

Abb.A-8

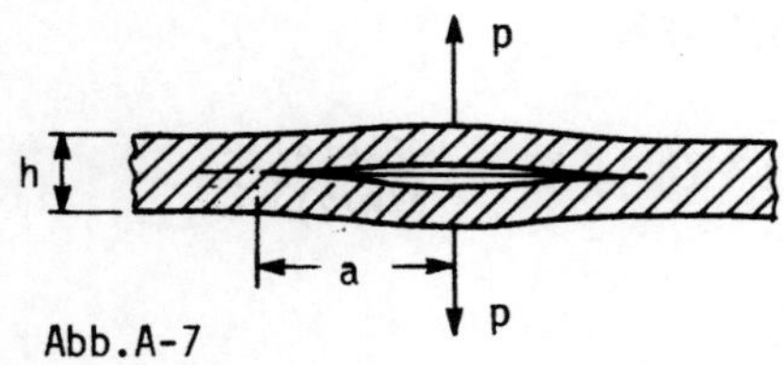

Abb.A-7

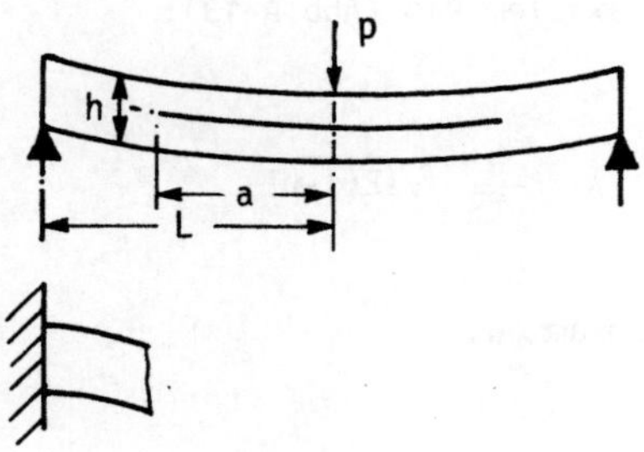

Abb.A-9

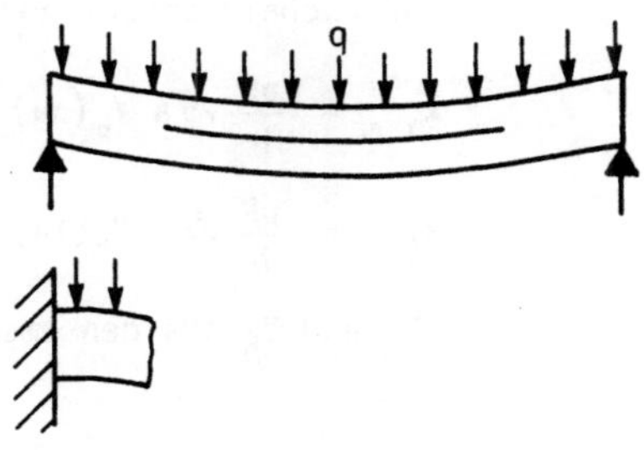

Abb.A-10

Abb.A-11

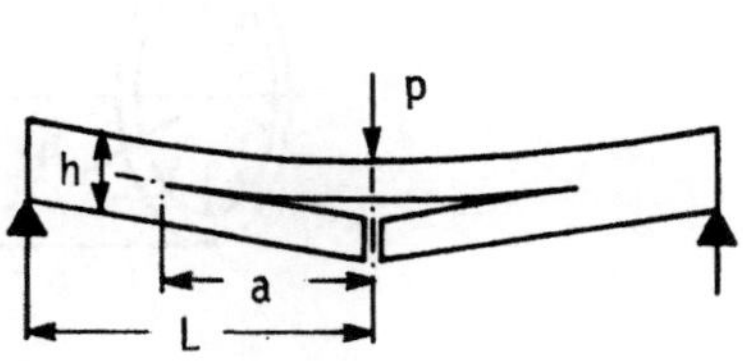

Abb.A-12

Platte mit einseitiger Last (Abb.A-9):

frei aufliegend: $K_1 = 0 \; ; \; K_2 = \dfrac{3pa(L/a-1)}{4(h/2)^{3/2}}$

eingespannt: $K_1 = 0 \; ; \; K_2 = \dfrac{3pa(L/a-3)(L/a+1)}{8(L/a+3)\;(h/2)^{3/2}}$

Gleichlast (Abb.A-10):

frei aufliegend: $K_1 = 0 \; ; \; K_2 = \dfrac{3qa^2}{4\;(h/2)^{3/2}}\{(L/a)^2 - 1\}$

eingespannt: $K_1 = 0 \; ; \; K_2 = \dfrac{qa^2}{4\;(h/2)^{3/2}} \dfrac{\{(L/a)^3-3L/a-6\}}{L/a+3}$

Reine Biegung (Abb.A-11):

$$K_1 = 0 \; ; \; K_2 = \frac{3}{2} m \; (h/2)^{-3/2}$$

Gebrochener Balken (Platte) (Abb.A-12):

$$K_1 = \frac{p(L-a)}{2} \sqrt{24/h} \; ; \; K_2 = \frac{3p(L-a)}{4(h/2)^{3/2}}$$

A-3. Grundprobleme der Schalen mit Riß

Zylinderschale unter Innendruck mit axialem Riß (Abb.A-13):

$$k_{1,m} = \frac{pR}{h} \sqrt{\pi a}\; Y_m(\lambda a)$$

$$k_{1,b} = \frac{pR}{h} \sqrt{\pi a}\; Y_b(\lambda a)$$

$$\lambda = \frac{a}{\sqrt{Rh}} \sqrt[4]{12(1-\nu^2)}$$

mit Y_m und Y_b aus den umseitigen Diagrammen.

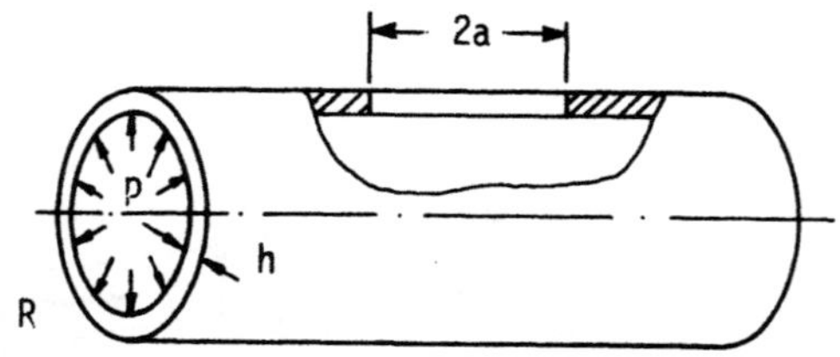

Abb.A-13 Zylinderschale mit Axialriß unter Innendruck

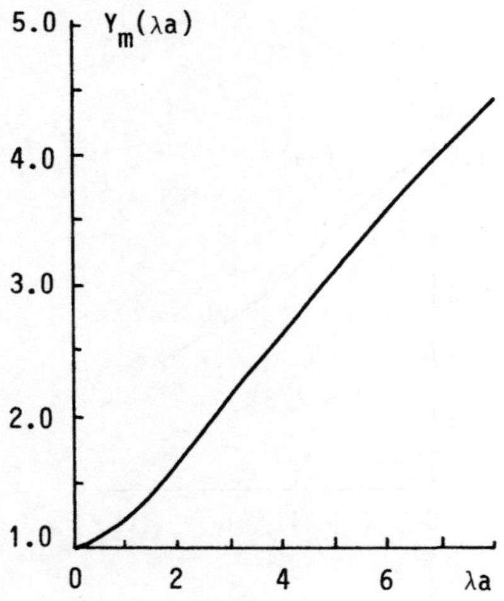

Abb.A-14a Korrekturfunktion $Y_m(\lambda a)$

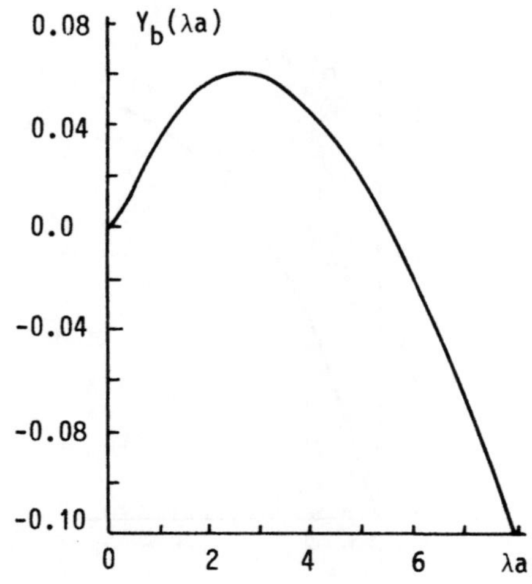

Abb.A-14b Korrekturfunktion $Y_b(\lambda a)$

Zylinderschale mit gleichförmig verteiltem Biegemoment am Rißufer (Abb.A-15):

$$k_{1,m} = 12z/h^3 \cdot M_o \sqrt{\pi a}\ Y_m(\lambda a)$$

$$k_{1,b} = 12z/h^3 \cdot M_o \sqrt{\pi a}\ Y_b(\lambda a)$$

mit den in den Abbildungen A-16a und A-16b angegebenen Korrekturfunktionen.

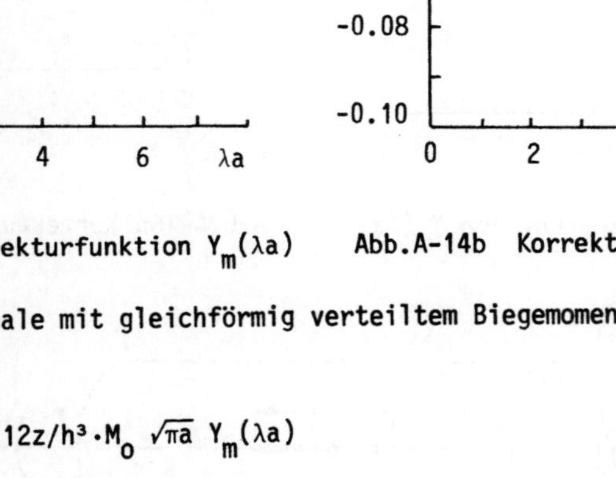

Abb.A-15 Zylinderschale mit Axialriß und Biegemoment am Rißufer angreifend

Axialer Riß in einer tordierten Zylinderschale (Abb.A-17):

$$k_{2,m} = \tau \sqrt{\pi a}\ Y_m(\lambda a)$$

$$k_{2,b} = \tau \sqrt{\pi a}\ Y_m(\lambda a)$$

$$T = 2\pi R^2 h \tau$$

Die Korrekturfunktionen sind in den Abbildungen A-18a und A-18b angegeben.

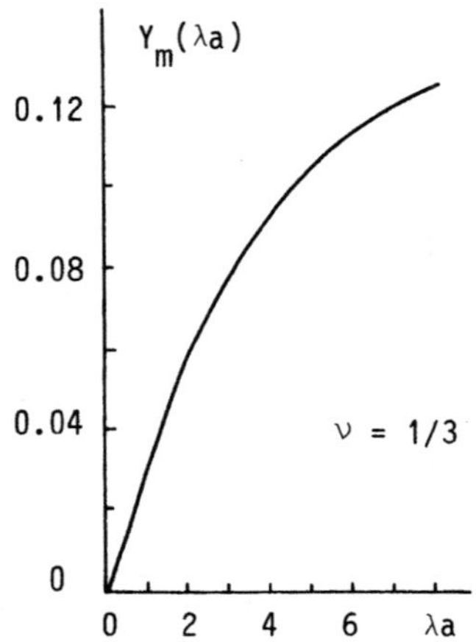

Abb.A-16a Korrekturfunktion $Y_m(\lambda a)$

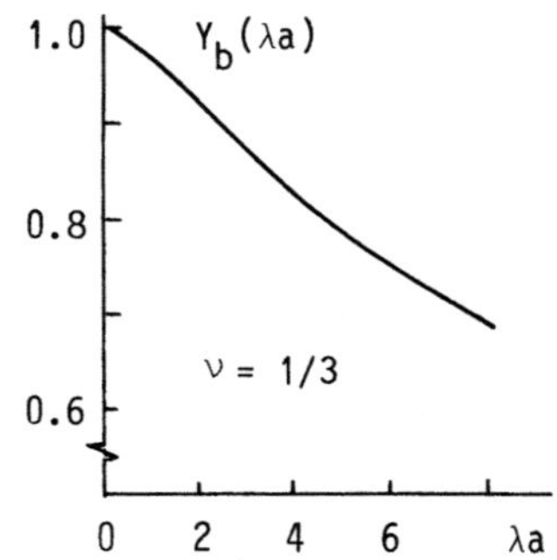

Abb.A-16b Korrekturfunktion $Y_b(\lambda a)$

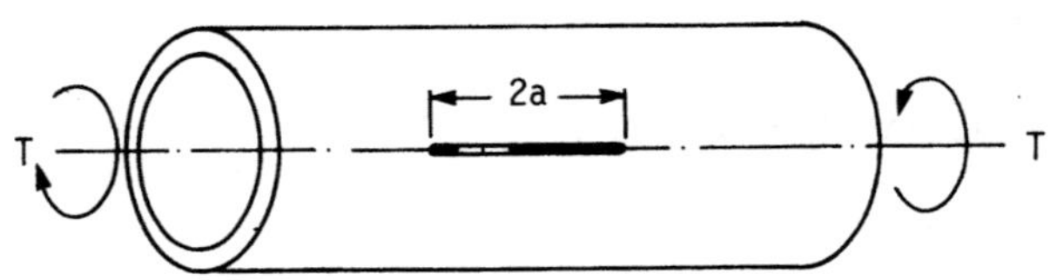

Abb.A-17 Zylinderschale mit Axialriß unter Torsion

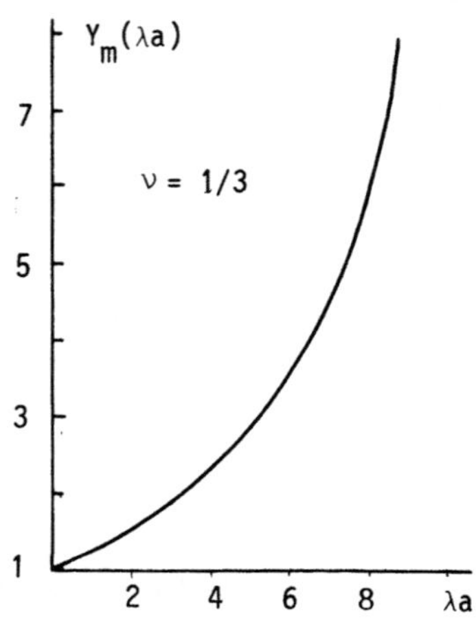

Abb.A-18a Korrekturfunktion $Y_m(\lambda a)$

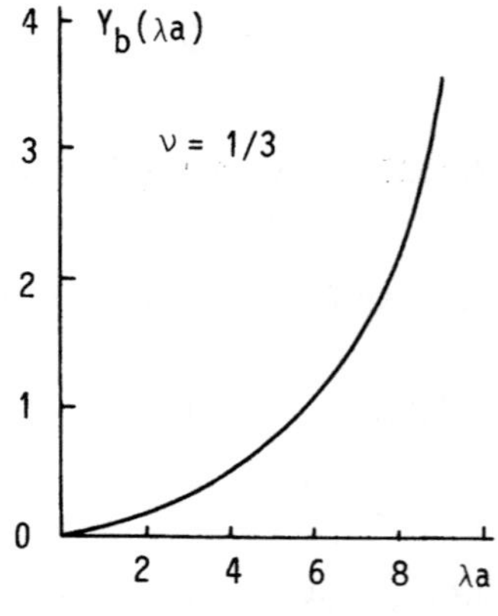

Abb.A-18b Korrekturfunktion $Y_b(\lambda a)$

Flache Kugelschalen

Normalbelastung auf die Rißufer ($a \ll R$) (Abb.A-19):

$$k_{1,m} = N_o \sqrt{\pi a}/h\ Y_m(\lambda a)\ ;\quad k_{1,b} = N_o \sqrt{\pi a}/h\ Y_b(\lambda a)\frac{h}{\sqrt{12(1-\nu^2)}}$$

mit den Korrekturfunktionen Y_m und Y_b nach Abb.A-20a und A-20b.

Biegebelastung auf die Rißufer (Abb.A-21):

$$k_{1,m} = 12z/h\ M_o \sqrt{\pi a}\ \frac{\sqrt{12(1-\nu^2)}}{h(3+\nu)}\ Y_m(\lambda a)$$

$$k_{1,b} = 12z/h\ M_o \sqrt{\pi a}\ \frac{1}{3+\nu}\ Y_b(\lambda a)$$

mit den Korrekturfunktionen Y_m und Y_b nach Abb.A-22a und A-22b.

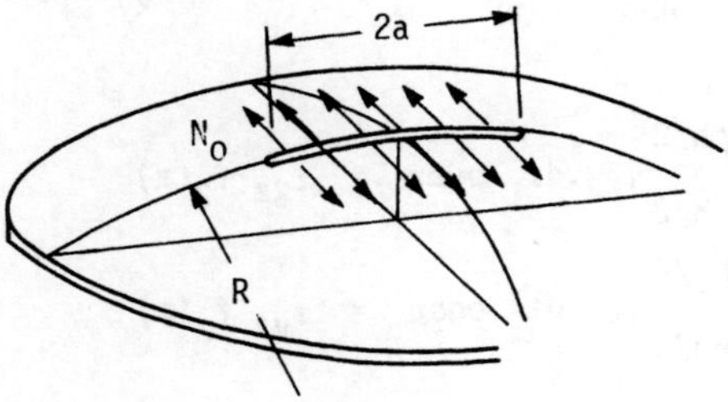

Abb.A-19

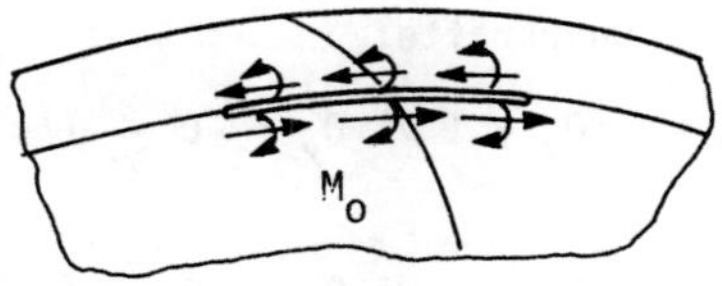

Abb.A-21

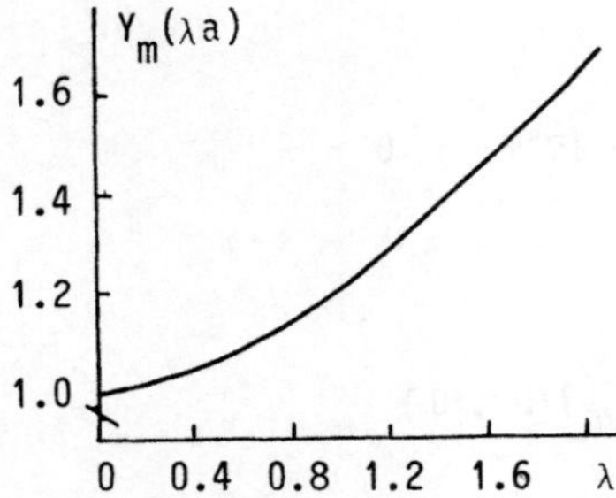

Abb.A-20a

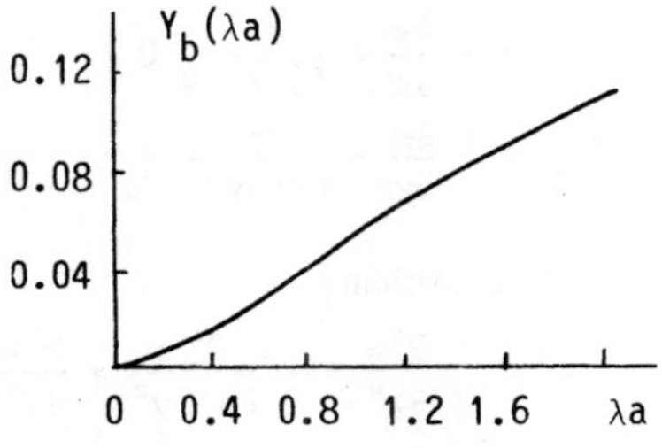

Abb.A-20b

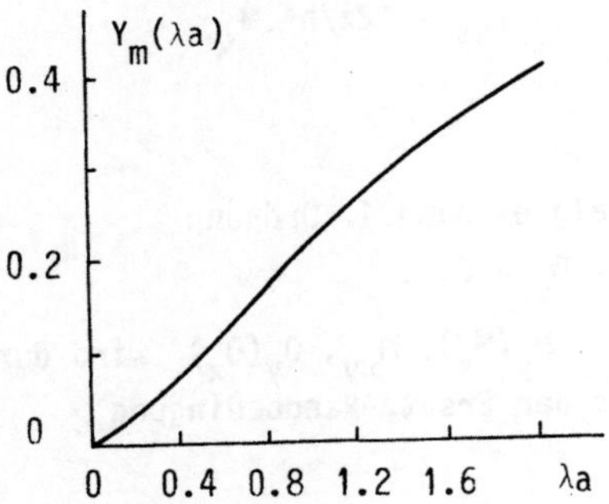

Abb.A-22a

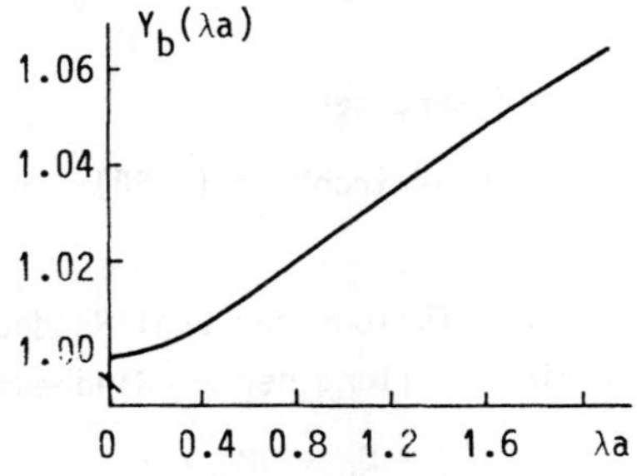

Abb.A-22b

Anhang B

B-1. Systematischer Vergleich der Grundgleichungen der Plattentheorien

Die folgende Zusammenstellung vergleicht die Plattentheorien nach Poisson-Kirchhoff, Reissner und Goldenweizer.

Momente:

$$M_x = \int_{-h/2}^{h/2} \sigma_x . z . dz = -D\left(\frac{\partial^2 w}{\partial x^2} + \nu \frac{\partial^2 w}{\partial y^2}\right) + 2I\frac{\partial Q_x}{\partial x} \quad \text{oder} = \sigma_x . f_1(z)$$

$$M_y = \int_{-h/2}^{h/2} \sigma_y . z . dz = -D\left(\frac{\partial^2 w}{\partial y^2} + \nu \frac{\partial^2 w}{\partial x^2}\right) + 2I\frac{\partial Q_y}{\partial y} \quad \text{oder} = \sigma_y . f_1(z)$$

$$M_{xy} = -\int_{-h/2}^{h/2} \tau_{xy} . z . dz = -D(1-\nu)\frac{\partial^2 w}{\partial x \partial y} + I\left(\frac{\partial Q_x}{\partial y} + \frac{\partial Q_y}{\partial x}\right) \quad \text{oder} = \tau_{xy} . f_1(z)$$

Querkräfte:

$$Q_x - I\,\nabla^2 Q_x = -D\frac{\partial}{\partial x}(\Delta w) = \int_{-h/2}^{h/2} \tau_{xz} . dz \quad \text{oder} = \tau_{xz}\, f_2(z)$$

$$Q_y - I\,\nabla^2 Q_y = -D\frac{\partial}{\partial y}(\Delta w) = \int_{-h/2}^{h/2} \tau_{yz} . dz \quad \text{oder} = \tau_{yz}\, f_2(z)$$

$$Q_x = \partial\Psi/\partial y \quad , \quad Q_y = -\partial\Psi/\partial x \; .$$

Verdrehungen:

$$\beta_x = -\frac{\partial w}{\partial x} + \frac{h^2}{5(1-\nu)D} Q_x$$

$$\beta_y = -\frac{\partial w}{\partial y} + \frac{h^2}{5(1-\nu)D} Q_y \qquad \nabla^2\Psi - I\nabla^4\Psi = 0$$

Grundgleichung:

$$\nabla^4 w = \frac{\partial^4 w}{\partial x^4} + 2\frac{\partial^4 w}{\partial x^2 \partial y^2} + \frac{\partial^4 w}{\partial y^4} = \{p(x,y)/D \; ; \; 0\}$$

Spannungen:

$$\sigma_x = 12z/h^3 . M_x \; , \quad \sigma_y = 12z/h^3 . M_y \; , \quad \tau_{xy} = 12z/h^3 . M_{xy}$$

Erläuterungen:

Poisson-Kirchhoff (1850): Differentialgleichung 4. Ordnung
$I = 0$, $\beta_x = \beta_y = 0$;

Die Erfüllung der drei Randbedingungen $M_y(M_x)$, M_{xy}, $Q_y(Q_x)$ wird durch die Erfüllung der M_y-Randbedingung und der Ersatz-Randbedingung

$$Q_y^* = Q_y + \partial M_{xy}/\partial x$$

approximiert. Es gilt: $D = Eh^3/\{12(1-\nu^2)\}$

Reissner (1945): Differentialgleichung 6. Ordnung

$I = h^2/10$

Randbedingungen : β_y, M_{xy}, Q_y

Goldenweizer (1958): nichtlinearer Spannungsverlauf über die Plattendicke;

$D = E/\{(1-\nu^2)I_1\}$, $I = I_2/I_1$

$$I_1 = \int_{-h/2}^{h/2} \{f_1(z)\}^2 \, dz$$

$$I_2 = \int_{-h/2}^{h/2} \{f_2(z)\}^2 \, dz \quad .$$

B-2. Grundgleichungen der Theorie flacher Schalen

Differentialgleichungen:

$$\nabla^4 F = Eh \{ 2 \frac{\partial^2 w_0}{\partial x \partial y} \frac{\partial^2 w}{\partial x \partial y} - \frac{\partial^2 w_0}{\partial x^2} \frac{\partial^2 w}{\partial y^2} - \frac{\partial^2 w_0}{\partial y^2} \frac{\partial^2 w}{\partial x^2}$$

$$D \nabla^4 w = - q - 2 \frac{\partial^2 F}{\partial x \partial y} \frac{\partial^2 w_0}{\partial x \partial y} + \frac{\partial^2 F}{\partial x^2} \frac{\partial^2 w_0}{\partial y^2} + \frac{\partial^2 F}{\partial y^2} \frac{\partial^2 w_0}{\partial x^2}$$

Komponenten der Momente:

$$M_x = -D \left(\frac{\partial^2 w}{\partial x^2} + \nu \frac{\partial^2 w}{\partial y^2}\right) \qquad M_{xy} = -D \left\{(1-\nu) \frac{\partial^2 w}{\partial x \partial y}\right\}$$

$$M_y = -D \left(\nu \frac{\partial^2 w}{\partial x^2} + \frac{\partial^2 w}{\partial y^2}\right)$$

Schnittgrößen:

$$N_x = \frac{\partial^2 F}{\partial y^2} \; , \quad N_y = \frac{\partial^2 F}{\partial x^2} \; , \quad N_{xy} = - \frac{\partial^2 F}{\partial x \partial y}$$

B-2.1. Spezialfälle

Platte: $\frac{\partial^2 w_0}{\partial x \partial y} = \frac{\partial^2 w_0}{\partial x^2} = \frac{\partial^2 w_0}{\partial y^2} = 0$; $\nabla^4 F = 0$; $\nabla^4 w = - q/D$.

flache Zylinderschale: $\frac{\partial^2 w_0}{\partial x \partial y} = \frac{\partial^2 w_0}{\partial x^2} = 0$; $\frac{\partial^2 w_0}{\partial y^2} = \frac{1}{R}$

$$\frac{Eh}{R} \frac{\partial^2 w}{\partial x^2} + \nabla^4 F = 0$$

$$\nabla^4 w - \frac{1}{RD} \frac{\partial^2 F}{\partial x^2} = - q/D$$

flache Kegelschale: $\frac{\partial^2 w_0}{\partial x \partial y} = 0 \; ; \; \frac{\partial^2 w_0}{\partial x^2} = \frac{\partial^2 w_0}{\partial y^2} = \frac{1}{R}$

$$\frac{Eh}{R} \nabla^2 w + \nabla^4 F = 0$$

$$\nabla^4 w - \frac{1}{RD} \nabla^2 F = - q/D$$

andere Schalengeometrien (wenn die x- und y-Koordinatenachsen parallel zu den Hauptkrümmungsradien R_x und R_y sind)

$$\frac{\partial^2 w_0}{\partial x \partial y} = 0 \; ; \; \frac{\partial^2 w_0}{\partial x^2} = \frac{1}{R_x} \; ; \; \frac{\partial^2 w_0}{\partial y^2} = \frac{1}{R_y}$$

$$Eh \left\{ \frac{1}{R_y} \frac{\partial^2 w}{\partial x^2} + \frac{1}{R_x} \frac{\partial^2 w}{\partial y^2} \right\} + \nabla^4 F = 0$$

$$\nabla^4 w - \frac{1}{D} \left\{ \frac{1}{R_y} \frac{\partial^2 F}{\partial x^2} + \frac{1}{R_x} \frac{\partial^2 F}{\partial y^2} \right\} = - q/D \; .$$

Univ.-Doz.Dr.Mag. Hans-Peter Rossmanith
Institut für Mechanik
Technische Universität Wien
Karlsplatz 13
A-1040 Wien, Österreich

NUMERISCHE UNTERSUCHUNGEN AN BRUCHMECHANIKPROBEN

W. SCHMITT und D. SIEGELE

1. PROBLEMSTELLUNG

1.1 Interpretation von Laborversuchen - Übertragbarkeit auf Bauteile

Laborproben werden getestet, um unter kontrollierten Bedingungen an relativ einfachen Strukturen Bruchvorgänge zu studieren, die für den Bruch relevanten Parameter zu erkennen und möglicherweise Materialkennwerte zu bestimmen. Dabei sind diese Parameter (K_I, J, δ etc.) in der Regel nur indirekt aus Kräften, Spannungen oder Verformungen zu bestimmen, wobei die interessanten, die Bruchparameter definierenden Größen, wenn überhaupt, meist nur in großer Entfernung vom Rißspitzenbereich einer Messung zugänglich sind. So erfordert z.B. die Bestimmung der linear elastischen Bruchzähigkeit K_{Ic} die Kenntnis einer Kraft an einer rißfernen Stelle der Probe. Durch eine (tabellierte) Übertragungsfunktion wird daraus auf die Verhältnisse an der Rißfront geschlossen und somit K_{Ic} bestimmt. Diese Funktion kann entweder aus theoretisch/numerischen Überlegungen und Berechnungen stammen, oder wie im Fall der erwähnten K_{Ic}-Bestimmung,aus dem theoretischen Zusammenhang der gesuchten Größe mit einer anderen experimentell bestimmbaren Größe, in diesem Fall der elastischen Probennachgiebigkeit.

Ganz unverzichtbar sind numerische Modelle und Berechnungen aber bei der Übertragung der im Labor gemessenen Kennwerte auf reale Bauteilsituationen. Hier scheidet die eben erwähnte experimentelle Bestimmung der Übertragungsfunktion in der Regel aus.

Im Zusammenhang mit der Obertragbarkeit spielt die Frage des Spannungszustandes eine große Rolle. So beobachtet man bei sprödbrechenden Materialien, daß die an Proben unterschiedlicher Dicke gemessenen Kennwerte erst ab einer gewissen Mindestdicke nicht mehr von der Dicke der Probe abhängen und begründet dies mit dem Vorhandensein des EDZ über einen wesentlichen Bereich im Innern der Probe. Da bei hinreichend sprödem Materialverhalten mit zunehmender Probendicke niedrigere Zähigkeitswerte gemessen werden, gilt allgemein der EDZ als der gefährlichste Spannungszustand.

1.2 Überlegungen zum Spannungszustand in der Probe

Betrachtet man als Grundform einer Probe einen achsenparallelen freien Quader ohne Kerbe oder Riß, der in einer Achsenrichtung gleichmäßig mit σ^a gezogen wird, dann bauen sich senkrecht zur Lastrichtung zwar Dehnungen, aber keine Spannungen auf. Dieser Quader befindet sich also im ESZ.

Führt man nun in diesen Quader einen Riß der Länge a senkrecht zur Beanspruchungsrichtung ein, so treten nach den Gesetzen der linearen Elastizitätstheorie in einer Ebene senkrecht zur Rißfront Spannungssingularitäten auf. Mit den Bezeichnungen von Bild 1 gilt in einem kleinen Volumenelement im Abstand r von der Rißfront

$$\sigma_x = \sigma_y = b/r^{1/2}$$

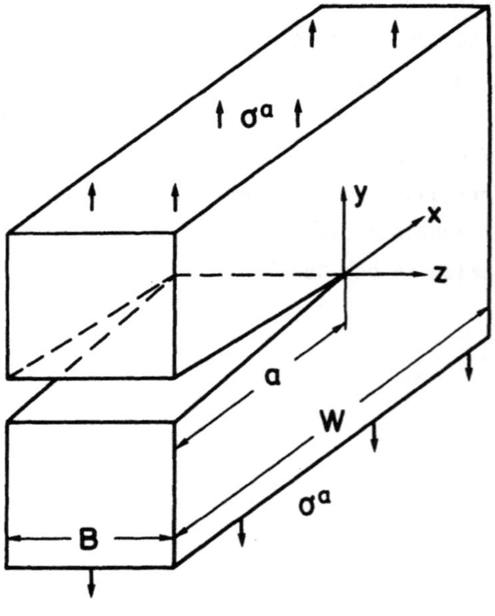

Bild 1: Zum Spannungszustand in einer Probe

Daraus würde sich in z-Richtung eine Dehnung

$$\varepsilon_z{}^c = -2b\nu/(Er^{1/2})$$

aufbauen. Die von dem singulären Feld um die Rißspitze nicht beeinflußte Umgebung würde aufgrund der angelegten Spannung nur eine Querdehnung

$$\varepsilon_z{}^a = -\nu\, \sigma_y{}^a/E$$

aufbauen. Die Dehnungsdifferenz resultiert in einer Querspannung

$$\sigma_z = E(\varepsilon_z{}^c - \varepsilon_z{}^a) = \nu(2b/r^{1/2} - \sigma_y{}^a) .$$

Im Grenzübergang r gegen Null erhält man mit

$$D = \sigma_z/\nu(\sigma_x + \sigma_y) = \lim_{r \to 0} (2b - r^{1/2}\sigma_y{}^a)/2b = 1$$

die oft als Definition des EDZ benutzte Beziehung zwischen den Spannungskomponenten. Sie gilt allerdings nur für rein elastisches Materialverhalten in unmittelbarer Umgebung des Risses.

2. PHYSIKALISCHE UND MATHEMATISCHE MODELLBILDUNG

Das mechanische Verhalten deformierbarer fester Körper, das makroskopisch etwa durch Kräfte und Verformungen beschrieben werden kann, ist begründet in der atomistischen Struktur der Materie und den Kräften, die den Zusammenhalt der einzelnen Atome und Moleküle bewirken. Entscheidende Bedeutung für das Festigkeitsverhalten haben aber nicht die reinen, ungestörten Atombindungskräfte, sondern vielmehr bestimmen die Art, Häufigkeit und Verteilung von Fehlern das globale Verhalten einer Struktur. Wegen der Vielzahl der Atome und der Ungewißheit über die möglichen Fehler im Aufbau kann die Kenntnis atomistischer und mikroskopischer Zusammenhänge oft wenig zur Lösung der Frage beitragen, wie sich ein Körper einer gegebenen Gestalt unter der Einwirkung äußerer Kräfte verformt.

Eine sehr weitgehende Vereinfachung dieser komplizierten Situation ist die Einführung des mechanischen Kontinuums als mechanisches Modell. Zustände dieses Kontinuums können beschrieben werden durch Begriffe wie Spannung, Dehnung und Verschiebung, zwischen denen Beziehungen in Form mathematischer

Zusammenhänge bestehen. Diese Zusammenhänge stellen bereits das aus dem realen Modell hergeleitete mathematische Modell dar. Hier sollen diese Beziehungen, soweit sie später benötigt werden, kurz definiert werden.

2.1 Einige Grundbegriffe der Kontinuumsmechanik

P sei ein Punkt in einem Kontinuum und habe in einem beliebigen kartesischen Koordinatensystem den Ortsvektor $\{x\} = \{x_1, x_2; x_3\}^T$. Wirken nun Kräfte auf das Kontinuum ein, so erfährt dieser Punkt eine Verschiebung, die durch den Vektor

$$\{u\} = \begin{Bmatrix} u_1 \\ u_2 \\ u_3 \end{Bmatrix} = \{x\} - \{x\}' = \begin{Bmatrix} x_1 - x_1 \\ x_2 - x_2 \\ x_3 - x_3 \end{Bmatrix}$$ gegeben ist,

wenn $\{x\}' = \{x_1, x_2, x_3\}^T$ die Koordinaten von P nach der Aufbringung der Belastung bedeuten.

Aus den Verschiebungen werden die Tensorkomponenten der Dehnungen durch

$$\varepsilon_{ij} = \frac{1}{2} \left(\frac{\partial u_i}{\partial x_j} + \frac{\partial u_j}{\partial x_i} \right) \qquad i,j = 1,3 \qquad \varepsilon_{ij} = \varepsilon_{ji}$$

definiert. Die Tensorkomponenten der Spannungen als Grenzwerte von Kräften bezogen auf Flächenelemente stehen mit den Dehnungen im linear elastischen Fall durch

$$\varepsilon_{ij} = \frac{1 + \nu}{E} \sigma_{ij} - \frac{\nu}{E} \delta_{ij} (\sigma_{11} + \sigma_{22} + \sigma_{33})$$

in Beziehung, wobei δ_{ij} das Kronecker-Symbol und E und ν die Elastizitätskonstanten des Werkstoffes bedeuten. Wie oben gilt $\sigma_{ij} = \sigma_{ji}$.

Ebene Probleme sind dadurch charakterisiert, daß sich Verschiebungen, Dehnungen und Spannungen in einer Koordinatenrichtung nicht ändern. Daher sind zur Beschreibung solcher Zustände nur zwei Ortskoordinaten erforderlich. Bei der Lösung solcher zweidimensionaler Probleme sind aber Vereinbarungen über die Komponenten des Spannungs- bzw. Dehnungstensors in der dritten Richtung erforderlich. Man unterscheidet z.B. als Grenzfälle

- den <u>ebenen Spannungszustand ESZ</u>, wo die Komponenten des Spannungstensors in der dritten Richtung verschwinden

$$\sigma_{13} = \sigma_{31} = \sigma_{23} = \sigma_{32} = \sigma_{33} = 0$$

und

- den <u>ebenen Dehnungszustand EDZ</u>, wo die Komponenten des Dehnungstensors in der dritten Richtung verschwinden

$$\varepsilon_{13} = \varepsilon_{31} = \varepsilon_{23} = \varepsilon_{32} = \varepsilon_{33} = 0 .$$

Im linear elastischen Fall gilt im EDZ

$$\sigma_{33} = \nu(\sigma_{11} + \sigma_{22}) .$$

Die Einschränkung auf eine ebene Beschreibung bedeutet in der Regel eine schwerwiegende Abweichung von der Realität, besonders wenn zur Beurteilung des Versagensvorganges der Spannungszustand herangezogen wird.

Zieht man von der Hauptdiagonalen des Spannungstensors die gegenüber Koordinatentransformationen invariante mittlere Spannung

$$\sigma_m = \frac{1}{3}(\sigma_{11} + \sigma_{22} + \sigma_{33})$$

ab, so erhält man die Komponenten S_{ij} des deviatorischen Spannungstensors

$$S_{ij} = \sigma_{ij} - \delta_{ij}\,\sigma_m \qquad (\delta_{ij}\text{: Kroneckersymbol}) .$$

Für plastisches Werkstoffverhalten gibt es keine lineare Beziehung zwischen Spannungen und Dehnungen, wenn ein kritischer Wert der Spannung überschritten wird. Diese Fließgrenze σ_F kann im einachsigen Zugversuch bestimmt werden. Um auch kompliziertere Spannungszustände mit dem einachsigen Zugversuch vergleichen zu können, ist nach gewissen Annahmen aus dem Spannungstensor eine Vergleichsspannung

$$\sigma_v = f(\sigma_{ij})$$

zu bilden. Die <u>Fließbedingung</u> sagt aus, daß irreversible Verformungen auftreten, wenn die Beanspruchungsgröße σ_v die Fließgrenze σ_F erreicht:

$$\sigma_v = \sigma_F$$

Für metallene Werkstoffe ist die Fließbedingung nach v. Mises am gebräuchlichsten:

$$\sigma_v^{v.M.} = \frac{1}{\sqrt{2}} \sqrt{(\sigma_{11}-\sigma_{22})^2+(\sigma_{22}-\sigma_{33})^2+(\sigma_{33}-\sigma_{11})^2+6(\sigma_{12}^2+\sigma_{23}^2+\sigma_{31}^2)} \overset{!}{=} \sigma_F$$

Die zugehörige inkrementelle Fließregel beschreibt, wie sich nach Beginn des Fließens der Verformungszustand mit dem Spannungszustand ändert

$$d\varepsilon_{ij}^P = \frac{3}{2} \frac{d\varepsilon_p}{\sigma_v} S_{ij}$$

Dabei ist

$$d\varepsilon_p = \sqrt{\frac{2}{3} d\varepsilon_{ij}^P d\varepsilon_{ij}^P}$$

das (plastische) Vergleichsdehnungsinkrement.

Wichtig ist, daß im allgemeinen keine eineindeutige Beziehung zwischen Spannungen und Dehnungen besteht, sondern der Spannungs- und Dehnungszustand von der Belastungsgeschichte abhängt. Zur Vereinfachung der theoretischen Überlegungen wird gelegentlich das reale Verhalten durch eine nichtlineare Elastizität oder Deformationstheorie modelliert. Hierbei wird ein zwar nichtlinearer aber eindeutiger Zusammenhang zwischen den totalen Spannungen und Dehnungen postuliert.

$$\varepsilon_{ij}^P = \frac{3}{2} \frac{\varepsilon_p}{\sigma_v} S_{ij}$$

Der Index p bezeichnet jeweils den plastischen Anteil der Dehnungs- oder Spannungskomponente. Eine Einführung in die Plastizitätstheorie gibt z.B. [1].

2.2 Einige Grundbegriffe der Bruchmechanik

Ist in der Struktur ein Riß vorhanden, so besitzen im kontinuumsmechanischen Bild die Spannungen und Dehnungen an der Rißfront Singularitäten, falls die Struktur belastet wird. Zunächst führt die Forderung nach der Beschränktheit der Formänderungsarbeit in einem endlichen Volumen im Bereich der Rißfront zu der Folgerung, daß die durch

$$W(\varepsilon_{mn}) = \int_0^{\varepsilon_{mn}} \sigma_{ij}\, d\varepsilon_{ij}$$

definierte Dehnungsenergiedichte bzw. spezifische Formänderungsarbeit eine r^{-1} - Singularität besitzt [2]. Beschränkt man sich nun auf solche metallene Werkstoffe, deren Verfestigungsverhalten im einachsigen Zugversuch durch eine Gleichung der Form

$$\frac{\sigma}{\sigma_F} = \left(\frac{\varepsilon}{\varepsilon_F}\right)^n$$

beschrieben wird, so können unter Vernachlässigung geometrischer Nichtlinearitäten die Spannungen und Dehnungen in einer Ebene senkrecht zur Rißfront durch das HRR-Feld (nach Hutchinson, Rice und Rosengren [2,3])

$$\sigma_{ij} = \sigma_F \left(\frac{J}{r\sigma_F\varepsilon_F I_n} \right)^{\frac{n}{n+1}} f_{ij}(\theta) + \ldots \qquad (1)$$

$$\varepsilon_{ij} = \varepsilon_F \left(\frac{J}{r\sigma_F\varepsilon_F I_n} \right)^{\frac{1}{n+1}} g_{ij}(\theta) + \ldots \qquad (2)$$

asymptotisch angenähert werden. Hier sind r und θ Polarkoordinaten mit dem Ursprung in der Rißfront in einer Ebene senkrecht zu dieser Rißfront, σ_F und ε_F sind die im einachsigen Zugversuch bestimmten Proportionalitätsgrenzen der Spannungen und Dehnungen, $f_{ij}(\theta)$ und $g_{ij}(\theta)$ sind dimensionslose Funktionen des Winkels θ, I_n ist ein z.B. in [4] tabellierter Parameter, der vom Verfestigungsexponenten n und davon abhängt, ob der ebene Dehnungszustand EDZ oder der ebene Spannungszustand ESZ angenommen wird. Die Koeffizienten der singulären Glieder werden also durch das von Rice in [5] eingeführte Wegintegral

$$J = \int_\Gamma \left(W dy - \{T\} \frac{\partial \{u\}}{\partial x} ds\right) \qquad (3)$$

bestimmt. W ist die oben eingeführte spezifische Formänderungsarbeit, $\{u\}$ ist der Verschiebungsvektor in der Ebene, $\{T\} = (T_i) = (\sigma_{ij}\, n_j)$ ist der Spannungsvektor.

Dieses Integral ist unabhängig von dem gewählten Weg und ermöglicht daher insbesondere eine Beschreibung des Nahfeldes um die Rißspitze. Da außerdem J mit der Größe der angelegten Belastung zunimmt, liegt es nahe, J als Bruchparameter zu verwenden. Nach diesem Modell beginnt ein Riß sich

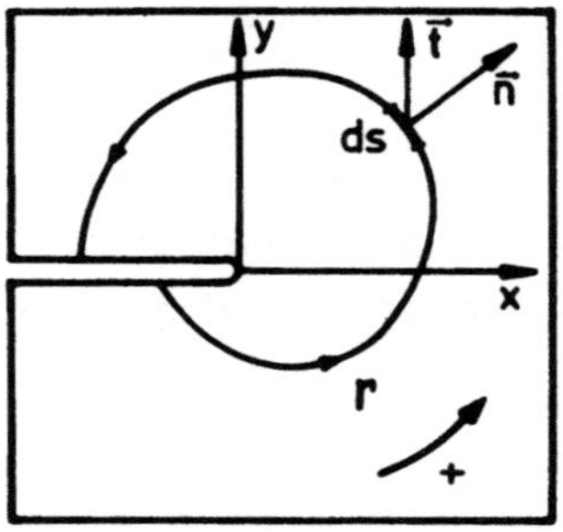

Bild 2: Definition des J-Integrals

auszubreiten, wenn J einen kritischen Materialkennwert übersteigt:

$$J \geq J_c$$

Mit dem J-Integral ist bereits eine der wichtigsten Größen eingeführt, die den Beginn der Rißausbreitung bestimmen. Eine weitere wichtige, das Nahfeld der Rißfront beschreibende Größe ist die Rißspitzenaufweitung δ. Nach [5] ist unter den dort genannten Voraussetzungen die Rißspitzenaufweitung dem J-Integral proportional:

$$J = \beta \, \sigma_F \, \delta$$

β: Konstante, die vom Spannungszustand und auch von der Geometrie abhängt.

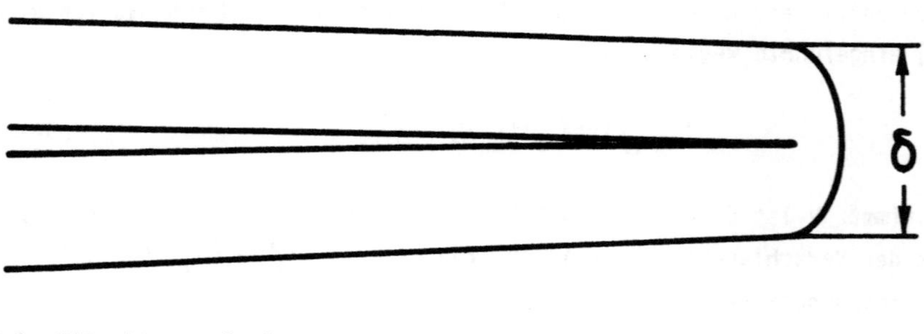

Bild 3: Rißspitzenaufweitung

Wenn mit J also auch δ das Nahfeld um die Rißfront eindeutig beschreibt, kann auch δ als Bruchparameter eingesetzt werden. Danach tritt Rißausbreitung dann ein, wenn

$$\delta \geq \delta_c$$

wird, wobei δ_c ein Materialkennwert ist.

Innerhalb dieser Arbeit werden nur solche Fälle behandelt, in denen die Belastung symmetrisch zur Rißfläche ist. Man spricht dann von Modus I - Belastung und indiziert entsprechende Belastungs- und Materialparameter mit I, z.B. K_I, K_{Ic} etc.

Setzt man in (1) und (2) die für linear elastische Theorie gültige Beziehung

$$J_I = K_I^2/E'$$

wobei E'= E im ESZ bzw. $E' = E/(1-\nu^2)$ im EDZ und K_I der linear elastische Spannungsintensitätsfaktor ist und berücksichtigt, daß linear elastisches Verhalten durch n = 1 charakterisiert wird, so erhält man die bekannten Beziehungen

$$\sigma_{ij} = \frac{K_I}{\sqrt{2\pi r}} f'_{ij}(\theta) + ---$$

$$\varepsilon_{ij} = \frac{K_I}{\sqrt{2\pi r}} g'_{ij}(\theta) + ---$$

Durch sie ist im Idealfall des linear elastischen Kontinuums das Spannungs- und Dehnungsfeld um die Rißspitze gegeben.

2.3 Idealisierung der Rißspitze durch finite Elemente

Aus Elementen mit quadratischem Verschiebungsansatz lassen sich durch geeignete Wahl der Knotenpunktskoordinaten Elemente mit Singularitätseigenschaften in den Dehnungen ε_{ij} machen [6],[7].

Durch Kollabieren einer Seite eines isoparametrischen Elementes zu einem Punkt erhält man verwertbare Singularitätseigenschaften an der Elementspitze, wenn die Mittenknoten der an die Rißspitze anliegenden Seiten entweder in der Seitenmitte oder im Abstand von einem Viertel der Seitenlänge von der Rißspitze liegen.

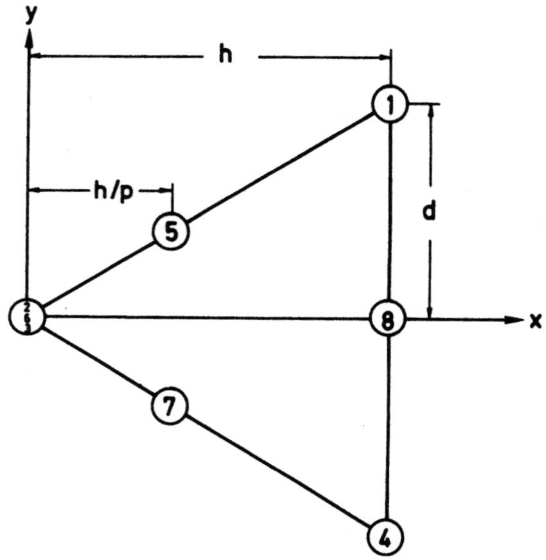

Bild 4: Degeneriertes Element

Durch das Kollabieren der Seite selbst wird eine r^{-1}-Singularität der Dehnungen bewirkt. Diese verschwindet jedoch, falls die Freiheitsgrade der Rißspitzenknoten nicht unabhängig sind, oder wenn die Rißspitze mit nur einem Knoten modelliert wird:

$$\varepsilon_x = \frac{b_o' s}{r} + (a_o' + b_1' s) + (a_1' + b_2' s)\, r$$

$$\varepsilon_y = \frac{d_o'}{r} + d_1' + d_2'\, r$$

$$\varepsilon_{xy} = \frac{f_o'}{r} + f_1' + f_2'\, r$$

Sind die Seitenknoten in den Viertelpunktspositionen, so tritt zusätzlich zur möglicherweise vorhandenen r^{-1}-Singularität eine $r^{-1/2}$-Singularität, unabhängig davon, ob die Rißspitzenknoten unabhängig sind oder nicht:

$$\varepsilon_x = \frac{b_o'' s}{r} + \frac{b_1''}{\sqrt{r}} + b_2''$$

$$\varepsilon_y = \frac{d_o''}{r} + \frac{d_1''}{\sqrt{r}} + d_2''$$

$$\varepsilon_{xy} = \frac{f_o''}{r} + \frac{f_1''}{\sqrt{r}} + f_2''$$

Die radiale Dehnungskomponente (in unserem Fall ε_x) verliert auf der radialen Symmetrieachse des Elementes (s=0) die r^{-1}-Singularität.

Sind die Seitenknoten in einer anderen Stelle als in Seitenmitte oder in der Viertelpunktposition, so verschiebt sich der Ort der $r^{-1/2}$-Singularität aus der Elementspitze heraus, während die eventuell vorhandene r^{-1}-Singularität weiterhin in der Elementspitze verbleibt. Ob diese Eigenschaft sinnvoll eingesetzt werden kann, ist nicht bekannt.

Die hier abgeleiteten Singularitätseigenschaften gelten auch für dreidimensionale isoparametrische Elemente mit 20 Knoten, da in jeder Koordinatenebene die dreidimensionalen Verschiebungsfunktionen identisch mit den entsprechenden zweidimensionalen Funktionen sind, die hier diskutiert wurden. Im dreidimensionalen Fall wird eine Fläche zu einer Linie, der Rißfront, kollabiert. In jeder Ebene senkrecht zu dieser Rißfront gelten dann die besprochenen Singularitätseigenschaften.

3. BERECHNUNG DES J-INTEGRALS IN DER FEM

Das J-Integral läßt sich im ebenen Fall direkt nach der Definitionsgleichung (3) aus den Größen berechnen, die in der FEM-Analyse anfallen. Bei nichtlinearem Werkstoffgesetz muß darauf geachtet werden, daß die spezifische Formänderungsarbeit an allen benötigten Punkten über die gesamte Belastungsgeschichte aufintegriert und gespeichert werden muß. Zur numerischen Auswertung des Linienintegrals ist es sehr vorteilhaft, das Gauß'sche Quadraturverfahren zu benutzen, da alle benötigten Größen ohnehin in den Gaußpunkten berechnet werden oder leicht dorthin transformiert werden können. Außerdem ist so die größtmögliche Genauigkeit zu erzielen.

Eine weitere sehr günstige Möglichkeit, das J-Integral zu berechnen, ergibt sich aus der Energiedefinition von J. So entspricht nach Rice [5] für linear und nichtlinear elastisches Materialverhalten das J-Integral der negativen Änderung der potentiellen Energie U in der Struktur bei einer virtuellen Rißvergrößerung ∂A:

$$J = -\frac{\partial U}{\partial A}$$

Der in [5] gegebene Beweis gilt nur unter der Annahme einer Deformationsplastizität, nicht jedoch bei Gültigkeit einer inkrementellen Fließtheorie.

Dabei ist die potentielle Energie U in der FEM-Formulierung durch

$$U = \int_V W(\{\varepsilon\})dV' - \{u\}^T \cdot \{F\}$$

mit

$$W(\varepsilon_{mn}) = \int_0^{\{\varepsilon\}} \{\sigma\}\, d\{\varepsilon\}' \approx \sum_{l=1}^{INC} \left\{ \sum_{k=1}^{l} \Delta\{\sigma\}_k \Delta\{\varepsilon\}_l - \frac{1}{2}\Delta\{\sigma\}_l \Delta\{\varepsilon\}_l \right\}$$

gegeben, INC ist die Nummer des Lastinkrementes. Der Einfachheit halber werden die voneinander verschiedenen Komponenten des Dehnungs- bzw. Spannungstensors zu Vektoren zusammengefaßt. Die Integration über das Volumen wird zunächst in jedem Element nach dem Gauß'schen Quadraturschema durchgeführt und danach über alle Elemente summiert. Bezeichnen r_i und s_j die isoparametrischen Koordinaten der Gaußpunkte und ist $\det[J](r_i, s_j)$ die am jeweiligen Gaußpunkt gebildete Funktionaldeterminante, so ist im FE-Modell mit 2x2-Integration (vgl. [8])

$$U = \sum_{El} \sum_{i=1}^{2} \sum_{j=1}^{2} \det [J] \, (r_i,s_j) \cdot W \, (r_i,s_j) - \{u\}^T \{F\};$$

mit

$$\frac{\partial W}{\partial A} = \frac{\partial W}{\partial \{\varepsilon\}} \; \frac{\partial \{\varepsilon\}}{\partial A} = \{\sigma\} \frac{\partial \{\varepsilon\}}{\partial A}$$

ergibt sich

$$J = - \frac{\partial U}{\partial A} = - \sum_{El} \sum_{i=1}^{2} \sum_{j=1}^{2} \left\{ \frac{\partial \det [J]}{\partial A} \cdot W(r_i,s_j) + \det [J] \{\sigma\} \frac{\partial \{\varepsilon\}}{\partial A} \right\}$$

$$+ \frac{\partial \{u\}^T}{\partial A} \{F\} + \{u\}^T \frac{\partial \{F\}}{\partial A}$$

Berücksichtigt man weiter, daß sich der Dehnungsvektor $\{\varepsilon\}$ aus den Verschiebungen $\{u\}$ durch Multiplikation mit dem Tensoroperator [B] (vergl. [8]) gewinnen läßt, also

$$\{\varepsilon\} = [B]\{u\}, \qquad \frac{\partial \{\varepsilon\}}{\partial A} = \frac{\partial [B]}{\partial A} \{u\} + [B] \frac{\partial \{u\}}{\partial A}$$

So erhält man

$$J = - \sum_{El} \sum_{i=1}^{2} \sum_{j=1}^{2} \left\{ \frac{\partial \det [J]}{\partial A} \cdot W(r_i,s_j) + \{\sigma\} \frac{\partial \{B\}}{\partial A} \{u\} \; \det [J] \right\}$$

$$- \frac{\partial \{u\}^T}{\partial A} \left\{ \sum_{El} \sum_{i=1}^{2} \sum_{j=1}^{2} \{\sigma\}[B] \det [J] - \{F\} \right\} - \{u\}^T \frac{\partial \{F\}}{\partial A}$$

Der Koeffizient von $\frac{\partial \{u\}^T}{\partial A}$ ist gerade die Differenz zwischen den inneren und den äußeren Kräften und verschwindet somit identisch. Werden die Rißufer als kräftefrei angenommen und tragen zum außen angelegten Kraftvektor $\{F\}$ keine Volumenkräfte bei, so ist außerdem $\partial\{F\}/\partial A = 0$ und es bleibt

$$J = - \sum_{El} \sum_{i=1}^{2} \sum_{j=1}^{2} \left\{ \frac{\partial \det [J]}{\partial A} \; W(r_i,s_j) + \{\sigma\} \frac{\partial \{B\}}{\partial A} \{u\} \; \det [J] \right\}$$

Der hier für den Fall der 2x2-Integration beschriebene Formalismus kann ohne Probleme auf 3x3-Integration und vor allem auf dreidimensionale Modelle erweitert werden. Der große Vorteil dieser Methode liegt darin, daß durch die virtuelle Rißvergrößerung ∂A im allgemeinen nur sehr wenige Elemente um die Rißfront betroffen sind und die Auswertung von J nach jedem Lastinkrement in einem FE-Programm nicht aufwendig ist. Für linear elastisches Materialgesetz findet man

$$J = -\frac{\partial}{\partial A}\left\{\sum_{El}\sum_{i=1}^{2}\sum_{j=1}^{2} W(r_i,s_j)\,\det[J]\right\}$$

$$= -\frac{1}{2}\{u\}^T\,\frac{\partial[K]}{\partial A}\,\{u\}$$

wobei [K] die Steifigkeitsmatrix der Struktur ist.

4. ANALYSE VON BRUCHMECHANIKPROBEN: ELASTISCH-PLASTISCH

Aus den Überlegungen in 1.2 konnte der Schluß gezogen werden, daß bei Bruchmechanikproben dreidimensionale Effekte nur in einem kleinen Bereich um die Rißfront auftreten, und daß sich der überwiegende Teil der Probe gut nach dem ESZ beschreiben läßt. 3D-Rechnungen sind immer noch sehr aufwendig, sowohl in der Modellbildung als auch in Rechenkosten und Auswertung. Andererseits hat man nur durch 3D-Modellbildung eine Möglichkeit, Vorgänge an der Rißfront richtig zu beschreiben. Daher wurde ein Versuch gemacht, diese Erkenntnisse in ein vereinfachtes mathematisches Modell umzusetzen.

Es wird nur der rißspitzennahe Bereich dreidimensional idealisiert, der Rest der Probe aber zweidimensional im ESZ (Bild 5). Man muß nun aber dafür sorgen, daß beide Teile des Modells geeignet und kompatibel miteinander verbunden werden. Das wird dadurch erreicht, daß alle 3D-Knoten, die auf dem Rand zwischen der 3D- und der 2D-Idealisierung liegen, sich in der 2D-Ebene gemeinsam mit ihren 2D-"Mutterknoten" bewegen müssen, in der Dickenrichtung aber frei sind.

Man kann sich diese Verbindung der beiden Netzteile durch die Vorstellung einer Vorhangstange veranschaulichen. Diese ist senkrecht zur 2D-Ebene an einem "Mutterknoten" fest montiert. Die zugehörigen 3D-Knoten sind über Ringe mit dieser Stange verbunden, die in Dickenrichtung frei gleiten können.

4.1 Kompaktprobe C40 aus St E 460

Aus einer Serie von Experimenten von Hollstein [11] wurde Experiment D45 vor allem deswegen zur Nachrechnung ausgewählt, weil hier die Rißfront des Ermüdungsanrisses nur wenig gekrümmt war. Das idealisierte Werkstoffgesetz ist in Bild 6 zusammen mit den Ergebnissen des Zugversuches gezeigt.

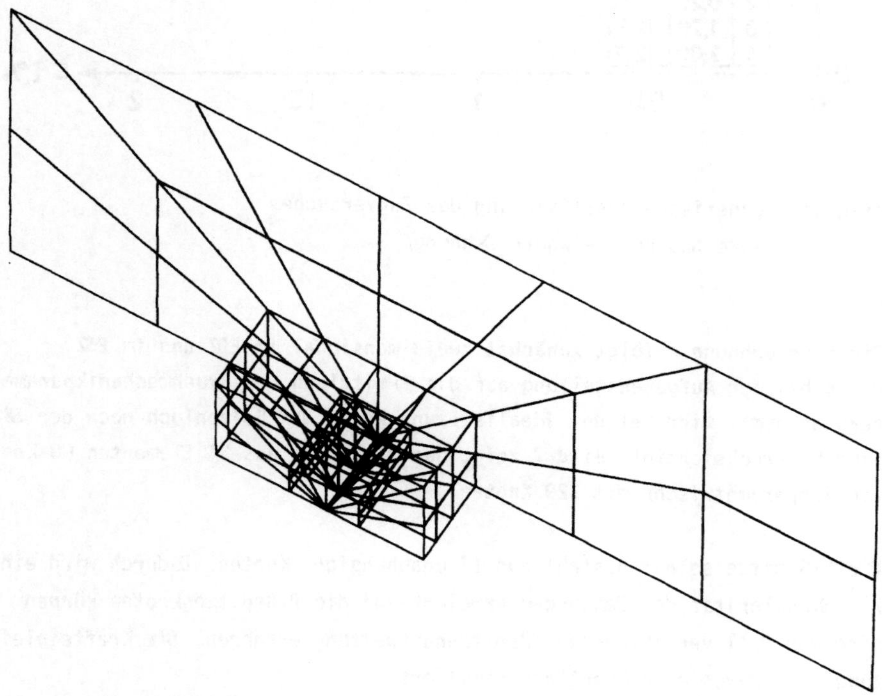

Bild 5: Reduziertes Modell 3D/ESZ

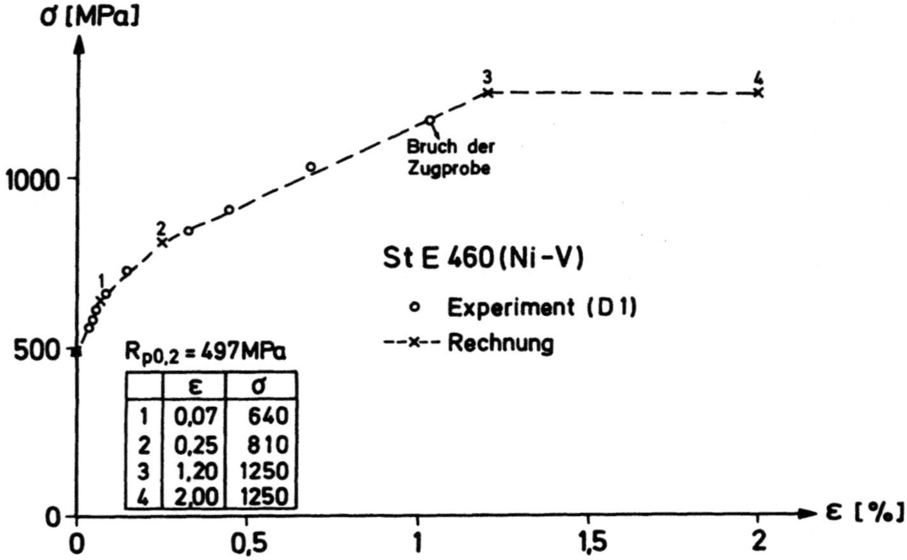

Bild 6: Rechnerische Idealisierung des Zugversuches
(wahre Spannung - wahre Dehnung)

Die Nachrechnung erfolgt zunächst zweidimensional im EDZ und im ESZ. Da es bei der Aufgabenstellung auf die Ermittlung von Bruchmechanikparametern ankommt, wird bei der Idealisierung weder das Bolzenloch noch der Sägekerb berücksichtigt. Bild 7 zeigt das 2D-Modell aus 34 Elementen (8-knotig isoparametrisch) mit 129 Knoten.

Die Rißspitze selbst besteht aus 17 unabhängigen Knoten. Dadurch wird eine r^{-1}-Singularität der Dehnungen erreicht und die Rißspitzenknoten können eine von Null verschiedene Rißspitzenaufweitung erfahren. Die Krafteinleitung wird durch eine Punktlast simuliert.

Alle Rechnungen werden mit dem Programm ADINA [12] unter Anwendung eines 2x2-Integrationsschemas (2x2x2 bei 3D) gemacht. Die Last wird in 8 bzw. 10 Schritten aufgebracht. In jedem Schritt wird die Steifigkeitsmatrix reformiert und es werden Gleichgewichtsiterationen bis zum Erreichen der Standard-ADINA-Toleranzen vorgenommen.

Für die 3D-Rechnung wurde aus dem 2D-Grundnetz ein vereinfachtes 3D-Netz (vgl. Abb. 5) generiert.

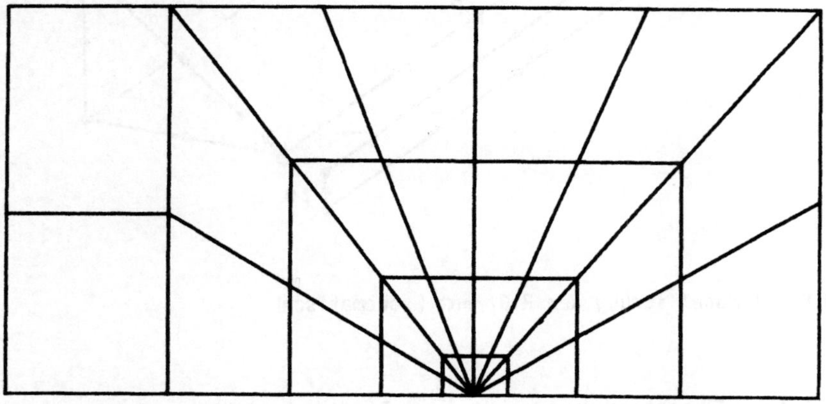

Bild 7: 2D-Netz, grobes Modell

Wie im 2D-Fall sind um die Rißspitze kollabierte Elemente gelegt, wobei eine Fläche eines Elementes zu einer Linie, der Rißfront, zusammenfällt. Die auf der Rißfront liegenden Knoten haben unabhängige Freiheitsgrade senkrecht zur Rißfront. Rißfrontknoten mit identischen Dickenpositionen müssen aus Gründen der Kompatibilität gemeinsame Bewegungen in Dickenrichtung ausführen. Das wird in ADINA durch die Eingabe von "Constraint equations" erreicht, wodurch als Zwangsbedingung die Erfüllung linearer Gleichungen zwischen beliebigen Freiheitsgraden des FE-Modells verlangt werden. Die Rißfrontmodellierung für 3D-Fälle ist schematisch in Bild 8 gezeigt.

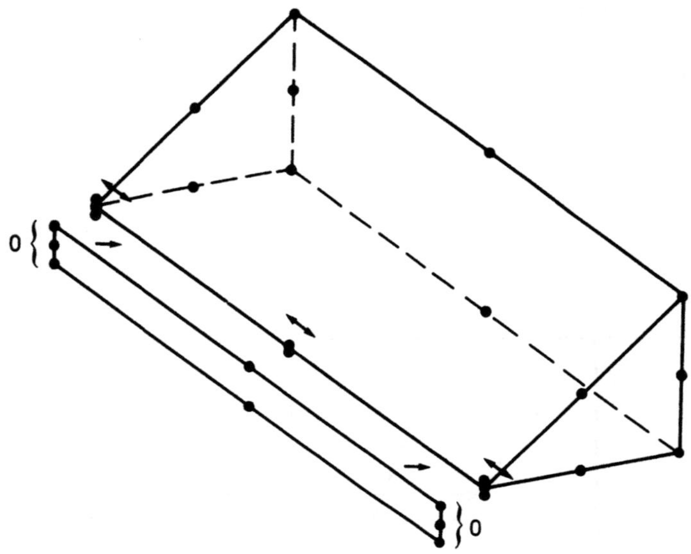

Bild 8: 3D-Modellierung der Rißfront (schematisch)

Durch diese Elementanordnung wird eine r^{-1}-Singularität der Dehnungen senkrecht zur Rißfront erreicht. Für die Steifigkeits- und Spannungsberechnung wird ein 2x2x2-Integrationsschema verwendet.

Die Lasteinteilung erfolgt über Punktlast bzw. Punktverschiebung, wobei im 3D-Fall allen Punkten der Lasteinleitungslinie eine gemeinsame Verschiebung in Lastrichtung aufgezwungen wird (constraint equations). Dies simuliert einen im Vergleich zum Probenmaterial steifen Bolzen. Die J-Berechnung geschieht auch dreidimensional nach (5), wobei abwechselnd Teile der Rißfront nach dem Schema in Bild 9 verschoben werden. Damit kann die lokale Änderung von J entlang der Rißfront bestimmt werden.

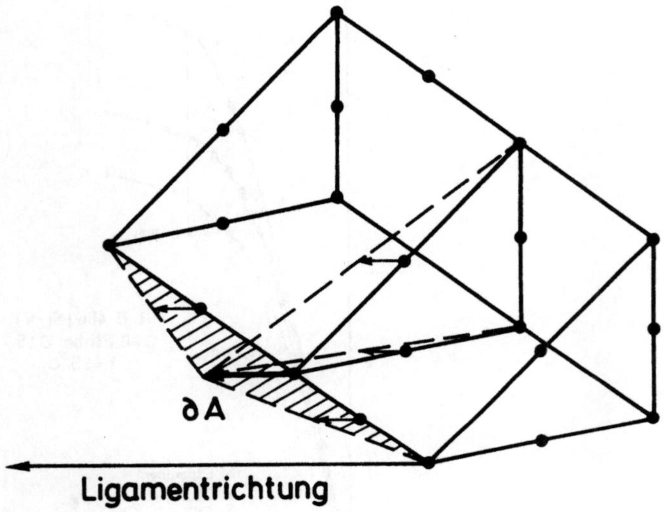

Bild 9: Virtuelle Rißverlängerung 3D (schematisch)

Vor allem im nichtlinearen Bereich ist es wichtig, daß auch bei einer virtuellen Verschiebung von Knoten die Elementseiten gerade bleiben. Daher müssen neben den Knoten der Rißfront selbst auch noch mehrere Nachbarknoten mit anteiligen virtuellen Verschiebungen versehen werden. Der so ermittelte Wert von J im 3D-Fall gilt dann sinngemäß für das gesamte Flächenelement ∂A der Rißfront, so daß die Zuordnung zu einer bestimmten Dickenposition nicht eindeutig ist. Hier wird J der Position des ursprünglich zu verschiebenden Knotens zugeordnet.

In Bild 10 sind die berechneten Last-Aufweitungskurven der experimentellen gegenübergestellt. Es zeigt sich eine sehr gute Übereinstimmung der 3D-Rechnung mit dem Experiment.

Bild 11 zeigt den Verlauf von J über die Probendicke aus der 3D-Rechnung. Man erkennt, daß J in der Probenmitte immer größer ist als an der Oberfläche. Diese Tendenz nimmt mit steigender Last und damit stärker werdender Plastifizierung des Rißfrontbereiches stark zu. Ein solcher Effekt wurde auch von deLorenzi und Shih [13] beobachtet.

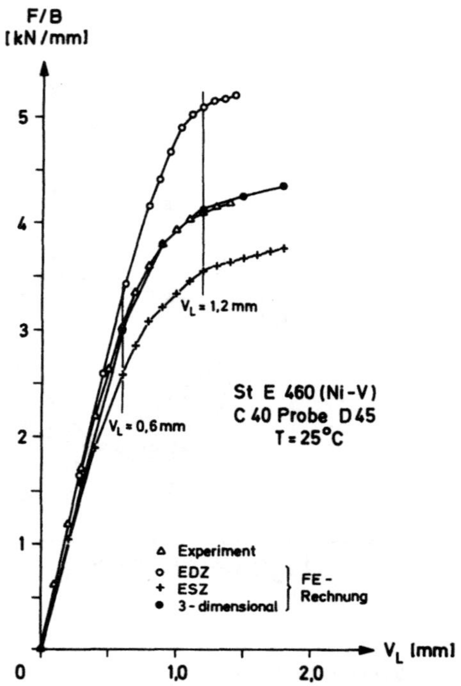

Bild 10: Last-Aufweitungskurven

Ähnlich gute Übereinstimmung zeigt sich in Bild 12, wo gemessene und berechnete J-Integralwerte als Funktion der Verschiebung des Lastangriffspunktes dargestellt sind. Bei den dreidimensional berechneten J-Werten handelt es sich um nach

$$J = 1/B \int J(b)\, db$$

berechnete Durchschnittswerte, die experimentellen Werte sind nach der Vielprobentechnik (vgl. [11]) ermittelt. In Bild 13 sind gemessene und berechnete J-Werte über $R_{p0,2}\delta$ aufgetragen. Es zeigt sich eine gute Übereinstimmung der dreidimensional berechneten Werte mit den Experimenten. Der erwartete lineare Zusammenhang zwischen J und $R_{p0,2}\delta$ ist mit $\beta = 1,55$ gut erfüllt.

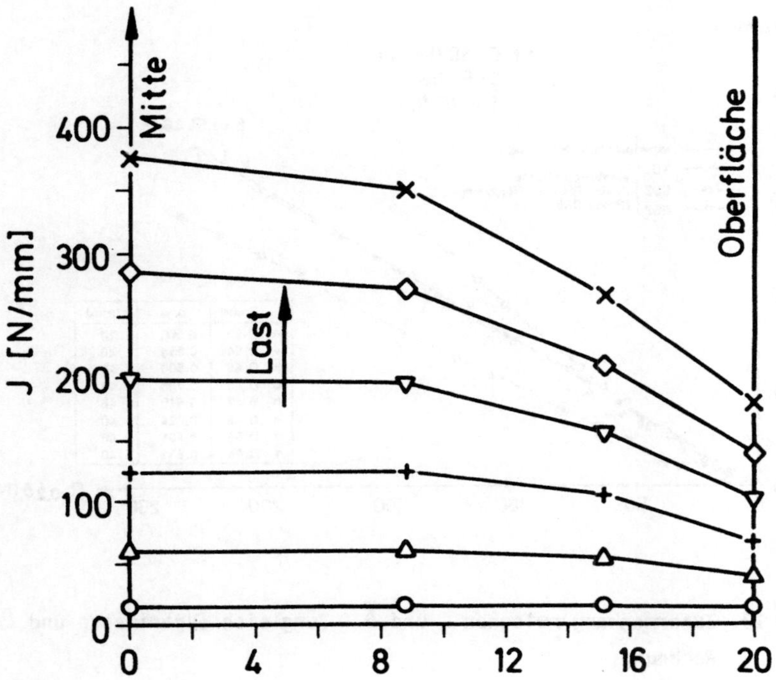

Bild 11: J über die Probendicke für verschiedene Lasten

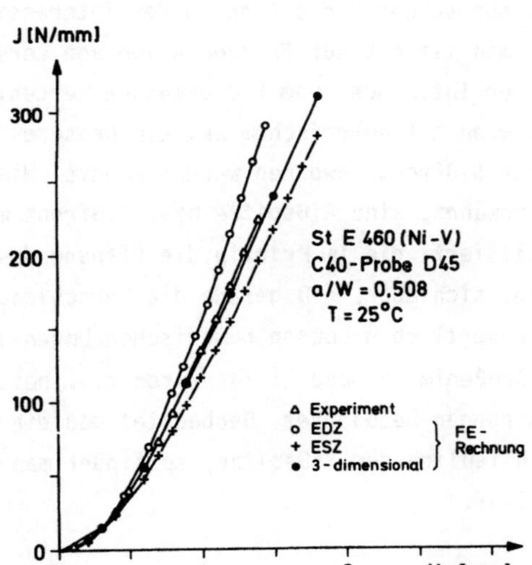

Bild 12: J-Integral gemessen und gerechnet

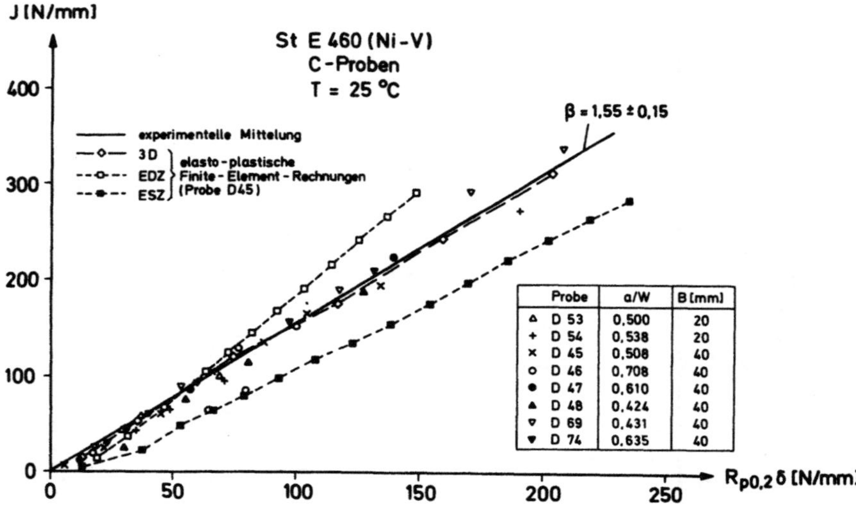

Bild 13: Zusammenhang zwischen J und δ - Vergleich Experimente und Rechnung -

Neben dem J-Integral ist für den Experimentator und auch für den Numeriker die Bestimmung der Rißspitzenaufweitung δ von großem Interesse. Sie ist experimentell nur schwer und selten an der interessierenden Stelle direkt zu messen, und man ist oft auf Extrapolation von Verschiebungen angewiesen, die in einiger Entfernung vom Riß gemessen werden. So wäre es sehr wünschenswert, wenn auf numerischem Weg ein besseres Verständnis der Vorgänge direkt an der Rißfront gewonnen werden könnte. Wie bei der Beschreibung der FE-Modelle erwähnt, sind Rißspitze bzw. Rißfront mit unabhängigen Mehrfachknoten idealisiert, die im Prinzip die Öffnung des Risses im Modell erlauben. Es zeigt sich aber, daß gerade die Verschiebungen der Rißspitzenknoten selbst mit wesentlich größeren numerischen Ungenauigkeiten behaftet sind als andere Größenim FE-Modell. Das wurde z.B. bei zweidimensionalen Konvergenzuntersuchungen beobachtet. Beobachtet man die Verschiebungen des Rißufers einschließlich der Rißspitze, so findet man etwa den in Bild 14 gezeigten Verlauf.

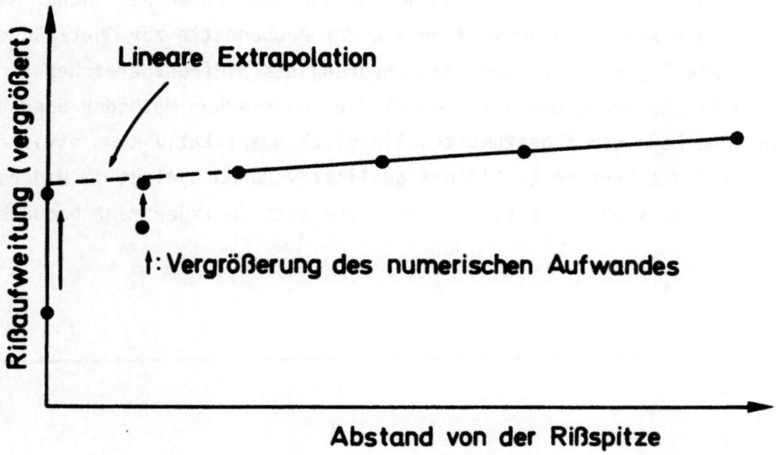

Bild 14: Verschiebung der Rißuferknoten schematisch
- Einfluß des numerischen Aufwandes -

Erhöhung der Genauigkeitsanforderungen (Konvergenztoleranzen etc.) führt dazu, daß sich die Verschiebungen der Rißspitzenknoten den extrapolierten Werten annähern, andere Verschiebungen sich jedoch nur ganz unwesentlich ändern.

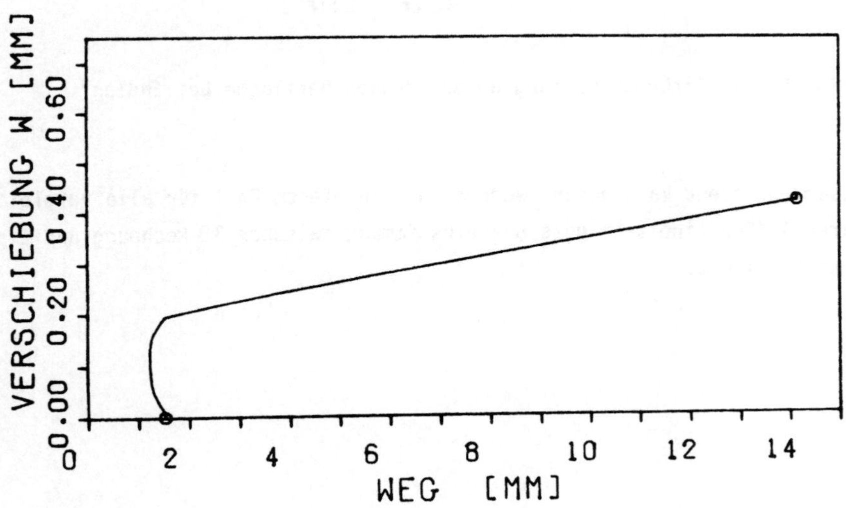

Bild 15: Rißflankenaufweitung in Probenmitte bei Endlast

Bild 15 und 16 zeigen die berechneten Rißuferverschiebungen in der Nähe der Rißspitze bei Endlast für die Probenmitte und die Probenoberfläche. Man erkennt, daß die Rißspitzenaufweitung von der Probenmitte zur Oberfläche deutlich abfällt, was mit einer Einschnürung des Rißfrontbereiches an der Probenoberfläche verbunden ist. Obwohl die numerischen Methoden über die tatsächliche Form der abgestumpften Rißspitze quantitativ kaum etwas aussagen, scheint die berechnete Rißform qualitativ dennoch nicht im Widerspruch zur Realität zu stehen, da solche Phänomene auch im Experiment beobachtet wurden.

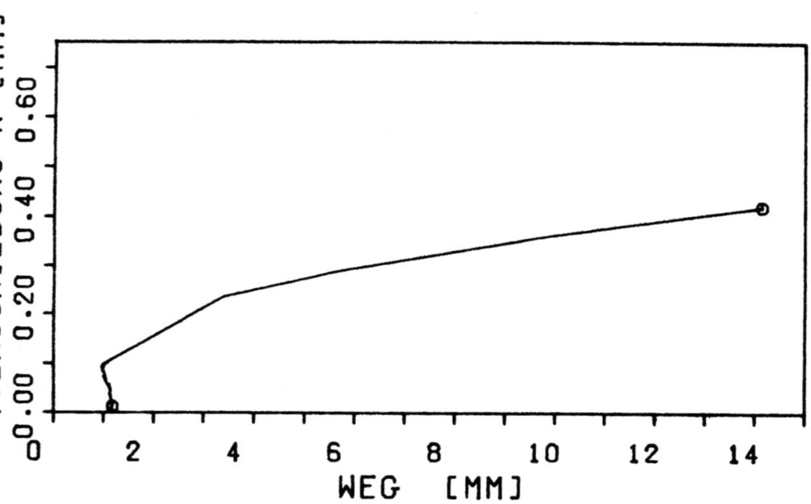

Bild 16: Rißflankenaufweitung an der Probenoberfläche bei Endlast

Zusammenfassend kann gesagt werden, daß in diesem Fall für alle vergleichbaren Größen eine sehr gute Übereinstimmung zwischen 3D-Rechnung und Experiment besteht.

4.2 Einseitig gekerbte Flachzugprobe

Hollstein berichtet in [11] auch über Versuche an einseitig gekerbten Flachzugproben. Zur Auswertung der Experimente muß zunächst die elastische Nachgiebigkeit der Proben als Funktion der Rißlänge bestimmt werden. Da bei den beschriebenen Experimenten die Ober- und Unterseiten der Proben fest eingespannt waren, können die in der Literatur vorliegenden Ergebnisse für Bolzenbelastung nicht übernommen werden.

Zusätzlich zu den experimentellen Messungen werden daher auch 2D-Nachrechnungen solcher Proben linear elastisch durchgeführt. Bild 17 zeigt das verwendete Netz für eine Rißlänge. Es besteht aus 68 Elementen mit 229 Knoten. Die Rißspitzenelemente sind wieder kollabiert, wobei nun eine $r^{-1/2}$-Singularität modelliert ist. Nach der früher durchgeführten Konvergenzstudie müßte bei einem derart feinen Netz mit Abweichungen in den Verschiebungen von nicht mehr als etwa 1 % gerechnet werden.

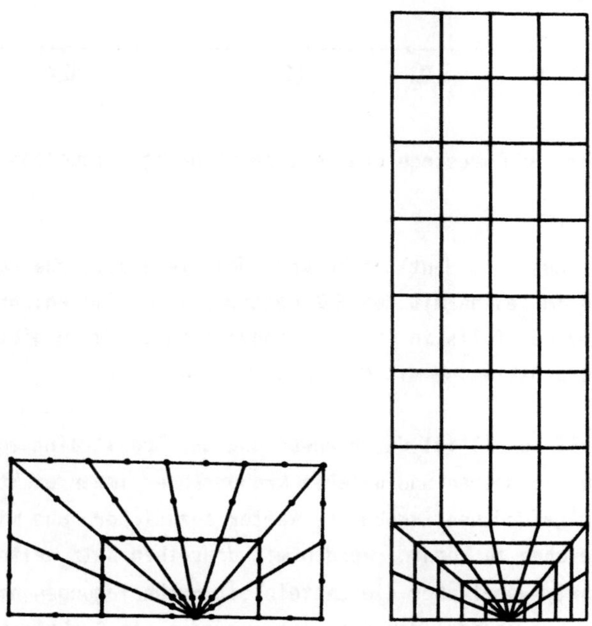

Bild 17: 2D-Modell der Flachzugprobe

In Bild 18 zeigt sich, daß die unter Annahme des EDZ für unterschiedliche Rißlängen berechneten Nachgiebigkeiten systematisch etwa 10% unter den experimentellen Werten liegen.

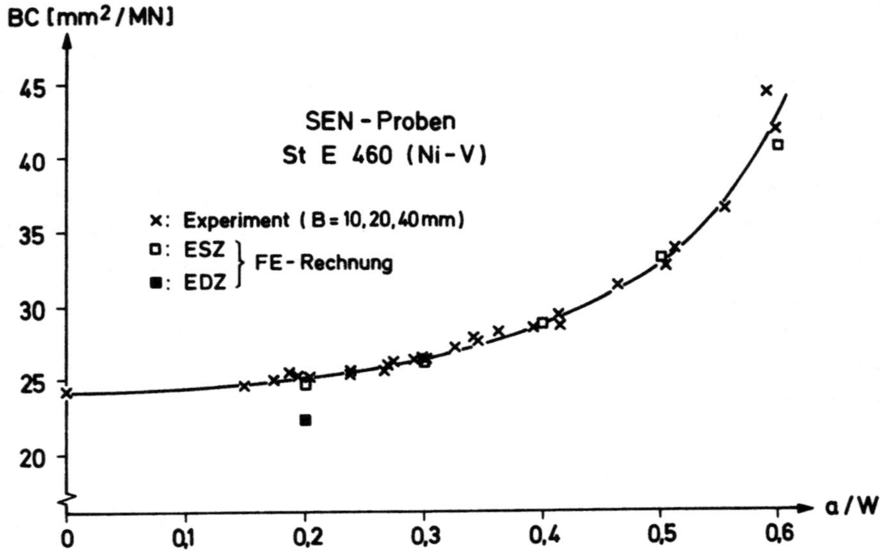

Bild 18: Gemessene und berechnete Nachgiebigkeiten

Hieraus geht deutlich hervor, daß die elastische Nachgiebigkeit dieser Proben am besten mit den ESZ bestimmt wird. Die entsprechenden FE-Ergebnisse sind ebenfalls in Bild 18 eingezeichnet. Nun ergibt sich eine sehr gute Übereinstimmung mit den Experimenten.

Im FE-Modell ist durch Anwendung der "constraint equations" dafür gesorgt, daß die oberen und unteren Probenränder immer exakt waagrecht bleiben. Um die gefundenen Ergebnisse weiter abzusichern und mit Literaturwerten vergleichen zu können, werden mit demselben Netz weitere Rechnungen durchgeführt, wobei aber die Lasteinleitungsbedingungen am Rand dahingehend modifiziert werden, daß die Last entweder als Punktlast oder als Linienlast aufgegeben wird und die Bedingung des waagrechten Randes aufgehoben wird. Es ist zwischen Punkt- und Linienlast kein Unterschied im Ergebnis festzustellen, und es besteht gute Übereinstimmung mit vergleichbaren Literaturergebnissen.

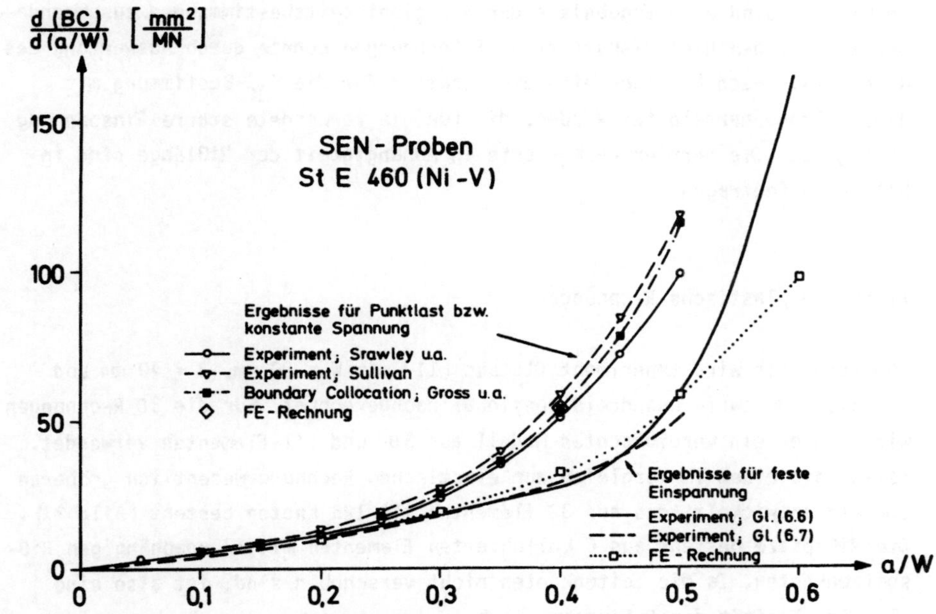

Bild 19: Ableitung der Nachgiebigkeiten für unterschiedliche Randbedingungen (Experimente, Literatur und FE-Rechnung)

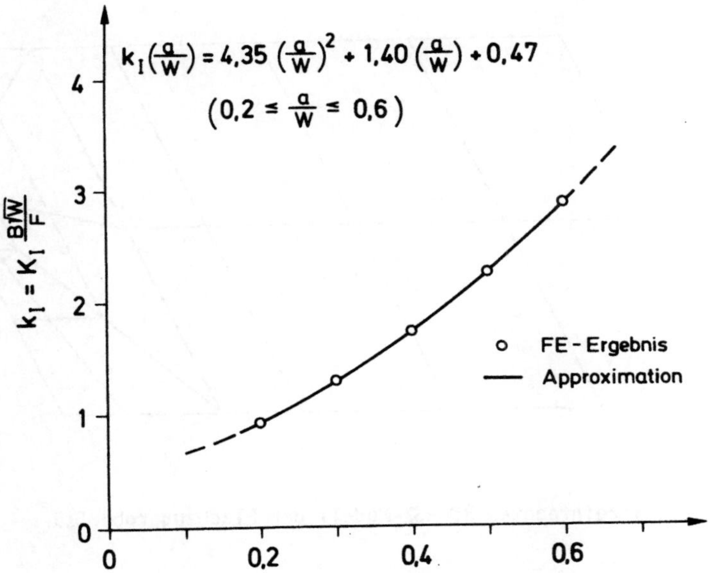

Bild 20: k_I über die Rißlänge für Flachzugproben

In Bild 19 sind alle Ergebnisse der Nachgiebigkeitsbestimmungen zusammengetragen. Aus den hier diskutierten FE-Rechnungen konnte durch Auswertung des J-Integrals nach (5) auch eine Eichfunktion für die K_{Ic}-Bestimmung mit dieser Probe hergeleitet werden, die für die verwendete starre Einspannung gültig ist. Die normierten K_I-Werte in Abhängigkeit der Rißlänge sind in Bild 20 aufgetragen.

Elastisch-plastische Rechnungen

Zum Vergleich wird Experiment D15 aus [11] mit W = 80 mm, B = 40 mm und a = 31,52 mm zwei- und dreidimensional nachgerechnet. Für die 3D-Rechnungen wird wieder ein vereinfachtes Modell aus 3D- und ESZ-Elementen verwendet. Es ist aus einem im Vergleich zur elastischen Rechnung wesentlich gröberen 2D-Netz entwickelt, das aus 32 Elementen mit 125 Knoten besteht (Bild 21). Die Rißspitze besteht aus 6 kollabierten Elementen mit 13 unabhängigen Rißspitzenknoten. Da die Seitenknoten nicht verschoben sind, ist also eine r^{-1}-Singularität der Dehnungen gegeben.

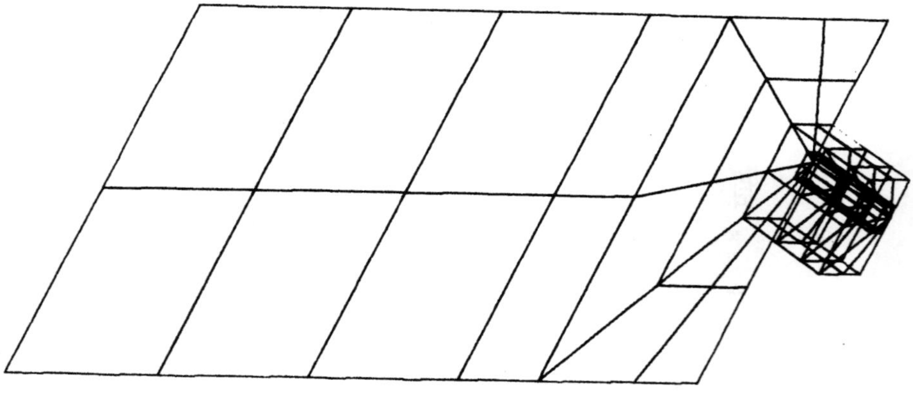

Bild 21: Vereinfachtes 3D-ESZ-Modell der Flachzugprobe D15

Zunächst wird bei den Rechnungen davon ausgegangen, daß der obere Probenrand waagrecht bleibt. In Bild 22 sind die Last-Aufweitungsdiagramme der Rechnungen und des Experimentes gegenübergestellt, wobei eine sehr schlechte Übereinstimmung festzustellen ist. Selbst die ESZ-Rechnung überschätzt die tatsächlich im Experiment gemessene Kraft.

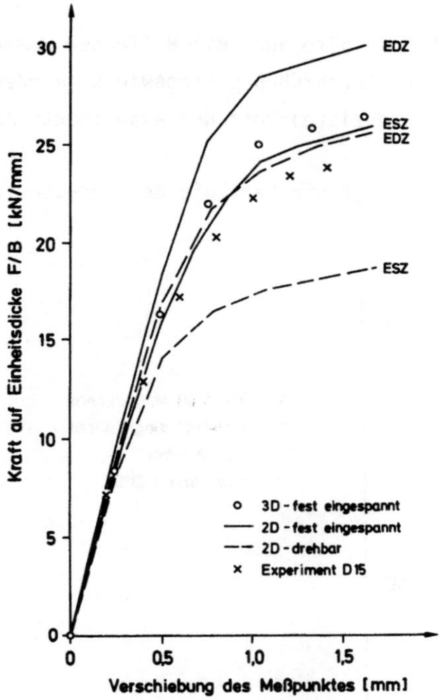

Bild 22: Last-Aufweitungsdiagramm von Flachzugproben

Da im Vergleich zu früheren Untersuchungen eine gleichwertige Numerik eingesetzt wurde und auch kein Grund ersichtlich ist, warum die Meßergebnisse fehlerhaft sein sollten, muß die gefundene Abweichung in der Modellbildung gesucht werden. Da bereits aus den elastischen Ergebnissen hervorgeht, welch großen Einfluß die Behandlung der Probenränder hat, werden die 2D-Rechnungen wiederholt. Jetzt muß der obere Rand zwar immer noch gerade bleiben, er darf aber einen beliebigen Winkel zur Horizontalen einnehmen, wobei dieser Drehung im Modell kein Widerstand entgegengesetzt wird. Somit wird jetzt der Fall modelliert, daß der obere (und untere) Probenrand durch die Klemmbacken noch unverrutschbar umfaßt wird, daß aber die Krafteinleitung durch die Maschine in seitlicher Richtung nicht starr ist. Es wurde aber nicht versucht, die Steifigkeit der Maschine bezüglich dieser Querbewegung abzuschätzen. Sie wird im Modell zu Null gesetzt, so daß man erwarten kann, daß die neuen Rechnungen eine untere Grenze für die Kräfte geben werden. Die Ergebnisse dieser Rechnungen sind in Bild 22 ebenfalls eingezeichnet und es zeigt sich, daß die gemessenen Kräfte tatsächlich zwischen den von den beiden Modellen vorhergesagten liegen.

Hier konnte also auch mit Hilfe der Numerik auf ein Problem in der experimentellen Durchführung hingewiesen werden, das die Interpretierbarkeit und die Reproduzierbarkeit der experimentellen Ergebnisse beeinträchtigen kann.

Bild 23 zeigt die Verläufe der gerechneten und gemessenen J-Werte mit der Last.

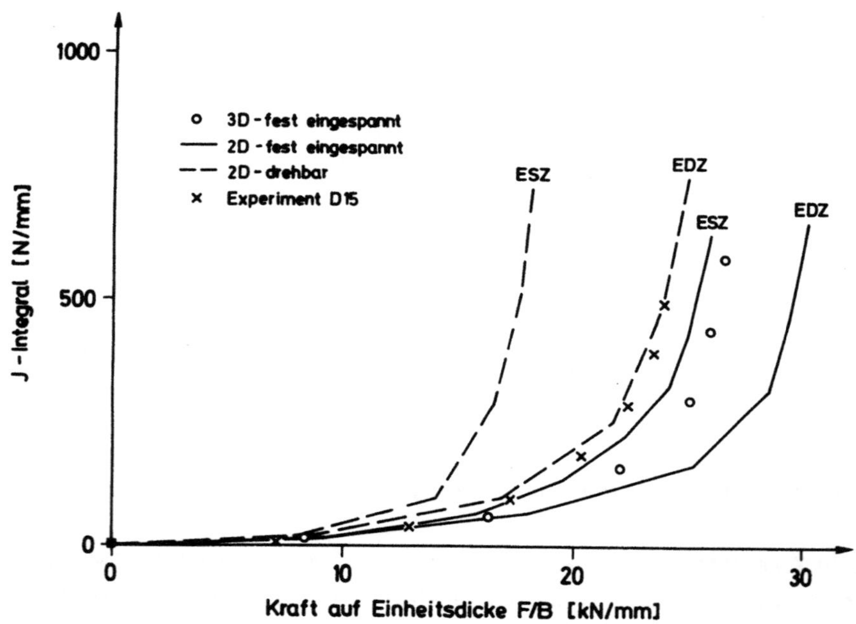

Bild 23: J über normierter Last, unterschiedliche Modelle

Hier wie auch in Bild 24, welches J über die Verschiebung zeigt, treten wieder die Differenzen der verschiedenen Modelle mit der Realität auf.

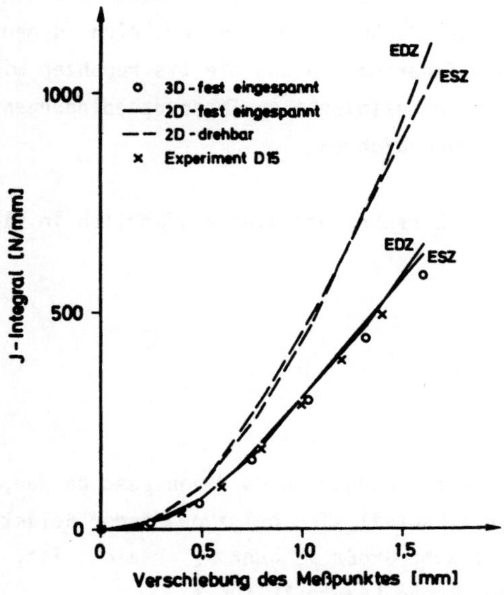

Bild 24: J über der Verschiebung an der Stelle der Messung im Experiment

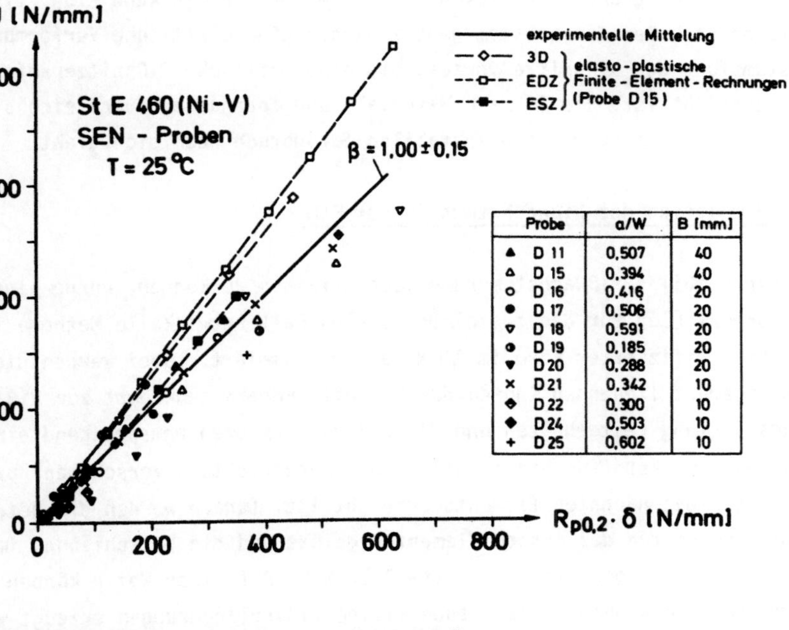

Probe	a/W	B [mm]
▲ D 11	0,507	40
△ D 15	0,394	40
○ D 16	0,416	20
● D 17	0,506	20
▽ D 18	0,591	20
● D 19	0,185	20
▼ D 20	0,288	20
× D 21	0,342	10
◇ D 22	0,300	10
◆ D 24	0,503	10
+ D 25	0,602	10

Bild 25: Rißspitzenaufweitung und J- Integral

Bild 25 zeigt für Flachzugproben den Zusammenhang zwischen δ und J aus den Experimenten und aus der Rechnung. Die im Vergleich zu den Kompaktproben große Streuung in den Experimenten und die Diskrepanzen mit der Rechnung sind wohl auf die schwer definierbaren Einspannbedingungen am oberen und unteren Probenrand zurückzuführen.

Die hier vorgestellten Berechnungen sind ausführlich in [14] beschrieben.

5. STABILES RISSWACHSTUM

Bei den bisherigen Untersuchungen wurde davon ausgegangen, daß ein Riß in einer Probe bzw. einem Bauteil sich bei zunehmender Belastung solange aufweitet, bis eine kritische Größe J_i oder δ_i erreicht ist, die zum instabilen Versagen der Probe (Bauteil) führt.

In der Realität kann sich der Riß jedoch schon bei geringeren Lasten als der Maximallast stabil ausbreiten, und es bedarf teilweise je nach Werkstoff und Beanspruchung des zwei- bis dreifachen Wertes der Initiierungszähigkeit, um ein Rißwachstum von wenigen mm zu erzeugen, das sicherheitstechnisch bei großen Wanddicken noch toleriert werden kann [15]. Einem solchen stabilen Rißwachstum geht zunächst eine plastische Verformung und Abstumpfung der Rißspitze voraus, bis eine kritische Rißspitzenaufweitung δ_i erreicht ist, die je nach Material- und Spannungszustand eine stabile Rißverlängerung oder einen instabilen Sprödbruch nach sich zieht.

5.1 Simulation des Rißwachstums in der FEM

Um ein stabiles Rißwachstum numerisch erfassen zu können, wurde eine von de Lorenzi [16] für den zweidimensionalen Fall entwickelte Methode in leicht modifizierter Form im ADINA einprogrammiert. Dabei werden die auf dem Ligament liegenden Knoten durch steife Federn senkrecht zur Rißausbreitungsrichtung festgehalten und die Rißspitzenknoten entsprechend einem eingegebenen Werkstoffgesetz in der Ausbreitungsrichtung verschoben, bis der Eckknoten des nächsten Elements erreicht ist. Danach werden die beiden Stäbe der Knoten des ersten Elementes gelöst und die Verschiebung im zweiten Element fortgesetzt ist (siehe Bild 26). Auf diese Weise können mit einem relativ groben FE-Netz auch kleine Rißverlängerungen erzeugt werden.

Als das Rißwachstum steuerndes Werkstoffgesetz kann entweder eine beliebige gemessene Verschiebung (z.B. Rißspitzenaufweitung, Rißuferverschiebung) oder das J-Integral als Funktion der Rißverlängerung Δa eingegeben werden.

5.2 Nachrechnung einer Kompaktprobe

Um sich an bereits vorhandenen Daten orientieren zu können, wurde im ersten Schritt die von Shih u.a. [17] verwendete 4T Kompaktprobe T52 aus dem Stahl A533B nachgerechnet.

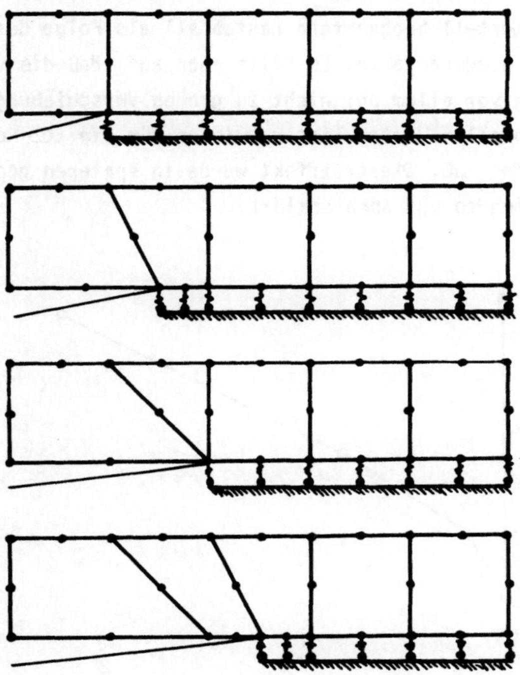

Bild 26: Simulation des Rißwachstums in der FEM

Die Abmessungen der Probe betragen W = 203,2 mm, B = W/2, H = W, a_0 = 117,2 mm (a_0/W = 0,577). Der verwendete Werkstoff hat eine Fließgrenze $R_{p0,2}$ = 413,7 N/mm^2 und eine näherungsweise logarithmische Verfestigung [17], die durch einen Polygonzug in ADINA eingegeben wird.

Da die Probe zu 25% seitengekerbt ist, erfolgen die Berechnungen im EDZ, die Verschiebungen des Lastangriffspunktes v_L werden von 1 bis 15 mm kontinuierlich gesteigert und als Rißwachstumsgesetz wird die gemessene Rißuferverschiebung in der Lasteinleitungslinie ($\approx v_L$) in Abhängigkeit des Rißzuwachses Δa eingegeben (Bild 27).

Bild 28 zeigt die berechnete, auf die Nettoprobenbreite normierte Kraft über der Verschiebung der Lastlinie. Zum Vergleich sind auch die von Shih et al. in [17] angegebenen experimentellen und numerischen Ergebnisse mit aufgenommen. Beide Rechenergebnisse stimmen qualitativ und auch quantitativ recht gut mit den Experimenten überein. Insbesondere wird in beiden Fällen der experimentell beobachtete Lastabfall als Folge des stabilen Rißwachstums richtig wiedergegeben. Es fällt aber auf, daß die von uns im EDZ berechneten Kräfte vor allem bei nicht zu großen Verschiebungen deutlich über den experimentellen Werten liegen, wie es für ein EDZ-Modell eigentlich erwartet werden muß. Dieser Effekt wurde in späteren genaueren Analysen [18] wiedergefunden und auch erklärt.

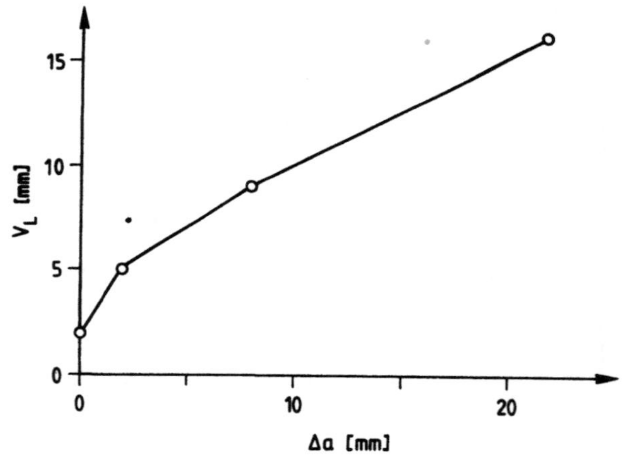

Bild 27: Rißwachstums-Steuerung v_L über Δa

Bild 29 zeigt das berechnete J-Integral über der Verschiebung der Lastlinie. Zunächst stimmen unsere Ergebnisse mit denen von Shih et al. [17] über einen weiten Bereich sehr gut überein. Insbesondere ist der für den Grenzlastbereich - aufgrund der näherungsweisen Proportionalität von J mit der an der Probe geleisteten Arbeit - erwartete lineare Zusammenhang zwi-

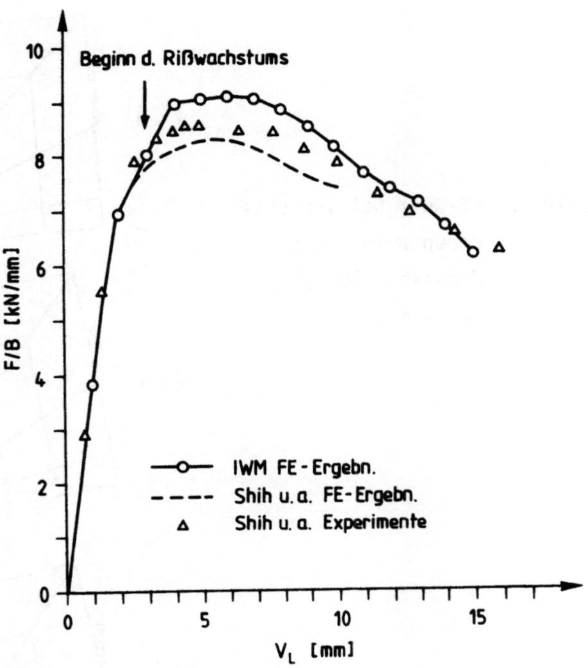

Bild 28: Last-Aufweitungs-Kurve

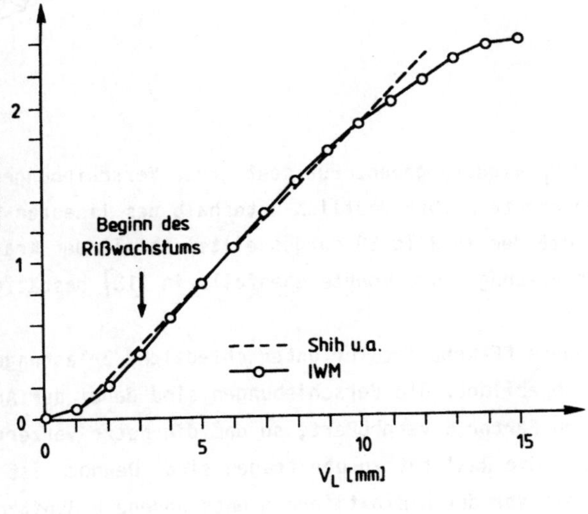

Bild 29: Zusammenhang zwischen J-Integral und Rißuferverschiebung

Bild 30: FE-Netz bei verschiedenen Belastungen
Maßstab 0.50 : 1
Verz. = 5.

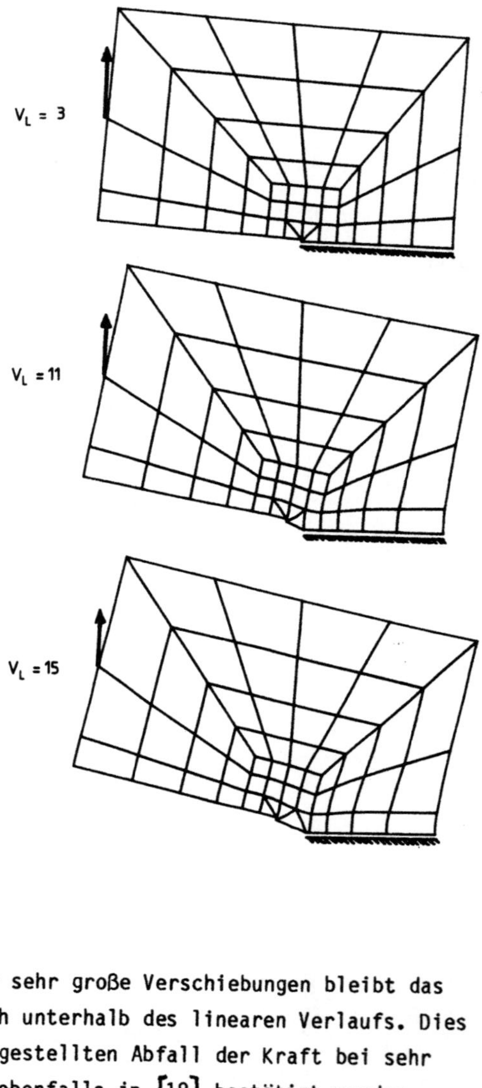

schen J und V_L wiedergegeben. Für sehr große Verschiebungen bleibt das von uns berechnete J aber deutlich unterhalb des linearen Verlaufs. Dies korreliert mit dem in Bild 28 dargestellten Abfall der Kraft bei sehr großen Verschiebungen und konnte ebenfalls in [18] bestätigt werden.

Das verschobene FE-Netz ist für unterschiedliche Belastungen (v_L=3,11,15) in Bild 30 abgebildet. Die Verschiebungen sind dabei der Anschaulichkeit halber um den Faktor 5 vergrößert, so daß die Netze verzerrt und nicht unmittelbar auf die Realität zu übertragen sind. Dennoch ist deutlich zu sehen, daß die vor der Rißinitiierung entstandene Rißspitzenaufweitung nach einer Rißverlängerung weiterhin erhalten bleibt.

6. ZUSAMMENFASSUNG

Es wurde versucht, deutlich zu machen, wie wichtig bei numerischen Untersuchungen die richtige Modellbildung ist und wie weit dem gegenüber gelegentlich die Qualitat der eigentlichen Numerik innerhalb eines Modells zurücktritt.

Die Anwendbarkeit der FEM auf bruchmechanische Probleme auch im elastisch-plastischen Bereich wurde demonstriert, wobei die Betonung auf eine der Problemstellung angemessene Anpassung der Methoden gelegt wurde.

Es wurde deutlich, daß in vielen Fällen nur dreidimensionale Modelle ein wirkliches Verstehen der Vorgänge im Rißfrontbereich erlauben. Es ist daher vorzuziehen, mit gröberer Idealisierung dreidimensional zu rechnen, als innerhalb eines an sich unzulänglich zweidimensionalen Modells perfekte Numerik zu betreiben. Die Ergebnisse numerischer Berechnungen können nicht besser sein als das zugrundeliegende Modell.

Wo Vergleiche mit Experimenten möglich waren, zeigte sich meist eine gute Übereinstimmung, vor allem bei dreidimensionalen Berechnungen. Diskrepanzen konnten befriedigend aufgeklärt werden.

Durch ein Verschieben und Loslösen der Rißspitzenknoten konnten die numerischen Untersuchungen auf den Fall des stabilen Rißwachstums erweitert und angewandt werden, wobei die Möglichkeit geschaffen wurde, in weiteren Untersuchungen und vor allem durch den Vergleich mit Experimenten der Frage des J-kontrollierten Rißwachstums nachzugehen.

7. LITERATUR

[1] Mendelson, A.: Plasticity: Theory and Applications, MacMillan, New York (1970)

[2] Rice, J.R., Rosengren, G.F.: Plane Strain Deformation Near a Crack Tip in a Power-Law Hardening Material, J. Mech. Phys. Solids, Vol. 16 (1968), 1-12

[3] Hutchinson, J.W.: Singular Behaviour at the End of a Tensile Crack in a Hardening Material, J. Mech. Phys. Solids, Vol. 16 (1968), 13-31

[4] McClintock, F.A.: Plasticity Aspects of Fracture, in: Fracture - An Advanced Treatise, Ed. H. Liebowitz, Vol. III, Academic Press, New York and London (1971), 47-225

[5] Rice, J.R.: A Path Independent Integral and the Approximate Analysis of Strain Concentration by Notches and Cracks, Journal of Applied Mechanics (1968) 379-386

[6] Henshell, R.D., Shaw, K.G.: Crack Tip Finite Elements Are Unnecessary, Int. J. Num. Meth. Engn., 9 (1975), 496-507

[7] Barsoum, R.S.: Triangular Quarter-Point Elements as Elastic and Perfectly-Plastic Crack Tip Elements, Int. J. Num. Meth. Engn., 11 (1977), 85-98

[8] Zienkiewicz, O.C.: The Finite Element Method, McGraw-Hill, London (1977)

[9] Parks, D.M.: A Stiffness-Derivative Finite Element Technique for Determination of Elastic Crack Tip Stress Intensity Factors, Int. J. of Fracture, 10 (1974), 487-502

[10] Parks, D.M.: The Virtual Crack Extension Method for Nonlinear Material Behavior, Comp. Methods Appl. Mech. Eng., 12 (1977), 353-364

[11] Hollstein, T.: Experimentelle Untersuchungen zum Verhalten von Rissen bei elasto-plastischen Werkstoffverformungen. IWM-Bericht W 1/82

[12] Bathe, K.H.: ADINA, a Finite Element Program for Automatic Dynamic Incremental Nonlinear Analysis, Report 82 448-1, Massachusetts Institute of Technology, Cambridge, Mass., USA, (1980)

[13] DeLorenzi, H.G., Shih, C.F.: 3-D Elastic-Plastic Investigation of Fracture Parameters in Side-Grooved Compact Specimens, General Electric Technical Information Series, Report No. 80 CRD 211 (1980)

[14] Schmitt, W.: Anwendung der Methode der finiten Elemente unter besonderer Berücksichtigung dreidimensionaler und elastisch-plastischer Probleme. IWM-Bericht W 2/82

[15] Blauel, J.G.: Konzepte und Möglichkeiten der Fließbruchmechanik zur Bewertung der Bruchsicherheit. 6. MPA Seminar "Bruchkonzepte und zerstörungsfreie Prüfverfahren", Stuttgart, 9. und 10. Okt. 1980

[16] DeLorenzi, H.G.: Methodology for plastic fracture. J-Integral and crack growth calculations with the FE-program ADINA. Contract RP 601-2, Electric Power Research Institute, Palo Alto, California, 1978

[17] Shih, C.F., de Lorenzi, H.G., Andrews, W.R.: Studies on Crack initiation and stable crack growth. In: Elastic-plastic fracture, ASTM STP 668, Atlanta 1977

[18] Siegele, D., Stöckl, H., Schmitt, W.: Numerische Ermittlung des J-Integrals unter Berücksichtigung stabiler Rißerweiterung 13. Sitzung AK Bruchvorgänge im DVM, Hannover, Oktober 1981

Dr. Winfried Schmitt
Dipl.-Ing. Dieter Siegele
Fraunhofer-Institut für Werkstoffmechanik
Rosastr. 9
D-7800 Freiburg, BRD

BRUCHMECHANISCHE BERECHNUNGEN VON SCHRAUB- UND SCHWEISSVERBINDUNGEN

D.F.FISCHER, E.T.TILL und F.G.RAMMERSTORFER

1. Einführung

Die klassische Methode zur Bemessung von Konstruktionen mittels konservativer Auslegungskriterien und Berücksichtigung eines Sicherheitsfaktors hat sich bisher in den meisten Fällen bewährt. Doch in den letzten Jahren ist der Berechnungsingenieur in zunehmendem Maße mit bruchmechanischen Konzepten konfrontiert. Die heute bereits weit verbreiteten numerischen Methoden der Spannungsanalyse erlauben eine - gegenüber der herkömmlichen, vielfach bei weitem zu konservativen Berechnungsmethode - wesentlich genauere Erfassung der tatsächlichen Beanspruchung des Materials. Dies kommt dem Trend entgegen, aus wirtschaftlichen Erwägungen eine effektivere Ausnutzung der in ihrer Qualität gesteigerten Materialien zu gewährleisten. Diese neue Situation erfordert ein geändertes Sicherheitsdenken, in dem bruchmechanische Betrachtungen notwendig werden. Andererseits ist das Bestreben nach höherer Sicherheit (insbesondere dort, wo Menschenleben gefährdet sein könnten) verbunden mit der Notwendigkeit, die Auswirkung von Fehlstellen (wie Lunker, Einschlüsse, Klaffungen, ...) auf die Tragfähigkeit der Konstruktionen bzw. auf ihre Lebensdauer bei dynamischer Beanspruchung zu erfassen. Auch dafür können die Methoden der Bruchmechanik als geeignetes "Instrument" herangezogen werden. Fehlstellen in Bauteilen können grundsätzlich nicht vollständig ausgeschlossen werden, weil einerseits sicher nicht alle Fehlstellen entdeckt werden, andererseits die Entfernung sämtlicher Fehlstellen nur mit erheblichem Kostenaufwand möglich ist.

Es ist deshalb sinnvoll, das Vorhandensein von Fehlstellen zu akzeptieren, wenn deren Auswirkung auf die Bauteilsicherheit bekannt ist.

Obwohl an jeder Rißspitze bei belasteten Bauteilen lokal plastische Gebiete auftreten, reicht in vielen Fällen eine Betrachtung im Sinne der linearen Bruchmechanik, die in den letzten Jahren Inhalt einer Vielzahl von Publikationen geworden ist, aus.
Dem Berechnungsingenieur ist anzuraten, sich die vielfach tabellarisch publizierten Ergebnisse für verschiedenartigste Geometrien und Belastungen zunutze zu machen, bevor man die, in manchen Fällen aufwendige numerische Behandlung in Angriff nimmt.

Im folgenden werden zwei charakteristische im Maschinen- und Stahlbau anzutreffende bruchmechanische Probleme im Rahmen der linearen Bruchmechanik behandelt:

- Der Einfluß einer Klaffung zufolge einer nicht durchgeschweißten Schweißverbindung auf die Tragfähigkeit der Verbindung und

- die Bestimmung der Lebensdauer einer Schraubenverbindung bei zyklischer Beanspruchung.

Bei der Behandlung dieser Probleme wird im besonderen darauf geachtet, dem in der Praxis stehenden Berechnungsingenieur das immer wichtiger werdende Werkzeug der Bruchmechanik anwendungsgerecht zu demonstrieren.

2. Der makroskopische Riß am Beispiel der Materialtrennflächen in Schweißverbindungen

Materialtrennflächen bei nicht durchgeschweißten Verbindungen führen zu einem bruchmechanischen Problem /1/. Hier wird eine Schweißverbindung aus dem Maschinenbau untersucht (Abb. 1a). Die Fugen zwischen oberen und unteren Schweißnähten verhalten sich wie Risse in diesem Werkstück. Es muß daher nachgeprüft werden, ob die Rißzähigkeit des Materials genügend groß ist, um zu gewährleisten, daß die Schweißverbindungen durch die Beanspruchung nicht aufreißen.

2.1. Bestimmung der Spannungsintensitätsfaktoren

Zunächst wird für den Bauteil eine globale Analyse mit Hilfe eines Finite-Element-Modelles durchgeführt, wobei die durch die Schweißverbindung entstehenden Fugen nicht berücksichtigt werden. Nun folgt der globalen Analyse unter Zugrundelegung eines ebenen Spannungszustandes eine für den Verbindungsbereich lokale Analyse mit Berücksichtigung des Risses, wobei die Beanspruchung durch die eingeprägten, in der globalen Analyse bestimmten, Verschiebungen für den untersuchten Belastungsfall gegeben ist (Abb. 1b und 1c).

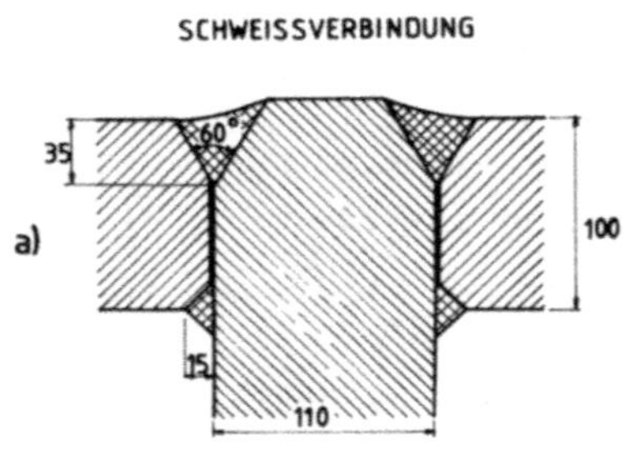

Abb. 1a. Schweißverbindung aus dem Maschinenbau

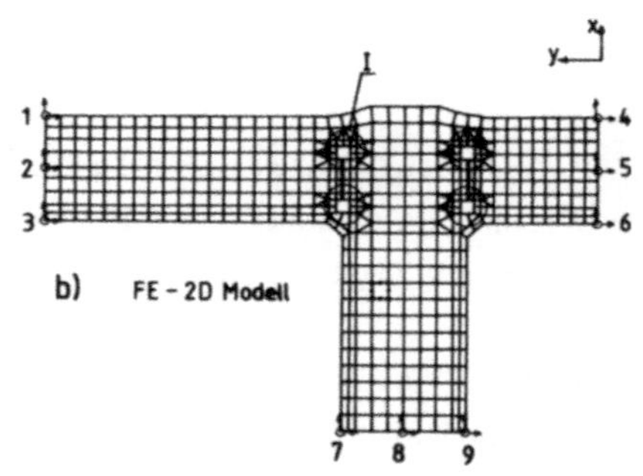

Abb. 1b. Netz für die lokale Finite-Element-Analyse

c) $\frac{v}{-u}$ [mm]

1	-0,040 107 0,752 214	4	0,041 474 0,685 748	7	0,039 772 0,362 746
2	-0,089 856 0,750 895	5	0,091 981 0,686 421	8	0,033 962 0,362 782
3	-0,143 995 0,751 650	6	0,147 717 0,685 891	9	0,029 507 0,359 608

Abb. 1c. Knotenpunktsverschiebungen

2.1.1. Singularität an der Rißspitze

Der Verschiebungszustand an einer Rißspitze (siehe Abb. 1d) ist nach Williams /2/ für $\theta = 0^{o}$; $\theta = 180^{o}$ und $\theta = -180^{o}$ wie folgt gegeben:

$$\theta = 0^o: \quad \begin{Bmatrix} u \\ v \end{Bmatrix} = \begin{Bmatrix} \frac{K_I}{2G} \\ -\frac{K_{II}}{2G} \end{Bmatrix} \sqrt{\frac{\ell}{2\pi}} \; (\kappa-1) \; \sqrt{\frac{r}{\ell}}, \qquad (1a)$$

$$\theta = 180^o: \quad \begin{Bmatrix} u \\ v \end{Bmatrix} = \begin{Bmatrix} \frac{K_{II}}{2G} \\ \frac{K_I}{2G} \end{Bmatrix} \sqrt{\frac{\ell}{2\pi}} \; (\kappa+1) \; \sqrt{\frac{r}{\ell}}, \qquad (1b)$$

$$\theta = -180^o: \quad \begin{Bmatrix} u \\ v \end{Bmatrix} = \begin{Bmatrix} \frac{K_{II}}{2G} \\ \frac{K_I}{2G} \end{Bmatrix} \sqrt{\frac{\ell}{2\pi}} \; (-\kappa-1) \; \sqrt{\frac{r}{\ell}}, \qquad (1c)$$

wobei:

$\kappa = 3 - 4\nu$ ..... Beiwert für ebenen Formänderungszustand,

$\kappa = \frac{3 - \nu}{1 + \nu}$ ..... Beiwert für ebenen Spannungszustand,

ν .... Querdehnungszahl,

G .... Schubmodul,

ℓ .... Länge der Seite des an die Rißspitze angrenzenden finiten Elementes,

K_I, K_{II} .... Spannungsintensitätsfaktoren entsprechend der in Abb. 2b dargestellten Beanspruchungsart.

Henshell und Shaw /3/ und unabhängig davon Barsoum /4/ stellten bereits 1975 fest, daß sowohl das isoparametrische Dreieck mit Zwischenknoten als auch das isoparametrische Viereck mit Zwischenknoten zu einem singulären Element werden, wenn die Zwischenknoten in den 1/4-Punkt der Seitenlänge ℓ gerückt werden (Abb. 1d).

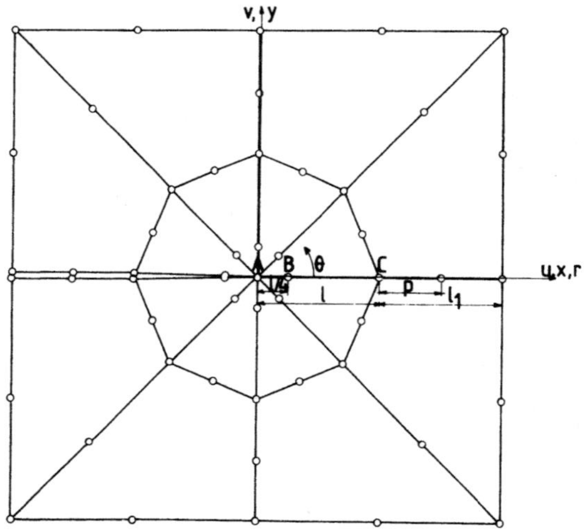

Abb. 1d. Anordnung der finiten Elemente um die Rißspitze

Das - durch diese spezielle Knotenverlegung erreichte - Element besitzt nun im Knoten A (Abb. 1d) einen $\sqrt{r}$-proportionalen Verschiebungsansatz /5,6/

$$u \text{ bzw. } v = c_1 + \sqrt{\ell}\, c_2 \sqrt{\frac{r}{\ell}} + \ell\, c_3 \frac{r}{\ell}; \tag{2}$$

c_1, c_2 und c_3 sind zu bestimmende Konstanten, die sich aus den Knotenverschiebungen u_A, u_B, u_C, sowie v_A, v_B, v_C durch Einsetzen ermitteln lassen:

$$u = u_A + \sqrt{\frac{r}{\ell}}\,[-3u_A + 4u_B - u_C] + \frac{r}{\ell}[2u_A - 4u_B + 2u_C], \tag{3a}$$

$$v = v_A + \sqrt{\frac{r}{\ell}}\,[-3v_A + 4v_B - v_C] + \frac{r}{\ell}[2v_A - 4v_B + 2v_C]. \tag{3b}$$

Durch unmittelbaren Vergleich der Koeffizienten in den Gleichungen (2) und (3) für denjenigen Verschiebungsanteil, welcher zum singulären Spannungsanteil führt, $(\sqrt{\frac{r}{\ell}})$, ergibt sich für

$$\theta = 0^{\circ}: \begin{Bmatrix} K_I \\ K_{II} \end{Bmatrix} = \begin{Bmatrix} \frac{2G}{\kappa - 1} \\ -\frac{2G}{\kappa - 1} \end{Bmatrix} \sqrt{\frac{2\pi}{\ell}} \begin{Bmatrix} -3u_A + 4u_B - u_C \\ -3v_A + 4v_B - v_C \end{Bmatrix}, \qquad (4a)$$

$$\theta = 180^{\circ}: \begin{Bmatrix} K_I \\ K_{II} \end{Bmatrix} = \frac{2G}{\kappa + 1} \sqrt{\frac{2\pi}{\ell}} \begin{Bmatrix} -3v_A + 4v_B - v_C \\ -3u_A + 4u_B - u_C \end{Bmatrix}, \qquad (4b)$$

$$\theta = -180^{\circ}: \begin{Bmatrix} K_I \\ K_{II} \end{Bmatrix} = -\frac{2G}{\kappa + 1} \sqrt{\frac{2\pi}{\ell}} \begin{Bmatrix} -3v_A + 4v_B - v_C \\ -3u_A + 4u_B - u_C \end{Bmatrix}. \qquad (4c)$$

2.1.2. Durchführung der Finite-Element-Analyse

In der direkten Umgebung der Rißspitze werden singuläre Elemente angeordnet (Abb. 1d).
Die Werte K_I und K_{II} werden nach obenstehenden Beziehungen für $\theta = 0^{\circ}$, $\theta = 180^{\circ}$ und $\theta = -180^{\circ}$ mit den aus der FE-Analyse ermittelten Verschiebungen u_A, u_B, u_C, v_A, v_B, v_C bestimmt. Die Ergebnisse sind in Abb. 2a eingetragen.

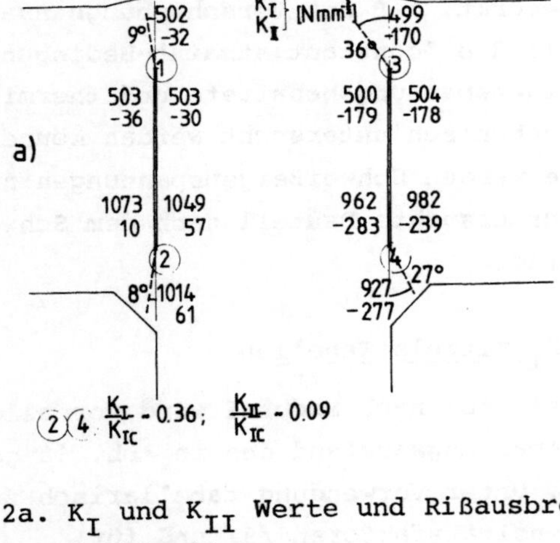

Abb. 2a. K_I und K_{II} Werte und Rißausbreitungsrichtungen für die 4 Rißspitzen

b)

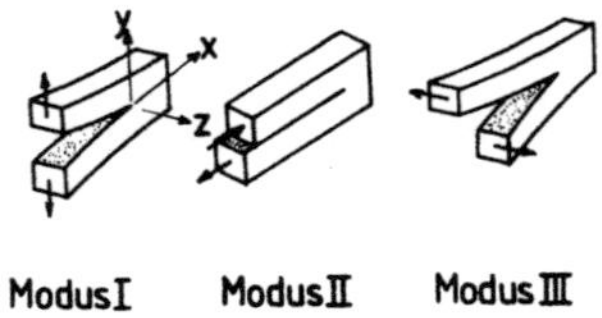

Abb. 2b. Beanspruchungsarten

Statt Dreieckelementen können auch Viereckelemente verwendet werden. Diese besitzen jedoch in der Rißspitze einen unendlichen Wert für die Formänderungsenergie /7/ und konvergieren daher schlechter. Um die Konvergenz zu verbessern, ordnet man zwischen singulären und regulären Elementen "Übergangselemente" an. Die Positionierung der Zwischenknoten erfolgt nach Lynn /8/ folgendermaßen (Abb. 1d):

$$q = \frac{2\ell}{\ell_1}; \quad p = \frac{\ell_1}{2} \; \frac{1-q \pm \sqrt{q^2+2q}}{2} \qquad (5)$$

Wenn $\ell = \ell_1$, ergibt sich p zu:

$$p = 0{,}457\,\ell \,. \qquad (6)$$

Das Vorzeichen ist so zu wählen, daß p positiv ist.

Es sei hier ergänzend bemerkt, daß der Verschiebungsansatz (Gleichung (3a) und (3b)) die "constant strain"-Bedingung erfüllt, und somit auch eigenspannungsbehaftete und thermisch belastete Bauteile bruchmechanisch untersucht werden können. In der vorliegenden Analyse werden Schweißeigenspannungen nicht berücksichtigt, da der untersuchte Bauteil nach dem Schweißen spannungsarm geglüht wurde.

2.1.3. Abschätzung von K_I mittels Tabellen

Der Spannungsintensitätsfaktor nach Modus I wird vor allem durch den Membran- bzw. Biegespannungszustand des in Abb. 1a gezeigten Bauteiles hervorgerufen. Unter Verwendung tabellarisch zusammengestellter Spannungsintensitätsfaktoren /9/ und für

$2a = 50$ mm, $M = 4{,}98 \cdot 10^4$ Nmm,
$2b = 100$ mm, $\sigma = 75{,}00$ N/mm²,
$d = 40$ mm,

ergibt sich für die Stelle A in Abb. 3 ein K_I-Wert

$$K_I = 192 + 877 = 1069 \text{ Nmm}^{-3/2}$$

der recht gut mit den Finite-Element-Analysen übereinstimmt, (vergleiche Stelle 2 und 4 in Abb. 2a).

Für die Stelle B in Abb. 3 ergibt sich ein K_I-Wert

$$K_I = -192 + 788 = 596 \text{ Nmm}^{-3/2},$$

(vergleiche Stelle 1 und 3 in Abb. 2a). Dies ist ein etwas zu hoher Wert, da für den Biegespannungszustand nur der Wert für die zentrisch liegende Fuge vorhanden ist.

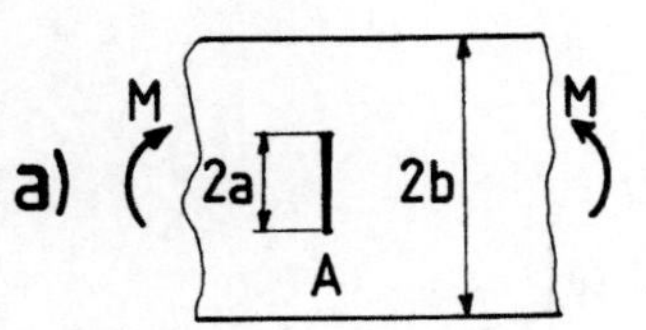

$K_I = 3\sqrt{\pi}\, M a^{3/2}\, Y/4b^3$
$Y = Y(a/b)$ /9/

Abb. 3a. K_I Wert einer Scheibe mit zentrisch liegendem Riß bei Biegung

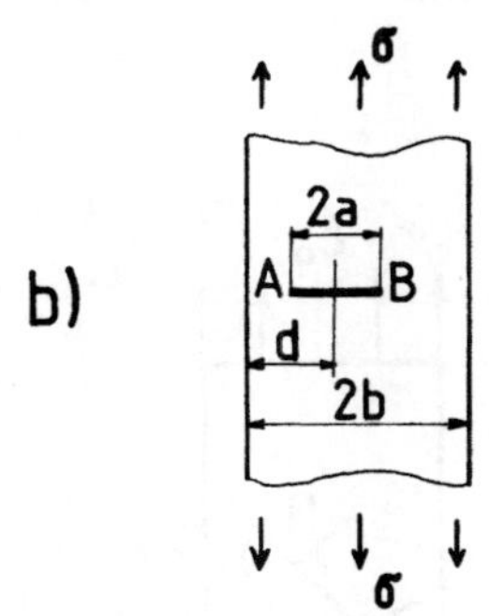

$K_I = Y \sigma \sqrt{\pi a}$
$Y = Y(d/b)$ /9/

Abb. 3b. K_I Wert einer Scheibe mit exzentrisch liegendem Riß bei gleichmäßigem Zug

2.2. Rißausbreitungsrichtung und kritische Beanspruchung

Liegt, wie in dem untersuchten Beispiel, eine kombinierte Beanspruchung vor, so dürfen die Werte K_I bzw. K_{II} einen gewissen Anteil vom kritischen Spannungsintensitätsfaktor (Bruchzähigkeit bei ebener Dehnung) K_{IC}, nämlich $\gamma_1 K_{IC}$ bzw. $\gamma_2 K_{IC}$, nicht überschreiten.

$$\frac{K_I}{K_{IC}} \leq \gamma_1 < 1{,}0, \tag{7}$$

$$\frac{K_{II}}{K_{IC}} \leq \gamma_2 < 1{,}0. \tag{8}$$

Weiters breitet sich der Riß im allgemeinen nicht in seiner ursprünglichen Richtung aus, sondern pflanzt sich unter einem Winkel $-\theta_0$ fort. Die Werte γ_1, γ_2, $-\theta_0$ sind von der gewählten Rißausbreitungshypothese abhängig /10/. Zur vereinfachten Betrachtung wird dabei die zweiachsige Beanspruchung auf den Fall des schrägen Risses im einachsigen Zugfeld zurückgeführt (Abb. 4a).

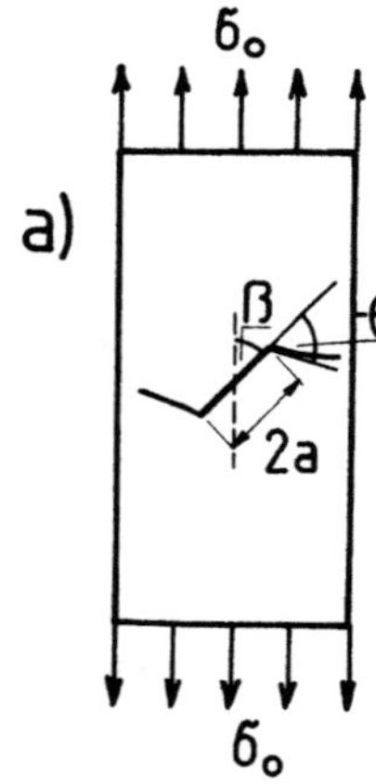

Abb. 4a. Rißausbreitung einer einachsig gezogenen Scheibe bei schrägliegendem Riß

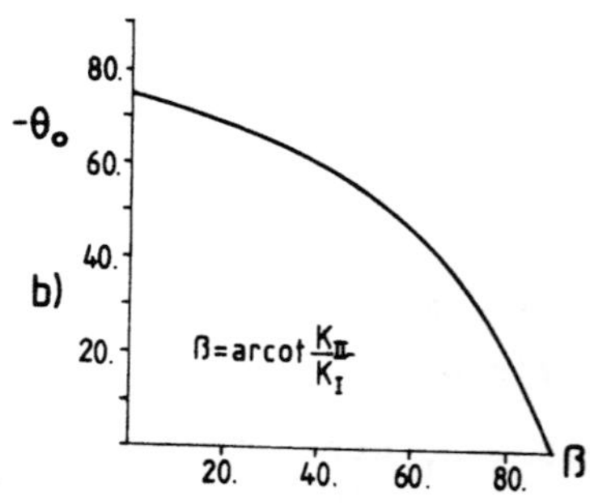

Abb. 4b. Rißausbreitungsrichtung $-\theta_0$ in Abhängigkeit von der kombinierten Beanspruchung

Die Neigung des Risses β kann dabei folgendermaßen ermittelt werden:

$$\frac{K_{II}}{K_I} = \cot\beta. \tag{9}$$

Prinzipiell werden 3 Rißausbreitungshypothesen unterschieden:

1. Tangentialspannungshypothese:
   Der Riß breitet sich senkrecht zur größten Haupt-Zugspannung im Bereich der Rißspitze aus.

2. Energiefreisetzungshypothese:
   Der Riß breitet sich in diejenige Richtung aus, bei der durch das Rißwachstum ein Maximum an elastischer Formänderungsenergie freigesetzt wird.

3. Energiedichtehypothese:
   Der Riß breitet sich in diejenige Richtung aus, in der die minimale Dichte der Formänderungsenergie herrscht.

Alle 3 Hypothesen führen auf annähernd den gleichen Winkel $-\theta_0$ für die Rißfortpflanzung. Dieser Winkel stimmt auch gut mit Experimenten überein. Hingegen führen die einzelnen Hypothesen auf eher große Unterschiede bei γ_1 und γ_2. Nach einer Auswertung von zahlreichen Experimenten stellen Kordisch et al /10/ fest, daß bei Metallen die Energiefreisetzungshypothese zu einer konservativen Grenzkurve aller Versuche führt.

In der Abb. 4b sind der Winkel $-\theta_0$ und in Abb. 4c die kritischen Paarungen $\frac{K_I}{K_{IC}} = \gamma_1$, $\frac{K_{II}}{K_{IC}} = \gamma_2$ für die Energiefreisetzungshypothese zu entnehmen (aus /10/).

Für die Praxis erscheint es neben der erforderlichen Beschränkung für K_I, K_{II} von Bedeutung, ob der Riß in das Material "hinein-" oder "herauswächst". Dies kann durch den Winkel $-\theta_0$ festgestellt werden. Dabei ist zu beachten, daß $-\theta_0$ richtig gemessen wird. Am besten orientiert man sich nach den Hauptnormalspannungstrajektorien und sucht nach derjenigen Hauptzugrichtung, wobei senkrecht zu dieser der Riß "aufgerissen" wird.

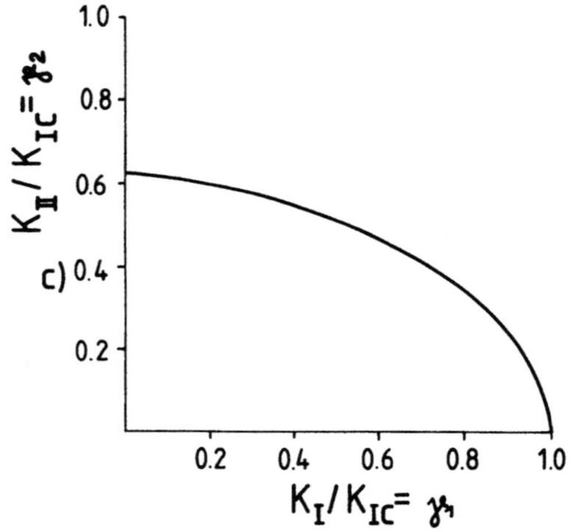

Abb. 4c. Kritische Paarungen γ_1 und γ_2 bei kombinierter Beanspruchung

In Abb. 2a sind die Rißausbreitungsrichtungen für die vier Rißspitzen eingetragen. Prinzipiell sind die Kriterien sowohl für Druckbelastung als auch Zugbelastung anwendbar. Voraussetzung ist jedoch, daß sich der Riß nicht schließt, d.h. daß sich die Rißflächen nicht berühren, und somit belastungsfreie Rißflächen vorliegen!

Wie Experimente von Kordisch et al /10/ zeigen, wird bei Schliessen des Risses nur die Spannungsintensität zufolge Schub (K_{II}) angesprochen - der rechnerisch ermittelte Wert K_I ist physikalisch nicht relevant und daher auch nicht zu berücksichtigen.

Im oben behandelten Beispiel ergeben sich bei $K_{IC} = 3000\ Nmm^{-3/2}$ die in Abb. 2a eingetragenen Verhältnisse K_I/K_{IC} bzw. K_{II}/K_{IC}. Beide Risse (Fugen) werden über die ganze Länge durch die Beanspruchung geöffent. Die Beanspruchung ist weit vom kritischen Zustand entfernt. Die bei wesentlich höherer Belastung zu erwartende Rißausbreitung würde an der Rißspitze Nr. 2 mit einem Winkel von 8° gegen die Vertikale erfolgen.

3. Der mikroskopische Riß - Rißausbreitung am Beispiel einer schwellbeanspruchten Schraubenverbindung

In wechselbeanspruchten Bauteilen ist zumeist das Ermüden des Materials das für die Bemessung maßgebliche Kriterium. Die Rißausbreitung wird bei zyklischer Belastung durch folgende Parameter bestimmt:
die Belastung, Geometrie (Kerben, ...), das Spannungsverhältnis

$$R = \frac{\sigma_u}{\sigma_o}, \tag{10}$$

die Temperatur, die Spannungsfrequenz und bruchmechanische Werkstoffdaten.

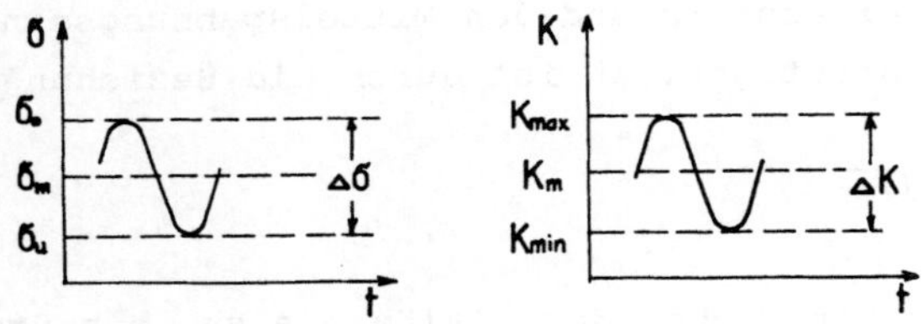

Abb. 5a. Verlauf von Spannung und Spannungsintensität

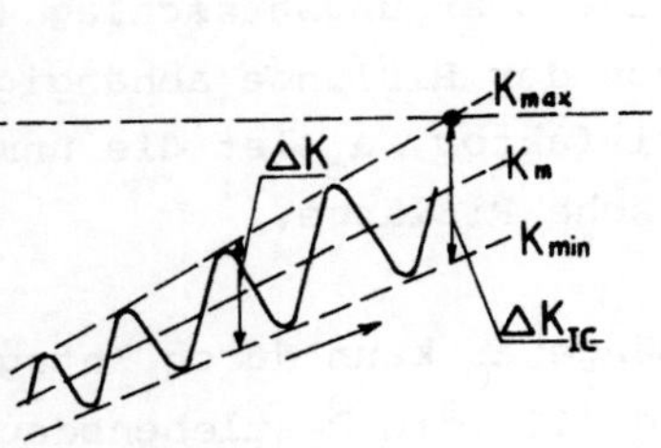

Abb. 5b. Verlauf von K mit zunehmender Rißlänge

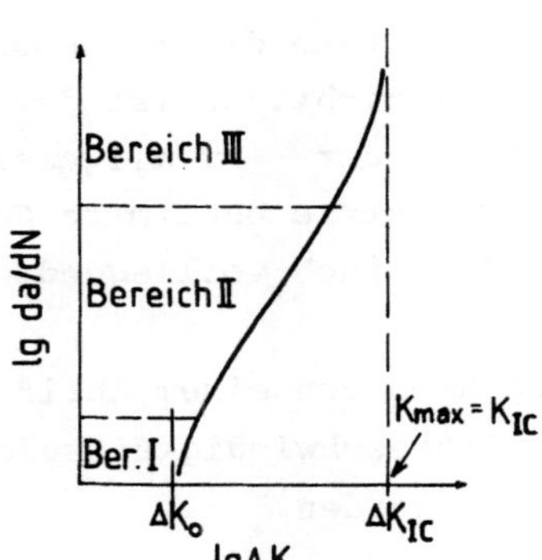

Abb. 5c. Rißausbreitungsgeschwindigkeit in Abhängigkeit von der zyklischen Spannungsintensität

Die zyklische Spannungsintensität ΔK (Abb. 5a) ist der wichtigste Parameter, der von seiten der äußeren Beanspruchung in die Rißgeschwindigkeit eingeht. Nach Paris /11/ gilt:

$$\frac{da}{dN} = C \quad \Delta K^m \tag{11}$$

a ist die Rißlänge, N die Zyklenzahl, C und m sind bruchmechanische Werkstoffdaten.

Gleichung (11) gilt streng genommen für Bereich II (Abb. 5c) der Rißausbreitungskurve.
Unter einem gewissen Grenzwert von ΔK, ΔK_O, ist die Rißausbreitungsgeschwindigkeit verschwindend klein und unmittelbar vor dem Erreichen eines gewissen kritischen Wertes, ΔK_{IC}, steigt sie sehr rasch an. In /12,13/ sind Rißausbreitungsgesetze formuliert, die ΔK_O und ΔK_{IC} einerseits und den Mittelspannungseinfluß andererseits berücksichtigen. ΔK ist durch die Beziehung

$$\Delta K = Y(a)\ \Delta\sigma\ \sqrt{\pi a} \tag{12}$$

gegeben und nimmt mit wachsender Rißlänge a zu, bis Bruch eintritt (Abb. 5b), wenn entweder

$$K_{max} = Y(a_c) \quad \sigma_O \quad \sqrt{\pi a_c} = K_{IC}$$

ist oder wenn die Nennspannung im Restquerschnitt die Zugfestigkeit erreicht. $\Delta\sigma$ ist der doppelte Spannungsausschlag (Abb. 5a), Y(a) ist der - im allgemeinen von der Rißlänge abhängige - durch die Geometrie bestimmte Geometriefaktor, a_c ist die unmittelbar vor dem Bruch vorliegende kritische Rißlänge.

Ausgehend von einem Anriß der Länge a_O kann durch Integration der Rißgeschwindigkeitsgleichung (11) die Restlebensdauer bestimmt werden.

Wird Y(a) als konstant angesehen, wie es bei einer unendlich breiten *Scheibe* tatsächlich der Fall wäre, läßt sich die Restlebensdauer (N_c-N_O) durch geschlossene Integration von Gleichung (11) ermitteln:

$$N_c - N_O = \int_{a_0}^{a_c} \frac{da}{C\Delta K^m} = \frac{1}{CY^m \Delta\sigma^m \pi^{m/2}} \, \frac{2}{m-2} \left(a_O^{1-m/2} - a_c^{1-m/2}\right). \qquad (13)$$

N_c ist die Gesamtzyklenzahl bis zum Bruch, N_O ist die bis zur Entstehung eines ausbreitungsfähigen Risses mit der Anrißlänge a_O erforderliche Zyklenzahl.

Wird in Gleichungen (11) und (12) die Veränderung von Y(a) mit der Rißlänge a berücksichtigt, wird die Rißgeschwindigkeitsgleichung (11) zweckmäßigerweise numerisch integriert.

In dem nun folgenden Beispiel wird die Lebensdauer einer schwellbeanspruchten Schraubenverbindung untersucht. Weiters werden Methoden angegeben, die die Abschätzung der Lebensdauer von gekerbten Bauteilen ermöglichen.

3.1. Berechnung des Krafteinleitungsproblems Bolzen - Mutter einer M10-Schraubenverbindung

Für die in Abb. 6 dargestellte Schraubenverbindung M10 soll eine genaue Spannungsanalyse durchgeführt werden.

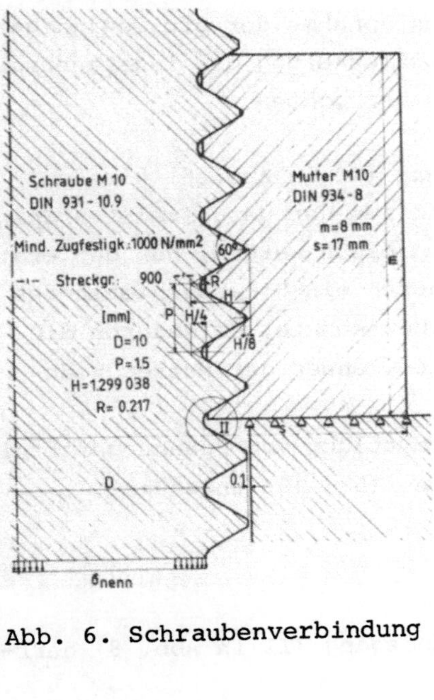

Abb. 6. Schraubenverbindung M10

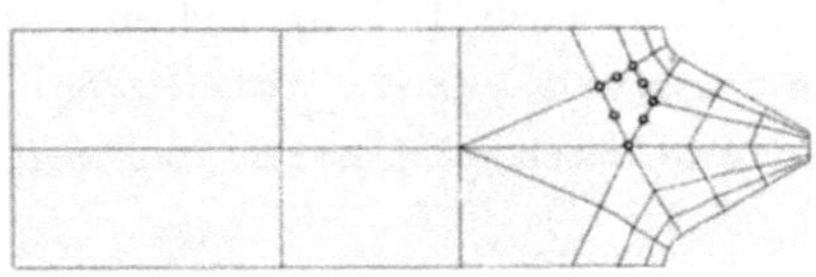

Abb. 7a. Substrukturelement eines Bolzengewindeganges

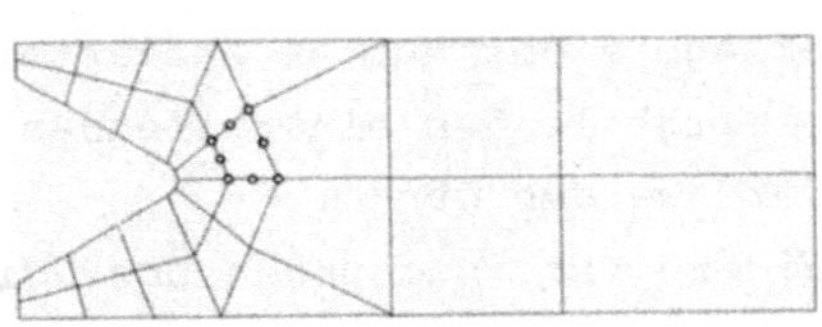

Abb. 7b. Substrukturelement eines Muttergewindeganges

3.1.1. Modell

Beim rotationssymmetrischen (zweidimensionalen) Finite-Element-Modell wird von der Unterteilung der Gesamtstruktur in Substrukturen /14/ Gebrauch gemacht. Von den in Abb. 7 dargestellten Substrukturelementen für Bolzen bzw. Mutter werden die im Inneren befindlichen Knoten herauskondensiert /14/, sodaß sich die Anzahl der Freiheitsgrade der Gesamtstruktur nur aus den Freiheitsgraden der am Rand der Substruktur befindlichen Knoten ergibt. Die kraftübertragenden Knoten in der Kontaktfläche können sich nur in tangentialer Richtung verschieben, Reibung wird vernachlässigt. Die angelegte Nennspannung, die mit Schraubenkraft durch Kernquerschnitt definiert ist, wird mit $\sigma_{nenn} = 100\ N/mm^2$ (als Referenzwert) angenommen. Die Randbedingungen sind in Abb. 6 dargestellt.

3.1.2. Ergebnisse der FE-Analyse

Die aus der linear-elastischen Analyse resultierende Spannungsverteilung im Bolzen ist durch einen Isolinienplot der maximalen Hauptnormalspannungen in Abb. 8 wiedergegeben.

Die Spannungskonzentration an den Kerben ist durch die Verdichtung der Isolinien leicht erkennbar. Die Abnahme der pro Gewindegang übertragenen Kraft ist durch die Auflockerung der Isospannungsliniendichte von Kerbe zu Kerbe zu beobachten.

Der erste tragende Bolzengewindegang (II in Abb. 6) wird am meisten beansprucht. Ebenfalls kann aus der dargestellten Spannungsverteilung leicht darauf geschlossen werden, daß der erste Gewindegang des Schraubenbolzens durch ein Hinausschieben des Auflagers der Mutter entlastet werden könnte, da dadurch die Steifigkeit des eingreifenden ersten Zahnes der Mutter reduziert werden würde.
Weitere Untersuchungen über die Ermittlung von Spannungsverteilungen in Schraubengewinden sind in /15 - 19/ angeführt.

3.2. Das lokale Problem

Die im ersten tragenden Bolzengewindegang (II in Abb. 8) herrschende Verteilung der Hauptzugspannungen σ_I ist in Abb. 9 etwas größer herausgezeichnet.

Die an der Kerbe entstehende Spannungskonzentration

$$\alpha_K = \frac{\sigma_{Imax}}{\sigma_{nenn}}$$

erreicht den Wert 4,0 (siehe auch Abb. 12).

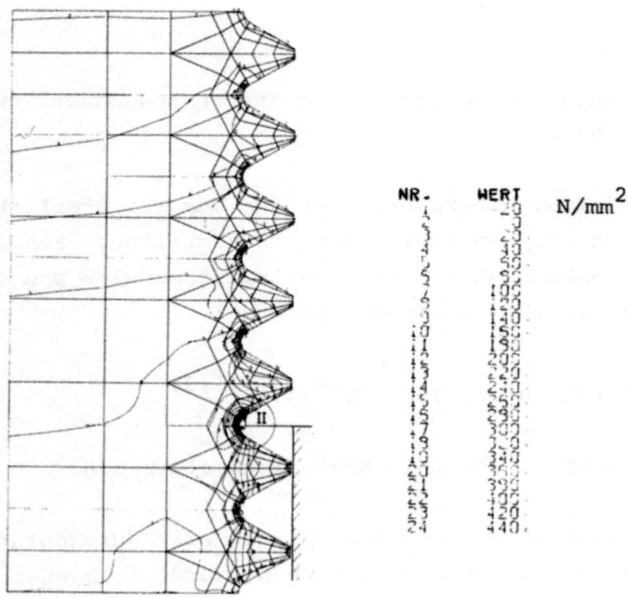

Abb. 8. Verteilung der Hauptzugspannungen im Schraubenbolzen

Da solche Bereiche mit hoher Spannungskonzentration gefährlich für die Initiierung von Rissen sind, erhebt sich die Frage, bei welcher Länge a_0 sich ein angenommener Riß durch die schwellende Beanspruchung auszubreiten beginnt.

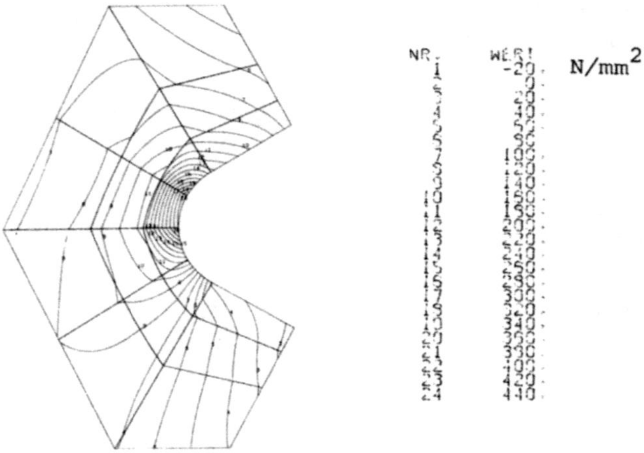

Abb. 9. Spannungskonzentration im ersten tragenden Gewindegang des Bolzens

Wie schon einführend erwähnt, ist das vom Werkstoff abhängige ΔK_O maßgebend für den Beginn der Rißausbreitung. Schwalbe /20/ gibt ΔK_O in Abhängigkeit vom Elastizitätsmodul E und dem Spannungsverhältnis R in folgender Form an:

$$\Delta K_O = E \cdot (2,75 \pm 0,75) \cdot 10^{-5} \cdot (1-R)^{0,31}, \qquad (14)$$

wobei ΔK_O in $MNm^{-3/2}$ und E in MNm^{-2} einzusetzen sind.

Um einen Vergleich mit den von Illgner /21/ durchgeführten Ermüdungsversuchen anstellen zu können, wurde folgender Fall ausgewählt:

$$\Delta\sigma = 180\ N/mm^2$$
$$\sigma_O = 350\ N/mm^2$$
$$\sigma_u = 170\ N/mm^2$$
$$E = 2,06 \,.\, 10^5\ N/mm^2.$$

Aus diesen Daten ergibt sich nach Einsetzen in Gleichung (14) ΔK_O zu:

$$\Delta K_O = 3,35 \div 5,87\ MNm^{-3/2} = 106,0 \div 185,6\ Nmm^{-3/2}$$

Umfangreiche experimentelle Untersuchungen /21,22/ haben gezeigt,

daß bei üblichen Schraubverbindungen Bruch der Verbindung durch Reißen des Bolzens entsteht.
Nun werden unter Annahme verschiedener Rißlängen a lokale axialsymmetrische Analysen durchgeführt, und zwar mit Hilfe von singulären Elementen und Übergangselementen um die Rißspitze (vgl. 2.1.). Die Lage des Risses wird entsprechend /23/ im Gebiet der größten Hauptnormalspannungen an der Oberfläche angenommen.
Die Anfangsrißrichtung ist normal zur Kerboberfläche. FE-Netze für zwei ausgewählte Rißlängen werden in Abb. 10 und Abb. 11 gezeigt.
Der Winkel von 15° zwischen dem Riß und der Horizontalen (Abb. 10, 11) stimmt mit experimentell gefundenen Werten /24/ gut überein.

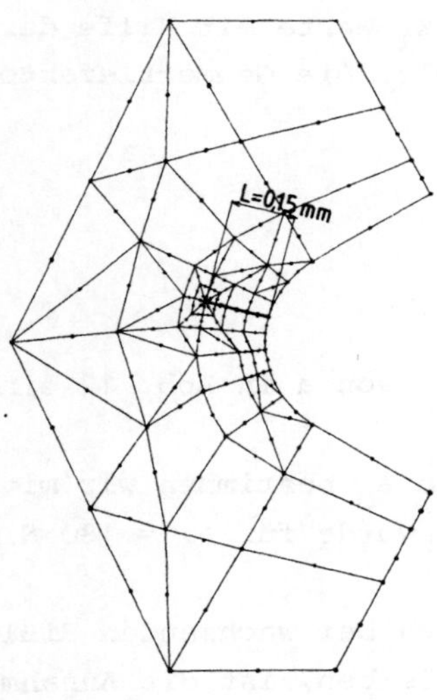

Abb. 10. FE-Netz zur Modellierung des meistbeanspruchten Bolzengewindegrundes mit a = 0,15 mm

Der Belastungszustand wird durch die, in der globalen Spannungsanalyse ermittelten Verschiebungen in den am Rand des Netzes befindlichen Knoten eingeprägt.

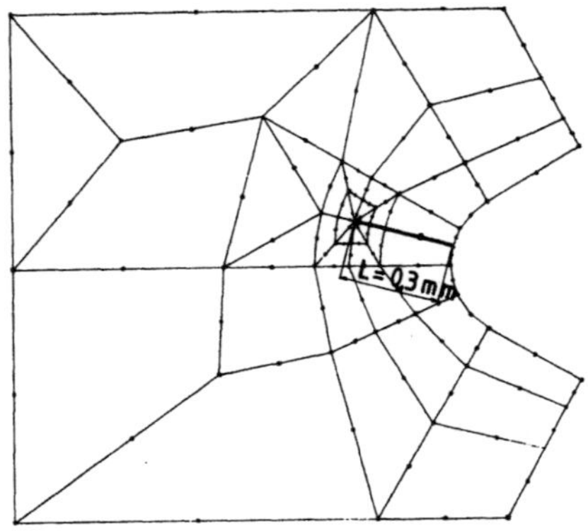

Abb. 11. FE-Netz zur Modellierung des meistbeanspruchten Bolzengewindegrundes mit a = 0,3 mm

Mit diesen Modellen werden die K_I-Werte mit Hilfe der in Kapitel 2 beschriebenen Methode ermittelt. Die Geometriefaktoren ergeben sich aus der Beziehung:

$$Y(a) = \frac{K_I}{\sigma_{nenn}\sqrt{\pi a}} \tag{15}$$

Die Y-Werte sind in Abhängigkeit von a in Abb. 12 eingetragen.

Die erforderliche Mindestrißlänge a_O bestimmen wir mit Gleichung (12) zu ca. a_O = 0,01 mm; dabei wurde für $\Delta\sigma$ = 180 N/mm , Y = 4,0 und ΔK_O = 130 $Nmm^{-3/2}$ eingesetzt.
Da die berechneten K_{II}-Werte auch bei wachsenden Rißlängen verschwindend klein gegenüber K_I bleiben, ist die Annahme einer konstanten, mit der Lage des Anfangsrisses übereinstimmenden Rißausbreitungsrichtung gerechtfertigt.

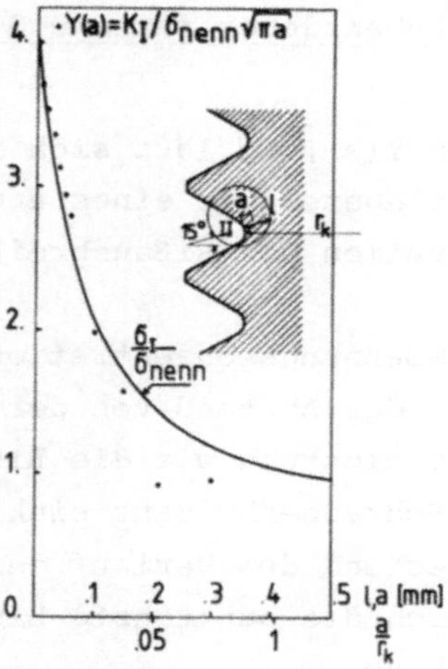

Abb. 12. Spannungskonzentration im ungerissenen Schraubenbolzen und Geometriefaktoren bei verschiedenen Rißlängen

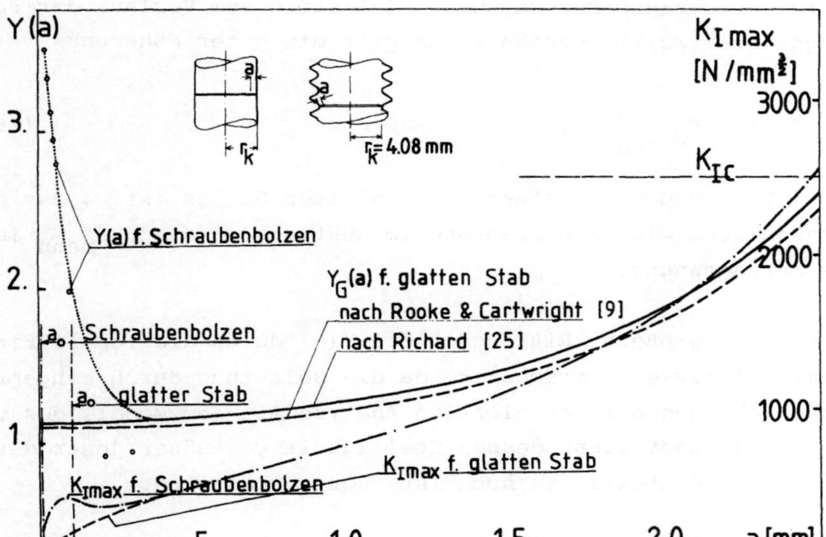

Abb. 13. Verlauf von Geometriefaktor und maximaler Spannungsintensität im Schraubenbolzen und glatten Stab

3.3. Die Rißausbreitung und die Lebensdauer für die Schraubenverbindung

Kennt man den genauen Verlauf von Y(a), so läßt sich für eine einstufige Beanspruchung die Restlebensdauer eines angerissenen Bauteiles durch numerische Integration der Rißausbreitungsgeschwindigkeit bestimmen.
Abb. 12 enthält den Verlauf der Spannungskonzentration des ungerissenen Schraubenbolzens. ℓ ist der Abstand von der Oberfläche und erstreckt sich in die gleiche Richtung wie die Rißlänge a. Für den Fall eines angerissenen Schraubenbolzens sinkt der Geometriefaktor Y(a) etwa entsprechend dem Verlauf der Spannungskonzentration, gekennzeichnet durch die punktierte Linie in Abb. 13, mit der Rißlänge a rasch ab.

In dem Bereich kleiner Rißlängen ($a/r_K < 0{,}02$) wird Y(a) durch die lokale Finite-Element-Analyse ausreichend genau bestimmt. Es ist bemerkenswert, daß hier Y(a) affin zum Verlauf der Spannungskonzentration verläuft. Es gilt mit guter Näherung

$$Y(a) = Y_G \frac{\sigma}{\sigma_{nenn}}, \qquad (16)$$

wobei Y_G der Geometriefaktor des glatten Stabes ist. σ ist die tatsächliche wirkende Spannung im Abstand $\ell = a$ und σ_{nenn} ist die Nennspannung.

Im Bereich größerer Rißlängen wird Y(a) durch die lokale Finite-Element-Analyse unterschätzt, da die Belastung durch eingeprägte Verschiebungen aus der globalen Analyse mit dem Modell des ungerissenen Bauteiles, dessen Steifigkeit gegenüber jener des gerissenen Bauteiles zu hoch ist, vorgegeben wird.

Deshalb wird auch im Bereich größerer Rißlängen die Beziehung (16) zur Beschreibung von Y(a) für die weitere Berechnung herangezogen.
Der Geometriefaktor Y_G des "glatten" Stabes wird nach /9/ und nach /25/ ermittelt (siehe auch Abb. 13).

Richard /25/ gibt den Geometriefaktor wie folgt an:

$$Y_G = \left(\frac{d}{d-a}\right)^2 \frac{1}{1-\frac{a}{d}} \cdot \sqrt{\frac{A + B\frac{a}{d-a}}{1+C\frac{a}{d-a} + D\left(\frac{a}{d-a}\right)^2}} \qquad (17)$$

Dabei ist d der Radius des Stabes, a ist die Rißlänge. A = 1,26, B = -0,24, C = 5,35, D = 11,6.

Bei Rooke & Cartwright /9/ ist

$$Y_G = \frac{\frac{a}{d}}{\left(1-\frac{a}{d}\right)^2} \frac{1}{\sqrt{0,8 + \frac{4\,a/d}{1-a/d}}} \cdot \qquad (18)$$

Für den glatten Stab ergibt sich bei gleichem $\Delta\sigma = 180\ N/mm^2$ die Anrißlänge a_O entsprechend Gleichung (12) zu

$$a_O = 0,11\ mm.$$

Im Vergleich zur Anrißlänge des Schraubenbolzens ($a_O = 0,01$ mm) ist daher die Anrißlänge des glatten Stabes bedeutend größer. Wir möchten nochmals darauf hinweisen, daß der Y-Verlauf des angerissenen Schraubenbolzens im Bereich von $a_O = 0,01\ mm \leq a \leq 0,4$ mm, also im Bereich der Spannungskonzentration, durch die FE-Analysen festgelegt (punktierte Linie in Abb. 13) ist. Für a > 0,4 mm ist der Y-Verlauf durch den des glatten Stabes gegeben, da in diesem Bereich die Kerbe ohne bedeutenden Einfluß ist. Die beiden Y-Kurven gehen, wie in Abb. 13 gezeigt, ineinander über.

Zur Bestimmung der Lebensdauer wird der Einfachheit halber das Rißausbreitungsgesetz nach Paris gewählt (Gleichung (11)). Dabei werden die Konstanten C und m aus den Grenzkurven des Streubandes in Bild 251 von /20/ bestimmt, wo die Rißgeschwindigkeiten für viele Stähle in Abhängigkeit von ΔK dargestellt sind.
Im Fall (1) sind

$$C = 8,5704 \cdot 10^{-9}, \qquad m = 3,16$$

und für (2) sind

$$C = 4,1706 \cdot 10^{-9}, \qquad m = 2,94.$$

Aus der Beziehung

$$N - N_O = \int_{a_o}^{a} \frac{dN}{da}\, da = \int_{a_o}^{a} \frac{1}{C \Delta K^m}\, da, \tag{19}$$

wobei ΔK gemäß Gleichung (12) einzusetzen ist, wird durch numerische Integration /26/ die Abhängigkeit der Lastzyklenzahl $N - N_O$ von der aktuellen Rißlänge a beschrieben.

In Abb. 14 sind die Ergebnisse folgender Berechnungen dargestellt:

Integration des Rißausbreitungsgesetzes (11) mit konstant gehaltenem Geometriefaktor, $Y(a) \equiv Y(a_O)$ (übliche Vorgangsweise); Integration mit veränderlichem Geometriefaktor Y(a)entsprechend Abb. 12.
Ferner ist das Ergebnis eines Experimentes eingetragen. Den Berechnungen liegen die bruchmechanischen Stoffwerte entsprechend den oben mit (1) und (2) beschriebenen Grenzzuständen aus /20/ zugrunde.

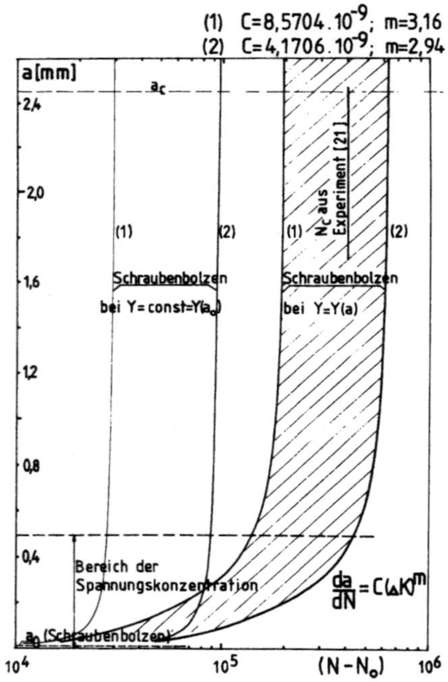

Abb. 14. Lastzyklenzahl $N - N_O$ in Abhängigkeit zur aktuellen Rißlänge a für den Schraubenbolzen

Der Einfluß der Spannungskonzentration wirkt sich bis zu einer Rißlänge von etwa 0,5 mm aus (siehe auch Abb. 12). Der Großteil der ertragbaren Lastzyklen wird in diesem Bereich verwirkt - es ist nur mehr ein geringes Hinauszögern der Lebenszeit im Bereich starken Rißwachstums gegeben (Abb. 14). Würde man jedoch den Verlauf von Y(a) nicht berücksichtigen und $Y(a) = Y(a_0)$ annehmen, führt dies zu einer extremen Unterschätzung der ertragbaren Lastzyklen.

Für den glatten Stab kann jedoch $N - N_0$ durch Annahme von $Y = Y(a_0)$ genügend genau bestimmt werden. Y(a) ist nämlich im Bereich kleiner Rißlängen, wo ein Großteil seiner Lebenszeit verwirkt wird, nahezu konstant (siehe Abb. 13).

Die Restlebensdauer $N_c - N_0$ ist erreicht, wenn das durch die wachsende Rißlänge zunehmende K_{max} bei σ_0 den Wert K_{IC} erreicht (siehe Abb. 5b). Die für das Material kennzeichnende Bruchzähigkeit K_{IC} kann aus Gleichung (217b) von /20/ abgeschätzt werden:

$$K_{IC} = \sigma_{0,2} \sqrt{\frac{0{,}6458\, A_v}{\sigma_{0,2}} - 0{,}00625} = 81{,}0 \text{ MNm}^{-3/2} = \tag{20}$$

$$= 2500 \text{ Nmm}^{-3/2}$$

Dabei bedeuten:

$\sigma_{0,2}$ ... Streckgrenze $[\text{MNm}^{-2}]$
A_v .... Kerbschlagarbeit [Nm]
K_{IC} .... Bruchzähigkeit bei ebener Dehnung $[\text{MNm}^{-3/2}]$

Da K_{IC} auf die Lebensdauer einen eher untergeordneten Einfluß hat (siehe Abb. 14), reicht eine grobe Abschätzung der Bruchzähigkeit aus.

Zum Vergleich sei auf die von Illgner /21/ experimentell bestimmte Zeitfestigkeit schwellbeanspruchter Schraubenverbindungen hingewiesen. Aus Illgners Versuchen ergibt sich für die hier untersuchte M10 Schraubenverbindung eine ertragbare Lastzyklenzahl von $N_c = 4 \cdot 10^5$, die in dem, in Abb. 14 schraffierten Bereich liegt. Rechnung und Messung geben gute Übereinstimmung, wenn man bedenkt, daß N_0 bei hoher Spannungskonzentration und hohem Lastniveau vernachlässigbar klein ist.

Zusammenfassend wird hier noch einmal darauf hingewiesen, daß sich die Lebensdauer einer Schraubenverbindung wie folgt bestimmen läßt:
Der Verlauf des Geometriefaktors ist durch die Beziehung

$$Y(a) = Y_G \frac{\sigma(\ell)}{\sigma_{nenn}} \qquad (16)$$

gegeben, wobei $\sigma(\ell)$ durch eine Spannungsanalyse der ungerissenen Schraubenverbindung bestimmt wird. $\sigma(\ell)$ wird dabei im Abstand ℓ aus der Spannungsverteilung entnommen. Die Lebensdauer läßt sich durch numerische Integration des gegebenen Rißausbreitungsgesetzes errechnen.

4. Zusammenfassung

Es werden zwei im Maschinen- und Stahlbau wesentliche Rißformen der Bruchmechanik untersucht und deren numerische Behandlung demonstriert:

- der makroskopische Riß - in der Form der Fuge, die beim Verschweißen von Bauteilen durch Kehlnähte zu einem Rißproblem führt,
- der mikroskopische Riß - wie er im Kerbgrund von Schraubengewinden auftreten kann und die Lebensdauer der Schraubenverbindung bestimmt.

Beim makroskopischen, in Größe und Lage genau bestimmten Riß (Beispiel der Schweißverbindung) werden die Spannungsintensitätsfaktoren mittels der Methode der Finiten-Elemente unter Verwendung singulärer Elemente an der Rißspitze berechnet und kritischen Werten gegenübergestellt. Weiters werden für die Beurteilung des Versagensrisikos wesentliche Aussagen über die Richtung der Rißausbreitung getroffen.

Die Behandlung des Mikrorißproblems hat zum Ziel, Wege aufzuzeigen, wie die Lebensdauer von schwell- oder wechselbeanspruchten Bauteilen vorausberechnet werden kann. Dadurch sollen aufwendige Zeitfestigkeitsversuche zur experimentellen Lebensdauerprognose von Bauteilen komplexer Geometrie ("Gestaltsfestigkeit") eingespart werden. Dem Berechnungsverfahren liegt das Rißausbreitungsgesetz von Paris zugrunde. Dabei ist die Veränderung des Geometriefaktors mit fortschreitender Rißlänge zu berücksichtigen.

Das Beispiel der Lebensdauerberechnung von Schraubenverbindungen soll das vorgeschlagene Verfahren demonstrieren. Es wird ein Mikroriß, dessen kritische Mindestlänge angegeben werden kann, im Kerbgrund des Bolzengewindes angenommen. Unter Berücksichtigung des komplexen Krafteinleitungsproblems zwischen Mutter und Bolzen wird die Spannungssingularität im Gebiet der Spannungskonzentration im Gewindegrund berechnet. Die Anwendbarkeit von Rißausbreitungsgesetzen vorausgesetzt, lassen sich die Lebensdauer (Lastzyklenzahl bis zum Bruch) im HCF-Bereich (High Cycle Fatigue) bzw. die Dauerfestigkeit des untersuchten Bauteiles (der Schraubenverbindung) rechnerisch in der Form einfacher analytischer Formeln, die im wesentlichen durch den Verlauf der Spannungskonzentration bestimmt sind, abschätzen.

5. Literatur

1. Murakami, Y.: Analysis of Mixed-Mode Stress Intensity Factors by Body Force Method. Numerical Methods in Fracture Mechanics, 145 - 159, Pineridge Press, Swansea, 1980.
2. Williams, M. L.: On the Stress Distribution at the Base of a Stationary Crack. J. Appl. Mech., 24, 109 - 114, 1957.
3. Henshell, R. D., Shaw, K. G.: Crack Tip Finite Elements are unnecessary. Int. J. Num. Meth. Engng., 9, 495 - 507, 1975.
4. Barsoum, R. S.: On the Use of Isoparametric Finite Elements in Linear Fracture Mechanics. Int. J. Num. Meth. Engng., 10, 25 - 37, 1976.
5. Shih, C. F., de Lorenzi, H. G., German, M. D.: Crack Extension Modelling with Singular Quadratic Isoparametric Elements. Int. J. Fracture, 12, 647 - 651, 1976.
6. Freese, C. F., Tracey, D. M.: The Natural Isoparametric Triangle Versus Collapsed Quadrilaterial for Elastic Crack Analysis, Int. J. Fracture, 12, 767 - 770, 1976.

7. Hibbitt, H. D.: Some Properties of Singular Isoparametric Elements. Int. J. Num. Meth. Engng., 11, 180 - 184, 1977.

8. Lynn, P. P.: Transition Elements to be Used with Quarter-Point Crack-Tip Elements. Int. J. Num. Meth. Engng., 12, 1031 - 1036, 1978.

9. Rooke, D. P., Cartwright, D. J.: Compendium of Stress Intensity Factors. Hillington Press, Uxbridge, 1976.

10. Kordisch, H., Sommer, F.: Bruchkriterien bei überlagerter Normal- und Scherbeanspruchung von Rissen. Abschlußbericht des Forschungsvorhabens SO 104/2,4 der Deutschen Forschungsgemeinschaft, Fraunhofer-Gesellschaft, Institut für Festkörpermechanik, Freiburg, 1978.

11. Paris, P. C.: The Fracture Mechanics Approach To Fatigue, Fatigue - An Interdisciplinary Approach, 107 - 127, Syracuse University Press, 1964.

12. McEvily, A. J., Wei, R. P.: Fracture Mechanics and Corrosion Fatigue. Proc. Int. Conf. Corrosion Fatigue, National Association of Corrosion Engineers, Storrs, Connecticut, 1971.

13. Radhakrishnan, V. M.: Parameter Representation of Fatigue Crack Growth. Eng. Fracture Mechanics, 11, 359 - 372, 1979.

14. Bathe, K.-J.: Numerical Methods in Finite Element Analysis. Prentice Hall, Englewood Cliffs, 1976.

15. Bretl, J. L., Cook, R. D.: Modelling the Load Transfer in Threaded Connections by the Finite Element Method. Int. J. Num. Meth. Engng., 14, 1359 - 1377, 1979.

16. Elastoplastische Berechnung von Schraubverbindungen mit Hilfe der Finite-Element-Methode. Volkswagenwerk, Forschung und Entwicklung, Bericht Nr. FIT7901V/5, 1 - 27, Wolfsburg, 1979.

17. Kloos, K. H., Thomala, W.: Spannungsverteilung im Schraubengewinde, VDI-Z 121, 127 - 137, 1979.

18. Schnack, E.: Genaue Kerbspannungsanalyse von Schrauben-Mutter-Verbindungen. VDI-Z 122, 101 - 109, 1980.

19. Hase, R.: Die Beanspruchung der Gewindegänge im Eingriff einer Gewindeverbindung. Werkstatt und Betrieb, 225 - 231, 1980.

20. Schwalbe, K.-H.: Bruchmechanik metallischer Werkstoffe, Carl Hanser Verlag, München, 1980.

21. Illgner, K. H.: Ermüdungsverhalten von Schraubenverbindungen. Werkstofftechnik, 10, 73 - 112, 1979.

22. Kloos, K. H., Thomala, W.: Statistische Auswertung von Dauerschwingversuchen an Schraubenverbindungen. Z. Werkstofftechnik, 10, 333 - 349, 1979.

23. Duggan, T. V., Byrne, J.: Fatigue as a Design Criterion. The Mac Millan Press, London, 1979.

24. Thomala, W.: Beitrag zur Dauerhaltbarkeit von Schraubenverbindungen, Dissertation, TH Darmstadt, 1978.

25. Richard, H. A.: Interpolationsformel für Spannungsintensitätsfaktoren. VDI-Z, 1138 - 1143, 1979.

26. McNamee, J. M.: A Program to Integrate a Function Tabulated at Unequal Intervals. Int. J. Num. Meth. Engng., 17, 271 -279, 1981.

Univ.-Doz. Dr. F.D. Fischer
Dipl.-Ing. E.T. Till
Univ.-Doz. Dr. F.G. Rammerstorfer
FAT - Entwicklung techn. Systeme
VOEST-ALPINE AG
Postfach 2
A-4010 Linz, Österreich

VERHALTEN VON FEHLSTELLEN IN GUSS- UND WALZWERKSTOFFEN

HORST KORDISCH

1. Einleitung

Schadensfälle in der Praxis zeigen, daß die Bruchsicherheit von Bauteilen nicht nur von sorgfältiger Dimensionierung und Fertigung, sondern auch von der Fehlerfreiheit des Werkstoffes abhängt. Da sich Fehlerstellen im Werkstoff nicht ausschließen lassen, sind die Methoden für ihre Feststellung, Beschreibung und Bewertung im Hinblick auf ein mögliches Versagen von großer Bedeutung.

Während die Methoden der zerstörungsfreien Prüfung ständig für den praktischen Einsatz in der Qualitätskontrolle verbessert werden, ist die Bewertung der aufgefundenen Fehler in vieler Hinsicht unklar, besonders bei der Beurteilung von nichtrißartigen Fehlstellen.

In internationalen Normenwerken /1, 2, 3/ werden z.B. Einschlüsse und Poren je nach Bewertungsgruppe des Bauteils und abhängig von Materialkennwerten wie Streckgrenze und Bruchzähigkeit bis zu definierten Ausdehnungen zugelassen.

Ein möglicher Zugang zur Beurteilung von Fehlerstellen besteht in der Anwendung der Rißbruchmechanik, unter der Annahme, daß das formale Ersetzen eines beliebigen Fehlertyps durch einen Riß zu einer konservativen und damit sicherheitstechnisch relevanten Fehlerbewertung führt. Hierbei wird unabhängig von der Fehlerart die Fehlerstelle senkrecht zur gößten Hauptzugspannung projiziert und durch einfache Konturen, z.B. Kreis oder Ellipse umschrieben. Im folgenden soll darunter der "flächengleiche Riß" verstanden werden. Die Beurteilung nach dem Bruchmechanik-Konzept wird von mehreren Regelwerken vorgeschrieben /1, 2, 4, 5/. Im DVS wird z.Zt. ein entsprechendes Merkblatt vorbereitet /6/. Die bruchmechanische Vorgehensweise dient hauptsächlich zur Abdeckung des Sprödbruchbereiches, aber auch neuere Forschungsergebnisse im Übergangsbereich haben Eingang in die Merkblätter gefunden.

Die bruchmechanische Beurteilung von nicht rißartigen Fehlerstellen ist zwar methodisch relativ übersichtlich, hat aber den Nachteil, daß einige Fehlertypen übertrieben konservativ bewertet werden und damit vorhandene Sicherheitsreserven im Bauteil nicht berücksichtigt sind. Andererseits wird aber auch angezweifelt, daß die formale Vorgehensweise nach den Richtlinien der Regelwerke unter allen Umständen eine konservative Bewertung liefert (z.B. /7/).

Das Ziel hier ist, an ausgesuchten Ersatzfehlermodellen zu untersuchen, ob sie in bestimmten Situationen tolerierbar sein können gegenüber der Bewertung nach dem Ersatzmodell "Flächengleicher Riß". Der Zugang zur Beurteilung einer räumlichen Fehlerstelle im Bauteil besteht hierbei aus zwei Schritten

- numerische, linear-elastische und elasto-plastische Analyse der lokalen Beanspruchungen in der unmittelbaren Fehlerumgebung und des Globalverhaltens der Probe mit Fehler
- je nach Art des angenommenen Versagensmechanismus (Sprödbruch oder Versagen durch globales Fließen) Bewertung der lokalen, kontinuumsmechanisch betrachteten Beanspruchung oder des Globalverhaltens im Hinblick auf ein Versagen.

Dabei wird angenommen, daß im Sprödbruchbereich die lokale Versagenseinleitung etwa der Bildung eines Risses und damit der Einleitung des Gesamtversagens des Bauteils entspricht. Eine Abschätzung der Gefährdung erfolgt dann aus dem Vergleich "Probe mit Fehlerstelle" zu "Probe mit flächengleichem Riß" /25/.

2. Fehlerarten, Ersatzmodelle

Schon die Sichtung von Fehlerkatalogen und Normenwerken zeigt die Mannigfaltigkeit möglicher Fehlerarten in Bauteilen. Eine Zusammenstellung der Fehlerarten ist z.B. in DIN-Norm 8524 /8/ bzw. in DIN-Norm 8563 /3/ für Schweißverbindungen und in ASTM E 125-63 /9/ für Stahlguß dokumentiert.
Die Fehlerarten bei Schweißverbindungen sind in Gruppen eingeteilt:

Fehlergruppe 1: Risse

Fehlergruppe 2: Hohlräume

Fehlergruppe 3: Feste Einschlüsse

Fehlergruppe 4: Bindefehler und ungenügende Durchschweißung

Fehlergruppe 5: Formfehler

Fehlergruppe 6: Sonstige Fehler

Im Rahmen dieser Arbeit werden nur die Fehlerarten Risse, Hohlräume und feste Einschlüsse berücksichtigt. Bei der einfachsten Betrachtung können die Fehlerstellen durch einen oder mehrere Hohlräume bzw. Einschlüsse in einer Werkstoffmatrix simuliert werden. Als erster Ansatz werden zunächst unter extrem vereinfachenden Annahmen Einzelfehler in einer ebenen Scheibe als Ersatzmodell definiert: ein kreisförmiger Hohlraum, ein kreisförmiger starrer Einschluß und ein flächengleicher Riß unter homogener Beanspruchung. Der starre Einschluß wird hierbei als vollständig bzw. teilweise verbunden mit dem Grundwerkstoff betrachtet.

3. Einfluß der Fehlerarten auf die Versagenslast

Das Brechen eines Bauteils kann rein phänomenologisch durch zwei verschiedene Mechanismen beschrieben werden: den Trennbruch im Sprödbruchbereich und das Versagen durch plastischen Kollaps im extrem duktilen Bereich, während im Übergangsbereich Mischformen der Versagensarten auftreten.

Bei sprödem Materialverhalten wird die Form der Fehlerstelle in einem Bauteil eine entscheidende Rolle spielen. Wird zur Fehlerbeurteilung das Bruchmechanikkonzept als untere konservative Abschätzung herangezogen, so wird sich - wenn ein nichtrißartiger Fehler vorliegt - ein Unterschied in der vorhergesagten und der tatsächlich ertragenen Versagenslast des Bauteils zeigen. Der Unterschied wird umso größer sein, je geringer die Spannungskonzentration in der Fehlerumgebung ist. Mit zunehmend duktilem Materialverhalten verringern sich diese Unterschiede, da der Werkstoff Spannungskonzentrationen im Bereich der Fehlerstelle durch lokale plastische Deformationen abbaut. Im extrem duktilen Bereich werden sich ähnliche Versagensgrenzlasten für eine beliebige Fehlerstelle und einen flächengleichen Riß in der gleichen Struktur einstellen.

In Abbildung 1 ist dieser Umstand schematisch dargestellt. Für das vereinfachende Beispiel einer Zugscheibe mit einem nichtrißartigen Fehler und einem flächengleichen Riß ist die Versagenslast mit zunehmender Duktilität aufgetragen. Die Duktilität eines Werkstoffes ist charakterisiert durch spezifische Materialkenngrößen, aber auch durch äußere Einflußgrößen wie z.B. Temperatur, Belastungsgeschwindigkeit, Strahlungseinflüsse, Bauteildicke und Spannungszustand.

Zur Beurteilung einer Fehlerstelle in einem Bauteil müssen nun Versagenskriterien herangezogen werden, die wiederum nur streng begrenzte Gültigkeitsbereiche besitzen, entsprechend den Versagensmechanismen, die sie beschreiben. Das heißt, es muß je nach Einsatz des Bauteils bzw. je nach den festgelegten oder erwarteten Werkstoffeigenschaften geprüft werden, welches Kriterium in welchen Grenzen sinnvoll erscheint (siehe z.B. die in Abb. 1 strichliert eingetragenen Konzepte).

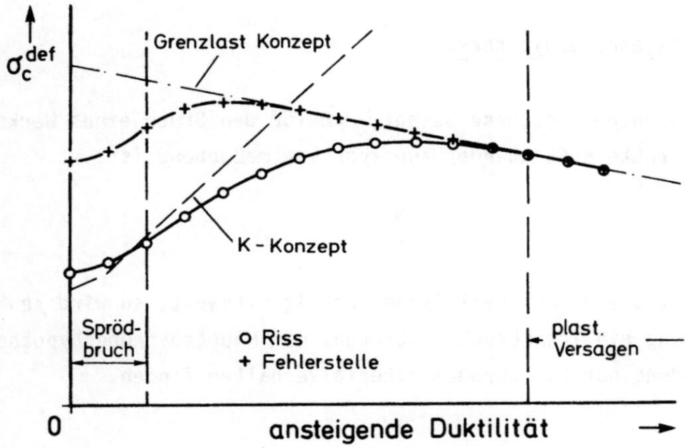

Abb. 1: Schematische Darstellung der Versagensspannung als Funktion der Duktilität für eine Zugscheibe mit Fehlerstelle und flächengleichen Riß

4. Versagenshypothesen

Die in der Materialprüfung aus dem einachsigen Zugversuch ermittelten Werkstoffkennwerte sind nicht direkt für die Beurteilung von Fehlerstellen geeignet, da in realen Bauteilen im allgemeinen ein mehrachsiger Beanspruchungszustand herrscht. Mit Hilfe von Festigkeitshypothesen ist es möglich, aus dem mehrachsigen Beanspruchungszustand eine Vergleichbeanspruchungsgröße abzuleiten, die mit einem entsprechenden Werkstoffkennwert des einachsigen Zugversuchs korrelierbar ist, und somit zu einer Aussage führt, welche maximale Beanspruchung das vorliegende Bauteil ertragen kann (z.B. Wellinger, Dietmann /10/). Für die Beurteilung von Fehlerstellen in einem Bauteil sollen je nach Art des Versagensmechanismus verschiedene Festigkeitshypothesen diskutiert werden. Bei sprödem Materialverhalten, wenn vor dem Trennbruch keine plastischen Verformungen zu erwarten sind, handelt es sich um

Hypothesen, die die lokalen Beanspruchungsverhältnisse in der Umgebung der Fehlerstelle berücksichtigen. Bei duktilem Materialverhalten wird hauptsächlich der globale Energieaustausch in der Gesamtstruktur betrachtet. Auf folgende Hypothesen soll näher eingegangen werden.

4.1 Versagenshypothesen bei sprödem Materialverhalten, Trennbruch

4.1.1 Normalspannungshypothese

Die Normalspannungshypothese besagt, daß für den Bruch eines Werkstoffelementes die größte auftretende Hauptspannung maßgebend ist.

$$\sigma_v^N = \sigma_1$$

Überschreitet sie einen spezifischen Festigkeitswert, so wird senkrecht zu ihrer Richtung ein Trennbruch eintreten. Die Hauptspannungshypothese sollte daher Anwendung nur bei sprödem Materialverhalten finden.

4.1.2 Mehrachsigkeitsbetrachtung, Sandel-Hypothese

Die Neigung eines Bauteilbereiches, spröde zu brechen, ist einmal durch die Werkstoffeigenschaften, zum anderen durch den örtlichen Spannungszustand, verstanden als die Kombination der einzelnen Spannungskomponenten, bestimmt. In der Umgebung von Fehlerstellen kann die lokale Beanspruchung mehrachsig werden und plastische Verformungen teilweise verhindern. Die Beurteilung des Spannungszustandes eines Werkstoffelementes erlaubt die Darstellung im Mehrachsigkeitsdiagramm nach Hencky /11/ bzw. Clausmeyer /12/ oder Wittwer /13/. Hierbei wird der Gesamtspannungszustand, der die örtliche Formänderung definiert, aufgeteilt in den Volumenänderungsanteil, der hydrostatischen Spannung

$$\sigma_m = \frac{1}{3}(\sigma_1 + \sigma_2 + \sigma_3)$$

und in den Gestaltänderungsanteil, der reduzierten Schubspannung

$$\tau_{red} = \frac{1}{\sqrt{6}}\sqrt{(\sigma_1 - \sigma_2)^2 + (\sigma_2 - \sigma_3)^2 + (\sigma_3 - \sigma_1)^2}$$

In einem σ_m - τ_{red}-Koordinatensystem ist jedem Spannungszustand ein Punkt zugeordnet, und gleiche Spannungszustände liegen auf einer Geraden durch den Ursprung. Als Maß für die Gefährdung eines Bauteilbereiches durch Sprödbruch wird der Mehrachsigkeitsquotient $q = \tau_{red}/\sigma_m$, praktisch die Steigung der zu einem Spannungszustand gehörenden Geraden, angesehen. Je niedriger q ist, umso größer ist die Sprödbruchneigung eines Werkstoffelementes. In Abbildung 2 ist aus Anschaulichkeitsgründen als Ordinate statt τ_{red} die Vergleichsspannung σ_v^M nach v. Mises aufgetragen, was keinen Einfluß auf die Mehrachsigkeitsbetrachtung besitzt. Es gilt die Beziehung

$$\sigma_v^M = \sqrt{3}\,\tau_{red}.$$

In das Mehrachsigkeitsdiagramm können Versagensgrenzkurven eingezeichnet werden, z.B. die Plastizitätsgrenze $\sigma_v^M = const = R_{p0,2}$ oder für linearelastisches Materialverhalten die Bruchgrenzkurve nach Sandel.

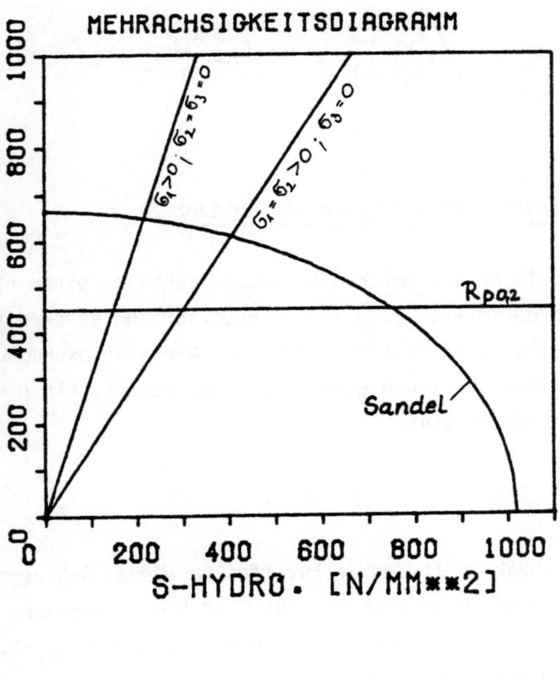

Abb. 2: Mehrachsigkeitsdiagramm

Die Sandel-Hypothese /14/ ist definitionsgemäß eine Dehnungshypothese. Sie geht davon aus, daß der Betrag des Hauptdehnungsvektors, die resultierende Dehnung

$$\varepsilon_{res} = \sqrt{\varepsilon_1^2 + \varepsilon_2^2 + \varepsilon_3^2}$$

einen zulässigen Wert nicht übersteigen darf. Unter der Voraussetzung linear-elastischen Materialverhaltens erhält man über das Hooke'sche Gesetz die Versagensbedingung

$$\sigma_{krit} \leq \sigma_v^S = \sqrt{\sigma_1^2 + \sigma_2^2 + \sigma_3^2 - n(\sigma_1\sigma_2 + \sigma_2\sigma_3 + \sigma_3\sigma_1)}$$

mit $n = 2\nu(2 - \nu)/(1 + 2\nu^2)$ und ν = Querkontraktionszahl.

Nach Umformung in den hydrostatischen Spannungsanteil σ_m und die Vergleichsspannung σ_v nach v. Mises ergibt sich mit $\sigma_{krit} = R_{mL}$ (lineare Trennfestigkeit) die Bruchgrenze nach Sandel im Mehrachsigkeitsdiagramm in Form einer Ellipse:

$$\sigma_m^2 \Big/ \left(\frac{R_{mL}}{3(1-n)}\right)^2 + \sigma_v^2 \Big/ \left(\frac{3\,R_{mL}}{2+n}\right)^2 = 1$$

4.1.3 Linear-elastisches Bruchmechanik-Konzept

Das linear-elastische Bruchmechanik-Konzept geht von einem rißbehafteten Bauteil aus und definiert als eine den Bruchvorgang steuernde Beanspruchungsgröße den Spannungsintensitätsfaktor K_I für Normalbeanspruchung des Risses. Instabile Rißausbreitung wird eintreten, wenn K_I einen kritischen Materialkennwert übersteigt:

$$K_I \geq K_{Ic}$$

mit K_{Ic} der Bruchzähigkeit des Werkstoffes im ebenen Dehnungszustand. Das linear-elastische Bruchmechanik-Konzept findet die Anwendung im Sprödbruchbereich. Auf erweiterte Konzepte im Übergangsbereich (COD, J-Integral) wird im Rahmen dieser Problemstellung nicht eingegangen.

4.2 Versagenshypothesen bei plastischem Grenzlastverhalten

Unter duktilem Materialverhalten wird im allgemeinen ein Bauteil mit einer Fehlerstelle nicht schon versagen, wenn im Bereich der Fehlerstelle plastisches Fließen eingetreten ist, sondern erst, wenn durch vollplastisches Fließen im Restquerschnitt die Tragfähigkeit des Bauteils erreicht ist.

Ganz allgemein kann für die plastische Versagensspannung geschrieben werden:

$$\sigma_p = C \cdot R_{p0,2}$$

mit $R_{p0,2}$ = Streckgrenze.

Die Konstante C hängt von der Bauteilgeometrie, der Belastungsart und damit von der Mehrachsigkeit der Beanspruchung in der Umgebung der Fehlerstelle ab. Bei der rechnerischen Ermittlung der Konstanten C geht aber auch die benutzte Fließbedingung mit ein. Das Einsetzen der Streckgrenze $R_{p0,2}$ gilt nur unter der Annahme elastisch-ideal-plastischen Materialverhaltens. Um den Einfluß der Werkstoffverfestigung zu erfassen, wird z.B. in /15/ eine verallgemeinerte Fließspannung σ_F angegeben.

$$\sigma_F = \frac{1}{2} (R_{p0,2} + R_m)$$

mit R_m = Zugfestigkeit.

Stabiles Rißwachstum vor Einsetzen des Gewaltbruches ist ebenfalls nicht berücksichtigt.

Aus den erwähnten Einschränkungen ist ersichtlich, daß kein allgemeingültiges Verfahren zur Traglastabschätzung beliebiger Bauteile anzugeben ist. Näherungsverfahren für einige Beispiele sind in /25/ beschrieben.

Für das hier benutzte Ersatzmodell einer Zugscheibe mit mittiger Fehlerstelle läßt sich allerdings eine Beziehung für die plastische Versagensspannung unter der Annahme elastisch-ideal-plastischen Materialverhaltens angeben:

$$\sigma_p^T = (1 - 2a/W)\, R_{P0,2}$$

für Fließspannung nach Tresca bzw.

$$\sigma_p^M = \frac{2}{\sqrt{3}} (1 - 2a/W)\, R_{p0,2}$$

für Fließbedingung nach v. Mises.
(a = halber Fehlerdurchmesser bzw. halbe Rißlänge und W = Breite der Zugscheibe).

4.3 Versagenshypothesen für Materialverhalten zwischen den Grenzzuständen "linear-elastisch" und "elastisch-ideal-plastisch"

4.3.1 Failure Assessment Diagram

Das unter der Bezeichnung "Two Criteria Approach" bekannte Bewertungsverfahren für rißbehaftete Bauteile soll das Versagensverhalten zwischen den und einschließlich der Grenzzustände Sprödbruch und plastische Grenzlast beschreiben. Es basiert auf einem Konzept von Dowling und Townley /16/ mit der Annahme, daß ein Bauteil versagt, wenn die niedrigere der nach dem linear-elastischen Bruchmechanik-Konzept bzw. dem Grenzlastkonzept vorhergesagte kritische Last erreicht sein wird. Der Übergangsbereich wird hierbei durch eine halbempirisch, an Versuchsergebnissen angepaßten Näherung beschrieben.

$$K_r = S_r \left[\frac{8}{\pi^2} \ln \sec\left(\frac{\pi}{2} S_r\right)\right]^{-1/2}$$

$$\text{mit } K_r = \frac{K_I}{K_{Ic}} \quad \text{und } S_r = \frac{\text{aufgebrachte Last}}{\text{Kollapslast}}$$

Die Auftragung $K_r = f(S_r)$ stellt das "Failure Assessment Diagram" dar.

Nach Einführung von $K_r = \sigma_c\sqrt{\pi a}\, f(a/W)/K_{Ic}$ und $S_r = \sigma_c/(R_{p0,2}(1-2a/W))$ ergibt sich nach Definition die sicher ertragene kritische Spannung

$$\sigma_c = \frac{2}{\pi} R_{p0,2}(1-2a/W) \arccos \exp\left[-\left(\frac{K_{Ic}}{R_{p0,2}}\right)^2 \frac{\pi}{8a\, f^2(a/W)\,(1-2a/W)^2}\right]$$

Die Anwendung dieses Verfahrens auf die Bewertung von nichtrißartigen Fehlerstellen führt zumindest im Sprödbruchbereich zu konservativen Werten, da hier das linear-elastische Bruchmechanik-Konzept zugrunde liegt.

4.3.2 Dehnungshypothese

Die Dehnungshypothese geht davon aus, daß die Vergleichsdehnung in einem Volumenelement im Durchschnitt einen kritischen Wert nicht übersteigen darf. Unter der Annahme der Deformationsplastizität gilt

$$\varepsilon_v = \frac{1}{3}\sqrt{2[(\varepsilon_1 - \varepsilon_2)^2 + (\varepsilon_2 - \varepsilon_3)^2 + (\varepsilon_3 - \varepsilon_1)^2]}$$

Bei großen plastischen Verformungen ist die Vergleichsdehnung im wesentlichen gegeben durch die plastische Vergleichsdehnung ε_v^p. Wegen der Volumenkonstanz ($\varepsilon_1^p + \varepsilon_2^p + \varepsilon_3^p = 0$) ergibt sich somit als vereinfachtes Kriterium

$$\varepsilon_v^p = \sqrt{\frac{2}{3}\left(\varepsilon_1^{p^2} + \varepsilon_2^{p^2} + \varepsilon_3^{p^2}\right)} \geq \varepsilon_{krit}$$

Als kritischer Wert ε_{krit} kann z.B. die wahre Bruchdehnung im einachsigen Zugversuch genommen werden /17, 18/.

Die praktische Anwendbarkeit ist begrenzt, da die plastische Vergleichsdehnung in der Umgebung eine Fehlerstelle nur über numerische Berechnungen oder über experimentelle Dehnungsmessungen (z.B. Soete /19/ oder /18/) erhalten werden kann.

5. Numerische Untersuchungen am Beispiel "Ersatzfehlermodell"

5.1 Numerisches Modell

In erster Näherung für eine Fehlerstelle in einem Bauteil wird als Ersatzfehlermodell der kreisförmige Hohlraum, der kreisförmige starre Einschluß und ein flächengleicher Mittenriß in einer ebenen Zugscheibe simuliert (siehe Abschnitt 2). Als Rechenverfahren zur Ermittlung der Spannungs-Dehnungs-Felder in der Struktur wurde die Finite-Element-Methode angewendet mit dem Programmsystem ADINA /20/. Aus Symmetriegründen wird nur ein Viertel der Zugscheibe idealisiert mit dem Verhältnis a/W = 0.1 (a = halbe Rißlänge bzw. Radius der Bohrung und W = Breite der Zugscheibe) (Abb. 3). Als Materialgesetz ist sowohl linear-elastisches Verhalten vorgegeben als auch elastoplastisches Verhalten mit der v. Mises'schen Fließbedingung und linearer isotroper Verfestigung. Die gewählten Werkstoffkennwerte, in Tabelle 1 für zwei Temperaturen zusammengestellt, besitzen nur Modellcharakter, da bisher

T °C	$R_{p0,2}$ N/mm²	R_{mL} N/mm²	K_{Ic} $N/mm^{3/2}$	E N/mm²	E_T N/mm²
0	450	650	4600	$2.1\ 10^5$	2000
-100	580	750	1500	$2.1\ 10^5$	2000

Tabelle 1: Werkstoffkennwerte bei zwei Temperaturen

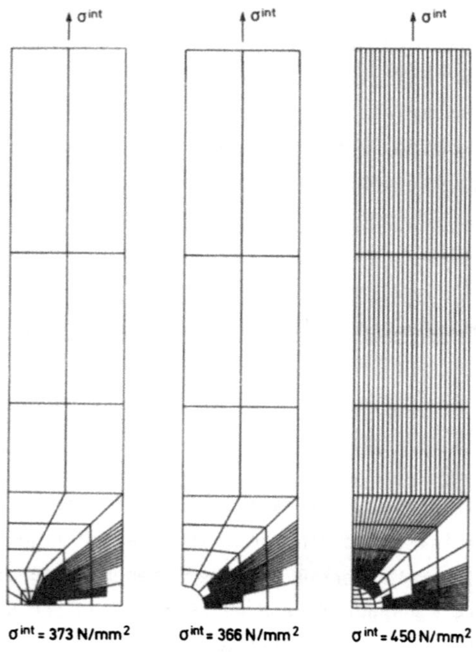

Abb. 3: Finite Element Modell (schraffierte Fläche stellt die Form der plastischen Zone dar bei Last σ zum Zeitpunkt vollplastischen Fließens)

der direkte Vergleich zum Experiment nicht möglich ist. Dennoch entsprechen sie den gemessenen Werten an einem Reaktorbaustahl, um in etwa die richtigen Korrelationen zwischen linearer Trennfestigkeit, Streckgrenze und Bruchzähigkeit zu gewährleisten.

Um bei dem Ersatzmodell "Riß" die $1/\sqrt{r}$-Singularitäten in den Spannungen und Dehnungen im elastischen Fall numerisch zu simulieren, wurden kollabierte isoparametrische Elemente verwendet, mit Viertel-Punkt-Verschiebung im Rißspitzenbereich nach Barsoum /21/. Die 1/r-Singularität der Dehnungen im elasto-plastischen Fall wurde durch kollabierte Elemente mit unabhängigen, frei beweglichen Knoten an der Rißspitze und Mittenknoten erreicht.

5.2 Mehrachsigkeitsbetrachtung

Die höchstbeanspruchten Werkstoffelemente in der Struktur werden in der unmittelbaren Umgebung der Fehlerstelle zu erwarten sein. In den Abbildungen 4 und 5 sind für den linear-elastischen Fall die Spannungsverteilungen parallel und normal zur aufgebrachten Last $\sigma_0 = 300\ N/mm^2$ längs der Kreiskontur in einem Abstand von etwa 1.5 mm aufgetragen. Die größte Spannungskomponente σ_z tritt bei dem Mittenloch direkt im Kerbgrund auf dem Ligament auf mit abfallender Tendenz längs der Kontur. Bei dem starren Einschluß ist eine gegenläufige Spannungsverteilung σ_z festzustellen mit dem größten Wert oberhalb des Fehlers. Dabei sind die Hauptspannungen in etwa identisch mit den Komponenten σ_y und σ_z. Der Absolutbetrag der maximalen Spannung liegt bei gleicher externer Last bei dem starren Einschluß niedriger als bei dem Mittenloch. Eine qualitative Aussage über die Gefährdung eines Bauteils mit einer Fehlerstelle unter linear-elastischem Materialverhalten liefert die Auftragung im Mehrachsigkeitsdiagramm (siehe Abschnitt 4.1.2). In den Abbildungen 6 und 7 sind die Spannungszustände in den Volumenelementen längs der Kreiskontur, wie oben beschrieben, im Mehrachsigkeitsdiagramm bei $\sigma_0 = 300\ N/mm^2$ eingezeichnet. Gemessen an der elliptischen Bruchgrenzkurve nach Sandel für die lineare Trennfestigkeit $R_{mL} = 650\ N/mm^2$ ist deutlich zu sehen, daß für das Bauteil mit dem starren Einschluß höhere kritische Bruchlasten zu erwarten sind als für die Struktur mit Bohrung. Ein Parameter, der hier für den linear-elastischen Fall untersucht wurde, ist der allgemeine Spannungszustand in dem Bauteil mit den Grenzfällen Ebener Spannungszustand (ESZ), Ebener Dehnungszustand (EDZ) und rotations-symmetrischer Zustand als mögliche Näherung für eine drei-dimensionale Struktur. Allgemein hebt der EDZ den Grad der Mehrachsigkeit durch die dritte Spannungskomponente in Dickenrichtung und die Vergleichsspannung fällt ab, d.h. die Nei-

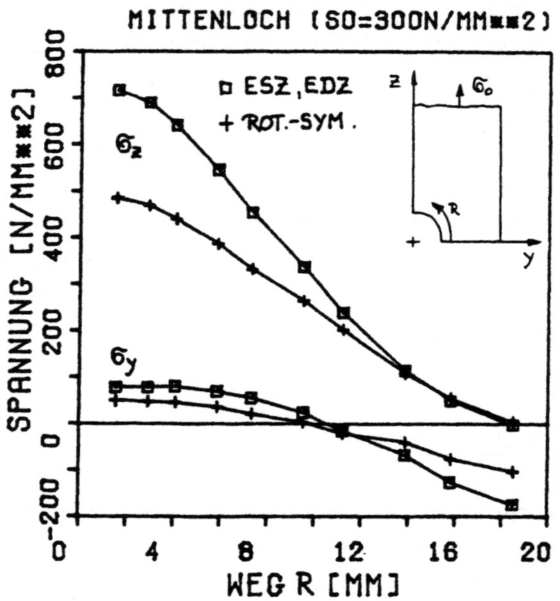

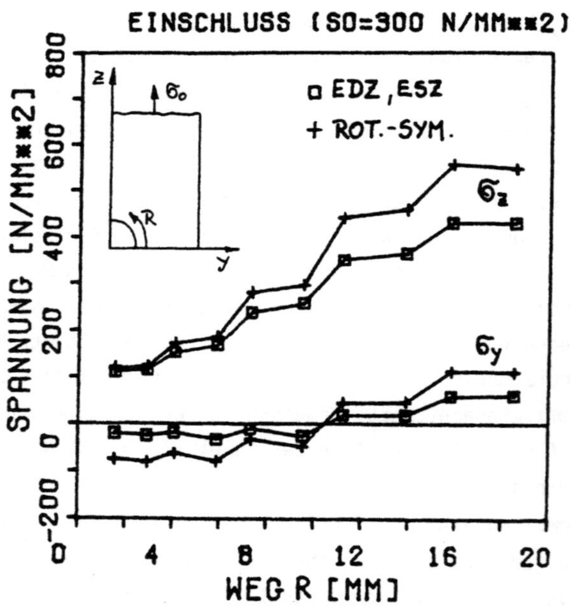

Abb. 4 und 5: Spannungsverteilung längs der Kreiskontur für die Fehlerarten Mittenloch und Einschluß

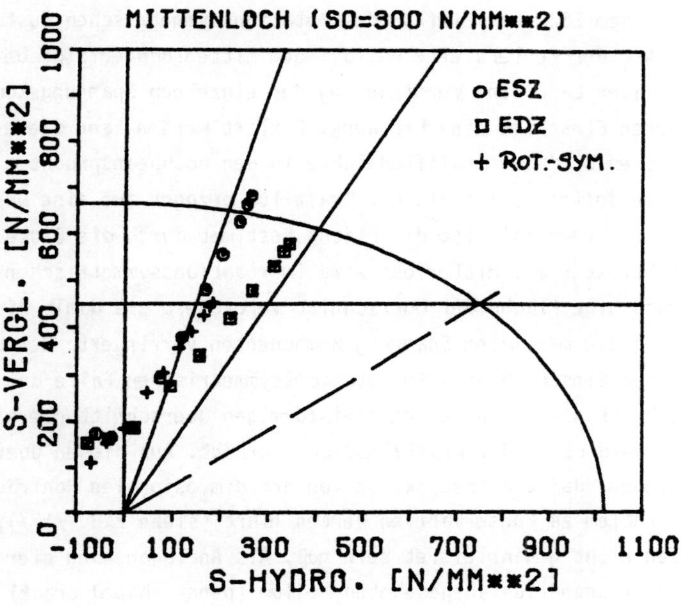

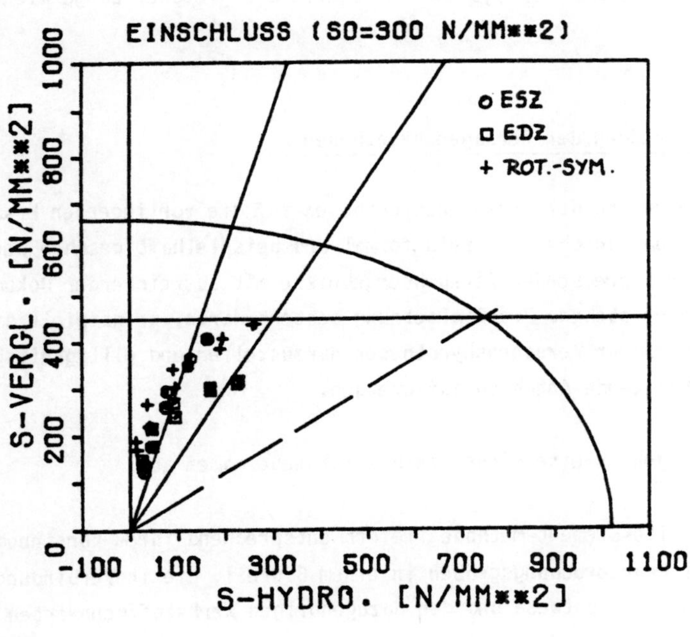

Abb. 6 und 7: Spannungszustände längs der Kreiskontur im Mehrachsigkeitsdiagramm für die Fehlerarten Mittenloch und Einschluß gung zur Sprödbruchgefährdung durch Verformungsbehinderungen wird größer gegenüber dem ESZ. Der Einfluß des rotationssymmetrischen Zustandes hängt von der Art der Fehlerstelle ab: bei dem Mittenloch erfolgt bei gleicher aufgebrachter Last eine Verminderung der einzelnen Spannungskomponenten, bei dem starren Einschluß eine Erhöhung. Erklärt werden kann dieser Umstand im mechanischen Bild der Kraftflußdichte in den hochbeanspruchten Bereichen der Probe, die definiert ist als der Kraftfluß bezogen auf eine Querschnittsfläche. Im ebenen Fall ist die Fläche bestimmt durch die Dicke der Probe. Bei der Struktur mit Mittenloch wird im rotationssymmetrischen Fall durch die ringförmige Fläche der Querschnitt vergrößert und damit die Kraftflußdichte und die maximalen Spannungskomponenten verringert. Bei der Struktur mit starrem Einschluß wird im rotationssymmetrischen Falle der Kraftfluß praktisch fokussiert auf einen kreisförmigen Querschnitt oberhalb der Fehlerstelle und damit die Kraftflußdichte erhöht. Aus diesen Überlegungen ist zu schließen, daß die Abstraktion von dreidimensionalen Hohlräumen in ein ebenes Problem zu konservativen Werten führt (siehe z.B. /17/), was bei Einschlüssen nicht gewährleistet sein muß. Als Analogon kann hier der kreisförmige Riß im unendlich ausgedehnten Medium (penny shaped crack) angeführt werden, der einen um den Faktor $2/\pi$ niedrigeren Spannungsintensitätsfaktor besitzt als der durchgehende Mittenriß mit gleicher Länge wie der Radius /22/.

5.3 Anwendung der Versagenshypothesen

Die Anwendung der Versagenshypothesen auf die vorliegenden Ersatzfehlermodelle muß zunächst als rein formal und beispielhaft gesehen werden, da z.Zt. keine entsprechenden Versuchsergebnisse mit ausreichender Dokumentation zur Verfügung stehen. Die Zielsetzung besteht darin, prinzipiell die Anwendung verschiedener Versagenshypothesen darzustellen und Gültigkeitsgrenzen und einschränkende Annahmen aufzuzeigen.

Die Vorgehensweise sieht hierbei folgendermaßen aus:

Die Finite-Element-Methode liefert entsprechend ihrem kontinuumsmechanischen Modell Beanspruchungsgrößen in einem Bauteil, die in Verbindung mit einer Festigkeitshypothese und den dazugehörigen Werkstoffkennwerten eine Aussage über zu erwartende kritische Lasten gestatten. Die oben beschriebenen Konfigurationen wurden linear-elastisch und elasto-plastisch bis zur Grenzlast unter der Annahme Ebener Spannungszustand für zwei Werkstoffzustände (siehe Tabelle 1) gerechnet.

Für die lokale Versagenshypothesen wurden Volumenelemente in der unmittelbaren Umgebung der Fehlerstellen ausgewählt, in denen die maximale Beanspruchung auftritt. Inwieweit die Größe der Volumenelemente signifikant ist, ist noch unklar. Nach Neuber /23/ wird der Werkstoff nur auf solche Beanspruchungen reagieren, die über ein bestimmtes Volumen gemittelt wirksam sind. Die Ausdehnung des Volumens wiederum ist danach ein zusätzlicher, werkstoffspezifischer Kennwert.

Für die Grenzlastabschätzungen wird integral die äußere Last als kritisch erachtet, bei der über einen linear tragenden Ouerschnitt eine bestimmte Spannung, z.B. $R_{p0,2}$ erreicht ist.

In Abbildung 8 sind die Vorhersagen der Versagenshypothesen zusammengefaßt aufgetragen. Sie sind hierbei rein formal angewendet ohne ihre Gültigkeitsbereiche zu berücksichtigen. Die Temperatur steht als Maß für den Werkstoffzustand. Ausgehend von den realen Kennwerten bei zwei ausgewählten Temperaturen (Tabelle 1) sind die Kennwertverläufe als linear angenommen. In Wirklichkeit hat die Bruchzähigkeit einen stark exponentiellen Verlauf (siehe z.B. die Referenzkurve für Reaktorstahl in /4/). Die linearisierte Annahme erleichtert aber die Auftragung und verändert nicht den Gehalt der Aussage.

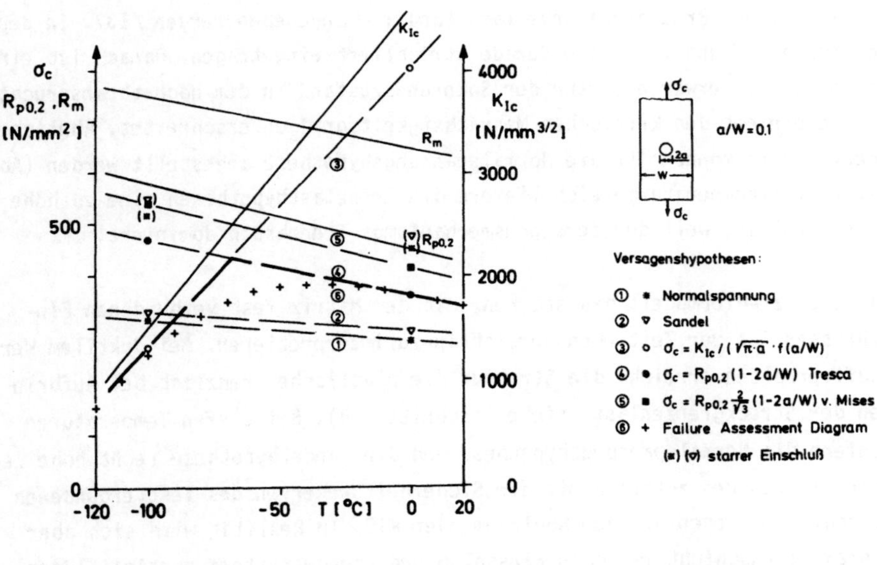

Abb. 8: Vorhersagen der Versagenshypothesen bei unterschiedlichen Werkstoffzuständen

Geht man davon aus, daß in Abbildung 8 die dick strichliert eingezeichnete Kurve oder die Aussagen des "Failure Assessment Diagram" (6) als untere Versagensgrenzkurve für das Ersatzmodell "Riß" anzusehen sind, liefert das linear-elastische Bruchmechanik-Konzept für den Werkstoffzustand bei T = 0^oC zu hohe und unrealistische Werte, weil plastische Deformationen nicht berücksichtigt sind. Das gilt ebenso für die linear-elastische Anwendung der Normalspannungshypothese und der Sandelhypothese auf das Ersatzmodell "Hohlraum" bei denen lokale Umlagerungen der Beanspruchungen infolge von Fließprozessen nicht berücksichtigt sind.

Für die Sandel-Hypothese sei dieser Umstand an Abbildung 6 kurz erläutert. Für den gegebenen Materialzustand wird die Vergleichsspannung σ_V^M im höchstbeanspruchten Volumenelement die Streckgrenze längst überschritten haben, bevor die Bruchgrenzkurve erreicht ist. Bei weiter ansteigender äußeren Last werden die Beanspruchungen nicht mehr linear ansteigen nach Maßgabe des Elastizitätsmoduls, sondern es wird sich der Spannungszustand ändern und die Zunahme erfolgt gemäß der Werkstoffverfestigung. Die Annahme des linearen Anstiegs auf der Elastizitätsgeraden ohne Berücksichtigung der Streckgrenze liefert somit zu niedrige kritische Lasten. Zur Abgrenzung des Gültigkeitsbereiches der Sandelhypothese kann für einen vorgegebenen Werkstoffzustand ein kritischer Mehrachsigkeitsgrad - definiert im Mehrachsigkeitsdiagramm über eine Gerade durch den Ursprung und durch den Schnittpunkt der Streckgrenze mit der Bruchgrenzkurve nach Sandel - angegeben werden /13/. In den Abbildungen 6 und 7 ist die Gerade strichliert eingetragen. Danach ist ein Trennbruch zu erwarten, wenn der Spannungszustand in dem höchstbeanspruchten Volumenelement den kritischen Mehrachsigkeitsgrad unterschreitet. Ähnliche Überlegungen können für die Normalspannungshypothese angestellt werden (Abb. 9). Im Tieftemperaturbereich liefern die Grenzlasthypothesen eine zu hohe Versagenslast, weil der Versagensmechanismus Trennbruch dominiert.

Das Ersatzfehlermodell des starren, mit der Matrix fest verbundenen Einschlusses ist zur Zeit noch vorsichtig zu interpretieren. Bei duktilem Werkstoffverhalten erreicht die Struktur die plastische Grenzlast bei Aufbringen der Streckgrenzenlast (siehe Abschnitt 5.4). Bei tiefen Temperaturen liefern die Normalspannungshypothese und die Sandelhypothese recht hohe Versagenslasten und zeigen damit die Sicherheitsreserven des festverbundenen Einschlusses gegenüber dem Hohlraum oder Riß. In Realität wird sich aber die Zwischenschicht zwischen Einschluß und Grundwerkstoff partiell lösen, und es liegt ein Rißproblem vor. Untersuchungen in diese Richtung wurden durchgeführt. Die Ergebnissse sind aber noch nicht genügend ausdiskutiert.

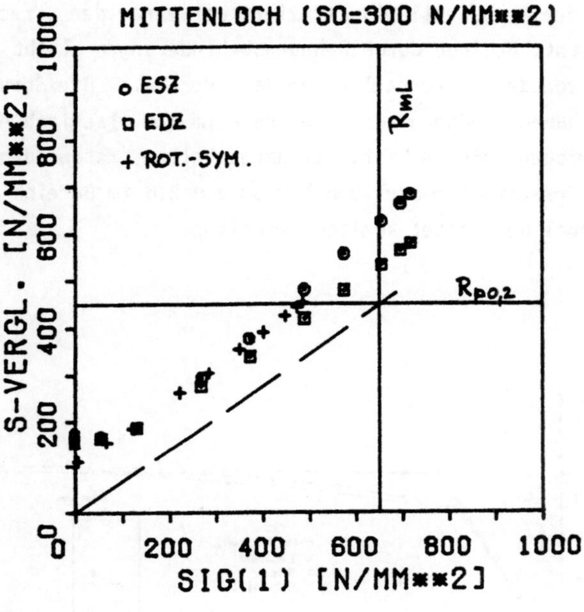

Abb. 9: Vergleichsspannung σ_V^M als Funktion der maximalen Hauptspannung

5.4 Numerische Untersuchungen im Grenzlastbereich

Um den Einfluß der unterschiedlichen Ersatzfehlermodelle auf die plastische Grenzlast zu untersuchen, wurde das globale Spannungs-Dehnungs-Verhalten der Struktur mit dem lokalen Spannungs-Dehnungsfeld in der Umgebung der Fehlerstelle verglichen /24/.

In Abbildung 10 sind die numerisch berechneten globalen Spannungs-Dehnungs-Kurven für den Fall der Ebenen Spannung aufgetragen. Die Struktur mit dem starren Einschluß zeigt das Verhalten, wie es für eine ungestörte Zugscheibe zu erwarten ist, d.h. der starre Einschluß hat keinen im Rahmen der Genauigkeit feststellbaren Einfluß auf das globale Verhalten der Struktur. Die globalen Spannungen und Dehnungen für die Zugscheibe mit Hohlraum und Riß weisen ein ähnliches Aussehen auf mit einem niedrigeren Abknickpunkt von der elastischen Geraden wegen der geringeren Steifigkeit der Struktur. In Abbildung 3 sind die plastischen Zonen in den Strukturen schraffiert eingetragen bei der äußeren Last, bei der vollplastisches Fließen über den Gesamtquerschnitt auftritt. Die Zugscheibe mit starrem Einschluß ist im ungestörten Teil der Probe voll plastifiziert bei einer der Streckgrenze entsprechenden Last. Bedingt durch Dehnungsbehinderungen bleibt ein elastischer Bereich, der von der Fehlerstelle zum Rand verläuft. Die Strukturen mit Hohlraum und Riß haben annähernd die gleiche Form der plastischen Zone bei der annähernd gleichen äußeren Last. Der dargestellte Umstand deutet darauf hin, daß sich die Ersatzfehlermodelle Hohlraum und Riß im Bereich der plastischen Grenzlast global betrachtet ähnlich verhalten.

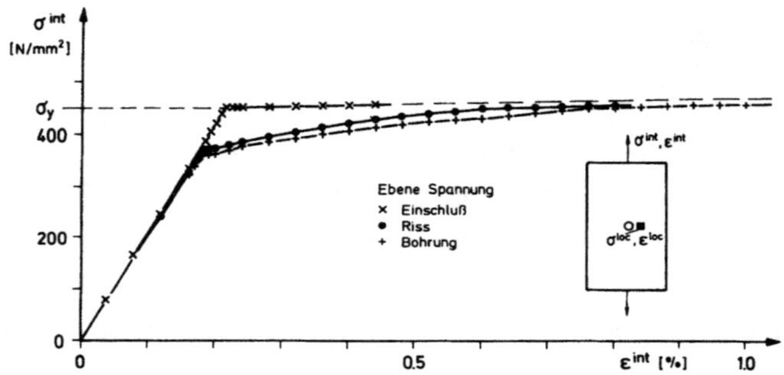

Abb. 10: Numerisch errechnete globale Spannungs-Dehnungs-Kurve

Um den Einfluß des lokalen Dehnungsfeldes auf ein mögliches Versagen zu untersuchen, sind die plastischen Vergleichsdehnungen (siehe Abschnitt 4.3.2) für Volumenelemente, charakterisiert durch Integrationspunkte bei annähernd gleichem Abstand von der Rißspitze und dem Kerbgrund des Hohlraumes, in der Umgebung der Fehlerstellen ausgewertet worden. In Abbildung 11 sind die lokalen Dehnungen ε^{loc} als Funktion der außen aufgebrachten Last σ^{int} im Vergleich zu der globalen Spannungs-Dehnungs-Kurve aufgetragen. Zur Veranschaulichung sind zwei bei gleicher Last korrelierte Punkte durch Pfeile gekennzeichnet.

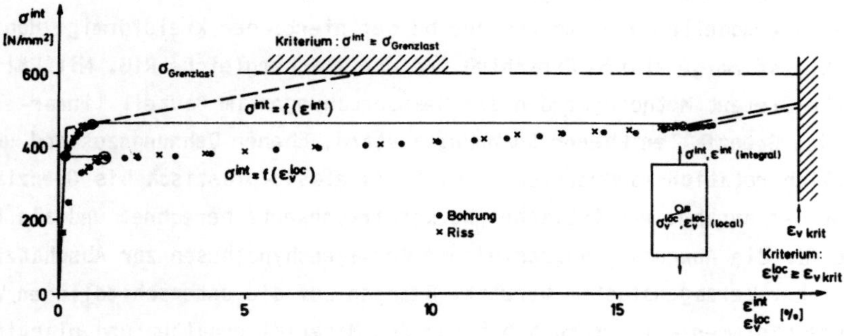

Abb. 11: Vergleich des globalen und lokalen Spannungs-Dehnungsverhaltens

Die Steigung der Kurve $\sigma^{int} = f(\varepsilon^{loc})$ stellt hierbei den Grad der lokalen Deformation des betreffenden Werkstoffelementes dar. Das Deformationsverhalten aller Elemente kann durch Kurvenverläufe beschrieben werden, die zwischen der globalen Spannungs-Dehnungs-Kurve und einer Grenzkurve liegen, die durch das Volumenelement mit der höchsten lokalen Deformation gegeben ist. Allgemein kann aus Abbildung 11 geschlossen werden, daß sich die lokalen Dehnungen bis zur Grenzlast für beide Fehlerarten ähnlich verhalten.

Für eine Versagensbeurteilung unter duktilem Materialverhalten können zwei Kriterien diskutiert werden:

- entsprechend dem Globalverhalten der gestörten Struktur die Grenzlasthypothese (Abschnitt 4.2), in Abbildung 11 dargestellt als horizontale Gerade, und
- die Hypothese der lokalen Vergleichsdehnung (Abschnitt 4.3.2), dargestellt als vertikale Begrenzungslinie.

Die Struktur wird versagen, wenn eine der beiden Grenzkurven erreicht ist. Die Wahrscheinlichkeit, daß bei diesem konkurrierenden Prozeß das Dehnungskriterium zuerst zutrifft, wird umso größer sein, je kleiner die Steigung der lokalen Spannungs-Dehnungs-Kurve ist. Diese Steigung kann z.B. beeinflußt werden von dem Verhältnis a/W (halbe Rißlänge zu Probenbreite). Bei Soete /19/ wird über entsprechende Experimente berichtet.

6. Zusammenfassung

Zur Simulation von beliebigen Fehlerstellen in einem Bauteil werden drei Ersatzfehlermodelle in einer Zugscheibe definiert: der kreisförmige Hohlraum, der kreisförmige starre Einschluß und der flächengleiche Riß. Mit Hilfe der Finite-Element Methode werden die Beanspruchungen im Bauteil linear-elastisch mit den Grenzfällen Ebener Spannungszustand, Ebener Dehnungszustand und zusätzlich rotations-symmetrischer Fall und elasto-plastisch bis Grenzlast unter der Annahme realistischer Werkstoffkennwerte berechnet und als Grundlage für die Anwendung verschiedener Versagenshypothesen zur Abschätzung möglicher Versagenslasten benutzt. Bezogen auf die unterschiedlichen Versagensmechanismen - Trennbruch bei sprödem Materialverhalten und plastisches Fließversagen bei duktilem Verhalten - werden Gültigkeitsbereiche der Hypothesen aufgezeigt. Der besondere Schwerpunkt liegt im Vergleich der Aussagen der Versagenshypothesen für nicht rißartige Fehlerstellen zu der Bewertung des Ersatzfehlermodelles "Riß".

Hierbei zeigt sich, daß im Sprödbruchbereich besonders der starre Einschluß Sicherheitsreserven aufweist gegenüber der idealisierten und konservativen Annahme eines flächengleichen Risses entsprechend den Vorschriften der Regelwerke. Im duktilen Werkstoffbereich verringert sich der Einfluß der Fehlerart auf die Versagenslast, d.h. die globalen Beanspruchungen der Gesamtstruktur und sogar die lokalen Beanspruchungen in der Umgebung der Fehlerstelle für die Ersatzmodelle Hohlraum und Riß zeigen annähernd gleiches Verhalten. Gerade in Bereichen, in denen duktiles Materialverhalten erwartet wird, ist es erforderlich, sowohl Bewertungen nach dem Bruchmechanik-Konzept als auch nach dem Grenzlastkonzept durchzuführen und die daraus erhaltene niedrigere Versagenslast als konservativ zugrunde zu legen.

7. Literatur

1. "Guidance on some methods for the derivation of acceptance levels for defects in fusion welded joints". BSI PD 6493 (1980).
2. "Proposed assessment methods for flaws with respect to failure by brittle fracture". IIW-Document IIW-471-74, in Welding in the World, Vo. 13, No. 1/2, S. 29-49 (1975).
3. "Sicherung der Güte von Schweißarbeiten". DIN-Norm Nr. 8563 (1975).
4. ASME-Boiler and Pressure Vessel Code, Section XI, American Society of Mechanical Engineers.

5. PVRC-Recommendations on Toughness Requirements for Ferritic Materials. Welding Research Council Bulletin 175 (1972).
6. "Bruchmechanische Bewertung von Fehlern in Schweißverbindungen". DVS-Merkblatt 2401, Teil 1, erscheint demnächst.
7. Hodulak, L. und Klein, G.: "Spannungsanalyse von Mehrfachrissen". Bericht 7/74, Inst. f. Festkörpermechanik, Freiburg (1974).
8. "Fehler an Schmelzschweißverbindungen aus metallischen Werkstoffen". DIN-Norm Nr. 8524 (1971).
9. "Standard reference photographs for magnetic particle indications on ferrous castings", ASTM-E 125-63, American Society for Testing and Materials (1963).
10. Wellinger, K. und Dietmann, H.: "Festigkeitsberechnung", Alfred Kröner Verlag, Stuttgart (1969).
11. Hencky, H.: "Ermüdung, Bruch und Plastizität". Stahlbau 16, S. 95-97 (1943).
12. Clausmeyer, H.: "Über die Beanspruchung von Stahl bei mehrachsigen Spannungszuständen", Konstruktion 20, S. 395-401 (1968).
13. Wittwer, H.J.: "Zur Theorie der Trennfestigkeit metallischer Werkstoffe", Archiv für Eisenhüttenwesen 46, S. 41-49, (1975).
14. Sandel, G.D.: "Die Anstrengungsfrage". Schweizerische Bauzeitung, 95, Heft 26, S. 325-338 (1930).
15. Bryan, R.H. et al.: "Test of 6-inch-thick pressure vessels". Series 2, ORNL-5059, (5975).
16. Dowling, A.R. und Townley, C.H.A.: "The Effect of Defects on Structural Failure: A Two-Criteria Approach". Int. J. Press. Vessel and Piping (1975).
17. Weiss, V., Sengupta, M. and Lal, D.: "The significance of material ductility to the reliability and load carrying capacity of peak performance structures". Syracuse University, Syracuse, New York (1972).
18. Helms, R. and Naseband, K.: "A ductile fracture criterion for metals". Fracture 1977, Vol. 2, ICF 4, Waterloo, Canada, S. 503-512 (1977).
19. Soete, W.: "An experimental approach to fracture initiation in structural steels". Fracture 1977, Vol. 1, ICF 4, Waterloo, Canada, S. 775-804 (1977).
20. Bathe, K.J.: "ADINA, a finite element program for automatic dynamic incremental nonlinear analysis". Rep. 82448-1, Massachusetts (1975).
21. Barsoum, R.S.: "Triangular quarter-point elements as elastic and perfectly plastic crack tip elements". Int. J. for Num. Math. in Eng., 11, S. 85-98 (1977).

22. Paris, P.C. and Sih, G.C.: "Stress Analysis of Cracks", in Fracture Toughness Testing and its Application, ASTM-STP Nr. 381, S. 30-83 (1964).
23. Neuber, H.: "Theoretical determination of fatigue strength at stress concentrations". Techn. Report AFML-TR-68-20, (1968).
24. Kordisch, H. und Sommer, E.: "Realistic defects as sources for initiation of fracture - mechanical behaviour - available fracture criteria". Int. Symp. on Defects and Fracture, Tuczno, Polen (1980).
25. Kordisch, H.: "Mechanisches Verhalten von Fehlerstellen in metallenen Werkstoffen". Wiss. Bericht W 7/81 des Fraunhofer-Instituts für Werkstoffmechanik, Freiburg (1981).

Dr. Horst Kordisch
Fraunhofer-Institut für Werkstoffmechanik
Rosastr. 9
D-7800 Freiburg , BRD

BRUCHMECHANIK VON STAHLBETON

Z.P. BAŽANT, L. CEDOLIN und P. GAMBAROVA

Aus dem Englischen übersetzt und überarbeitet von
H.P. ROSSMANITH und H.A. MANG

1. Einleitung

Bei der bruchmechanischen Untersuchung bewehrter Betonbauteile treten im wesentlichen zwei Problemkreise auf, nämlich (a) die sogenannte "Objektivität" der im Rahmen der verwendeten Finite Elemente-Methoden (FEM) benützten Kriterien zur Berücksichtigung der Rißausbreitung und andererseits (b) die Einbeziehung der Bewehrung in das "Betonkontinuum". Diese beiden Themenkreise sollen im folgenden im Detail behandelt werden.

Die Spannungs- und Verformungsanalyse eines Bauteils muß mit "objektiven" Methoden durchgeführt werden, d.h. sich ergebende physikalische Größen wie Verschiebung, Dehnung, Spannung und Spannungsintensitätsfaktoren müssen, von üblichen Diskretisierungsfehlern abgesehen, von den geometrischen Eigenschaften der verwendeten finiten Elemente unabhängig sein. Dies ist so zu verstehen, daß bei zunehmender Verfeinerung der Diskretisierung das Ausmaß der Abhängigkeit der erwähnten physikalischen Größen von der Diskretisierung immer mehr abnimmt und im praktisch nicht realisierbaren Grenzfall keine derartige Abhängigkeit mehr vorliegt.

Die Bruchmechanik findet derzeit zunehmend Eingang in die Mechanik des bewehrten und unbewehrten Betons. Dies geschieht durch Berücksichtigung "verschmierter" paralleler Risse, was sich in einer Reduktion der Steifigkeit normal zu derartigen Rißbändern äußert, oder durch Verwendung von Elementen mit eingebauter Rißspitzensingularität. Als Rißausbreitungskriterium wird ein sogenanntes Festigkeitskriterium verwendet, das dann anspricht, wenn die maximale Hauptzugspannung die Zugfestigkeit überschreitet. Die Methode der "verschmierten" Risse bewährt sich insbesondere bei Traglastberechnungen von Bauteilen, die im Ausgangszustand keine Makrorisse aufweisen. In der vorliegenden Arbeit wird ein früher für unbewehrten Beton entwickeltes Energiekriterium für aus "verschmierten Rissen" bestehenden Rißbändern auf bewehrten Beton verallgemeinert. Dieses Kriterium berücksichtigt auch den Verbundschlupf. Es ist, von üblichen Diskretisierungsfehlern abgesehen, invariant (objektiv) bezüglich der Netzteilung (Diskretisierung).

2. Herkömmliche Kriterien für die Rißausbreitung

Anhand eines Beispieles sei die herkömmliche Vorgangsweise bei der Feststellung der Rißausbreitung im Zusammenhang mit FE-Programmen kritisch betrachtet.

Gegeben sei eine rechteckige Stahlbetonscheibe der Dicke 1, Breite 2b und Höhe 2L. Die Bewehrung besteht aus einem regulären Rechtecksnetz (s. Abb.1). Die Scheibe sei durch eine gleichförmig verteilte Normalspannung $\alpha\bar{\sigma}$ an der oberen und unteren Begrenzung belastet. Überdies weise die Scheibe einen symmetrischen, horizontalen Riß (Zentralriß) bzw. ein Rißband der Länge 2a ($0 < a < b$) auf. Wir setzen $\bar{\sigma} = 0{,}981$ MN/m^2 und berechnen für verschiedene Rißlängen a den kritischen Lastparameter α, der gerade Rißfortschritt verursacht. Nach den bruchmechanischen Grundformeln ist α eine Funktion von der Rißlänge. Von üblichen Diskretisierungsfehlern abgesehen, sollte α von der Netzteilung unabhängig sein.

Zur Überprüfung ob und inwieweit die Unabhängigkeit von α von der Netzteilung bei Verwendung des herkömmlichen Rißausbreitungskriteriums im Rahmen der FEM gegeben ist, betrachten wir drei verschiedene Netzteilungen A, B und C (s. Abb.1) mit Maschenweiten $\Delta a = 0{,}04$, $0{,}02$ und $0{,}01$ m. Für das vorliegende Problem kommt es nur auf das Verhältnis der verschiedenen

Maschenweiten zueinander an. Quadratelemente mit vier Knoten werden als Finite Elemente gewählt. Jedes Quadratelement besteht aus zwei Dreiecken, für die lineare Verschiebungsansätze gewählt werden. Die Verwendung Finiter Elemente mit Verschiebungsansätzen höherer Ordnung bedingt keinen wesentlichen Unterschied in der bruchmechanischen Analyse.

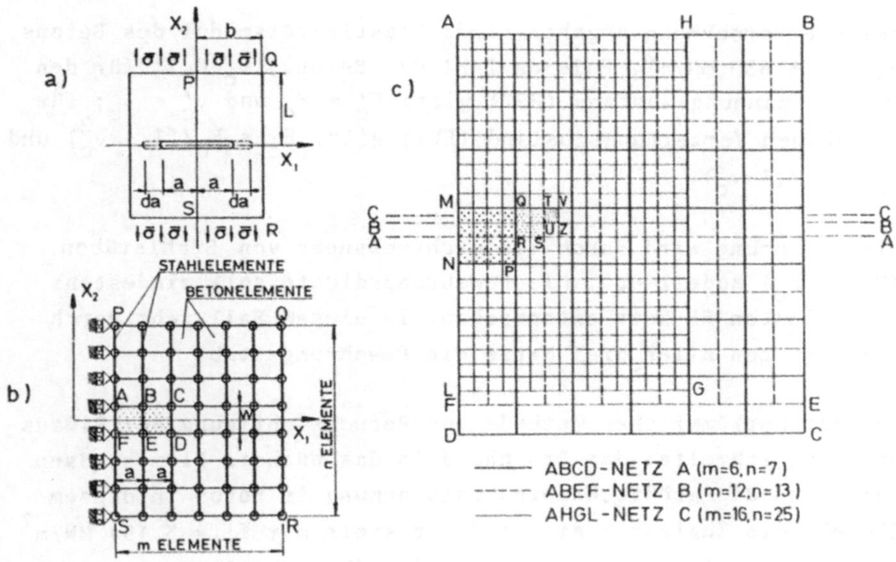

Abb. 1. Stahlbetonscheibe und Finite-Elemente-Netzteilungen

Der Riß wird mittels eines ein Element breiten Rißbandes gleichförmig verteilter ("verschmierter") horizontaler Risse zu beiden Seiten der Symmetrieachse modelliert.

Der Bruchvorgang innerhalb des gerade reißenden Elementes wird durch Reduktion der Dehnsteifigkeit quer zu den Rissen und Nullsetzen der Schubsteifigkeit berücksichtigt, während die Steifigkeit parallel zu den Rissen unverändert bleibt. Diese Annahmen führen zu einer orthotropen Steifigkeitsmatrix für den gerissenen Beton. Um das Bruchband einerseits längs der Symmetrielinie vorschreiten lassen und andererseits Netzabstufungen ganzzahligen Verhältnisses (4:2:1) beibehalten zu können, betrachtet man Scheiben mit geringfügig unterschiedlichen Höhen, wie aus Abb.1 ersichtlich ist.

Das Bruchband breite sich in Richtung einer Hauptnormalspannung (im gegebenen Fall horizontal und geradlinig) sprungartig aus. Dabei schreite die stumpfe Bruchbandfront von einem quadratischen Element zum nächsten vor (vgl. die Elemente MNPQ, QRST und TUVZ für die drei Netze in Abb. 1c).

Weitere Berechnungsangaben sind: Elastizitätsmodul des Betons, $E_c = 225\,630\ \mathrm{MN/m^2}$, Poisson-Zahl des Betons, $\nu_c = 0.2$; für den ebenen Spannungszustand (ESZ) gilt: $E_c' = E_c$ und $\nu_c' = \nu_c$; für den ebenen Verzerrungszustand (EVZ) gilt: $E_c = E_c/(1 - \nu_c^2)$ und $\nu_c' = \nu_c/(1-\nu_c)$.

Die Bewehrung wird durch ein Rechtecksnetz von Stahlstäben ($E_s = 10\ E_c$) modelliert. Die Bewehrungsdichte soll mindestens dem feinsten FE-Netz entsprechen. In diesem Fall geht durch jeden Knoten aller drei Netze ein Bewehrungsstab.

Bei der herkömmlichen Methode zur Berücksichtigung der Rißausbreitung schreitet das Bruchband in das nächste Element dann vor, wenn die größte Hauptnormalspannung im Beton in diesem Element die Zugfestigkeit f_t' (hier stets mit $f_t' = 3.194\ \mathrm{MN/m^2}$ angenommen) des Betons erreicht oder überschreitet.

In unserem Fall vergleichen wir f_t' mit dem Durchschnittswert der jeweils konstanten Spannungen in den beiden Dreieckselementen, die das Quadratelement bilden. Für die Bewehrung wird normalerweise kein Verbundschlupf berücksichtigt, d.h. die Elemente, die die Bewehrung repräsentieren, sind als starr in den Elementsknoten mit den Betonelementen verbunden zu denken.

Numerische Resultate in den Abb. 2a und 2b für unbewehrten Beton ($p=0$ %) und bewehrten Beton ($p=0.8$ %) sind durch die voll ausgezogenen Linien dargestellt. Offensichtlich ergeben sich große Unterschiede in den α-Werten für die drei verwendeten Netzteilungen. Das beschriebene Hauptnormalspannungskriterium ist somit offenkundig nicht netzinvariant ("objektiv"), da durch geschickte Netzteilung jedes gewünschte Resultat erzielt werden kann.

Dies gilt sowohl für unbewehrten als auch für bewehrten Beton. Bei hinreichend kleinem Δa kann der kritische Wert für den Lastparameter α für Rißfortschritt beliebig klein gemacht werden. Für $\Delta a \to 0$ folgt $\alpha \to 0$ für beliebige Rißlänge a. Konvergenz ist somit zwar gesichert, sie erfolgt jedoch gegen einen offensichtlich falschen Wert. Das erhaltene Ergebnis ist damit erklärbar, daß die Spannungskonzentration vor dem Rißband von der Breite eines Elementes mit zunehmend feinerer Netzteilung monoton ansteigt.

Auf Spannungen beruhende Bruchkriterien sind im allgemeinen nur dann "objektiv" (im Sinne von invariant in bezug auf die Netzteilung), wenn sie vom "plastischen Typ" sind, d.h.,wenn die Spannung konstant gehalten wird, wenn die Bruchbedingung erfüllt ist. Dies ist gleichbedeutend mit dem Auftreten plastischer Zonen in der Bruchmechanik metallischer Werkstoffe. Wird die Spannung jedoch reduziert, so wird das Bruchkriterium "unobjektiv". Betonfachleute betrachten oft den Vorgang des "Zerdrückens" ("crushing"), welcher eintritt, wenn eine bestimmte Druckfestigkeit erreicht wird. In unserem Beispiel wird bei Umkehr des Vorzeichens der Last und der Spannungen das Element MNPQ "zerdrückt", d.h. seine Spannung σ_{yy} ist auf Null abgesunken, was eine Spannungskonzentration im Element davor induziert. Die Wahl einer kleineren Elementsgröße konzentriert den "Zerdrückbereich" in das kleinere Element QRST, und die Spannungskonzentration im Element wird bei gleicher Last höher. Im Grenzfall verschwindender Elementgröße geht die Spannung vor der Front des Zerdrückungsbereichs für die gleiche Last über alle Grenzen, oder, falls diese Spannung durch die Druckfestigkeit des Werkstoffs begrenzt ist, geht die für die Ausbreitung des Druckbereiches notwendige Last fälschlicherweise gegen Null.

3. Energiekriterium für die Ausbreitung des Bruchbandes

Ein objektives Bruchkriterium ist aus energetischen Betrachtungen ableitbar. Die Rißausbreitungskraft oder Energiefreisetzungsrate $\mathcal{G}$ (d.h. derjenige Energieanteil, welcher zum Fortschritt der Front des Bruchbandes um eine Längeneinheit erforderlich ist) ist zu

$$\mathcal{G} = - \frac{\partial U}{\partial a} \frac{1}{B} \tag{1}$$

gegeben, wobei U die potentielle Energie der Gesamtstruktur als Funktion der Bruchbandlänge a ist und B die Scheibendicke ist.

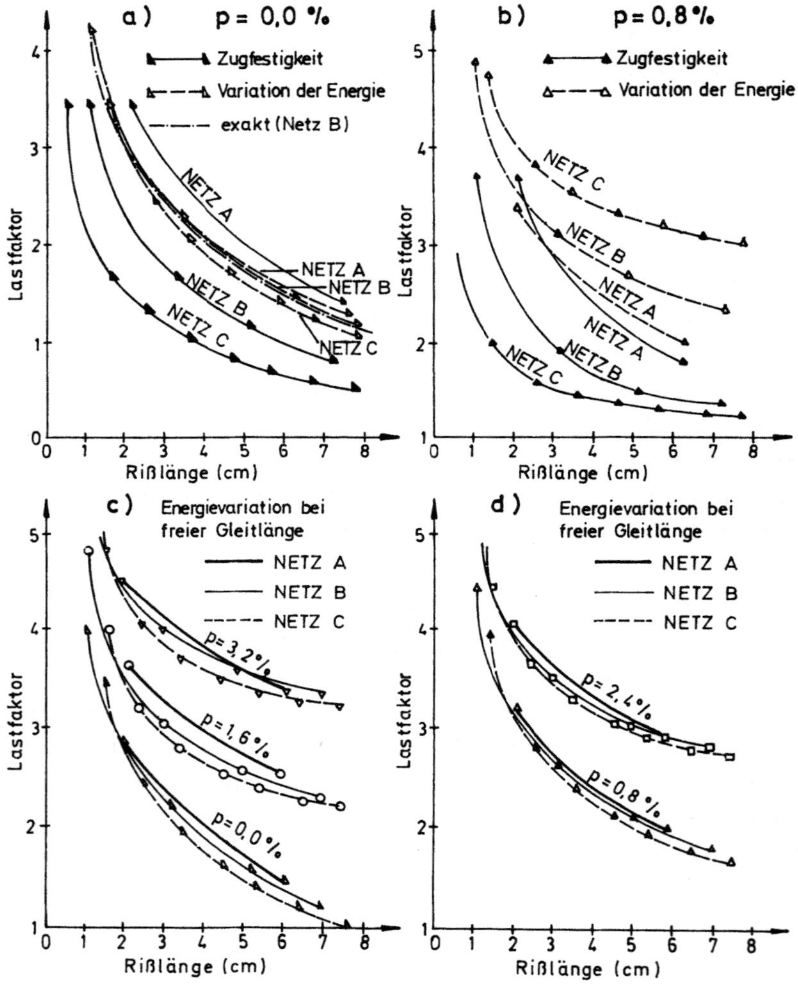

Abb. 2. Ergebnisse für die Netzteilungen A, B und C bei Verwendung des Zugspannungs- bzw. des Energiekriteriums als Bruchkriterium bei Berücksichtigung bzw. Nichtberücksichtigung von Gleitverbund zwischen der Bewehrung und umgebenden Beton

Näherungsweise gilt für B = 1

$$\mathcal{G} \approx - \frac{\Delta U}{\Delta a} \qquad (2)$$

mit Δa als dem der Elementsseitenabmessung gleichgesetztem Vorschritt des Bruchbandes. In den Abbildungen wird für einen Rißvorschritt von a auf $a + \Delta a$ als theoretische Rißlänge $a + \Delta a/2$ angesehen.

Bruchvorschritt tritt ein, wenn das Bruchausbreitungskriterium

$$\mathcal{G} = \mathcal{G}_{cr} \qquad (3)$$

erfüllt ist. $\mathcal{G}_{cr}$ ist dabei die kritische Bruchzähigkeit oder Bruchfestigkeit für Beton. Sie stellt einen Materialkennwert dar. Die Objektivität dieses Kriteriums ist durch die Tatsache gewährleistet, daß $\mathcal{G}$ von der Elementgröße unabhängig ist.

In der Bruchmechanik verwendet man üblicherweise den Spannungsintensitätsfaktor K bzw. seinen kritischen Wert

$$K_{cr} = \{E_c' \mathcal{G}_{cr}\}^{1/2} \qquad (4)$$

zur Charakterisierung des Spannungsfeldes um eine scharfe Rißspitze; da eine solche im gegebenen Falle nicht vorliegt, findet in dieser Arbeit vorzugsweise $\mathcal{G}$ Verwendung.

Das Hauptnormalspannungskriterium könnte "objektiviert" werden, wenn anstelle der Zugfestigkeit f_t' eine effektive Festigkeit f_{eq} derart eingeführt würde, daß

$$f_{eq} = c \, \{E_c' \mathcal{G}_{cr} / w\}^{1/2} \qquad (5)$$

mit $w = \Delta a$ als Breite des Bruchbandes. Die Konstante c hängt vom Elementtyp ab. Sie weicht nicht allzu stark von 1 ab (hier ist c=0.921). Löst man Glg. (5) mit $f_{eq} = f_t'$ nach w auf, so ergibt sich eine Elementgröße von

$$w = w_c = E_c' \mathcal{G}_{cr} \left(\frac{c}{f_t'}\right)^2 , \qquad (6)$$

die normalerweise ein Vielfaches der Größe der maximalen Zugschlagstoffe ist (Glg. (6) gilt für unbewehrten Beton). Für viele Strukturen ist eine solch geringe Elementgröße inakzeptabel; die Vorgabe von $w = \Delta a$ entsprechend Glg. (6) erlaubt keine Netzverfeinerung.

Alle Laborversuche zur Bestätigung von Rechenergebnissen aufgrund herkömmlicher Methoden sind durch relativ kleine Probengrößen gekennzeichnet. Die Größe der Elemente macht oftmals nur ein geringes Vielfaches der Zuschlagstoffgröße aus.

Dies erklärt die in der Literatur angeführte, zufriedenstellende Übereinstimmung mit den Testergebnissen. Man sollte jedoch vor zu großen Erwartungen bezüglich der Güte der Rechenergebnisse bei größeren Strukturen, wie z.B. Kernreaktordruckgefäßen oder Staudämmen, für welche in-situ-Tests nicht in Frage kommen, warnen.

Glg. (6) ist die Grundlage für eine indirekte Methode zur Bestimmung der Bruchzähigkeit $\mathcal{G}_{cr}$ unabhängig von den klassischen Bruchproben. Falls die auf f_t' beruhenden, herkömmlichen Methoden für eine bestimmte Elementabmessung w Ergebnisse liefern, die in Übereinstimmung mit den Testresultaten sind, und falls die Resultate überdies vom Wert von f_t' abhängen, dann gilt $w = w_c$ und $\mathcal{G}_{cr}$ ist gegeben durch:

$$\mathcal{G}_{cr} = (f_t'/c)^2 \, w/E_c' \,. \tag{7}$$

Die Anwendbarkeit bruchmechanischer Methoden auf Beton wird von manchen Experimentatoren angezweifelt. Die Differenzen zwischen bruchmechanischer Vorhersage und Experiment liegen in den zu kleinen Probenabmessungen. Für große Strukturen wie im Reaktorbau oder bei Staudämmen ist die Bruchmechanik ohne Zweifel anwendbar. Dabei ist die Frage der Verwendung eines Bruchbandes oder eines im mathematischen Sinne scharfen Risses eine Frage des numerischen Aufwandes. Die Ergebnisse an sich sind nahezu die gleichen. Was die Anwendungsbereiche der beiden erwähnten Rißausbreitungskriterien anbelangt, befindet man sich bei kleineren Bauteilen in einem Übergangsgebiet vom Energiekriterium ($\mathcal{G}_{cr}$) zum Festigkeitskriterium (f_t'). Die Verwendung eines ein Element breiten, stumpfen Bruchbandes bei kleinen Bauteilen mit dem gleichen $\mathcal{G}_{cr}$ wie für eine große Struktur trägt zum Eintritt in diesen Übergangsbereich bei (verglichen mit einem scharfen Riß). Das Verhältnis Bruchbandbreite w zu einer charakteristischen Probenabmessung D, also w/D wächst stärker gegen 1 als ein ähnliches Verhältnis für den scharfen Riß). Überdies ist $\mathcal{G}_{cr}$ (wie auch w_c) für kleine

Proben nicht mehr konstant, sondern nimmt mit abnehmender Probengröße ab. Für bewehrten Beton muß $\mathcal{G}_{cr}$ vom %-Anteil der Bewehrung abhängen wie auch von der Größe und dem Abstand der Bewehrungsstäbe. Die Berücksichtigung dieses komplexen Sachverhaltes würde den Rahmen dieser Arbeit sprengen. Wir nehmen hier an, $\mathcal{G}_{cr}$ sei a priori gegeben.

4. Bestimmung der Rißausbreitungskraft

Zur Berechnung der Rißausbreitungskraft $\mathcal{G}$ oder, anders ausgedrückt, der Freisetzungsrate der Verzerrungsenergie, $\partial U/\partial a$, betrachtet man ein einfacheres, ähnliches Modell, bei dem das Bruchband durch eine Kerbe von der Breite eines Elementes ersetzt wird. Durch Wegschneiden des Materials im Volumselement ΔV (s. Abb. 3a) realisieren wir den Vorschritt der Kerbe. Der Unterschied zwischen dem Bruchband und der Kerbe liegt darin, daß das Volumen ΔV, welches beim Bruchband nicht weggeschnitten sondern nur gerissen ist, nur die Fähigkeit verliert, Spannungen normal zu den Rissen zu übertragen, Normalspannungen parallel zu den Rissen werden hingegen übertragen.

Die Bewehrung wird als "verschmiertes Kontinuum" betrachtet; unter der Annahme vollen Verbundes sind die Verzerrungen ε_{ij} im Beton und in der Bewehrung dieselben. Für die Spannung im Komposit gilt

$$\sigma_{ij} = \sigma_{ij}^{c} + \sigma_{ij}^{s} , \tag{8}$$

wobei σ_{ij}^{c} und σ_{ij}^{s} die vom Beton und der Bewehrung übertragenen Spannungsanteile sind. Das orthogonale Bewehrungsnetz ist durch die zwei Parameter p_1 und p_2 ($p_1 = F_{i\ \mathrm{Stahl}}/F_{\mathrm{Komposit}}$; F...Fläche) charakterisiert. Es gilt

$$\sigma_{11}^{s} = p_1 \sigma_{s_{11}}, \quad \sigma_{22}^{s} = p_2 \sigma_{s_{22}}, \quad \sigma_{12}^{s} = 0 \tag{9}$$

mit $\sigma_{s_{11}}$ und $\sigma_{s_{22}}$ als den Spannungen in den Bewehrungsstäben parallel zu x_1 und x_2.

Verallgemeinerung auf schiefwinkelige Bewehrungsnetze führt auf

$$\sigma_{ij}^{s} = \sum_{\alpha} c_{ki}^{\alpha}\, c_{mj}^{\alpha}\, p_{\alpha}\, \sigma_{s_{km}}^{\alpha} \tag{10}$$

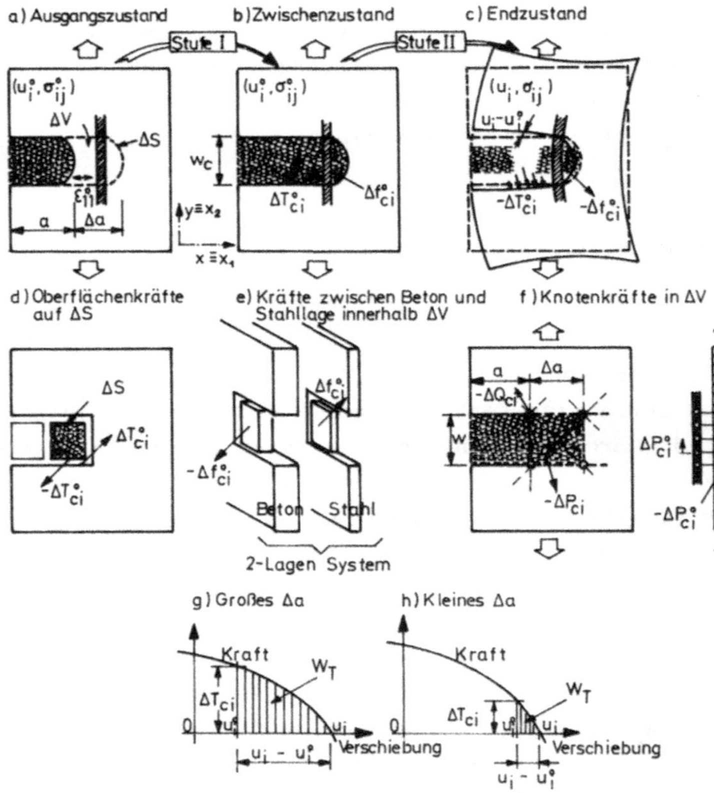

Abb. 3. Ausbreitung des Bruchbandes und maßgebende Kraftdiagramme

mit $\sigma_{s_{ij}}^{\alpha}$ als dem Tensor der einachsigen Spannung des Bewehrungsteiles α und c_{ki}^{α} als der Matrix der Richtungskosinus.

Der Vorschritt des Bruchbandes kann als 2-Stufenprozeß angesehen werden:

1. Stufe: Wir denken uns in ΔV Risse parallel zu x_1 geschnitten und gleichzeitig Oberflächenkräfte ΔT_{c_i} auf dem Rand ΔS des Volumenelementes ΔV und Volumskräfte Δf_{c_i} in ΔV angebracht, derart, daß $\Delta T_{c_i}^{o}$ und $\Delta f_{c_i}^{o}$ die ursprüngliche Wirkung des Betons in ΔV (ohne die Bewehrung) auf den restlichen Beton mit dem Volumen $(V - \Delta V)$ und die Bewehrung innerhalb von ΔV ersetzen.

(s. Abb. 3d und 3e). Man beachte, daß die Δf_{ci}^{o} in Wirklichkeit Verbundkräfte zwischen Stahl und Beton sind, daß sie im "verschmierten" Kompositmodell aber als Volumskräfte auftreten (s. Abb. 3e). Damit erhält man einen Gleichgewichtszustand (Metazustand), und alle Verschiebungen und somit auch die Verzerrungen sind unverändert gehalten. Man spricht von einem "eingefrorenen" Verschiebungs- bzw. Verzerrungszustand.

2. Stufe: Sogenanntes "Auftauen des Systems", gekennzeichnet durch Absenken von ΔT_{ci}^{o} und Δf_{ci}^{o} auf Null (bzw. langsames Anbringen von $-\Delta T_{ci}^{o}$ und $-\Delta f_{ci}^{o}$), wobei die ursprünglichen Verschiebungen, Verzerrungen und Spannungen u_i^o, ε_{ij}^o und σ_{ij}^o in den Endzustand u_i, ε_{ij} und σ_{ij} übergehen. Im Betonvolumen ΔV (ohne Bewehrungsanteil) gilt beim Rißvorschritt vom Anfangs- zum Zwischenzustand:

$$\Delta\sigma_{11}^{c} = \sigma_{11}^{co} - E_c'\varepsilon_{11}^{o} = \frac{E_c'}{1-\nu_c'^2}(\varepsilon_{11}^{o} + \nu_c'\varepsilon_{22}^{o}) - E_c'\varepsilon_{11}^{o} \tag{11}$$

$$\Delta\sigma_{22}^{c} = \sigma_{22}^{co}\,, \quad \Delta\sigma_{12}^{c} = \sigma_{12}^{co}\,.$$

Da sich nach Voraussetzung die Risse im Bruchband parallel zu x_1 ausbreiten (normal zur Richtung der Hauptspannung), muß die Schubspannung im Element direkt vor der Bruchbandfront Null sein; daher $\Delta\sigma_{12}^{c} = 0$.

Am Ende der ersten Stufe (Metazustand) sind die Spannungen in der Struktur unverändert, mit Ausnahme der Spannungen im Beton in ΔV, worin die Spannung σ_{22}^{co} verschwindet und nur die Spannung $\sigma_{11(I)}^{co} = E_c'\varepsilon_{11}^{o}$ verbleibt.

Die Änderung der potentiellen Energie zufolge von Reißen des Betons im Volumen ΔV ist gleich der beim Reißen des Betons freigesetzten Verzerrungsenergie, nämlich

$$\Delta W_{(\Delta V)} = -\frac{1}{2}\int_{\Delta V}\left[\sigma_{ij}^{co}\varepsilon_{ij}^{o} - E_c'(\varepsilon_{11}^{o})^2\right]dV \tag{12}$$

Beim Übergang vom Zwischenzustand zum Endzustand (Zustand II) findet kein Reißen statt, d.h. keine Energiedissipation, sodaß die Änderung der potentiellen Energie der Gesamtstruktur $\Delta V + (V - \Delta V)$ nur aus der (negativen) Arbeit beim Entspannen der äußeren Kräfte $\Delta T^o_{c_i}$ und $\Delta f^o_{c_i}$, oder, anders ausgedrückt, zufolge Aufbringens von $-\Delta T^o_{c_i}$ und $-\Delta f^o_{c_i}$ besteht:

$$\Delta W_T = \frac{1}{2} \underbrace{\int_{\Delta S} \Delta T^o_{c_i} (u_i - u^o_i)\, dS}_{\text{Oberflächenanteil}} + \frac{1}{2} \underbrace{\int_{\Delta V} \Delta f^o_{c_i} (u_i - u^o_i)\, dV}_{\text{Volumenanteil}} \tag{13}$$

ΔW_T stellt diejenige Arbeit dar, die von der Wirkung des Restes der betrachteten Scheibe auf das gerissene Betonvolumselement ΔV herrührt.

Die während des Bruchbandvorschrittes aufgebrauchte gesamte potentielle Energie ΔU setzt sich aus der Rißoberflächenenergie in ΔV und der dissipierten Wärmeenergie zusammen:

$$\Delta U = \Delta W_{(\Delta V)} + \Delta W_T. \tag{14}$$

Dies ist die grundlegende Gleichung für die Bruchmechanik von Stahlbeton.

Bei nichtlinearem Materialverhalten innerhalb von $V-\Delta V$ und Fließen der Bewehrung innerhalb von $V-\Delta V$ und ΔV ist Glg. (13) zu modifizieren /1/. Falls Δa hinreichend klein ist (was oft der Fall ist) kann Glg. (13) auch im nichtlinearen Fall verwendet werden /1/. Dies ist aus den Abb. 3g und 3h ersichtlich: die Fläche W_T in Abb. 3g und 3h repräsentiert $\Delta T_{c_i} du_i$. Im Grenzfall degeneriert sie zu einem Dreieck.

Falls sich das Material außerhalb von ΔV, d.h. außerhalb der Bruchprozeßzone, nichtlinear verhält, wobei die Nichtlinearität auf die Bruchprozeßzone beschränkt bleiben möge, dann muß das ein-Element-breite Bruchband mit der aktuellen Bruchbandbreite w_c für das Material zusammenfallen, es muß also gelten $w = w_c$ (s. Abb. 4). Dies ist notwendig, da der Energiefluß aus $V - \Delta V$ in das Volumen ΔV nicht unabhängig von der Wahl der Oberfläche ΔS ist. Bei linear elastischem Materialverhalten außerhalb von ΔV hingegen ist dieser Energiefluß von der Wahl von ΔS unabhängig. Der erwähnte Sachverhalt ist völlig analog zur Bruchmechanik elastischer bzw. elasto-plastischer, metallischer Werkstoffe. Die Verwendung des J-Integralkonzeptes zur Berechnung von ΔW_T würde die Verwendung "beliebig" breiter Bruchbänder gestatten.

Bei Anwendung der FEM werden die verteilten Kräfte $\Delta T^o_{c_i}$ und $\Delta f^o_{c_i}$ durch Knotenkräfte ersetzt. Glg. (14) lautet dann:

$$\Delta U = -\sum \frac{1}{2} \int_{\Delta V} \left[\sigma^{c^o}_{ij} \varepsilon^o_{ij} - E'_c (\varepsilon^o_{11})^2 \right] dV + \sum_{(i,\Delta S)} \left[\frac{1}{2} \Delta Q^o_{c_i} (u_i - u^o_i) \right]_{\Delta S} + \sum_{(i,\Delta V)} \left[\frac{1}{2} \Delta P^o_{c_i} (u_i - u^o_i) \right]_{\Delta V} \tag{15}$$

mit $\Delta Q^o_{c_i}$ als Knotenkräften zufolge der Oberflächenkräfte $\Delta T^o_{c_i}$ und $\Delta P^o_{c_i}$ als Knotenkräften zufolge der Volumskräfte $\Delta f^o_{c_i}$.

Die Kräfte $-\Delta Q_{c_i}$ und $-\Delta P_{c_i}$ können direkt als Knotenkräfte berechnet werden, die auf den Beton auf ΔS und innerhalb von ΔV wirken und in ΔV im Gleichgewicht mit den Spannungen nach Glg. (11) stehen. Falls Beton und Bewehrung an inneren Elementsknoten als nicht unter Verbund stehend berücksichtigt werden (Abb. 3f) (ein Vorgang, der manchmal bei der Modellierung der Bewehrung angewendet wird), gilt $\Delta P_{c_i}=0$, und die letzte Summe in der Glg. (15) entfällt. Fällt die Mittellinie des Bruchbandes mit einer Symmetrielinie des Elementes ΔV zusammen, dann gibt es aufgrund von Symmetrie keine Kraftübertragung von der Bewehrung auf den Beton entlang der gesamten Symmetrieachse. Im Falle von Symmetrie reicht es hin, Integrationen und Summationen in Glg. (15) nur über die eine Hälfte des Netzbereiches durchzuführen.

Mit Hilfe der Bruchbandmethode wurde das eingangs diskutierte Beispiel für den Fall vollen Verbunds, gekennzeichnet durch Nichtberücksichtigung des Schlupfes zwischen der Bewehrung und dem umgebenden Beton, nochmals gerechnet. Der Berechnung wurde $\mathcal{G}_{cr}$ = 2.133 N/m zugrunde gelegt. Dies führt für das gröbste Netz auf $f_{eq}=f'_t$.

Die Abb. 2a und 2b enthalten den Lastparameter α als Funktion der Rißlänge a für unbewehrten (p=0 %) und bewehrten (p=0.8 %) Beton. Für unbewehrten Beton fallen bei Verwendung des Energiekriteriums die Kurven für die drei Netze fast zusammen; sie werden mit der Lösung für einen scharfen Riß in einer Scheibe mit der Geometrie des Netzes B verglichen. Für den bewehrten Beton divergieren die Kurven mit wachsendem a.

Genauere Untersuchungen zeigen, daß der Verlust der "Objektivität" des erläuterten Energiekriteriums eine Folge der Nichtberücksichtigung von Gleitverbund zwischen der Bewehrung und dem umgebenden Beton ist. Üblicherweise werden die Bewehrungsstäbe als mit dem umgebenden Beton in allen Elementsknoten steif verbunden betrachtet. Die Steifigkeit des Abschnittes eines Bewehrungsstabes, der zwei Knotenpunkte auf gegenüberliegenden Ufern eines stumpfen Risses mit der Rißbreite w verbindet, ergibt sich, auf die Einheit der Rißbreite bezogen, zu

$$k_s = p\ h\ E_s/w\ , \tag{16}$$

wobei h die Scheibendicke ist. Mit feiner werdender Netzteilung wird $w \to 0$ und $k_s \to \infty$. Im Grenzfall infinitesimaler Elemente würde die Bewehrung keine Rißöffnung gestatten. Dies ist unmöglich. Der beschriebene, irreale Sachverhalt gilt sowohl für das Energiekriterium wie auch für das Festigkeitskriterium. Die Berücksichtigung von Gleitverbund zwischen Bewehrung und umgebenden Beton ist daher eine notwendige Bedingung zur Erlangung eines "objektiven" im Sinne von netzinvarianten (von den üblichen Diskretisierungsfehlern abgesehen) Ergebnisses. Objektivität des Ergebnisses im erwähnten Sinne ließe sich nun nicht erreichen, wenn die Abschnitte der Bewehrungsstäbe, längs der Gleitverbund angenommen wird, mit der Topologie des FE-Netzes in Beziehung gesetzt würde. Der Abschnitt $2L_s$ eines Bewehrungsstabes, der mit Gleitverbund assoziiert wird (s. Abb. 4b), muß eine Eigenschaft des Verbundwerkstoffes Stahlbeton darstellen.

5. Der Einfluß des Schlupfes zwischen der Bewehrung und dem umgebenden Beton

Die Haftspannungen τ_b zwischen der Bewehrung und dem umgebenden Beton hängen von den an der Trennfläche wirkenden, lokalen Normalspannungen ab. Der Schlupf verursacht eine Dilatationsbeanspruchung des die Bewehrung umgebenden Betons. Weiters hängt τ_b vom Schlupf δ_b, d.h. von der relativen Tangentialverschiebung zwischen Bewehrung und umgebendem Beton ab. Die erwähnten Tatsachen verursachen eine ungleichförmige Verteilung von τ_b längs des Bewehrungselementes (s. Abb. 5).

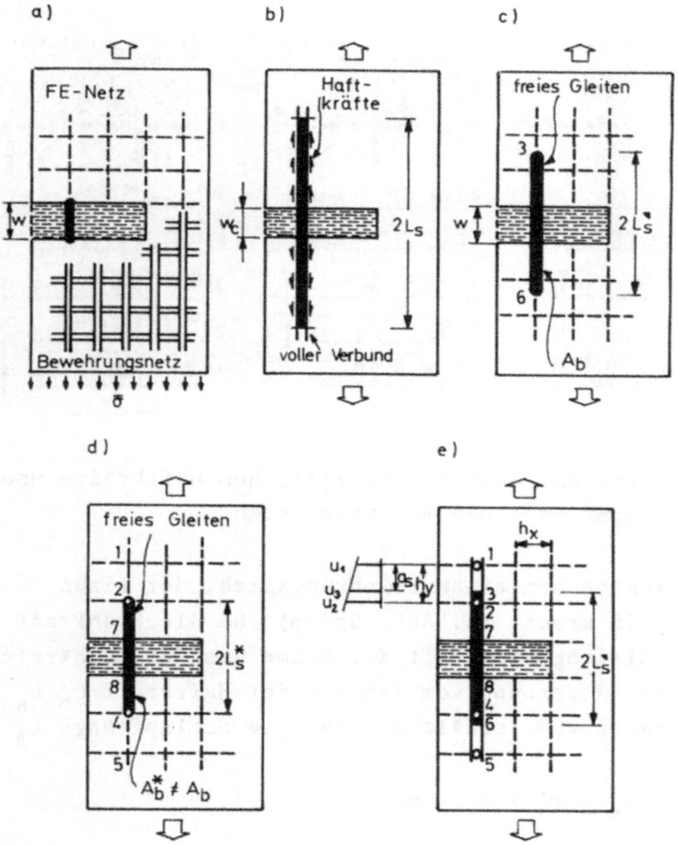

Abb. 4. Modell zur Berücksichtigung von Gleitverbund zwischen Bewehrung und umgebenden Beton im Bereich des Rißbandes

Zum Zweck der Ableitung einer vereinfachten Ingenieurformel sei angenommen, daß τ_b = const. Weiters nehmen wir an, daß die Haftkraft über eine Länge L_s gleich der beim Ausziehversuch (pull-out-test) (s. Abb. 5a-5f) ermittelten Haftkraft ist; L_s ist dann gleich der maximalen Einbettungslänge (s. Abb. 5), für welche der Bewehrungsstab bei einer Kraft P aus dem Beton herausgezogen werden kann. Standardwerte für profilierte Bewehrungsstäbe sind: $U_b' = P/L_s \geq 35\gamma f_c'$ für Bewehrungsabstände 15 cm und $U_b' = 28\gamma f_c'$ für Bewehrungsabstände < 15 cm. f_c' kann in N/m^2 (γ=2.62) oder in psi (γ = 1) eingesetzt werden (1 psi = 6.895 N/m^2).

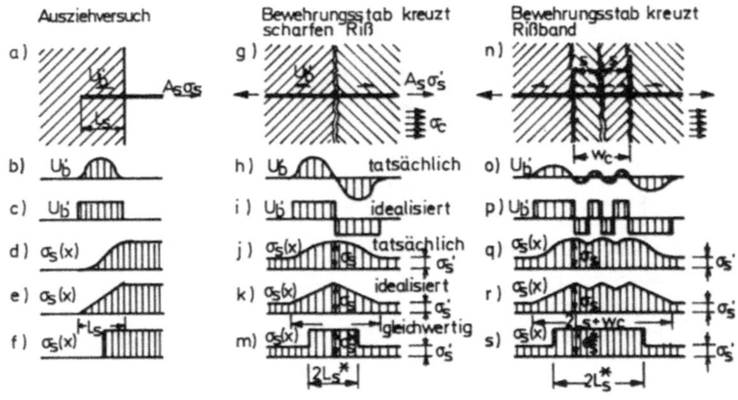

Abb. 5. Übersicht über die spezifischen Haftkräfte und -spannungen in einem Bewehrungsstab

Wir betrachten nun einen Bewehrungsstab, der einen scharfen Riß kreuzt (s. Abb. 5g-5m). Da die Stabkraft am Riß, $A_b\sigma_s$, im Gleichgewicht mit der Summe aus der Stabkraft $A_b\sigma_s'$ in einiger Entfernung vom Riß und der Haftkraft $U_b' \; L_s$ (s. Abb. 5i-5k) stehen muß, erhält man für die Schlupflänge L_s

$$L_s = (\sigma_s - \sigma_s') \; A_b \; / \; U_b' \tag{17}$$

mit A_b als der Querschnittsfläche eines Bewehrungsstabes, A_s = ph als der auf die Längeneinheit und die Scheibendicke bezogenen Stahlfläche und σ_s, σ_s' als den Zugspannungen im Bewehrungsstab am Riß bzw. am Ende des Schlupfsegmentes (s. Abb. 5k).

Im folgenden wird nur eine Familie von Bewehrungselementen berücksichtigt, welche die Bruchfläche kreuzt.(s. Abb. 4, 5g). Am Ende des Schlupfsegmentes sind die Dehnungen im Beton und in der Bewehrung gleich, nämlich $\varepsilon_s=\sigma_s'/E_s$, und die pro Bewehrungsstab übertragene Last $A_b\sigma_s$ ist ungefähr gleich der vom Beton und der Bewehrung gemeinsam übertragenen Kraft am Ende der Schlupfzone. Folglich gilt:

$$p\sigma_s = \sigma_s' \; / \; E_s \; . \; (E_s p + E_c \; (1-p)) \tag{18}$$

oder

$$\sigma_s' = \sigma_s \, np \; / \; (1-p+np) \qquad (19)$$

mit $n = E_s/E_c$ und $p = A_s/(A_c+A_s)$.

Damit ergibt sich $\sigma_s - \sigma_s' = \sigma_s \; (1-p)/(1-p+np)$ und dies ergibt die Schlupflänge (s. Abb. 4b, 5k)

$$L_s = (\sigma_s - \sigma_s') \; A_b/U_b' = \sigma_s \frac{1-p}{1-p+np} \; A_b/U_b' \, . \qquad (20)$$

Eine obere Grenze für σ_s ist die Fließgrenze für Stahl. Eine ungefähre untere Grenze folgt aus der Annahme, daß die Zugkraft im Stahl, $\sigma_s A_s$, gleich der Zugkraft $A_c f_t'$ im Beton vor dem Reißen ist: $A_s = A_c p/(1-p)$. Dies führt auf $\sigma_s = f_t' \; (1-p)/p$. Die Verwendung von f_t' in dieser Schätzung stellt eine Abweichung von der bruchmechanischen Behandlung des Problems dar. Solange die anteilige Fläche des Betons pro Bewehrungsstab ungefähr von der Größe wie bei Proben für Zugversuche ist (~ 100 cm^2) (und das ist oft der Fall), dürfte näherungsweise f_t' anwendbar sein. Für die Berechnung wählt man einen Mittelwert aus den beiden erwähnten Grenzwerten.

Eine genauere Vorgangsweise besteht darin, die Zunahme von σ_s mit zunehmender Entfernung von der Rißfront zu berücksichtigen; dann wird L_s für jedes finite Element im Bruchband berechnet. In einiger Entfernung von der Bruchfront sind die berechneten Werte objektiv im Sinne der bereits mehrmals angeführten spezifischen Definition dieses Begriffes.

Die Schlupflänge ist den Abb. 5h-5k zusammen mit der aktuellen (s. Abb. 5h-5j) und der idealisierten (s. Abb. 5i-5k) Verteilung der Haftkraft U_b' und der Stahlspannung σ_s zu entnehmen. Die Berücksichtigung von Haftkräften in der FE-Analysis wäre - obwohl möglich - unpraktisch, da für Stahl und Beton separate Knoten betrachtet werden müßten. Eine praktikablere Methode besteht darin, nur die globale Verlängerung der Bewehrungselemente über die Schlupfzone $2L_s$ in Betracht zu ziehen. Anstelle von L_s betrachtet man eine gleichförmige Spannung σ_s über eine freie Schlupflänge $2L_s'$ (s. Abb. 4c) und eine gleichförmige

Spannung σ_s' über die verbleibende Strecke $(2L_s - 2\,L_s')$, An den beiden Enden des Abschnittes $2L_s'$ wird starrer Verbund zwischen Bewehrung und umgebenden Beton vorausgesetzt. Anstelle von $2L_s'$ kann man alternativ eine geänderte freie Schlupflänge $2L_s^*$ mit geändertem Bewehrungsquerschnitt A_b^* berücksichtigen, derart, daß sich die Verlängerung bezogen auf den Abschnitt $2L_s$ nicht ändert.

Wir betrachten ein Bruchband der Breite w_c (s. Abb. 5n-5s), wobei s in Abb. 5n der mittlere Abstand paralleler Risse innerhalb des Bruchbandes ist. In diesem Fall erstreckt sich der Schlupfbereich zu beiden Seiten über eine Distanz L_s, und außerdem erfolgt Schlupf zwischen je zwei parallelen Rissen innerhalb des Bruchbandes selbst. Für $s<2L_s$ fällt die Spannung im Bewehrungsstab in der Mitte zwischen zwei benachbarten Rissen nicht auf σ_s'. Unter der Annahme von gleichem U_b' (s. Abb. 5p) ergibt sich diese Spannung zu

$$\sigma_o = \sigma_s - (\sigma_s - \sigma_s')\, s\,/(2L_s). \tag{21}$$

Die mittlere Spannung im Stahl innerhalb des Bruchbandes ergibt sich somit zu $\sigma_m = (\sigma_s + \sigma_o)/2$. Die mittlere Spannung innerhalb der Abschnitte L_s ist $\sigma_n = (\sigma_s + \sigma_s')/2$.

Gleichgewicht am Ende der freien Schlupflänge $2L_s^*$ erfordert, daß die gesamte Kraft im Segment der Länge $2L_s^*$ und des Querschnittes A_b^* gleich der für den realen Querschnitt A_b sein muß:

$$\sigma_s^*\, A_b^* = \sigma_s\, A_b \tag{22}$$

Daraus folgt: $\sigma_s^* = \sigma_s\, A_b/A_b^*$ innerhalb $2L_s^*$.

Aus dem Vergleich der Verlängerungen (Verlängerung über die freie Schlupflänge $2L_s^*$ für eine angenommene Querschnittsfläche A_b^* plus der Verlängerung über die verbleibende Länge $2L_s + w_c - 2L_s^*$ ohne Schlupf = Verlängerung über die tatsächliche Schlupflänge $2L_s + w_c$ für den tatsächlichen Bewehrungsgrad p) erhält man:

$$\frac{2L_s^*}{E_s}\,\sigma_s\,\frac{A_b}{A_b^*} + (2L_s + w_c - 2L_s^*)\,\frac{\sigma_s'}{E_s} =$$
$$= 2L_s\,\frac{\sigma_s + \sigma_s'}{2E_s} + \frac{w_c}{E_c}\left(\sigma_c - s\,\frac{\sigma_s - \sigma_s'}{4L_s}\right) \qquad (23)$$

und mit Glg. (19) ergibt sich für die äquivalente freie Schlupflänge (d.h. für die äquivalente Länge, die die gleiche Steifigkeit des Bewehrungsstabes liefert)

$$L_s^* = \frac{A_b^*\,(1-p)}{2[A_b(1-p+np)-pn\,A_b^*]}\left[L_s + w_c(1-s/(4L_s))\right] . \qquad (24)$$

Für $A_b^* = A_b$ folgt aus Glg. (24)

$$L_s' = \frac{1}{2}\left[L_s + w_c\;(1-s/(4L_s))\right] . \qquad (25)$$

Für einen scharfen Riß (w_c=0) vereinfacht sich diese Beziehung zu (s. Abb. 5m)

$$L_s' = L_s/2 . \qquad (26)$$

Verbundschlupf sollte für alle das Rißband kreuzenden Bewehrungsstäbe berücksichtigt werden einschließlich derjenigen Stäbe, die entweder ΔV kreuzen oder auf ΔS liegen. Abhängig von den in den Knotenpunkten erhaltenen Haftkräften, sollte Verbundschlupf auch für vor dem Bruchband innerhalb eines bestimmten Abstandes vor der Bruchfront gelegene Elemente berücksichtigt werden. Eine Verallgemeinerung auf Bewehrungsstäbe, die das Rißband schräg durchsetzen, ist möglich.

Der numerische Berechnungsgang läuft wie folgt ab:

a) Berechnung von $2L_s'$ aus Glg. (25) für $A_b^* = A_b$ (Distanz $\overline{36}$ in Abb. 4c)

b) Abrundung, sodaß $2L_s^*$ ≙ Distanz der nächstliegenden Knoten ($\overline{24}$ in Abb. 4d) und Berechnung von A_b^* aus Glg. (24);

c) Im FE-Programm ist zu beachten, daß Bewehrungsstäbe

mit dem Querschnitt A_b^* diese beiden Knoten direkt verbinden (Knoten 2 und 4 in Abb. 4d). Falls weitere Knoten zwischen diesen beiden Knoten vorhanden sind (Knoten 7 und 8 in Abb. 4d), so sind diese Knoten als nicht mit der Bewehrung verbunden zu betrachten. Die Bewehrungsstäbe, die alle anderen Knoten verbinden (z.B. $\overline{12}$, $\overline{45}$,... in Abb. 4d), weisen natürlich den Querschnitt A_b und nicht A_b^* auf.

d) Abschätzung der Stahlspannung am Riß mit Hilfe von L_s' und den relativen Verschiebungen v_1 und v_2 der Bewehrungsstäbe an beiden Enden von L_s' aus dem vorangegangenen Lastschritt.

$$\sigma_s \approx E_s \, (v_2 - v_1)/L_s' \, . \tag{27}$$

Für die Bewehrungsstäbe direkt hinter der Bruchfront kann man im Sinne einer oberen Schranke die Abschätzung

$$v_2 - v_1 \approx 8 \left[\mathcal{G}_{cr} \, l \, / \, (2\pi \, E_c') \right]^{1/2} \tag{28}$$

für die Rißöffnung in einer Entfernung l hinter der Bruchfront verwenden. (Diese Abschätzung beruht auf der Rißöffnung eines mathematisch scharfen Risses unter der Wirkung von Normalzugspannungen).

6. Ergebnisse aufgrund "objektiver" (im Sinne von netzinvarianter) Bruchanalyse einer Stahlbetonscheibe

Die bereits früher betrachtete, bewehrte Scheibe wurde unter Berücksichtigung des Verbundschlupfes neu durchgerechnet. Anstelle von U_b' und $2L_s$ wurde der Wert $2L_s' = 4$ cm (aus welchem U_b' berechnet werden kann) für alle Netze vorgegeben. Die resultierenden kritischen Lastparameter α für Bruchbandvorschritt sind für verschiedene Rißlängen a für alle drei Netze in den Abb. 2c und 2d für verschiedene Bewehrungsparameter p wiedergegeben. Die Verbesserung der Ergebnisse ist einsichtig. Die Objektivität der Methode ist bis auf die bei der FEM üblichen Diskretisierungsfehler gegeben.

Die Abb. 2c und 2d zeigen, daß der Einfluß des Bewehrungsverhältnisses p auf die Last, die den Rißvorschritt bewirkt, beachtlich ist. Die Rißöffnungsprofile bzw. Bruchbandöffnungsprofile sind in Abb. 6a dargestellt. Dabei handelt es sich um die gegenseitige Verschiebung gegenüberliegender Ufer des Bruchbandes. Man erkennt, daß das Bruchbandöffnungsprofil für p=0 (unbewehrter Beton) fast elliptisch ist (bruchmechanische Lösung für metallische Werkstoffe) und mit größer werdendem p flacher wird.

Diese Ergebnisse gelten für Bewehrungsnetze, bei denen die Bewehrungsstäbe mindestens so eng wie die Knoten des feinsten Netzes liegen, sodaß an jedem Knoten ein Bewehrungsstab berücksichtigt werden muß. Wenn das Bewehrungsnetz größer ist und z.B. mit dem gröbsten FE-Netz zusammenfällt, dann werden die Stahlelemente in den FE-Netzen B und A nur an jedem zweiten oder vierten Knoten berücksichtigt. Die Ergebnisse für diese Fälle sind in Abb. 6b gezeigt.

Die Ergebnisse für verschiedene Bewehrungsnetze für das FE-Netz C sind in Abb. 6c dargestellt. Man beobachtet, daß die Schaubilder a-α für ein grobes Bewehrungsnetz Oszillationen aufweisen. Dies bewirkt, daß man für bestimmte Rißlängen a bei $\mathcal{G} = \mathcal{G}_{CR}$ $\partial\alpha/\partial a>0$ erhält, was bedeutet, daß bei Kontrolle der Belastung der Riß stabil wird. Demgegenüber ist der Riß im Falle von Lastkontrolle instabil, wenn $\partial\alpha/\partial a<0$ bei $\mathcal{G} = \mathcal{G}_{CR}$. Im Falle von Kontrolle der Randverschiebungen ist für $\partial\alpha/\partial a<0$ bei $\mathcal{G} = \mathcal{G}_{CR}$ der Riß stabil.

Das grobe Bewehrungsnetz ist also zum Rißarrest befähigt. Rißarrest unter Lastkontrolle tritt im Falle des vorliegenden Beispiels nur dann auf, wenn der Bewehrungsabstand wenigstens die vierfache Elementgröße aufweist. Da diese wiederum nicht kleiner als die zweifache Größe des Zuschlagstoffes sein kann, wenn die FEM sinnvoll anwendbar sein soll, muß der Bewehrungsabstand größer als der achtfache Aggregatdurchmesser sein. Je gröber also das Bewehrungsnetz ist, desto größer ist die Arrestwirkung der Bewehrung. Andererseits weisen enge Bewehrungsgitter wohlbekannte Vorteile wie Duktilität, Haftung, Rißweite, Energieabsorption auf.

Die in Abb. 6d enthaltenen Ergebnisse für Stahlbeton zeigen, daß das Kriterium der äquivalenten Zugfestigkeit,

$$f_{eq} = c\,(\mathcal{G}_{cr}\,E_c\,/\,w)^{1/2}\,, \tag{28}$$

unrichtige Resultate liefert.

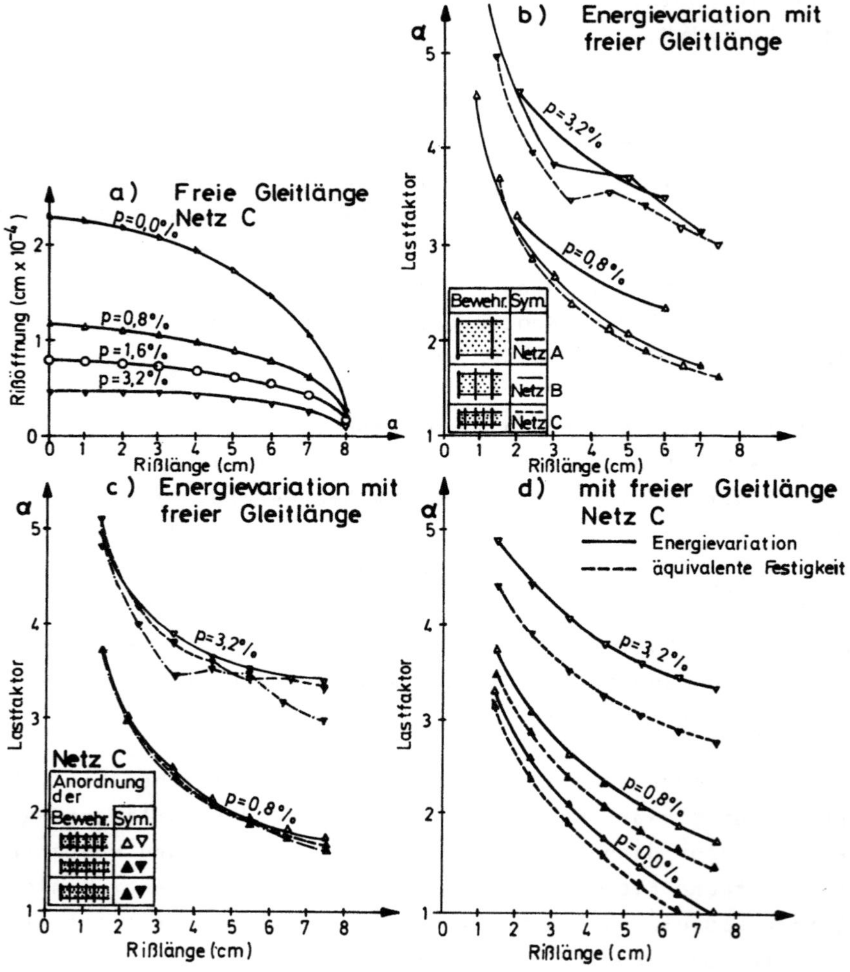

Abb. 6. a) Rißöffnungsprofile

b) Ergebnisse für verschiedene Netzgrößen

c) Ergebnisse für verschiedene Bewehrungsabstände

d) Ergebnisse für Kriterium der äquivalenten Zugfestigkeit

6.1. Einfluß der Bruchflächenrauhigkeit

Aufgrund der Verzahnung des Zuschlagstoffes können Risse im Stahlbeton beträchtliche Schubkräfte übertragen. Aus der Kontaktmechanik ist bekannt, daß der Schlupf zweier rauher Oberflächen in Kontakt stets von einem Zuwachs der Rißaufweitung begleitet ist. Falls letztere behindert wird, werden an den Bruchflächen große Druckspannungen induziert. Diesen sekundären Druckspannungen müssen zusätzliche Zugkräfte in der Bewehrung das Gleichgewicht halten. Dies führt zur Aussage, daß die Berücksichtigung der Bruchflächenreibung beim Entwurf des Bauteils in der Regel eine stärkere Bewehrung bedingt. Bei Vernachlässigung der Bruchflächenreibung liegt man somit bei der Bemessung des Bauwerkes bzw. Konstruktionsteiles im allgemeinen auf der unsicheren Seite.

Die ersten FE-Untersuchungen unter Berücksichtigung der Bruchflächenreibung gehen auf Suidan und Schnobrich zurück, welche den Schubmodul G durch einen reduzierten Modul $G' = \alpha_s G$ $(0 \leq \alpha_s \leq 1)$ ersetzen. Dieses vereinfachte Modell kommt jedoch der Wirklichkeit überhaupt nicht nahe, da der für die Existenz der Schubspannungen wichtige Normaldruck fehlt. Neuere experimentelle Untersuchungen zeigten überdies, daß die Schubübertragung ein hochgradig nichtlineares Problem ist.

6.2. Spannungs-Verschiebungs-Gesetz

Wir betrachten eine ebene, aber mikroskopisch rauhe Bruchfläche nach Abb. 7, worin δ_n und δ_t die relativen Normal- und Tangentialverschiebungen der Rißflächen betreffen.

Es sei δ_n die Rißöffnung ($\delta_n > 0$) und δ_t der Rißschlupf. Die zugehörigen Spannungen sind die Normalspannung σ^c_{nn} (< 0 für Druck) und die Schubspannung σ^c_{nt}, wobei der Index "c" auf Beton hinweist.

Im Sinne von Mittelungen über große Gebiete der Bruchfläche und viele Risse können die Relationen zwischen Differentialen von σ^c_{nn}, σ^c_{nt} und δ_n, δ_t ähnlich wie in der inkrementellen

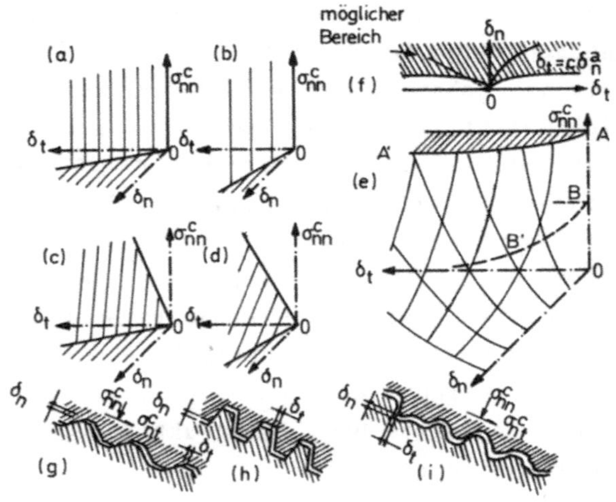

Abb. 7. Spannungs-Verschiebungs-Flächen (a) - (f) und Riß-morphologie (g) - (i)

Plastizitätstheorie als Materialeigenschaft angesehen werden. Die erwähnten Beziehungen können formal wie folgt angeschrieben werden:

$$\begin{Bmatrix} d\sigma_{nn}^{c} \\ d\sigma_{nt}^{c} \end{Bmatrix} = \begin{bmatrix} B_{nn} & B_{nt} \\ B_{tn} & B_{tt} \end{bmatrix} \begin{Bmatrix} d\delta_{n} \\ d\delta_{t} \end{Bmatrix}$$

bzw. (29)

$$\begin{Bmatrix} d\delta_{n} \\ d\delta_{t} \end{Bmatrix} = \begin{bmatrix} F_{nn} & F_{nt} \\ F_{tn} & F_{tt} \end{bmatrix} \begin{Bmatrix} d\sigma_{nn}^{c} \\ d\sigma_{nt}^{c} \end{Bmatrix}$$

mit B_{nn}, B_{nt}, B_{tn} und B_{tt} als Koeffizienten einer Steifigkeitsmatrix und F_{nn}, F_{nt}, F_{tn} und F_{tt} als Koeffizienten einer Nachgiebigkeitsmatrix. Eine einfachere aber weniger allgemeine Form der Spannungs-Dehnungsbeziehungen ist durch die Relationen

$$\sigma_{nn}^{c} = f_n(\delta_n,\delta_t) \qquad \sigma_{nt}^{c} = f_t(\delta_n,\delta_t) \tag{30}$$

gegeben, welche ihre Gegenstücke in der Deformationstheorie der Plastizität (Theorie der totalen Verzerrungen) haben. Ein wesentlicher Nachteil der Glg. (30) liegt in der Unabhängigkeit des Ergebnisses vom Belastungsweg in der δ_n, δ_t - Ebene begründet. Aus physikalischen Überlegungen der Kontaktmechanik folgt, daß $B_{nn}<0$ und $B_{tn}<0$ für $\delta_t>0$ und $B_{nt}>0$ und $B_{tt}>0$ für $\delta_n>0$ ist. Dies führt auf eine Steifigkeitsmatrix, die nicht positiv definit ist und folglich eine Tendenz zu Rißinstabilität zeigt.

Aufgrund von Versuchsergebnissen von Paulay und Loeber erhält man Spannungs-Verschiebungsgesetze der Form

$$\sigma_{nn}^{c} = -\frac{a_1}{\delta_n}(a_2|\sigma_{nt}^{c}|)^p \qquad \sigma_{nt}^{c} = \tau_u\, r\, \frac{a_3 + a_4|r|^3}{1 + a_4 r^4} \tag{31}$$

mit

$$r = \delta_t/\delta_n\,, \quad \tau_u = \tau_o \frac{a_o}{a_o + \delta_n^2} \qquad p = g(\delta_n),\ \tau_o = 0.245\, f_c' \tag{32}$$

und $a_1, \ldots a_4$ als Ausgleichungsparametern, die von der Größe der Zuschlagstoffe abhängen.

Für $\delta_t >> \delta_n$ (großer Schlupf) ergibt sich aus Glg. (31) $\sigma_{nt}^{c} = \tau_u$. τ_u stellt die maximale Schubspannung dar. Sie ergibt sich als Asymptote der Kurve $\sigma_{nt} - \delta_t$ bei konstantem δ_n; τ_o ist der Grenzwert für $\delta_n \to 0$; f_c' ist die Zylinderfestigkeit nach 28 Tagen. Testdaten sowie auf ihnen beruhende Materialgesetze in analytischer Form scheinen in den Abb. 8 und 9 auf.

In der Nähe des Ursprungs $\delta_n = \delta_t = 0$ gilt:

$$\delta_t = c\, \delta_n^a \tag{33}$$

mit a und c als Konstanten.

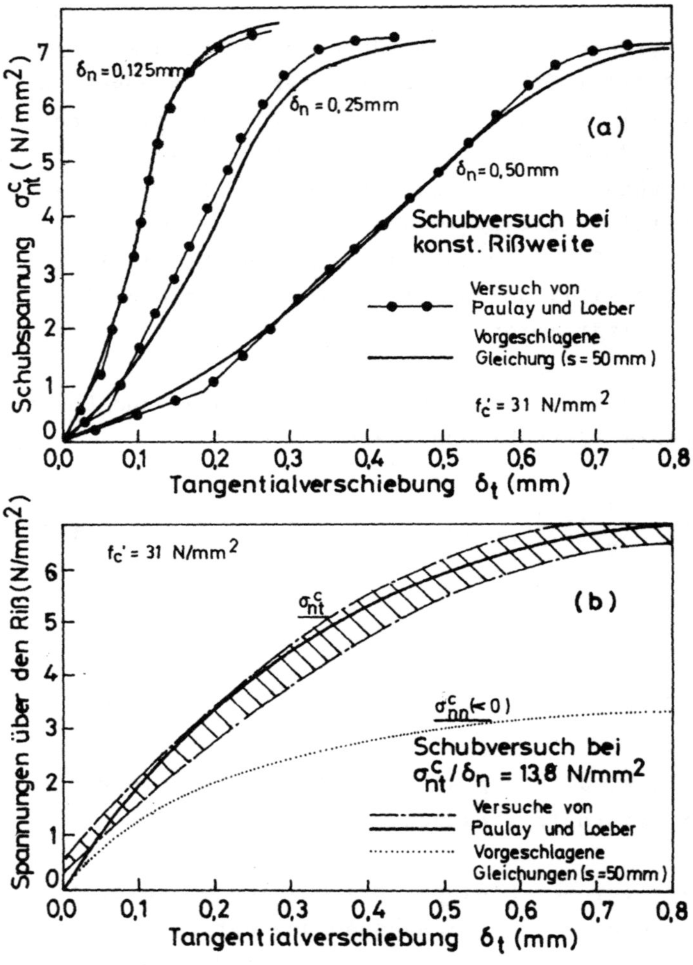

Abb. 8. Anpassung an Versuchsergebnisse von Paulay und Loeber

Dies führt auf

$$d\delta_t / d\delta_n = 0 \text{ für } \delta_n = 0 \tag{34}$$

und besagt, daß sich die Rißufer zuerst abheben müssen bevor Schlupf eintreten kann. Dies muß in der FE-Rechnung berücksichtigt werden.

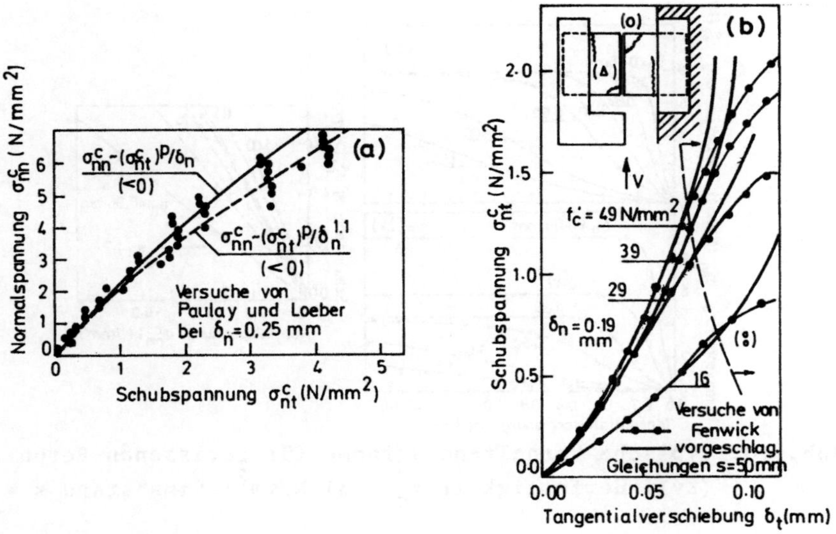

Abb. 9. Anpassung an Versuchsergebnisse von (a) Paulay und Loeber und (b) Fenwick
(8) Versagen zufolge Bildung vorzeitiger Biegerisse (Δ) Diagonalrisse (o)

Für geringen Schlupf ($\delta_n >> \delta_t$) ergeben sich δ_n und δ_t zu /2/:

$$\delta_n = \frac{A_1}{(-\sigma^c_{nn})} \left| \frac{\sigma^c_{nt}}{A_2} \right|^p ; \qquad \delta_t = A_1 \cdot A_2^{-(p+1)} \frac{\sigma^c_{nt}}{(-\sigma^c_{nn})} \left| \sigma^c_{nt} \right|^p . \tag{35}$$

Man erhält also für δ_n = konst. eine lineare Beziehung zwischen σ^c_{nt} und δ_t/δ_n zu Beginn des Schubtests. Dies ist aus Abb. 10 (a) ersichtlich. Weitere auf den Glg. (31) und (32) beruhende, typische Verhaltensdiagramme für gerissenen Beton zeigen die Abb. 10 (b) und (c).

6.3. Stahlbeton mit schräg zur Bewehrung verlaufenden Rissen

Abb. 11 stellt eine mit einem orthogonalen Netz bewehrte Stahlbetonscheibe mit schräg zur Bewehrung verlaufenden Rissen dar.

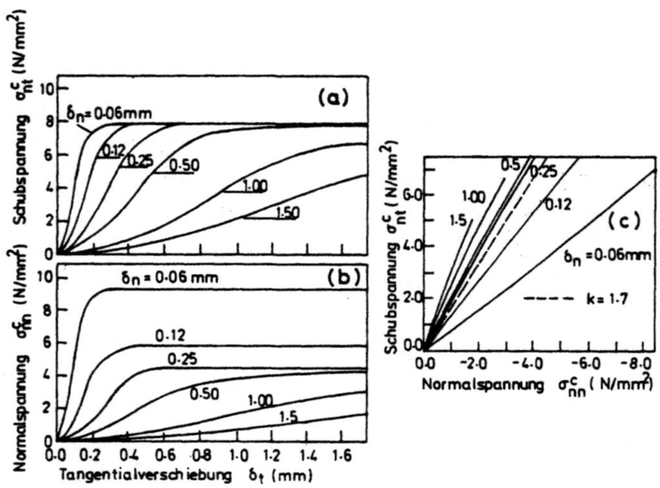

Abb. 10. Typische Verhaltendiagramme für gerissenen Beton (Zylinderfestigkeit f'_c = 31 N/mm^2; Rißabstand s = 50mm)

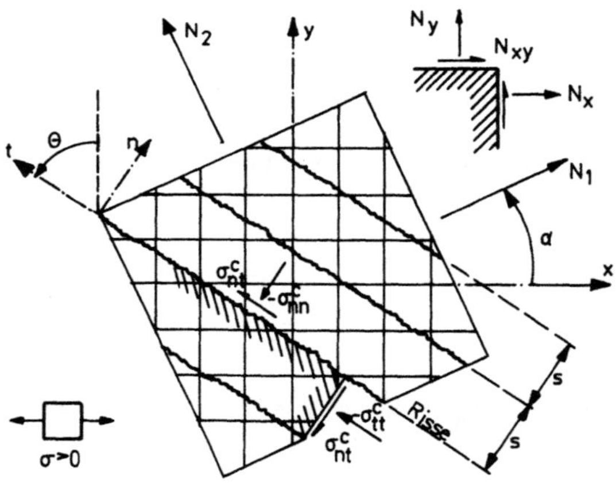

Abb. 11. Gerissene Stahlbetonscheibe

Im gerissenen Beton (Abb. 11) werden die Deformationen zufolge der Risse als kontinuierlich verteilt oder "verschmiert" angesehen. Die gemittelten Verzerrungen zufolge der "verschmierten" Risse sind:

$$\varepsilon_{nn}^{cr} = \delta_n/s \ , \quad \gamma_{nt}^{cr} = 2\ \varepsilon_{nt}^{cr} = \delta_t/s \tag{36}$$

mit s als mittlerem Rißabstand. Damit gilt unter Berücksichtigung von Glg. (29)

$$\begin{Bmatrix} d\varepsilon_{nn}^{cr} \\ d\varepsilon_{tt}^{cr} \\ d\varepsilon_{nt}^{cr} \end{Bmatrix} = \begin{bmatrix} F_{nn}s^{-1} & 0 & F_{nt}s^{-1} \\ 0 & 0 & 0 \\ F_{tn}s^{-1} & 0 & F_{tt}s^{-1} \end{bmatrix} \begin{Bmatrix} d\sigma_{nn}^{c} \\ d\sigma_{tt}^{c} \\ d\sigma_{nt}^{c} \end{Bmatrix} \tag{37}$$

oder in abgekürzter Form

$$d\underset{\sim}{\varepsilon}^{cr} = \underset{\sim}{D}^{cr}\ d\underset{\sim}{\sigma}^{cr} \ , \tag{38}$$

wobei sich der Index "cr" auf "crack" (Riß) bezieht.

Die gemittelten Verzerrungen ε_{nn}, ε_{tt} und γ_{nt} der Stahlbetonscheibe in Rißrichtung sind gleich der Summe aus den Verzerrungen des ungerissenen Betons zwischen den Rissen ε_{nn}^{sc}, ε_{tt}^{sc}, ε_{nt}^{sc} wobei sich der Index "sc" auf "solid concrete" (fester, ungerissener Beton) bezieht, und den Verzerrungen zufolge der Risse ε_{nn}^{cr}, ε_{tt}^{cr} und ε_{nt}^{cr}. Für ein Differential $d\underset{\sim}{\varepsilon}$ gilt somit

$$d\underset{\sim}{\varepsilon} = d\underset{\sim}{\varepsilon}^{sc} + d\underset{\sim}{\varepsilon}^{cr} \ . \tag{39}$$

Das Differential $d\underset{\sim}{\varepsilon}^{sc}$ läßt sich durch das Differential $d\underset{\sim}{\sigma}^{c}$ mit Hilfe von

$$d\underset{\sim}{\varepsilon}^{sc} = \underset{\sim}{D}^{sc}\ d\underset{\sim}{\sigma}^{c} \tag{40}$$

darstellen, wobei $\underset{\sim}{D}^{sc}$ die Tangentennachgiebigkeitsmatrix des ungerissenen Betons darstellt. $\underset{\sim}{D}^{sc}$ hängt im allgemeinen von $\underset{\sim}{\sigma}^{c}$ und $\underset{\sim}{\varepsilon}^{c}$ ab.

Für kleine Spannungen im ungerissenen Beton gilt näherungsweise:

$$\underset{\sim}{D}^{sc} \approx \begin{bmatrix} E^{-1} & -\nu E^{-1} & 0 \\ -\nu E^{-1} & E^{-1} & 0 \\ 0 & 0 & G^{-1} \end{bmatrix} \quad . \tag{41}$$

Falls dieser linear-elastische Ansatz nicht entspricht, die Verzerrungen nichtsdestoweniger aber relativ klein sind, läßt sich $\underset{\sim}{D}^{sc}$ aus einer passenden totalen Spannungs-Dehnungs-Kurve für Beton durch Differentiation gewinnen.

Substitution der Glg. (40) und (38) in Glg. (39) ergibt

$$d\underset{\sim}{\varepsilon} = \underset{\sim}{D}^{c}\, d\underset{\sim}{\sigma}^{c} \; ; \quad \underset{\sim}{D}^{c} = \underset{\sim}{D}^{sc} + \underset{\sim}{D}^{cr} \tag{42}$$

mit $\underset{\sim}{D}^{c}$ als der Tangentennachgiebigkeitsmatrix des rissebehafteten Betons.

Im folgenden wird der Einfluß der Bewehrung berücksichtigt. Dabei wird angenommen, daß die gemittelten Verzerrungen der Bewehrung dieselben wie für den rissebehafteten Beton sind. Diese Annahme impliziert lokalen Verbundschlupf in der Nähe der Risse, weil die Verzerrungen der Bewehrungselemente als von den Verzerrungen im festen, ungerissenen Beton verschieden angenommen werden.

Die gemittelten Spannungen in der Bewehrung sind

$$d\underset{\sim}{\sigma}^{s} = \underset{\sim}{C}^{s}\, d\underset{\sim}{\varepsilon} \quad , \tag{43}$$

wobei der Index "s" für "Stahl" steht. Da die Risse i.a. schräg zur Bewehrung verlaufen, erhält man die Matrix $\underset{\sim}{C}^{s}$, die die Verzerrungsdifferentiale in der Bewehrung mit Spannungsdifferentialen in Richtung der Rißkoordinaten n und t verknüpft, durch Summation von Steifigkeiten in den einzelnen Bewehrungsrichtungen:

$$\underset{\sim}{C}^{s} = \sum_{i=1}^{N} \underset{\sim}{R}_i\, \underset{\sim}{C}_i^{s}\, \underset{\sim}{R}_i^{T} \quad . \tag{44}$$

In Glg. (44) sind

$$\underset{\sim}{R}_i = \begin{bmatrix} C^2 & S^2 & 2CS \\ S^2 & C^2 & 2CS \\ -CS & CS & C^2-S^2 \end{bmatrix} \qquad \underset{\sim}{C}_i^s = \begin{bmatrix} p_i E_s(\varepsilon_i) & 0 & 0 \\ 0 & 0 & 0 \\ 0 & 0 & 0 \end{bmatrix} \tag{45}$$

mit $C=\cos\theta_i$, $S=\sin\theta_i$, wobei θ_i den Winkel zwischen dem i-ten System paralleler Bewehrungsstäbe und der Rißnormalen und p_i den entsprechenden Bewehrungsgrad darstellt. Für ein orthogonales Netz (s. Abb. 11) ist in den Glg. (44) und (45) N=2, $\theta_1=\theta$ und $\theta_2=\theta-\pi/2$ zu setzen. $E_s(\varepsilon)$ ist der einaxiale Tangentenmodul der Bewehrung. Er hängt von der Vezerrung ab.

Die Differentiale der Spannungen im gerissenen Stahlbeton ergeben sich zu

$$d\underset{\sim}{\sigma} = d\underset{\sim}{\sigma}^c + d\underset{\sim}{\sigma}^s. \tag{46}$$

Aus Glg. (42) folgt $d\underset{\sim}{\sigma}^c = (\underset{\sim}{D}^c)^{-1}\, d\underset{\sim}{\varepsilon}^c$. Somit ergibt sich

$$d\underset{\sim}{\sigma} = \underset{\sim}{C}\, d\underset{\sim}{\varepsilon}\ , \qquad \underset{\sim}{C} = \underset{\sim}{C}^s + (\underset{\sim}{D}^c)^{-1} \tag{47}$$

wobei $\underset{\sim}{C}$ die Tangentensteifigkeitsmatrix des gerissenen, bewehrten Betons bezogen auf die Rißkoordinaten n und t ist.

6.4. Numerische Berechnungen

Die entwickelte Theorie gestattet es, das Verhalten gerissener, bewehrter Betontragwerke bei monoton ansteigenden Spannungen oder Verzerrungen zu berechnen. Für jede Tensorkomponente kann für das betreffende Lastinkrement entweder das Spannungs- oder das Verzerrungsinkrement vorgeschrieben werden. Aus Glg. (47) erhält man dann entweder Komponenten von $\Delta\underset{\sim}{\varepsilon}$ oder $\Delta\underset{\sim}{\sigma}$.

Zur rechnerischen Bewältigung der Singularität bei $\delta_n=\delta_t=0$ ist es notwendig, während des ersten Belastungsschrittes $B_{nn}=0$, B_{tt} gleich einer sehr großen Zahl (z.B. 10^{40}) und $B_{nt}=B_{tn}$ gleich einer sehr kleinen Zahl (z.B. 10^{-40}) zu setzen, um $\Delta\delta_t = \Delta\gamma_{nt} = 0$ für $\delta_n>0$ beim ersten Schritt zu erhalten. Für genau tangentiale Last erhält man nicht nur $\Delta\delta_t = 0$, sondern auch $\Delta\delta_n=0$; in diesem Falle muß man $\Delta\delta_n$ einen von Null verschiedenen (~ 0.001 mm) Startwert zuordnen. Den Startwert für den zweiten Belastungsschritt erhält man aus der Berechnung von δ_t aus Glg. (35) unter Verwendung der am Ende des ersten Schrittes berechneten Werte für σ^c_{nn}, σ^c_{nt} und δ_n. Bis zu einer größeren Rißöffnung (δ_n~0.02 mm) braucht kein Iterationsverfahren für die Rißsteifigkeiten verwendet werden.

Der numerische Algorithmus für Lastzuwächse nach erfolgter Rißöffnung ($\delta_n \geq 0.02$ mm) ist folgender:

1) Verwendung der Anfangswerte von σ^c_{nn}, σ^c_{nt}, δ_n und δ_t zur Berechnung der Tangentensteifigkeitsmatrix $\underset{\sim}{B}$ (s. Glg. (29)).

2) Berechnung der Tangentennachgiebigkeitsmatrix für Glg. (46), der Matrix $\underset{\sim}{D}^{sc}$ (s. Glg. (41)), der Matrix $\underset{\sim}{D}^{cr}$(s. Glg. (38)) und der totalen Nachgiebigkeitsmatrix $\underset{\sim}{D}^{c}$ (s. Glg. (42)) des gerissenen Betons.

3) Berechnung der Tangentensteifigkeitsmatrix der Bewehrung (s. Glg. (44, 45)) und der gesamten Tangentensteifigkeitsmatrix $\underset{\sim}{C}$ (s. Glg. (47)).

4) Behandlung des betreffenden Lastinkrementes auf der Grundlage von Glg. (47). Zu diesem Zweck wird im Regelfall die FEM einzusetzen sein.

5) Verbesserung der Genauigkeit durch Iteration der Schritte 1 - 4 des Algorithmus. Riß- und Materialeigenschaften sind aus Mittelwerten der Verschiebungen, Spannungen und Verzerrungen der vorangehenden Berechnungsschritte zu bestimmen.

6.5. Vergleich mit Versuchsdaten

Für verschiedene Versuche von Paulay und Loeber, Fenwick und Houde und Mirza werden numerische Modelle erstellt, wobei bestimmte Parameter jeweils konstant und gleich vorgeschriebenen Werten gehalten werden. Versuchstechnisch erreicht man dies durch Veränderung charakteristischer Abmessungen der Probengeometrie oder der Bewehrung.

Abb. 12 zeigt einen Vergleich der erhaltenen Rechenergebnisse mit den Versuchsergebnissen aufgrund von Gleitversuchen von Hofbeck, Ibrahim und Mattock, wobei zwei Blöcke bei σ^c_{nn} = konst. aneinander gleiten. Die vorgeschriebenen physikalischen Größen sind $\Delta\gamma_{nt}$, $\Delta\sigma_{nn}^{c}$ und $\Delta\sigma_{tt}^{c}$ (σ_{tt}^{c} = 0). Der Rißabstand betrug s = 50 mm. Die in Abb. 12 dünn eingetragenen Linien stellen eine Korrektur der Versuchsergebnisse dar. Letztere weisen bei einer Schubspannung von ungefähr 2N/mm^2 einen unerklärlichen, plötzlichen Neigungszuwachs auf.

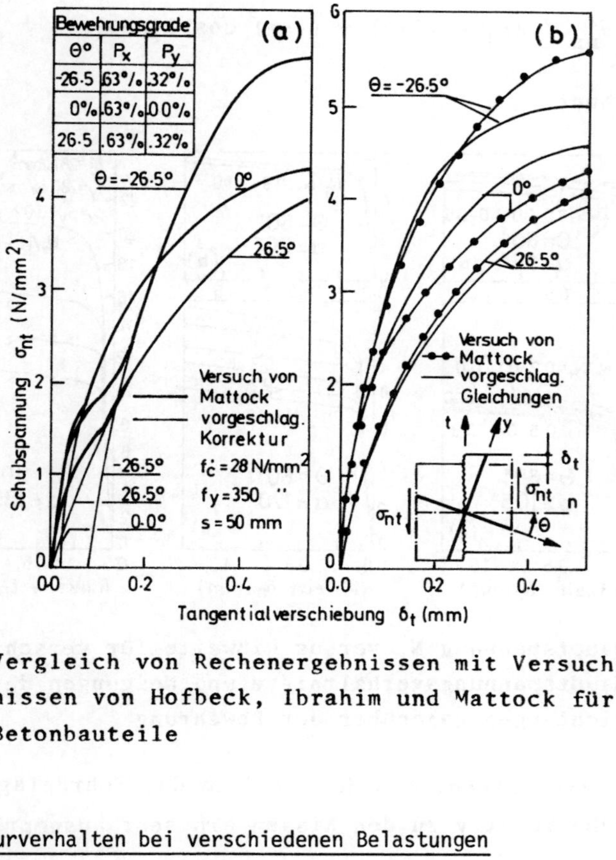

Abb. 12. Vergleich von Rechenergebnissen mit Versuchsergebnissen von Hofbeck, Ibrahim und Mattock für bewehrte Betonbauteile

6.6. Strukturverhalten bei verschiedenen Belastungen

Abb. 13 zeigt Diagramme der aufgebrachten Zugspannung N_1 (s. Abb. 11) als Funktion der Rißweite für verschiedene Werte $m = N_2/N_1$ und α (s. Abb. 11). Für jedes Wertepaar (m,α) und für aufeinanderfolgende Inkremente ΔN_1 der Hauptzugspannung N_1 ist der Lastprozeß durch proportionalen Spannungszuwachs charakterisiert. Entsprechend dem Mohr'schen Spannungskreis ist dieser Sachverhalt durch

$$\Delta\sigma_{nt} / \Delta\sigma_{nn} = \sigma_{nt} / \sigma_{nn} = (1-m)\sin^2(\alpha-\theta)/A$$

$$\Delta\sigma_{tt} / \Delta\sigma_{nn} = \sigma_{tt} / \sigma_{nn} = \left[(1+m) - (1-m)\cos 2(\alpha-\theta)\right]/A \qquad (48)$$

mit

$$A = 2\,\Delta\sigma_{nn} / \Delta N_1 = (1+m) + (1-m)\cos 2(\alpha-\theta) \qquad (49)$$

gekennzeichnet.

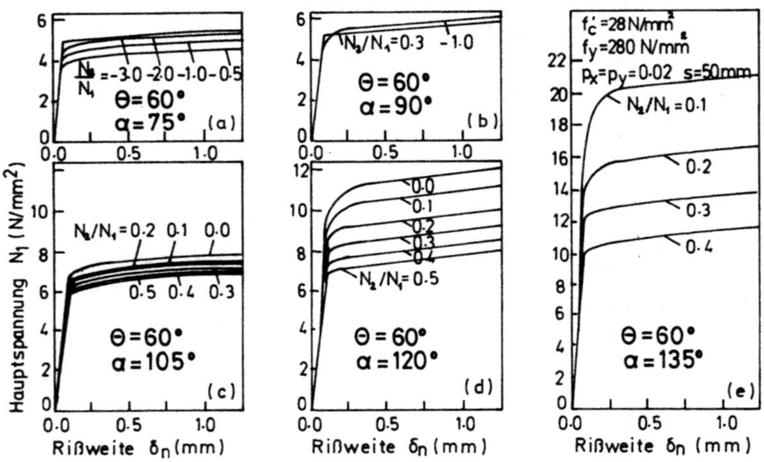

Abb. 13. Hauptspannung N_1 versus Rißweite für verschiedene Hauptspannungsverhältnisse und Neigungen der Hauptrichtungen gegenüber der Bewehrung

Die Ergebnisse zeigen, daß der Einfluß der Schräglage der Bewehrungsstäbe relativ zu den Rissen ein sehr ausgeprägter ist.

Für den Entwurf von Bauteilen sind beliebige Rißrichtungen in Rechnung zu stellen. Die Risse können von Vorbelastungen, Schwinden oder Temperaturspannungen herrühren. Die ungünstigste Rißrichtung sollte beim Entwurf berücksichtigt werden. Durch Variationen von m und θ (s. Abb. 14a) läßt sich für jede Neigung α die Minimallast ausrechnen, die einen Riß mit der Öffnung δ_n verursacht. Die Einhüllenden dieser Minimalwerte für N_1 für verschiedene Rißweiten δ_n sind in Abb. 14b zusammen mit den kritischen Werten θ' von θ für minimales N_1 dargestellt.

Gleichzeitig repräsentieren diese Linien die sich zufolge N_1 einstellende maximale Rißöffnung δ_n. Für kleine Rißöffnungen (δ_n = 0.05 - 0.1 mm) ist die ungünstigste Rißorientierung $\theta' = \alpha$, also der Riß normal zu N_1, während für größere Rißöffnungen (δ_n = 0.25 -0.5 mm) der Winkel θ' zwischen die Richtung von N_1 und die Bewehrungsrichtung x fällt. Für sehr große δ_n hat das Verhältnis $m = N_2/N_1$ keinen Einfluß auf die Minimallast N_1. Bei Vernachlässigung der Bruchoberflächenreibung ist die ungünstigste Rißorientierung normal zu N_1.

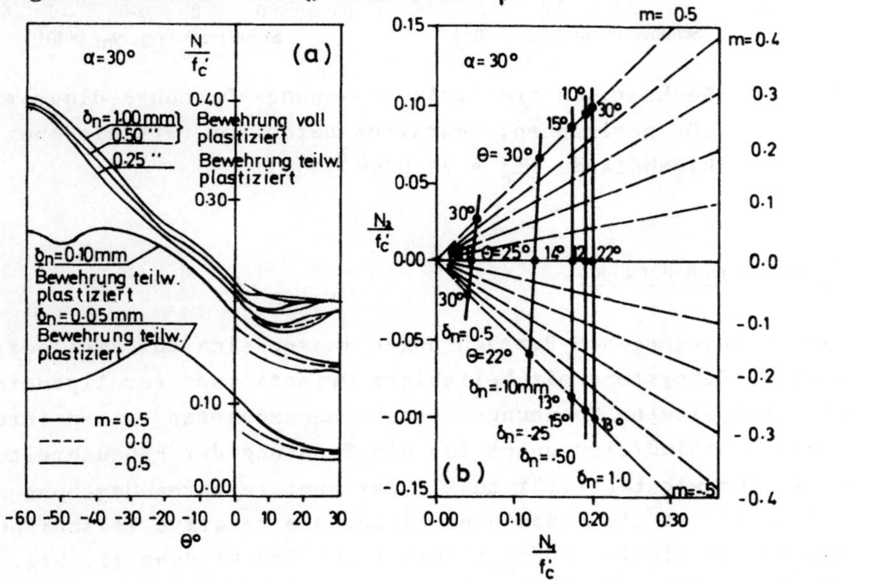

Abb. 14. Typische Entwurfsdiagramme für die Rißweite: (a)Hauptzugspannung N_1 versus Rißneigung θ für verschiedene Rißweiten und Hauptspannungsverhältnisse; (b) N_2 - N_1 Einhüllende maximaler Rißöffnung (Beton: f_c' = 28 N/mm^2; Stahl: f_y = 280 N/mm^2; $p_x = p_y$ = 0.02; Rißabstand s = 50 mm)

Abb. 15 zeigt den Einfluß des Rißabstandes.

Kleiner Rißabstand ergibt kleinere Rißweiten und damit ein steiferes Verhalten der Struktur. Der Rißabstand beeinflußt zwar die maximale Normalspannung (s. Abb. 15b), nicht aber die maximale Schubspannung (s. Abb. 15a).

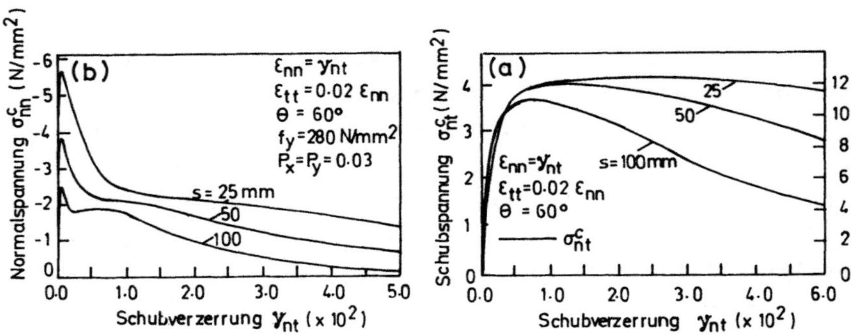

Abb. 15. Rechnerisch ermittelte Spannungs-Dehnungs-Diagramme für gerissenen, bewehrten Beton für verschiedene Rißabstände ($f_c' = 28\ N/mm^2$)

7. Verallgemeinerungen

Die vorangegangenen Betrachtungen lassen sich auf zwei oder mehrere Rißsysteme mit beliebiger Orientierung verallgemeinern. Die abgeleiteten Spannungs-Verschiebungsgesetze lassen interessante Schlußfolgerungen für die Richtung der Rißausbreitung oder Bruchwegstabilität zu. In der unmittelbaren Umgebung der Rißspitze ist die Rißöffnung klein. Die relative Verschiebung der beiden Rißufer erfolgt normal zur Bruchfläche (s. Glg. (34)). Da diese Beziehung für eine beliebig kleine Umgebung der Rißspitze gültig ist, kann ein Mode-2 Anteil am Verschiebungsfeld nicht existieren, d.h. der Riß breitet sich nach dem Gesetz $K_2 = 0$ aus. Dieses Bruchkriterium ist in der kontinuumstheoretischen Bruchmechanik wohlbekannt. Es wurde auch im Rahmen von FE-Analysen verwendet.

8. Zusammenfassung

Zusammenfassend läßt sich sagen:

a) Die gegenwärtigen Bruchbandmethoden, die auf dem Festigkeitskriterium basieren, sind "unobjektiv", d.h. sie hängen über das herkömmliche Maß (konventionelle Diskretisierungsfehler) von der Netzeinteilung ab und konvergieren zu falschen Lösungen.

b) Der Wert der Dissipationsenergie ist ein objektives, physikalisch sinnvolles Kriterium für die Bruchbandausbreitung.

c) Das erwähnte Kriterium ist nur dann objektiv, wenn der Schlupf zwischen den Bewehrungsstäben und dem umgebenden Beton berücksichtigt wird.

d) Die Schlupflänge L_s der das Bruchband kreuzenden Bewehrungselemente ist ein charakteristischer Parameter des Verbundwerkstoffes Stahlbeton. L_s ist von der FE-Diskretisierung unabhängig.

e) Es ist vom praktischen Standpunkt aus gesehen zweckmäßig anstatt L_s eine sogenannte freie Schlupflänge L_s' zu betrachten, längs der keine Haftkräfte wirkend angenommen werden. L_s' ist so zu bestimmen, daß sich für das Haftschlupfelement die ursprüngliche Deformation ergibt.

f) Die Grundlagen der Bruchmechanik dürfen auch auf den bewehrten Beton angewendet werden.

g) Das Bewehrungsverhältnis p hat einen starken Einfluß auf die Rißausbreitung.

h) Die Bewehrungselemente wirken bei geeigneter Maschenweite als Rißarrester.

i) Rißschlupf bei konstanter Rißöffnung induziert Drucknormalspannungen über die Bruchfläche.

j) Rißschlupf bei konstanter Normalspannung verursacht Dilation des Risses.

k) Die Spannungs-Verschiebungs-Beziehungen für gerissenen Beton können nicht durch Federelemente beschrieben werden, da die inkrementelle Rißsteifigkeitsmatrix nicht positiv definit ist.

l) Die inkrementelle Steifigkeitsmatrix für den gerissenen Beton ist nichtsymmetrisch. Sie führt auf Abweichungen von der Parallelität der Hauptachsenrichtungen von Spannungs- und Verzerrungsinkrementen. Die Ursache für diesen Sachverhalt besteht in der Koppelung von Schub- und Normalspannungskomponenten.

m) Das Strukturverhalten gerissenen, bewehrten Betons in Abhängigkeit von der Belastungsgeschichte ist durch einen starken Einfluß des Abstandes benachbarter Risse gekennzeichnet.

n) Bei gegebenen Rißabständen können Rißweiten als Funktion der Belastung bestimmt werden. Dies erlaubt die Bemessung für maximale Rißweiten.

o) Rißausbreitung erfolgt ausschließlich im Mode-1, d.h. $K_2=0$.

p) Die beschriebene Theorie ist für FE-Programme geeignet, die auf inkrementeller Lastaufbringung beruhen.

9. Literatur

1. Bažant Z.P. und L. Cedolin, Fracture mechanics of reinforced concrete. J.Eng.Mech.Div. ASCE, Vol. 106, No.EM6, Dez. 1980, pp. 1287-1306.

2. Bažant Z.P. und P. Gambarova, Rough cracks in reinforced concrete. J.Struct.Div. ASCE, Vol.106, No. ST4, April 1980, pp. 819-842.

Prof.Dr.-Ing.habil. Zdeněk P. Bažant
Director of Center for Geomaterials and Concrete
Northwestern University
Evanston, Illinois 60201, USA

Prof.Dr.-Ing. Luigi Cedolin
Prof.Dr.-Ing. Pietro Gambarova
Department of Structural Engineering
Politecnico di Milano
Milano, Italia

Doz.Dr.phil. Hans-Peter Rossmanith
Institut für Mechanik

Prof.Dr.-techn. Herbert A. Mang
Institut für Baustatik und Festigkeitslehre
Technische Universität Wien
Karlsplatz 13
A-1040 Wien, Österreich

TRAGLASTBERECHNUNG VON STAHLBETONSCHEIBEN, -PLATTEN UND -SCHALEN

H. MANG und H. FLOEGL

1. Einleitung

Die vorliegende Abhandlung setzt sich mit der Bestimmung statischer Kollapslasten dünner Flächentragwerke aus Stahlbeton auseinander. Sie fußt auf einem Konzept, das im Rahmen eines vom Fonds zur Förderung der wissenschaftlichen Forschung der Republik Österreich unterstützten Forschungsvorhabens mit dem Titel „Traglastberechnung dünnwandiger Schalenkonstruktionen mit Hilfe der Methode der Finiten Elemente" entwickelt worden ist. Der Hauptteil der theoretischen Formulierung wurde vom erstgenannten Autor erstellt. Der zweitgenannte Autor war an der theoretischen Formulierung mitbeteiligt. Er hat darüber hinaus die numerische Realisierung des Forschungsvorhabens bewerkstelligt /1/, /2/.

Der Inhalt dieser Abhandlung weicht beträchtlich von den Themen ab, die üblicherweise in der Angewandten Bruchmechanik bearbeitet werden. Nichtsdestoweniger hängt die Kollapslast von Flächentragwerken aus Stahlbeton - mit dem Beton als nur sehr beschränkt zugfestem Material - untrennbar mit dem „zu Bruch gehen" des Betons und somit im weiteren Sinn mit der Bruchmechanik zusammen.

Zur Erläuterung des Sachverhalts sei das Beispiel eines Konstrukteurs im Stahlbetonbau angeführt, der gegebenenfalls im Planungsstadium die Tragsicherheit einer dünnwandigen Struktur - etwa eines zylindrischen Silos oder eines hyperbolischen Kühlturms - abzuschätzen hat. Der betreffende Fachmann hat es also nicht mit dem Problem der Ausbreitung eines bestimmten Risses oder weniger festgestellter Risse in einer ausgeführten Konstruktion zu tun. Er hat sich vielmehr „am grünen Tisch" mit dem Problem der Entstehung und Ausbreitung einer großen Anzahl von Rissen in den erwähnten Strukturen bis zum endgültigen Bruch auseinanderzusetzen, er hat also zu einem Zeitpunkt eine Prognose zu erstellen, zu dem normalerweise mit dem Bau noch gar nicht begonnen worden ist.

Hält man sich vor Augen, daß anspruchsvollere Analysen von kompliziert strukturierten Flächentragwerken aus Stahlbeton auch bei Beschränkung auf Zustand I (ungerissener Beton) ohne Einsatz der FEM kaum zu bewerkstelligen sind, dann versteht man, daß der Einsatz dieser Methode für Traglastanalysen, in deren Rahmen naturgemäß Zustand II (gerissener Beton) zu berücksichtigen ist, unerläßlich ist. Es leuchtet ferner ein, daß eine allzu detaillierte Auseinandersetzung mit dem mechanischen Verhalten einzelner Risse, wie sie Gegenstand der klassischen Bruchmechanik ist, für Traglastanalysen der angedeuteten Art zumindest zum gegebenen Zeitpunkt noch nicht praktibel ist. In diesem Zusammenhang sei vorweggenommen, daß bei Traglastanalysen von Silos, Kühltürmen, etc. die einzelnen Finiten Elemente aus rechenökonomischen Überlegungen Abmessungen aufweisen, die es bestenfalls gestatten, die Verringerung der Steifigkeit der Struktur zufolge der Ausbreitung von Rissen im „integralen Sinn" zu betrachten. Dies führt auf das Konzept sogenannter "verschmierter Risse" ("smeared cracks"), das bei der Erläuterung des Rechenmodells ausführlich beschrieben wird.

Im folgenden wird zunächst das Rechenmodell vorgestellt. Daran anschließend werden die Ergebnisse je einer Traglastanalyse einer Scheibe, einer Platte und einer Schale diskutiert.

2. Rechenmodell

2.1. Berücksichtigte Phänomene

Im Rahmen des erstellten Rechenmodells werden geometrische Nichtlinearität auf der Basis einer auf Koiter /3/ zurückgehenden Theorie „kleiner, endlicher Verschiebungen und mäßig großer Tangentendrehungen" und physikalische Nichtlinearität auf der Grundlage sogenannter „äquivalenter einaxialer konstitutiver Beziehungen" für zweiaxiale Spannungszustände im Beton berücksichtigt. Die erwähnten konstitutiven Beziehungen gehen auf Liu, Nilson und Slate zurück /4/, die Versuchsergebnisse von Kupfer /5/ in eine geeignete mathematische Form brachten. Kupfer setzte unbewehrte Stahlbetonscheiben mit den Abmessungen 20/20/5 (cm) einer Vielzahl biaxialer Spannungszustände aus. Er führte seine Versuche bis zum Bruch der Scheiben aus. Abb. 1 enthält einen Vergleich von Spannungs-Dehnungsdiagrammen, die aufgrund der Versuche von Kupfer ermittelt worden sind, mit Diagrammen, wie sie sich aus den Formeln von Liu, Nilson und Slate ergeben. In Abb. 1 stehen ε_1 und ε_2 für die Hauptdehnungen und σ_1 und σ_2 für die Hauptnormalspannungen; ε_{1u} und ε_{2u} sind die Bruchverzerrungen; f_{cu} ist die Prismenfestigkeit des Betons.

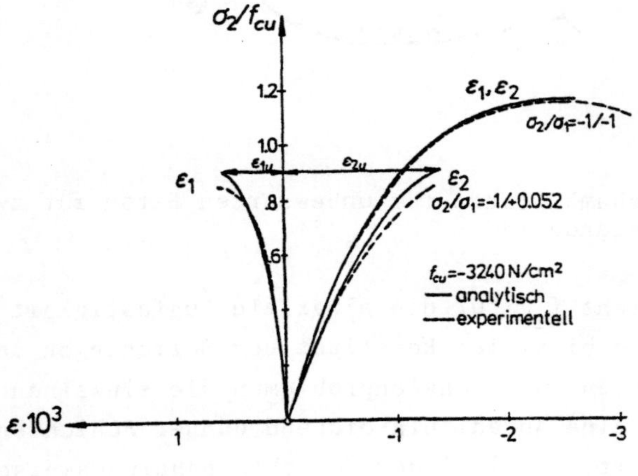

Abb. 1. Spannungs-Dehnungsdiagramme für unbewehrten Beton für zwei bestimmte Hauptspannungsverhältnisse

Eine kritische Wertung der erwähnten "äquivalent einaxialen konstitutiven Beziehungen" sowie komplizierterer, deswegen aber nicht notwendigerweise leistungsfähigerer konstitutiver Modelle findet man in einer Arbeit von Chen und Ting /6/.

Für $|\varepsilon_i| \geq |\varepsilon_{iu}|$ versagt der Beton durch Bruch. Abb. 2 zeigt die den numerischen Untersuchungen zugrunde gelegte Bruchumhüllende des Betons; sie ist der geometrische Ort aller zweiachsigen Spannungszustände, für die Bruch eintritt, die also durch $\sigma_i = \sigma_{iu}$ gekennzeichnet sind. Entsprechende analytische Ausdrücke für die Bruchumhüllende wurden von Kupfer /5/ erstellt.

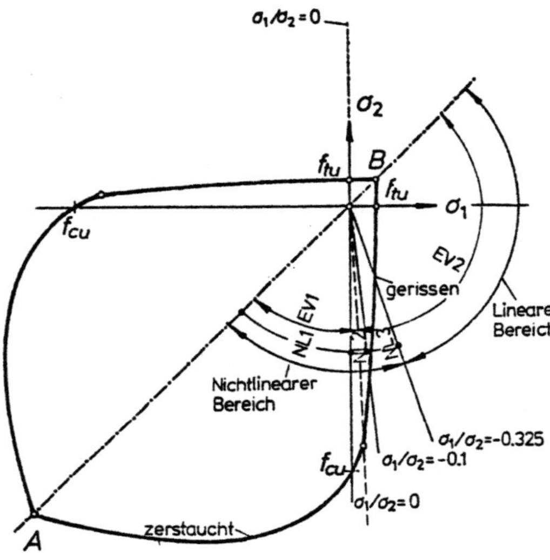

Abb. 2. Bruchumhüllende für unbewehrten Beton für zweiachsige Spannungszustände /5/

In Abb. 2 steht f_{tu} für die einaxiale Zugfestigkeit des Betons. Die Benutzung biaxialer konstitutiver Beziehungen setzt voraus, daß bei Platten- und Schalenproblemen die einzelnen Finiten Elemente in eine Anzahl hinreichend dünner Schichten zerlegt werden, derart, daß in jeder Schichte näherungsweise ein ebener Spannungszustand angenommen werden darf.

Der Bewehrungsstahl wird als elasto-plastischer Werkstoff mit

Materialverfestigung berücksichtigt. Die Arbeitslinie wird bilinear - identisch für den Zug und Druckbereich - approximiert.

Ein wesentliches Phänomen, das bei Traglastanalysen von Stahlbetonkonstruktionen zu berücksichtigen ist, ist der sogenannte „Tension Stiffening Effekt". Dabei handelt es sich um die Resttragfähigkeit des Betons zwischen benachbarten Rissen in der Richtung normal zu den Rissen. Sie wird durch Gleitverbund zwischen der Bewehrung und dem umgebenden Beton aktiviert. Im Rahmen der vorliegenden Arbeit wird versucht, den erwähnten Effekt zu quantifizieren.

Was die Belastung anbelangt, wird die Verschiebungsabhängigkeit des hydrostatischen Druckes berücksichtigt.

2.2. Nomenklatur für das Rechenmodell

Die linke Seite von Abb. 3 stellt die Mittelfläche einer dünnen, unverformten Schale mit dem Rand Γ dar; x, y, z sind globale kartesische Koordinaten; α, β, ν sind globale orthogonale Flächenkoordinaten; u, v, w stellen die zugehörigen Komponenten des Verschiebungsvektors dar.

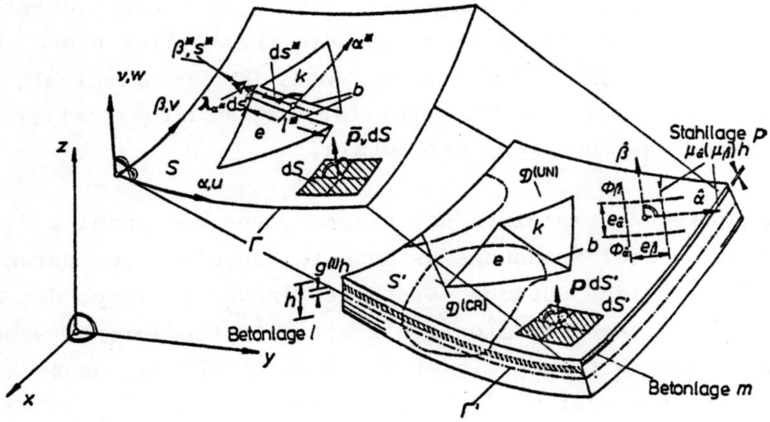

Abb. 3. Stahlbetonschale - Mittelfläche der unverformten Schale; Finite-Elemente-Lagenmodell der verformten, teilweise gerissenen Schale

Die in Abb. 3 aufscheinenden, lokalen, orthogonalen Flächenkoordinaten α^*, β^* beziehen sich auf die gemeinsame Grenzlinie b zweier benachbarter, C^0 (d.i. verschiebungs-)-konformer, gekrümmter, dreiecksförmiger Finiter Elemente, e und k; λ_{α^*} ist ein unbekanntes Biegemoment pro Längeneinheit, das längs b normal zu b wirkt. Mathematisch gesehen repräsentiert λ_{α^*} eine Lagrangesche Multiplikatoren enthaltende Funktion, die zur Formulierung algebraischer Nebenbedingungen zum Zweck der Erzielung von C^1 (d.i. Neigungs-)-Konformität an den Elementsrändern benötigt wird.

Zusätzlich zum Eigengewicht der Schale wird ihre Belastung durch richtungstreuen oder aber hydrostatischen Druck in Rechnung gestellt; $\bar{\underset{\sim}{p}}_\nu$ stellt den Vektor der auf die Flächeneinheit bezogenen, richtungstreuen Druckbelastung dar.

Die rechte Seite von Abb. 3 zeigt Einzelheiten des aus mehreren dünnen Lagen bestehenden Finiten Elementes der verformten, teilweise gerissenen Schale. Das Weglassen des oberen Querstriches und des unteren Index von $\bar{\underset{\sim}{p}}_\nu$ soll auf die Verschiebungsabhängigkeit der verteilten Belastung, die im Sinne des hydrostatischen Drucks normal auf die verformte Oberfläche S' wirkt, hinweisen. Der Rand der verformten Schale wird mit Γ' bezeichnet. Die Anwendung des sogenannten „verschmierten" Rißkonzepts erlaubt die Festlegung „intakter" bzw. „gerissener" Unterbereiche der Schale. In Abb. 3 wird die Gesamtheit aller dieser Unterbereiche mit $\mathcal{B}^{(CR)}$ bezeichnet, wobei CR für „cracked", also „gerissen" steht. $\mathcal{B}^{(UN)}$ steht für die Gesamtheit aller ungerissenen Unterbereiche der Schale.

Die Dicke der einzelnen Betonlagen wurde so gewählt, daß die Annahme ebener Spannungszustände in den einzelnen Betonlagen eine zulässige Näherung darstellt. In der vorliegenden Arbeit wird die Dicke der Betonlage l mit $g^{(l)}h$ definiert, wobei $g^{(l)}$ ein Koeffizient ist, wie er als Gewicht für die Gaußsche Integration verwendet wird. Es gilt somit

$$\sum_{l=1}^{n} g^{(l)} = 1 \,, \qquad (1)$$

wobei n die Anzahl der Betonlagen ist.

Diese Vorgangsweise bringt es mit sich, daß die Dicke der Betonlagen gegen die Leibungen der Schale hin abnimmt. Dies trägt der Tatsache Rechnung, daß bei ausgeprägter Biegebeanspruchung, für die das Lagenmodell ja letztlich konzipiert ist, die Größtwerte der Biegenormalspannungen an den Leibungen auftreten.

Die lokalen, orthogonalen, krummlinigen Koordinaten $\hat{\alpha}$, $\hat{\beta}$ sind parallel zu einem orthogonalen Bewehrungsnetz, bestehend aus Stahlstäben mit den Durchmessern $\Phi_{\hat{\alpha}}$, $\Phi_{\hat{\beta}}$, gerichtet. Die Stahleinlagen werden zu sogenannten „Zwillingsstahllagen" mit den Dicken $\mu_{\hat{\alpha}}h$ und $\mu_{\hat{\beta}}h$ „verschmiert", wobei sich

$$\mu_{\hat{i}} = \frac{\Phi_{\hat{i}}\pi}{4e_{\hat{i}}h}\,, \qquad \hat{i} = \hat{1},\ \hat{2}; \qquad \hat{1} \equiv \hat{\alpha}, \qquad \hat{2} \equiv \hat{\beta} \tag{2}$$

als die Bewehrungsgrade in der jeweiligen Koordinatenrichtung ergeben; $e_{\hat{i}}$ bezeichnet die Abstände der Bewehrungsstäbe mit den Durchmessern $\Phi_{\hat{i}}$.

Die in Abb. 3 dargestellte Stahlbetonschale wird in m C^0-konforme Finite Elemente unterteilt. Über die Schalendicke wird die Schale in n fiktive, dünne Betonlagen zerlegt. Abb. 4 zeigt die Bezugsfläche 1 des Finiten Elementes e. Ihr Abstand von der Schalenmittelfläche wird mit $\nu_C^{(1)}$ bezeichnet.

Diejenigen Teile der Bezugsfläche der Betonlage 1 des Finiten Elementes e, welche zum ungerissenen Unterbereich der Schale, $\mathcal{D}^{(UN)}$, gehören, werden mit $S_C^{(e,1;UN)}$ bezeichnet. Dementsprechend steht $S_C^{(e,1;CR)}$ für diejenigen Teile der erwähnten Betonlage, welche im gerissenen Unterbereich $\mathcal{D}^{(CR)}$ gelegen sind. Die Grenzlinie zwischen den Bereichen $S_C^{(e,1;CR)}$ und $S_C^{(e,1;UN)}$ fällt mit den Grenzlinien anteiliger Unterbereiche von Gauß-Punkten zusammen. Ein derartiger, zum Gauß-Punkt r gehöriger Unterbereich ist in der Abb. 4 eingetragen. Er wird mit $\psi_r^{(e,1)}$ bezeichnet. Die Zuweisung solcher mit den Integrationspunkten zusammenhängender Unterbereiche zu $S_C^{(e,1;UN)}$ oder zu $S_C^{(e,1;CR)}$ hängt vom Zustand des Werkstoffes im betreffenden Integrationspunkt ab.

Abb. 4. enthält zwei typische lokale, orthogonale Koordinatensysteme, die mit α'', β'' bzw. α', β' bezeichnet werden. Die Koordinatenlinien $\alpha'' \equiv 1''$ und $\beta'' \equiv 2''$ sind parallel zu den Hauptrichtungen des Verzerrungszustandes im betrachteten Integrationspunkt in $S_C^{(e,1;UN)}$. Die Koordinatenlinien α' und β' verlaufen normal und parallel zu äquidistanten parallelen Rissen im zuvor erwähnten Unterbereich $\Psi_r^{(e,1)}$.

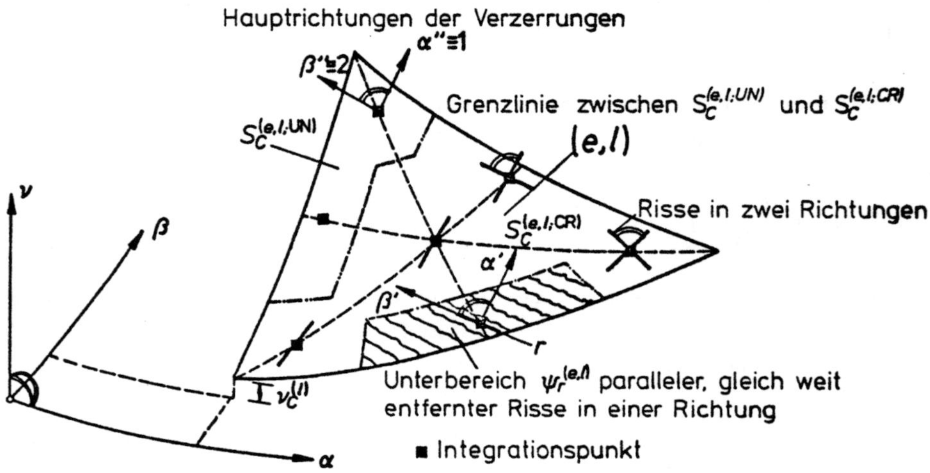

Abb. 4. Bezugsfläche der teilweise gerissenen Betonlage 1 des Finiten Elementes e

Abb. 4 enthält auch Integrationspunkte mit zugehörigen Unterbereichen, die in zwei Richtungen gerissen sind. Die zweite Rißrichtung wird, wie das Bild zeigt, orthogonal zur ersten Rißrichtung angenommen. Diese Annahme stellt eine Vereinfachung des tatsächlichen Sachverhaltes dar.

Tatsächlich ist es so, daß zufolge des durch Verzahnungswirkung des Zuschlagstoffes eingeleiteten Schubes zwischen zwei benachbarten Rissen ein Verzerrungszustand in der Strebe entsteht, dessen Hauptrichtungen nicht parallel bzw. normal zur Strebenrichtung verlaufen. Folglich ist auch nicht zu erwarten, daß die zweite Rißrichtung normal auf die erste steht. Da nun aber eine Quantifizierung der erwähnten Verzahnungswirkung aus vielerlei Gründen mit einer Reihe von Unwägbarkeiten behaftet ist, und da darüber hinaus bei vielen praktischen Problemen Risse in der zweiten und gegebenenfalls in weiteren Richtungen erst bei Lastintensitäten auftreten, die nicht weit von der Bruchlast entfernt sind, erscheint die getroffene Vereinfachung akzeptabel.

2.3. Inkrementell-iterative FE-Berechnung

Zur Ermittlung der Traglast von Flächentragwerken aus Stahlbeton muß die Last inkrementell aufgebraucht werden. Die entstehenden inkrementellen inneren Kräfte werden mit Hilfe der in einer Arbeit der Autoren /6/ angegebenen inkrementellen Gleichgewichtsbeziehungen bestimmt. Diese Gleichungen lauten:

$$
\begin{aligned}
&\sum_{e=1}^{m} \Big\langle \sum_{l=1}^{n} g^{(l)} \Big[\int_{S_C^{(e,l;UN)}} (\Delta\sigma_{i''j''}\delta\varepsilon_{i''j''} + \sigma_{i''j''}\delta\Delta\eta_{i''j''})\, h\, dS \; + \\
&+ \int_{S_C^{(e,l;CR)}} (\Delta\tilde{\sigma}_{i'j'}^{(a)}\delta\varepsilon_{i'j'}^{(a)} + \tilde{\sigma}_{i'j'}^{(a)}\delta\Delta\eta_{i'j'}^{(a)})\, h\, dS \Big] \; + \\
&+ \sum_{p=1}^{r} \Big\{ \int_{S_{S\hat{i}}^{(e,l;UN)}} (\Delta\sigma_{\hat{i}}\delta\varepsilon_{\hat{i}} + \sigma_{\hat{i}}\delta\Delta\eta_{\hat{i}})\, \mu_{\hat{i}}\, h\, dS + \int_{S_{S\hat{i}}^{(e,p;CR)}} \Big[(\Delta f_{\hat{i}}\sigma_{\hat{i}}^{(a)} + f_{\hat{i}}\Delta\sigma_{\hat{i}}^{(a)})\delta\varepsilon_{i}^{(a)} \\
&+ f_{\hat{i}}\sigma_{\hat{i}}^{(a)}\delta\Delta\eta_{\hat{i}}^{(a)} \Big] \mu_{\hat{i}}\, h\, dS \Big\} - \int_{V^{(e)}} \Delta\bar{p}_g\,\delta u_g\, dV - \int_{S_p^{(e)}} \Delta p_g\,\delta u_g\, dS \Big\rangle \; - \\
&- \sum_{b=1}^{q} \int_{s^{*(b)}} (\Delta\lambda_{1^*}\,\delta\theta_{1^*} + \Delta\theta_{1^*}\,\delta\lambda_{1^*})\, dS \;=\; 0, \quad g=1,2,3;\; i,j=1,2;
\end{aligned}
$$

$$1 \equiv \alpha, \quad 2 \equiv \beta, \quad 3 \equiv \nu. \tag{3}$$

In Glg. (3) symbolisiert Δ ein Inkrement der jeweils nachfolgenden Größe.

Das erste Integral in Glg. (3) stellt die virtuelle Arbeit eines Inkrementes der inneren Kräfte dar, die auf jenen Teil der Betonlage 1 des Elementes e wirken, der $\mathscr{B}^{(UN)}$ angehört: $S_C^{(e,1;UN)}$; $\varepsilon_{i''i''}$ und $\sigma_{i''i''}$ sind die Verzerrungen und Spannungen in den Hauptrichtungen α'', β''; $\eta_{i''i''}$ sind die quadratischen Terme von $\varepsilon_{i''i''}$. Wir halten fest, daß $\Delta\sigma_{1''2''}\neq 0$ infolge der Änderung der Hauptrichtungen bei Zunahme der Lastintensität.

Das zweite Integral in Glg. (3) erstreckt sich über jenen Teil der Betonlage 1 des Elementes e, der $\mathscr{B}^{(CR)}$ angehört: $S_C^{(e,1;CR)}$; $\Delta\tilde{\sigma}_{i'j'}^{(a)}$ sind Inkremente von Durchschnittswerten von Restspannungen im Beton, die in der Betonstrebe wirken würden, wenn der früher erwähnte „Tension Stiffening Effekt" nicht existierte. Für parallele Risse in einer Richtung (s. Abb. 5(a)) gilt:

$$\begin{bmatrix} \tilde{\sigma}_{1'1'}^{(a)} \\ \tilde{\sigma}_{2'2'}^{(a)} \\ \tilde{\sigma}_{1'2'}^{(a)} \end{bmatrix} \equiv \begin{bmatrix} \tilde{\sigma}_{\alpha'\alpha'}^{(a)} \\ \tilde{\sigma}_{\beta'\beta'}^{(a)} \\ \tilde{\sigma}_{\alpha'\beta'}^{(a)} \end{bmatrix} = \begin{bmatrix} 0 \\ \sigma_{\beta'\beta'}^{(a)}\ (\sigma_{\alpha'\alpha'}^{(a)}=0) \\ 2\bar{G}\varepsilon_{\alpha'\beta'}^{(a)} \end{bmatrix} . \tag{4}$$

Dabei wird $\bar{G}$ einer Arbeit von Cedolin und Dei Poli /8/ entnommen. Die durch die dritte Beziehung in den Glgn. (4) ausgedrückte Schubübertragung über die Risse hinweg stellt eine grobe Simplifizierung des tatsächlichen Sachverhaltes dar. Ein der Realität näher kommendes konstitutives Modell für das besagte Schubübertragungsverhalten haben z.B. Bažant und Gambarova /9/ entwickelt.

Für parallele Risse in zwei Richtungen (s. Abb. 5(b)) gilt

$$\begin{bmatrix} \tilde{\sigma}_{1'1'}^{(a)} \\ \tilde{\sigma}_{2'2'}^{(a)} \\ \tilde{\sigma}_{1'2'}^{(a)} \end{bmatrix} \equiv \begin{bmatrix} \tilde{\sigma}_{\alpha'\alpha'}^{(a)} \\ \tilde{\sigma}_{\beta'\beta'}^{(a)} \\ \tilde{\sigma}_{\alpha'\beta'}^{(a)} \end{bmatrix} = \begin{bmatrix} 0 \\ 0 \\ 2\bar{G}\varepsilon_{\alpha'\beta'}^{(a)} \end{bmatrix} . \tag{5}$$

Es werden höchstens zwei Rißbänder berücksichtigt. Der Einfachheit halber wird angenommen, daß das zweite Rißband normal auf das erste steht. Diese Annahme ist, streng genommen, mit der Tatsache der Schubübertragung am Riß infolge der Verzahnungs-

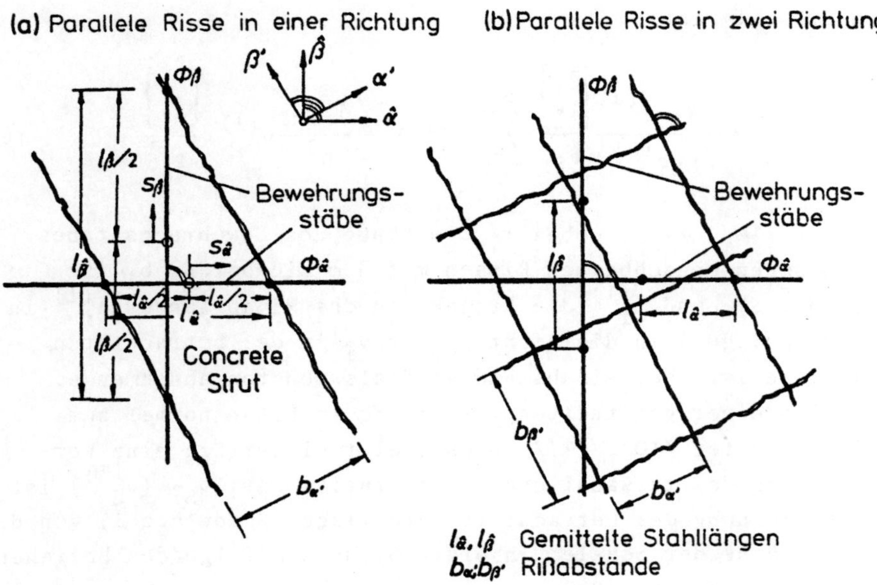

Abb. 5. Längen der Bewehrungsstäbe zwischen benachbarten parallelen Rissen in einer Richtung bzw. in zwei Richtungen

wirkung des Zuschlagstoffes im Widerspruch. Nun ist es aber bei den behandelten Problemen so, daß Risse in der zweiten Rißrichtung erst bei Lastintensitäten auftreten, bei denen das Tragvermögen der betreffenden Flächentragwerke bereits weitgehend erschöpft ist. Eine genauere Berücksichtigung des Winkels zwischen dem ersten und dem zweiten Rißband würde deshalb kaum auf entscheidend bessere Ergebnisse führen.

Das dritte und vierte Integral in Glg. (3) beziehen sich auf den zu einer dünnen Lage, der Stahllage p, verschmierten Bewehrungsstahl; $S_{Si}^{(e,p;UN)}$ ($S_{Si}^{(e,p;CR)}$) bezeichnet die Gesamtheit der Teile der betreffenden Lagenbezugsfläche, die in $\mathscr{B}^{(UN)}$ ($\mathscr{B}^{(CR)}$) gelegen sind; $\varepsilon_{\hat{i}}^{(a)}$ und $\sigma_{\hat{i}}^{(a)}$ sind Mittelwerte der Verzerrungen und der Spannungen in der Bewehrung zwischen benachbarten Rissen. Das vierte Integral enthält sogenannte „Tension Stiffening Faktoren", $f_{\hat{i}}$, und ihre Inkremente, $\Delta f_{\hat{i}}$, mit deren Hilfe der „Tension Stiffening Effekt" in den inkrementellen Gleichgewichtsgleichungen berücksichtigt wird.

Die Größe $f_{\hat{i}}$ ist zu

$$f_{\hat{i}} = 1 + \frac{|\tau_{B\hat{i}}|^{(a)}}{\sigma_{S\hat{i}}^{(a)}} \frac{\begin{Bmatrix} b_{1'} \\ l_{\hat{i}} \end{Bmatrix}}{\Phi_{\hat{i}}} \sum_{l=1}^{n} g^{(l)} \left(1 + \frac{12\nu_{S\hat{i}}}{h^2} \nu_C^{(l)}\right) \frac{\begin{Bmatrix} b_{1'} \\ l_{\hat{i}} \end{Bmatrix}}{l_{\hat{i}}^{(l)}} \qquad (6)$$

gegeben /10/, /11/, wobei $l_{\hat{i}}$ die Länge des Bewehrungsstabes $\Phi_{\hat{i}}$ zwischen benachbarten Rissen mit dem Rißabstand $b_{i'}$ ist (s. Abb. 5), und $l_{\hat{i}}^{(l)}$ die Projektion des Rißabstandes $b_{i'}^{(l)}$ in der Betonlage l in die Richtung von $\Phi_{\hat{i}}$ in der betrachteten Stahllage ist. Der Rißabstand wird als monoton abnehmende Funktion einer gemittelten Verzerrung im Beton normal zum Riß betrachtet /10/, /11/. Dies stellt sicherlich eine Vereinfachung des tatsächlichen Sachverhalts dar; $\nu_{S\hat{i}}$ ($\nu_C^{(l)}$) ist die Entfernung der betrachteten Stahllage (Betonlage l) von der Mittelfläche der Schale. In Glg. (3) und im folgenden beziehen sich obere (untere) Größen innerhalb geschwungener Klammern auf Rißbänder in einer (zwei) Richtung(en).

Für parallele Risse in einer bzw. in zwei Richtung(en) (s. Abb. 5) gilt:

$$l_{\hat{i}} = \frac{b_{1'}}{|n_{1'\hat{i}}|}, \qquad l_{\hat{i}} = \frac{b_{1'} b_{2'}}{b_{1'}|n_{2'\hat{i}}| + b_{2'}|n_{1'\hat{i}}|}, \qquad (7)$$

wobei $n_{i'\hat{i}}$ die Richtungskosinus von Winkeln sind, die von den Rißnormalen und den Bewehrungsstäben eingeschlossen werden. Man erkennt, daß es sich bei $l_{\hat{i}}$ im Falle von parallelen Rissen in zwei Richtungen um eine gemittelte Größe handelt. Die zuvor erwähnte Größe $l_{\hat{i}}^{(l)}$ erhält man, indem man $b_{i'}$ und $n_{i'\hat{i}}$ in Glg. (7) durch $b_{i'}^{(l)}$ und $n_{i'\hat{i}}^{(l)}$ ersetzt. In Glg. (6) sind $|\tau_{B\hat{i}}|^{(a)}$ und $\sigma_{S\hat{i}}^{(a)}$ gemittelte Verbund- bzw. Stahlspannungen zwischen benachbarten Rissen.

Auf der Grundlage eines von Potucek und Grelat /12/ angegebenen Ausdrucks für die gemittelten Verbundspannungen läßt sich folgende Beziehung für $|\tau_{B\hat{i}}|^{(a)}$ herleiten /7/:

$$|\tau_{B\hat{i}}^{(a)}| = \left[0.07 + 0.16 \left(\frac{\varepsilon_{S\hat{i}}^{(a)} \begin{Bmatrix} b_{1'} \\ l_{\hat{i}} \end{Bmatrix}}{2}\right)^{0.3}\right] |f_{cu}| + 0.2 |\sigma_{C\hat{j}\hat{j}}| ,$$

$$\hat{i} \neq \hat{j},\ \hat{i},\hat{j} = \hat{1},\hat{2} \text{ (keine Summation)};\ \hat{1} \equiv \hat{\alpha}\ ,\ \hat{2} \equiv \hat{\beta}\ . \qquad (8)$$

In Glg. /8/ ist $\sigma_{C\hat{j}\hat{j}}$ die Betonspannung quer zum betreffenden Bewehrungsstab; $\sigma_{C\hat{j}\hat{j}}$ wird nur berücksichtigt, wenn es sich um eine Druckspannung handelt. In Glg. (8) sind $b_{l'}$ und $l_{\hat{i}}$ in [mm] anzugeben.

In /10/ wurden folgende Schranken für $f_{\hat{i}}$ hergeleitet:

$$1 \leq f_{\hat{i}} \leq 1 + \begin{Bmatrix} |n_{l'\hat{i}}| \\ 1 \end{Bmatrix} \sum_{l=1}^{n} g^{(l)} \left(1 + \frac{12\nu_{S\hat{i}}}{h^2} \nu_C^{(l)}\right) \frac{\begin{Bmatrix} b_{l'} \\ l_{\hat{i}} \end{Bmatrix}}{l_{\hat{i}}^{(l)}} \,. \qquad (9)$$

Einige Worte sind noch über die drei letzten Integrale in Glg. (3) zu sagen: Das fünfte Integral stellt die virtuelle Arbeit eines Inkrementes von Volumskräften dar. Das Integral erstreckt sich über das Volumen des Finiten Elementes e, $V^{(e)}$. Das sechste Integral betrifft die virtuelle Arbeit eines Inkrementes des hydrostatischen Drucks. Dieses Integral erstreckt sich über den belasteten Teil der Oberfläche des Elementes e, $S_p^{(e)}$. Das letzte Integral in Glg. (3) stellt die Variation eines Inkrementes eines Lastpotentials mit $\lambda_{l*}^{(b)} \equiv \lambda_{l*}$ als der Last und mit $\theta_{l*}^{(b)} \equiv \theta_{l*}$ als der entsprechenden "Verschiebung" in Form einer Differenz von Tangentendrehungen normal zum gemeinsamen Rand b der Nachbarelemente e und k dar. Das Integral erstreckt sich über die Länge b, $l^{(b)}$.

Zur Reduktion des Ungleichgewichts zwischen äußeren und inneren Kräften werden nach Aufbringen jedes Lastinkrementes Gleichgewichtsiterationen durchgeführt. Details der inkrementell-iterativen FE-Analyse sind in /7/ angegeben. Details über das verwendete Finite Element können /13/ entnommen werden.

3. Numerische Untersuchung

3.1. Scheibe

Im folgenden wird die Traglast einer Scheibe ermittelt, die von Leonhardt und Walther /14/ experimentell und von Cedolin und Dei Poli /8/ numerisch untersucht worden ist. Abb. 6 zeigt die Scheibe, die im Versuchsbericht mit WT3 bezeichnet worden ist.

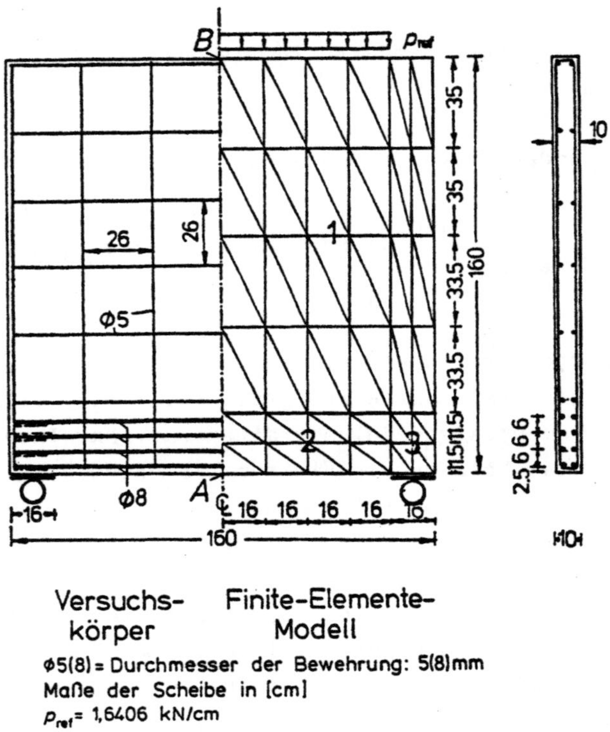

Abb. 6. Wandartiger Träger - Versuchskörper aus Stahlbeton und Finite-Elemente Modell

Für die Rechnung wurde die Scheibe in drei Materialbereiche unterteilt, die mit arabischen Ziffern in der rechten Seite von Abb. 6 eingetragen sind. Die Materialkennwerte sind in Tabelle 1 gegeben. Arabische Indizes deuten die Unterbereiche einzelner Materialbereiche der Scheibe an (vgl. Abb. 6). Römische Indizes geben die Stahlqualität für die oben angeführten Bewehrungsstäbe an.

Die Steigerung von f_{cu} in der Nähe der Stützen (Materialbereich 3) trägt der lokalen Vergrößerung der Festigkeit der Scheibe Rechnung. Besagte Festigkeitserhöhung rührt von Bindedrähten mit 2mm Durchmesser, die wendelartig um jedes Paar horizontaler Endhaken der Hauptbewehrung gewickelt worden sind, her.

Tabelle 1. Materialwerte für den wandartigen Träger WT3

Beton			Stahl		
$E_C^{(0)}$	3,20	MN/cm²	$E_S^{(0)}$	21,00	MN/cm²
ν_C	0,20	-	-	-	-
$f_{cu}^{(1,2)}$	-3,00	kN/cm²	$\Phi_\alpha^{(1)} = \Phi_\beta^{(1)}$	0,5	cm
$f_{tu}^{(1,2)}$	0,30	kN/cm²	$\sigma_{SY}^{(I)}$	± 24,00	kN/cm²
$f_{cu}^{(3)}$	-4,00	kN/cm²	$\Phi_\alpha^{(2,3)}$	0,8	cm
$f_{tu}^{(3)}$	0,40	kN/cm²	$\sigma_{SY}^{(II)}$	±54,70	kN/cm²

Aus Symmetriegründen genügt es, nur eine Hälfte der Scheibe für die Rechnung zu betrachten. Das Finite-Elemente-Modell, das aus 72 Dreieckselementen besteht, ist in Abb. 6 auf der rechten Seite dargestellt.

Im Experiment versagte die Scheibe zunächst bei einem Lastintensitätsfaktor $\chi = P/P_{ref} = 4{,}75$, wobei $P_{ref} = P_{ref} \cdot 128$ cm = 210 kN die Resultierende von P_{ref} nach Abb. 6 darstellt. Der Bruch trat in der Nähe des linken Auflagers auf. Er wurde durch mangelhaft verdichteten Beton verursacht /14/. Das beschädigte Auflager wurde durch seitlich angepreßte Stahlplatten bandagiert, und der Versuch wurde hierauf fortgesetzt.

Bei $\chi = 6{,}0$ trat Versagen auch in der Nähe des rechten Auflagers durch Zerstauchen des Betons ein. Bei dieser Lastintensität erreichten die Betonspannungen knapp über dem Auflager einen Wert von der Größe der 1,33-fachen Prismenfestigkeit des Betons. Dabei ist zu beachten, daß in diesem Bereich der Scheibe der Spannungszustand vor dem Bruch ein im wesentlichen einachsiger war. Um dieser Steigerung der Bruchfestigkeit des Betons, die durch die vorher erwähnten Bindedrähte an den beiden Enden der Hauptbewehrung hervorgerufen wurde, Rechnung zu tragen, wurde die Prismenfestigkeit im Materialbereich 3, $f_{cu}^{(3)}$, auf den 1,33-fachen Wert von $f_{cu}^{(1,2)}$ gesetzt, wobei $f_{cu}^{(1,2)}$ die

Prismenfestigkeit in den Materialbereichen 1 und 2 darstellt (vgl. Tabelle 1).

Abb. 7 zeigt Diagramme, die die vertikale Verschiebung des Punktes A (vgl. Bild 6) als Funktion vom Lastintensitätsfaktor χ enthalten. Man sieht, daß die Variation des unbekannten Abstandes der Primärrisse $b_{i'}$ keinen starken Einfluß auf die Ergebnisse ausübt. Im Falle von $b_{i'} = 20$ cm und 25 cm konvergierten die Ergebnisse im Zuge der Gleichgewichtsiterationen bei der 6-fachen Referenzlast ($\chi = 6$) nicht mehr, weil in einigen Integrationspunkten im Bereich über dem Auflager $|\sigma_2| > |f_{cu}^{(3)}|$ war. Dies führte zum Abbruch der Rechnung. Ein derartiger Abbruch weist auf das Versagen der Scheibe hin. Für $b_{i'} = 15$ cm trat der Bruch der Scheibe schon bei $\chi = 5{,}75$ ein. Im Falle der Vernachlässigung des „Tension Stiffening Effektes" erhält man zu große (gemittelte) Stahlspannungen im gerissenen Bereich. Als Folge davon tritt vorzeitiges Fließen der horizontalen Bewehrung im Materialbereich 1 ein, wobei die Rechnung in diesem Fall Bruchversagen bereits bei 4,5 signalisiert. Abb. 7(b) zeigt einen Vergleich von Ergebnissen, die mit dem vorher erwähnten Netz, dem 6x6-Netz, erhalten worden sind, mit Resultaten, die mit einem gröberen Netz, einem 3x3 Netz, das aus 18 Dreieckselementen besteht, ermittelt worden sind. Es zeigt sich, daß auch das gröbere Netz akzeptable Ergebnisse liefert.

Abb. 8 zeigt einen Vergleich der horizontalen Betonspannungen $\sigma_{C\alpha\alpha}$ längs der Symmetrielinie $\overline{AB}$ für drei verschiedene Lastintensitäten. Bei $\chi=1{,}0$ beginnt der Beton zu reißen. Für diese Lastintensität stimmt die Lösung praktisch mit derjenigen für ein linear-elastisches, ungerissenes Material überein. Bei $\chi = 3{,}0$ unterscheidet sich das Ergebnis für $b_{i'} = 20$ cm einerseits wesentlich vom Ergebnis eines linear-elastischen, ungerissenen Materials und andererseits vom Ergebnis, das man im Falle der Nichtberücksichtigung des „Tension Stiffening Effekts" erhält. Bei $\chi = 5{,}0$ ist die Differenz zwischen den Ergebnissen der Traglastberechnung und der linear-elastischen Rechnung naturgemäß noch stärker. Abb. 9 enthält Diagramme der Stahlspannung $\sigma_{S\alpha}$ in Scheibenmitte in Abhängigkeit von χ. Für $b_{i'}^{(1)} = 20$ cm zeigen die Rechenergebnisse eine sehr gute Übereinstimmung mit

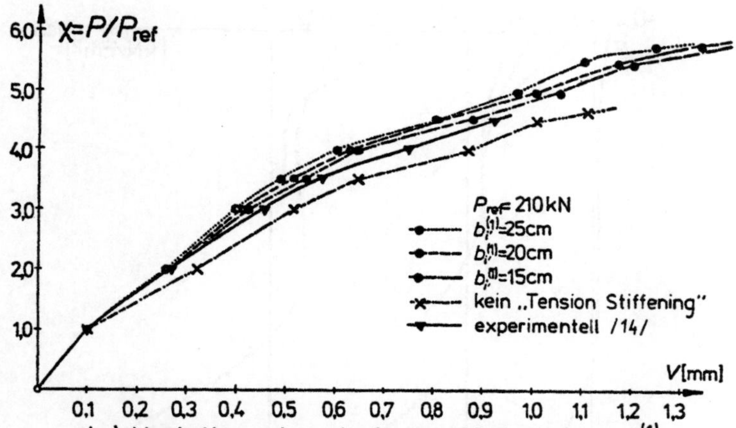

(a) Variation des Anfangsrißabstands $b_i^{(1)}$

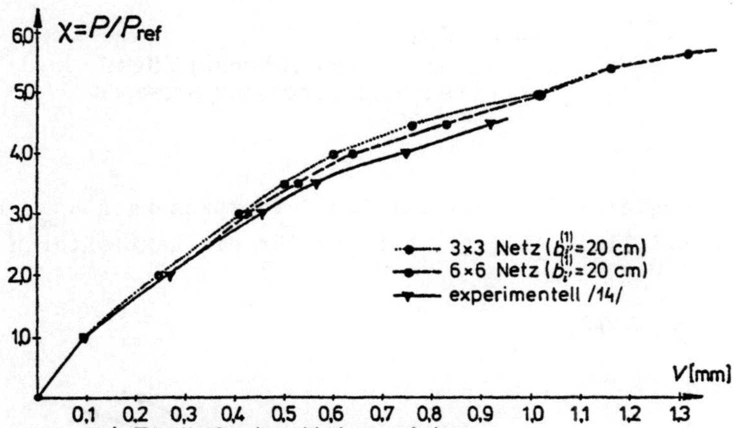

(b) Einfluß der Netzverfeinerung

Abb. 7. Vertikalverschiebung v von Punkt A in Abhängigkeit vom Lastintensitätsfaktor χ

den Versuchsergebnissen aus /14/. Dies resultiert aus der Tatsache, daß sowohl in der Rechnung als auch im Experiment gemittelte Stahlspannung betrachtet werden. Die Nichtbeachtung des „Tension Stiffening Effektes" bewirkt eine ausgeprägte Überschätzung der Stahlspannungen.

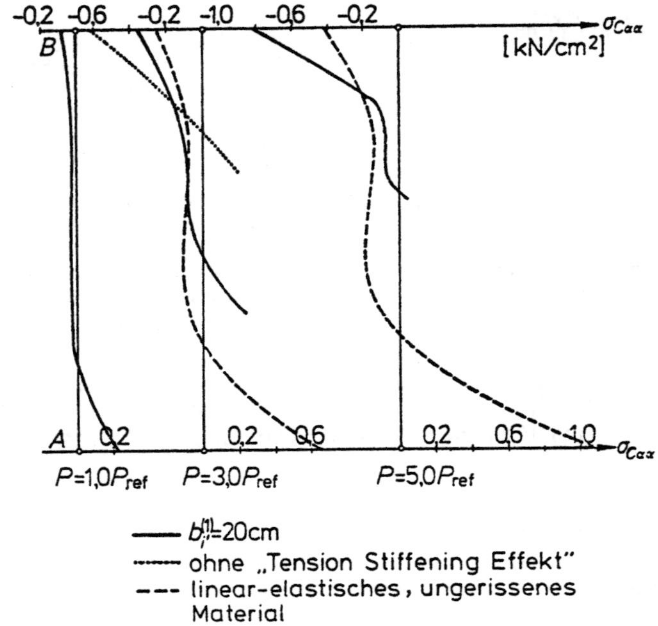

Abb. 8. Vergleich der horizontalen Betonspannungen $\sigma_{C\alpha\alpha}$ längs der Symmetrielinie AB (vgl. Abb. 6) für die Lastfaktoren χ = 1,0, 3,0 und 5,0

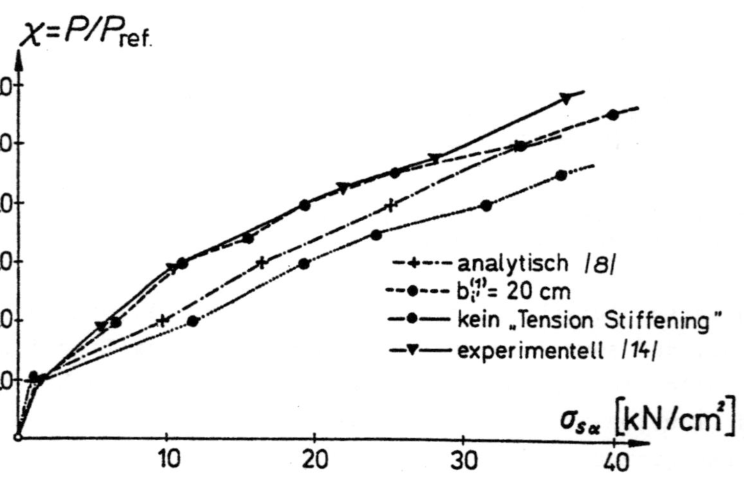

Abb. 9. Stahlspannung $\sigma_{S\alpha}$ in Scheibenmitte im untersten Hauptbewehrungsstab der Scheibe in Abhängigkeit vom Lastintensitätsfaktor χ

3.2. Platte

Mit Hilfe des entwickelten Computerprogrammes /1/ wurde eine gelenkig gelagerte, quadratische Stahlbetonplatte unter einer verteilten Gleichlast, die von Taylor, Maher und Hayes /15/ experimentell untersucht und sowohl von van Greunen /16/ als auch von Arnesen /17/ berechnet worden war, nachgerechnet. Die linke Hälfte der Abb. 10 zeigt eine Draufsicht auf und einen Schnitt durch die Platte. Diese Abbildung enthält ferner Details der Lagerung der Platte, der Bewehrung und der Belastung. Aus Symmetriegründen genügt es, der Rechnung nur ein Viertel der Platte zugrunde zu legen.

Die rechte Hälfte der Abb. 10 enthält das FE-Modell für das gröbere der beiden in der Rechnung verwendeten Netze. Das feinere Netz besteht aus 72 Finiten Elementen. Die Platte wird über die Dicke in 7 Betonlagen unterteilt. Die Bewehrung wird zu 2 Stahllagen „verschmiert". Tabelle 2 enthält die Materialkennwerte der Platte.

Der kleinere Wert der Prismenfestigkeit des Betons, $f_{cu} = -3{,}5\ kN/cm^2$, entspricht dem experimentell bestimmten Wert. Dieser Wert wurde in der numerischen Untersuchung von Arnesen verwendet. Der höhere Wert der Prismenfestigkeit, $f_{cu} = -4{,}1\ kN/cm^2$, liegt der Rechnung von van Greunen zugrunde. In /1/ wurde gezeigt, daß der Einfluß der Prismenfestigkeit des Betons auf die Mittendurchbiegung der Platte sowie auf die Bruchlast relativ klein ist. Die nachfolgend gebrachten Ergebnisse der numerischen Studie wurden unter Zugrundelegung des höheren Wertes für f_{cu} erstellt.

Abb. 11 zeigt die Mittendurchbiegung in Abhängigkeit vom Lastintensitätsfaktor χ für zwei verschiedene FE-Netze.

Abb. 12 zeigt den Einfluß der geometrischen Nichtlinearität auf die Mittendurchbiegung der Platte. Man erkennt, daß bei Berücksichtigung von geometrischer Nichtlinearität bei derselben Laststufe größere Verschiebungen auftreten als bei Beschränkung auf geometrische Linearität. Darüber hinaus führt die Berücksichtigung von geometrischer Nichtlinearität auf eine

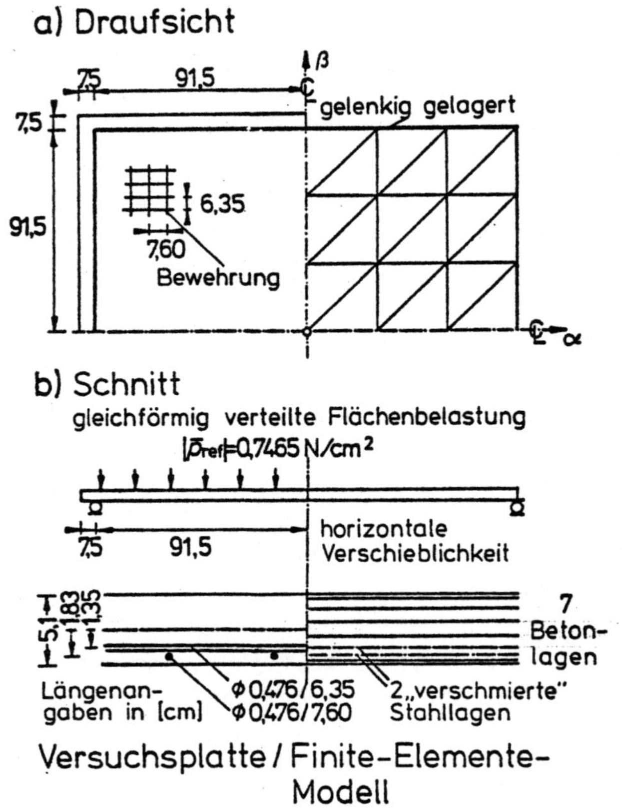

Abb. 10. Gelenkig gelagerte Stahlbetonplatte - Versuch von Taylor, Maher und Hayes /15/

niedrigere Traglast als bei Beschränkung auf geometrische Linearität. Der Grund für diesen Sachverhalt sind Membranzugkräfte in der Platte im Fall der Berücksichtigung von geometrischer Nichtlinearität. Diese inneren Kräfte verursachen bereits bei niedrigeren Laststufen Risse als dies bei Beschränkung auf geometrische Linearität der Fall ist.

Tabelle 2. Materialkennwerte für Platte nach Taylor, Maher, und Hayes /15/

Beton		
$E_C^{(0)}$	3242,	kN/cm^2
ν_C	0,18	-
f_{cu}	-4097 (-3504)	N/cm^2
f_{tu}	379	N/cm^2
ε_{cu}	0,0025	-
Bewehrung		
$E_S^{(0)}$	20691	kN/cm^2
$E_S^{(h)}$	1379	kN/cm^2
σ_{SY}	± 37,59	kN/cm^2
σ_{Su}	± 48,50	kN/cm^2

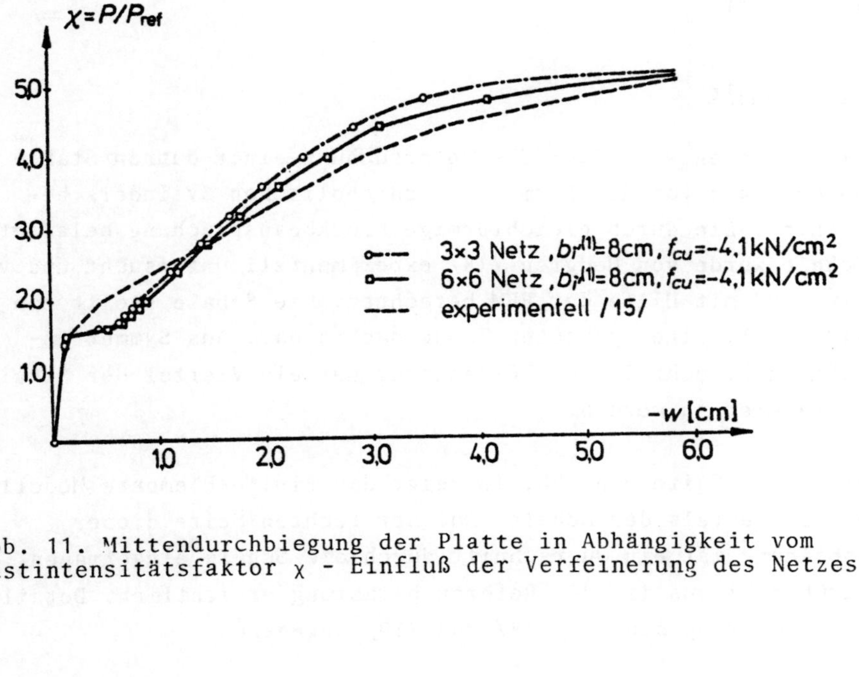

Abb. 11. Mittendurchbiegung der Platte in Abhängigkeit vom Lastintensitätsfaktor χ - Einfluß der Verfeinerung des Netzes

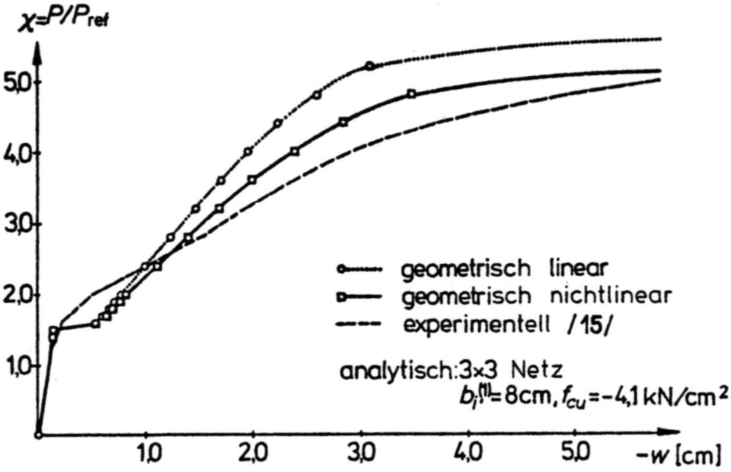

Abb. 12. Mittendurchbiegung der Platte in Abhängigkeit vom Lastintensitätsfaktor χ - Einfluß der geometrischen Nichtlinearität

3.3. Schale

Im folgenden wird über die Untersuchung einer dünnen Stahlbetonschale von der Form eines parabolischen Zylinders berichtet. Die durch gleichförmige Druckbeanspruchung belastete Schale wurde von Hedgren /18/ experimentell untersucht und von Lin /19/ mit Hilfe der FEM berechnet. Die Schale stellt ein 1:8 Modell eines gebauten Tonnendaches dar. Aus Symmetriegründen braucht in der FE-Rechnung nur ein Viertel der Schale betrachtet zu werden.

Die linke Seite von Abb. 13 zeigt das Finite-Elemente Modell eines Viertels der Schale. Auf der rechten Seite dieser Abbildung ist ein Querschnitt durch die Schale eingetragen. Darüber hinaus ist die Referenzbelastung ersichtlich. Details der Bewehrung sind in /18/ und /19/ angegeben.

Tabelle 3 enthält die Materialkennwerte der Schale. Tabelle 4 enthält die Abstände der Stahllagen von der Mittelfläche der Schale bezogen auf die Schalendicke und die Dicken der Stahllagen. Die in der ersten Spalte der Tabelle angegebenen Nummern 1-15 beziehen sich auf die in der Abb. 13 dargestellten Materialbereiche. Für die numerische Untersuchung wird die Schale in 9 Betonlagen über die Wandstärke unterteilt.

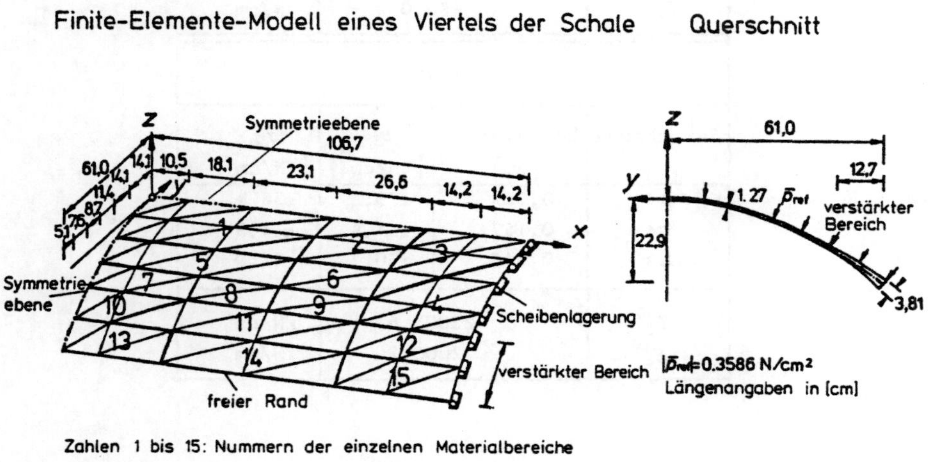

Abb. 13. Stahlbetonschale von der Form eines parabolischen Zylinders nach Hedgren /18/

Abb. 14 zeigt die Transversalverschiebung w in der Mitte des freien Randes als Funktion des Lastintensitätsfaktors χ. Die Abhängigkeit des hydrostatischen Druckes von den Verschiebungen, das heißt, seine Wesensart als Folgelast, wird hier und im folgenden berücksichtigt.

Die horizontalen Striche in der Abb. 14 geben die Bandbreite an, innerhalb der die „experimentelle" Last-Verschiebungskurve liegt. Der Grund für die Einführung einer derartigen Bandbreite liegt in der Unsicherheit, die exakte Lage dieser Kurve anzugeben. In diesem Zusammenhang gilt es zu beachten, daß die erwähnte, „experimentelle" Kurve in der Abb. 14 eine Extrapolation der für den betrachteten Punkt der Schale von Hedgren auf experimentellem Weg erhaltenen Last-Verschiebungskurve darstellt. Abb. 14 zeigt, daß die eigenen Ergebnisse gut mit den

Tabelle 3. Materialkennwerte der Schale

Beton			
$E_c^{(0)}$	2069,1		kN/cm^2
ν_c	0,145		-
f_{cu}	-3027,8		N/cm^2
f_{tu}	480,0		N/cm^2
Stahl			
Bezeichnung	Durchmesser [cm]	σ_{SY} [kN/cm^2]	σ_{Su} [kN/cm^2]
#3	0,122	±25,3	±36,4
#4	0,157	±21,9	±34,5
#9	0,343	±30,7	±42,0
$E_S^{(0)}$	20001,6		kN/cm^2
$E_S^{(h)}$	2000,2		kN/cm^2

Tabelle 4. Stahllagen in der Schale

Mat	Untere Längsbewehrung Γ_i=0°			Untere Umfangsbewehrung Γ_i=90°			Untere Randbewehrung Γ_i=0°			Schräge Bewehrung i.d. Mittelfläche Γ_i=45°			Obere Randbewehrung Γ_i=0°			Obere Längsbewehrung Γ_i=0°			Obere Umfangsbewehrung Γ_i=90°		
#	y/h	μh	#	y/h	μ	#	y/h	μ	#	y/h	μ	#	y/h	μ	#	y/h	μ	#	y/h	μ	#
1					,014007															,011684	
2					,003064					-	0	-								,010225	
3					,003678															,006135	
4										0,000	0,007668	4									
5	-0.250	,003064	3	-0,154	,014007											0,140			0,250	,005842	
6					,003064		-	0		-	0	-								,005112	
7					,007003	3			-				-	0	-		0,003064	3		,005842	4
8										0,000	0,007668	4									
9					,006128															,005112	
10					,007003					-	0	-									
11	-0,312	,006128		-0,239						0,000	0,007668	4				0,229			0,312		
12					,003678						0,005112									,006135	
13					,007003			0,058141		-	0	-		0,058141						,005842	
14	-0,397	,010225	4	-0,352			,231	0,054322	3	0,000	0,007668	4	0,231	0,054322	3	0,352			0,397		
15					,003678			0,036215			0,005112			0,036215						,006135	

Dimension μh [cm]

betreffenden „experimentellen" Ergebnissen übereinstimmen.

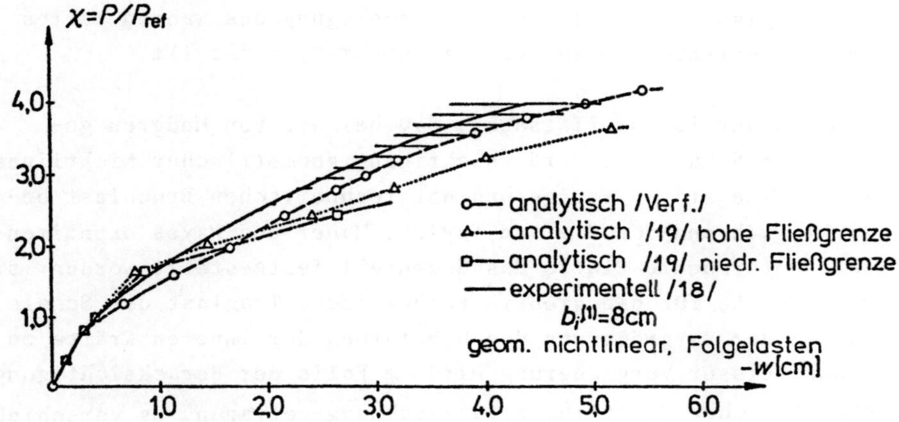

Abb. 14. Transversalverschiebung w in der Mitte des freien Randes in Abhängigkeit vom Lastintensitätsfaktor χ - Vergleich mit Ergebnissen anderer Verfasser

Die analytischen Ergebnisse von Lin wurden unter Vernachlässigung des Einflusses geometrischer Nichtlinearität ermittelt. Abb. 14 zeigt, daß Lins Ergebnisse infolge Nichtberücksichtigung geometrischer Nichtlinearität durch eine starke Reduktion der rechnerisch bestimmten Traglast der Schale im Vergleich zur experimentell ermittelten Traglast gekennzeichnet sind.

Um den Einfluß geometrischer Nichtlinearität sowie von Verfestigung des Bewehrungsstahles auf die Ergebnisse wenigstens grob abzuschätzen, führte Lin weitere Untersuchungen durch. Sie sind dadurch gekennzeichnet, daß er den Wert der Bruchspannung des Stahls als Fließgrenze einsetzt, daß er also mit $|\sigma_{SY}| = |\sigma_{Su}|$ rechnet. Die so erhaltenen Ergebnisse werden in der Abb. 14 durch den Vermerk „hohe Fließgrenze" charakterisiert. Im Gegensatz dazu liegt den mit dem Vermerk „niedrige Fließgrenze" gekennzeichneten Ergebnissen der wahre Wert der Fließgrenze zugrunde. Die Vorgangsweise von Lin erscheint fragwürdig, da geometrische Nichtlinearität nichts mit den Werkstoffkennwerten zu tun hat.

Abb. 15 verdeutlicht, daß die Vernachlässigung geometrischer Nichtlinearität den Grund für die signifikante Unterschätzung der Traglast durch Lin bei Zugrundelegung des wahren Wertes der Fließgrenze („niedrige Fließgrenze") darstellt.

Interessant ist die Tatsache, daß bei der von Hedgren getesteten Schale die Berücksichtigung geometrischer Nichtlinearität eine starke Steigerung der rechnerischen Bruchlast bewirkt, während für die von Taylor, Maher und Hayes experimentell untersuchte Platte das Gegenteil festgestellt worden ist. Die Ursache für die größere rechnerische Traglast der Schale ist in der Vergrößerung des Hebelarmes der inneren Kräfte zu sehen. Dieser Vergrößerung wird im Falle der Berücksichtigung geometrischer Nichtlinearität Rechnung getragen. Es verschiebt sich der Scheitel der Schale nach oben, während die freien Längsränder Verschiebungen in die entgegengesetzte Richtung

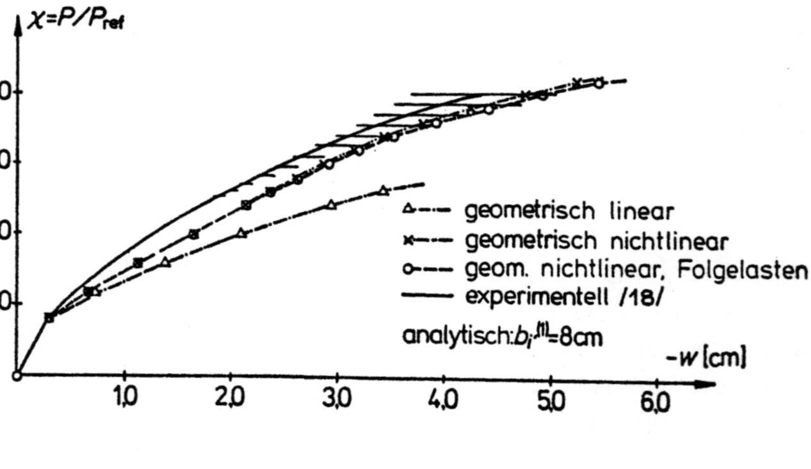

Abb. 15. Transversalverschiebung w in der Mitte des freien Randes in Abhängigkeit vom Lastintensitätsfaktor χ - Einfluß der geometrischen Nichtlinearität sowie der Verschiebungsabhängigkeit der Belastung

erfahren. Dies bedeutet in letzter Konsequenz eine Erhöhung der Steifigkeit der Schale, der, wie bereits erwähnt, bei Berücksichtigung geometrischer Nichtlinearität Rechnung getragen wird. Abb. 15 zeigt weiters, daß die Verschiebungsabhängigkeit des hydrostatischen Druckes wenig Einfluß auf die Last-Verschiebungskurve einerseits und auf die Traglast andererseits hat.

Abb. 16 verdeutlicht den Einfluß des „Tension Stiffening Effektes" auf die Transversalverschiebung w in der Mitte des freien Randes. Es zeigt sich, daß im Fall von Nichtberücksichtigung des „Tension Stiffening Effektes" die Last-Verschiebungskurve beträchtlich „weicher" ist als dies bei Berücksichtigung des erwähnten Effektes der Fall ist. In letzter Konsequenz wird bei Nichtberücksichtigung des „Tension Stiffening Effektes" die Bruchlast unterschätzt. Abb. 16 weist andererseits darauf hin, daß der frei wählbare Abstand der Primärrisse, vorausgesetzt daß eine plausible Wahl getroffen wird, keinen großen Einfluß auf die Traglast der Schale ausübt.

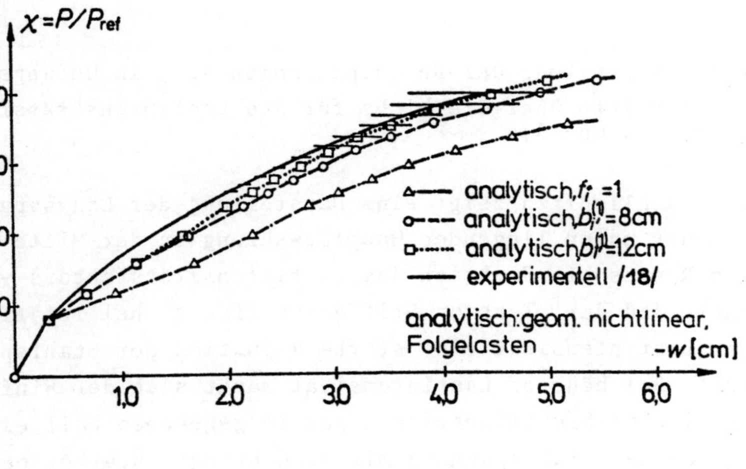

Abb. 16. Transversalverschiebung w in der Mitte des freien Randes in Abhängigkeit vom Lastintensitätsfaktor χ - Einfluß des „Tension Stiffening Effektes"

Abb. 17 enthält die Verteilung der Betonspannungen $\sigma_{C\beta\beta}$ in Umfangsrichtung in Schalenmitte über die Dicke. Es werden drei verschiedene Lastintensitäten, 0,8, 2,4 und 3,6 betrachtet.

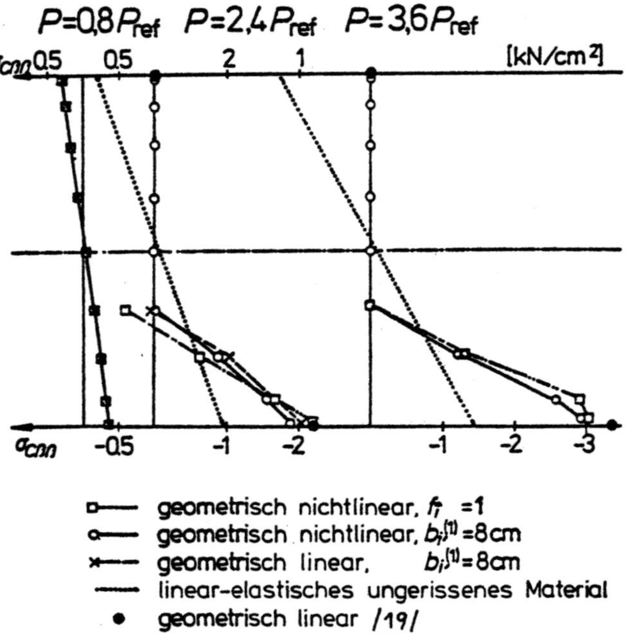

Abb. 17. Verteilung der Betonspannungen $\sigma_{C\beta\beta}$ in Umfangsrichtung in Schalenmitte über die Dicke für die Lastintensitätsfaktoren χ = 0,8, 2,4 und 3,6

Abb. 18 schließlich zeigt eine Darstellung der Längsspannungen $\sigma_{S\alpha}$ in der unten liegenden Hauptbewehrung in der Mitte des freien Randes als Funktion des Lastintensitätsfaktors χ. Man erkennt, daß der „Tension Stiffening Effekt" bei relativ geringer Lastintensität eine starke Reduktion der Stahlspannung bewirkt. Bei höherer Lastintensität macht sich der Einfluß geometrischer Nichtlinearität, der im gegebenen Fall eine Reduktion der Stahlspannung mit sich bringt, stärker bemerkbar.

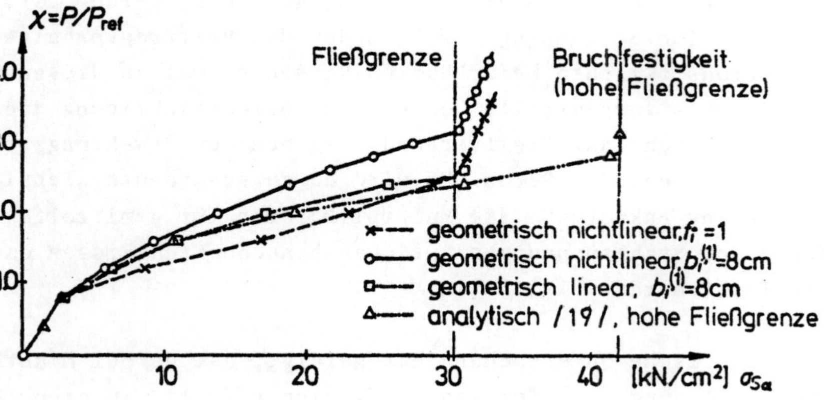

Abb. 18. Längsspannungen $\sigma_{S\alpha}$ in der unten liegenden Hauptbewehrung in der Mitte des freien Randes in Abhängigkeit vom Lastintensitätsfaktor χ

4. Zusammenfassung

Der Versuch, den Werkstoff Stahlbeton im Rahmen von Traglastberechnungen von Flächentragwerken einigermaßen wirklichkeitsnahe zu berücksichtigen, erforderte das Eingehen auf eine Reihe von Phänomenen, wie etwa auf die Nichtlinearität des Betons im Druck-Druckbereich und in Teilbereichen des Druck-Zugbereiches, auf das Reißen des Betons bei Erreichen seiner Zugfestigkeit, auf das Versagen bei Erreichen der Druckfestigkeit, auf das Fließen der Bewehrung, auf den „Tension Stiffening Effekt", etc. Zum Zwecke einer wirklichkeitsnahen Erfassung des Werkstoffs Stahlbeton im Rahmen des entwickelten FE-Modells wurde auf ein Lagenmodell zurückgegriffen. Platten und Schalen wurden dabei gedanklich über ihre Dicke in hinreichend viele, dünne Lagen aus Beton zerlegt. Dabei wurde angenommen, daß sich in jeder Betonlage näherungsweise ein ebener Spannungszustand ausbildet. Diese Annahme ermöglichte die Anwendung eines zweiachsigen Betonmodells. Die Bewehrungsstäbe wurden zu Stahllagen mit ensprechendem Bewehrungsgehalt „verschmiert". Das „Verschmieren" der Bewehrung ist umso eher berechtigt, je gleichförmiger die Bewehrung über das Flächentragwerk verteilt ist.

Ein Aspekt, dem besondere Beachtung geschenkt worden ist, ist der „Tension Stiffening Effekt", der das Resttragverhalten des Betons zwischen benachbarten Rissen normal zu diesen betrifft. Das vorgestellte Konzept zur Berücksichtigung dieses Effekts beruht auf Gleitverbund zwischen dem Bewehrungsstahl und dem umgebenden Beton. Es wird durch sogenannte „Tension Stiffening Faktoren", die Multiplikatoren für gemittelte Werte der Stahlspannungen zwischen benachbarten Rissen darstellen, charakterisiert.

Die numerische Untersuchung hat gezeigt, daß es bei Nichtberücksichtigung des „Tension Stiffening Effekts" zu einer beträchtlichen Überschätzung der Stahlspannungen und im weiteren zu einer signifikanten Unterschätzung der Traglast kommen kann.

Die numerische Untersuchung hat ferner gezeigt, daß bei Stahlbetonplatten und -schalen geometrische Nichtlinearität zu berücksichtigen ist. In diesem Zusammenhang sei betont, daß sich bei Nichtberücksichtigung geometrischer Nichtlinearität sowohl zu große als auch zu kleine Tragsicherheiten ergeben können.

5. Literatur

1. Floegl, H.: Traglastermittlung dünner Stahlbetonschalen mittels der Methode der Finiten Elemente unter Berücksichtigung wirklichkeitsnahen Werkstoffverhaltens sowie geometrischer Nichtlinearität. Wien: Dissertation, Technische Universität Wien. 1981.
2. Mang, H. A., Floegl, H.: Analytical Prediction of Short-Term Behavior of Reinforced Concrete Panels, Slabs and Shells. 1981 International Convention and Exposition of ASCE, Preprint. New York. 1981.
3. Koiter, W. T.: General Equations of Elastic Stability for Thin Shells. In: Proc.Symp. on the Theory of Shells to Honor Lloyd Hamilton Donell. Houston: University of Houston. (1967).

4. Liu, T. C. Y., Nilson, A. H., Slate, F. O.: Biaxial Stress-Strain Relations for Concrete. Proc. ASCE, J. Struct. Div. 98, 1025-1034 (1972).
5. Kupfer, H.: Das Verhalten des Betons unter mehrachsiger Kurzzeitbelastung unter besonderer Berücksichtigung der zweiachsigen Beanspruchung. Berlin: Deutscher Ausschuß für Stahlbeton, Heft 229. 1973.
6. Chen, W. F., Ting, E. C.: Constitutive Models for Concrete Structures. Proc. ASCE, J. Eng. Mech. Div. 106, 21-36 (1980).
7. Floegl, H., Mang, H.: On Tension Stiffening in Cracked Reinforced Concrete Slabs and Shells Considering Geometric and Physical Nonlinearity. Ing.-Arch. 51, 215-242 (1981).
8. Cedolin, L., Dei Poli, S.: Finite Element Nonlinear Plane Stress Analysis of Reinforced Concrete. In: Costruzioni in Cemento Armato, Studi e Rendiconti, Band 13. Milano: Politecnico di Milano. (1976).
9. Bažant, Z. P., Cedolin, L.: Rough Cracks in Reinforced Concrete. Proc. ASCE, J. Struct. Div. 106, 819-842 (1980).
10. Floegl, H., Mang, H. A.: Tension Stiffening Concept for RC Panels, Based on Bond Slip. Proc. ASCE, J. Struct. Div., im Druck.
11. Mang, H. A., Floegl, H.: Tension-Stiffening Concept for Reinforced Concrete Surface Structures. In: Proc. IABSE Colloquium on Advanced Mechanics of Reinforced Concrete (IABSE, Hrsg.), S. 351-369. Delft: University Press. (1981).
12. Grelat, A., Potucek, W.: Compartement de Panneaux en Béton précontraint soumis au Cisaillement. St. Rémy-lés-Chevr (Frankreich): Bericht, CEBTP Paris. 1978.
13. Mang, H., Gallagher, R. H., Cedolin, L., Torzicky, P.: Deformation und Stabilität windbeanspruchter Kühlturmschalen. Ing.-Arch. 47, 391-410 (1978).
14. Leonhardt, F., Walther, R.: Wandartige Träger. Berlin: Deutscher Ausschuß für Stahlbeton, Heft 178. 1963.
15. Taylor, R., Maher, D. R. H., Hayes, B.: Effect of the Arrangement of Reinforcement on the Behaviour of Reinforced Concrete Slabs. Magazine of Concrete Research 18, 85-94 (1966).

16. Van Greunen, J.: Nonlinear Geometric, Material and Time Dependent Analysis of Reinforced and Prestressed Concrete Slabs and Panels. Berkeley: Bericht Nr. UCSESM 79-3, Structures and Materials Research, Department of Civil Engineering, University of California at Berkeley. 1979.
17. Arnesen, A.: Analysis of Reinforced Concrete Shells, Considering Material and Geometric Nonlinearities. Trondheim: Bericht Nr. 79-1, Institut für Statikk, Universität Trondheim, Norwegen. 1979.
18. Hedgren, A. W. Jr.: A Numerical and Experimental Study of Translational Shell Roofs. Princeton: Dissertation, Princeton University. 1965.
19. Lin, C. S.: Nonlinear Analysis of Reinforced Concrete Slabs and Shells. Berkeley: Bericht Nr. UCSESM 73-7, Structures and Materials Research, Department of Civil Engineering, University of California at Berkeley. 1973.

Prof. Dr.techn. Herbert Mang, Ph.D.
Institut für Baustatik und Festigkeitslehre
Technische Universität Wien
Karlsplatz 13
A-1040 Wien, Österreich

Dr.techn. Helmut Floegl
Datamed Gesellschaft für angewandte Datentechnik
Ameisgasse 49
A-1140 Wien, Österreich

NAMENVERZEICHNIS

Akin, J.E., 96
Argyris, J.H., 61
Arnesen, A., 351
Atluri, S.N., 94,134
Barsoum, R.S., 101,213,247,283
Bathe, K.H., 141,221,258,281
Benzley, S.E., 96
Blackburn, W.S., 129
Blauel, H., 234
Broek, D., 87
Bryan, R.H., 279
Buggisch, H., 147
Byrne, J., 261
Byskov, E., 94
Cartwright, D.J., 194,250
Cedolin, L., 295,342
Chen, W.F., 336
Clausmeyer, H., 276
Clough, R.W., 61
de Lorenzi, H.G., 223,236
Dei Poli, S., 341
Dietmann, H., 275
Dixon, J.R., 105
Dowling, A.R., 280
Drumm, R., 160
Duggan, T.V., 261
Erdogan, F., 120
Ewing, P.D., 132
Finnie, I., 122
Fischer, D.F., 244
Floegl, H., 333
Freese, C.F., 248
Führing, H., 118
Gallagher, R.H., 87,108,345
Gambarova, P., 295
Goldenweizer, I., 169,203
Grelat, A., 344
Griffith, A.A., 6,123
Gross, D., 147
Haase, R., 259
Hartranft, R.J., 167,173
Hayes, B., 351
Hedgren, A.W.,Jr., 351
Hellen, T.K., 129
Helms, R., 281
Hencky, H., 276
Henshell, R.D., 101,136,213,247
Hibbitt, H.D., 250
Hodulak, L., 130,273
Hollstein, T., 229
Hrennikoff, A., 62
Hussain, M.A., 123
Hutchinson, J., 211
Illgner, K.H., 260
Ingraffea, A.R., 102
Irous, B.M., 98
Irwin, G.R., 6,12,18,50,116,123
Ishikawa, H., 139
Isida, M., 175
Kirchhoff, G., 169,202
Klein, G., 130,273
Kloos, K.H., 258
Knauss, W., 132
Knowles, J.K., 127
Koiter, W.T., 335
Kordisch, H., 115,130,252,289

Krüger, K.H., 147
Kuna, M., 87
Kupfer, H., 335

Lal, D., 281
Leonhardt, F., 345
Lin, C.S., 351
Lin, T.C.Y., 335
Lynn, P.P., 102,250

Maher, D.R.H., 351
Mang, H.A., 58,87,108,295,333
McClintock, F.A., 211
McEvily, A.J., 250
McNamee, J.M., 266
Mendelson, A., 210
Mindlin, R., 182
Murakami, Y., 245

Naseband, K., 281
Neuber, H., 287
Nilson, A.H., 335

Orowan, E., 18

Palaniswamy, K., 132
Panasyuk, V.V., 132
Paris, P.C., 116,256,286
Pian, T.H.H., 87,92
Pook, L.P., 105,132,194
Potucek, W., 344
Pu, S.L., 123

Radhakrishnan, V.M., 257
Rammerstorfer, F.G., 244
Reissner, E., 169,203
Rice, J.R., 107,128,139,211,216
Richard, H.A., 264
Riedmüller, J., 153
Rooke, D.P., 194,260
Rosengren, G.F., 211
Rossmanith, H.P., 1,56,130,166,295

Saith, A., 122
Sandel, G.D., 276
Schmitt, W., 136,205,236
Schnack, E., 259
Schüller, H.J., 51
Schwalbe, K.H., 52,259
Seeger, T., 118
Sengupta, M., 281
Shaw, K.G., 101,132,213,247
Shih, C.F., 224,237,248
Siegele, D., 205,240
Sih, G.C., 116,124,153,169,173,286
Slate, F.O., 335
Smekal, A., 18
Sneddon, I.N., 117
Soete, W., 281
Sommer, E., 132,252
Stöckl, H., 240

Tada, H., 194
Taylor, R., 351
Thomala, W., 261
Till, E.T., 244
Ting, E.C., 336
Torzicky, P., 345
Townley, C.H.A., 280
Tracey, D.M., 95,134,248

Underwood, J., 123

Van Greunen, J., 351
von Mises, R., 210

Walther, R., 345
Wei, R.P., 256
Weiss, V., 281
Wellinger, K., 275
Westergaard, H.M., 94
Williams, M., 122,246
Wilson, W.K., 132
Wittwer, H.J., 276

Zienkiewicz, O.C., 62,87,134,217

SACHVERZEICHNIS

ADINA-Programm 141,221,237,258,281
Anriß 265
Axial-kraft 190
-riß 191,198

Balken, gebrochener 198
Betonbruchmechanik 295
Bettung, elastische 184
Bewehrung 296
Bewehrung, schräge 321,343
Biegemomentenintensitätsfaktor 169
Biege-spannung 186
-wellen 181
Biegung 168,195
Bindefehler 273
Bruch-ablenkwinkel 129,148,173,249,252
-band 298
-flächenrauhigkeit 317
-hypothesen 118,275,286
-kontrolle 45
-kontrollplan 49
Bruchmechanik, Fließ- 7
- , Ingenieur- 8
- , linear-elastische (LEBM) 6
Bruch-mechanikproben 205
-moden 9,116,250
-moment 174
-prozeßzone 305
-sicherheit 48
-zähigkeit 17

COD-Konzept 24
CT-Probe 89

degeneriertes Element 214
Dehnungshypothese 281
Dickeneinfluß 178
Diskretisierung 59
Doppelbalkenmodell 196
Dreipunktbiegeprobe 196
Drillung 170,195
dynamische Korrekturfunktion 183

ebener Dehnungszustand (EDZ) 207
ebener Spannungszustand (ESZ) 207
Einschlüsse 272,282
elastoplastische FE-Analyse 218,232
Elementsteifigkeitsmatrix 71
Elementtypen 70
Energie-dichte Hypothese 123,253
-freisetzungsrate 19,105,123,253,299
Ermüdungsrißausbreitung 33,255
Ersatz-fehler 273,281
-randbedingung 170,202
Extrapolation 104

Failure-Assessment-Diagram 280
Fehler 27,272
Fehlernachweis 49
Finite Elemente Methode (FEM) 58,213
Flächenlasten 184
Flachzugprobe 231
Fließbedingung 209

Gewinde 257
Gleitverbund 309
Globalsteifigkeitsmatrix 75
Grenzlast, plastische 279,289,333
Griffith'sche Formel 18
Grundformel der Bruchmechanik
erste - 25
zweite - 33
Gußfehler 272

Hauptspannungshypothese 121
hybride Modelle 64

Innendruck 190,198
instabiles Rißwachstum 125,278
isoparametrisches Element 99,213,247

J-Integral 20,107,211,216

Kantenriß 13
Kegelschale 191
Knotenpunkt 68
Koeffizientenmatrix 79
kollabiertes Element 60,214
Kollapslast 280
Kompaktzugprobe 89,219,237
kompatibles Modell 69
Kontaktfläche 256
Kontinuität 108
Kontinuumsmechanik 208
Konvergenz 229
Korrekturfunktion 12,170,186,282
Krafteinleitungsproblem 257
Kugelschale 187,201

Laborversuch 205
Lastintensitätsfaktor 349
Lebensdauerberechnung 43,264
Loch 282
Longitudinalwellen 183

Mehrachsigkeit 276,283
Mehrschichtplatten 176
Membranspannung 185
Modellbildung 207
Momentenintensitätsfaktor 169,183

Netzgenerierung 58,221
Netzteilung 297
nichtlineares Materialverhalten 216, 306
Nichtlinearität, geometrische 335, 357
Normalbeanspruchung 10
Numerierung 80

Oberflächenriß 29
objektives Bruchkriterium 299

Peripheralriß 191
plastische Bruchmechanik 211
- Grenzlast 279
- Zone 7,15,282
Platten 166,351
Plattentheorien 202
Polynomansatz 95

Querkraftintensitätsfaktor 169

Randintegralmethode 92
Rauhigkeit 317
Reißmodul 25
Restlebensdauer 53,267
Resttragfähigkeit 337
Rice'sches Integral 20,211
Riß 8
- , axialer 190
- , elliptischer 14
- , kreisförmiger 15
- , peripheraler 190
- , schräger 321
Risse, wechselwirkende 157
Riß-ausbreitungskraft 19,105,303
-beurteilung 49
-öffnungsarten 9
-öffnungsverschiebung 24,316
-singularität 89
-spitzenaufweitung 212
-wachstum, stabiles 236
-widerstandskurve 21
Rohrkrümmer 191
rotierende Scheibe 179

Sandel-Hypothese 276
Sandwich-Platten 176
Schaden-analyse 45
-arten 28
Schalen 166,186,354
Scheiben 167,345

Scherbeanspruchung 10,115
Schlupf 308
schräger Zentralriß 141
Schräglage der Risse 130
Schraubverbindung 244,255
Schweißverbindung 244
Schwellbeanspruchung 255
Sicherheit 130
Simulation 236
singuläre Lösung 8,94
Spannungsfeld, elastisches 9
Spannungsintensitätsfaktor 10,104, 245
Spannungskonzentrationsfaktor 11,260
Sprödbruchgefahr 45
sprödes Materialverhalten 276
Stahlbeton 295
Steifigkeitsmatrix 71
stoßartige Belastung 183
Superposition 13

Tangentialspannungshypothese 121,253
Tension Stiffening Effekt 337
T-Modul 25

Torsion 199
Torusschale 191
Traglast 333,345
Trennbruch 276

Überschwung, dynamischer 183
Übertragbarkeit 205

Variationsprinzip 65
Versagens-hypothesen 275,286
-last 274
Verschiebungs-ansatz 69,248
-feld 9
verschmierte Risse 297
Viertelpunktelement 136,214

Walzfehler 272
wechselwirkende Risse 157
Winkelgeschwindigkeit 179

Zentralriß 88,251
- , schräger 141,252
Zone, plastische 7,15,282
Zuverlässigkeit 53
zyklische Belastung 33,255
Zylinderschale 190,198

Grundlagen der Bruchmechanik

Herausgegeben von

Univ.-Doz. Dr. **Hans-Peter Rossmanith,**
Institut für Mechanik, Technische Universität Wien

1982. 187 Abbildungen. XIII, 266 Seiten.
Geheftet öS 416,–, DM 59,–
ISBN 3-211-81683-6

Das Buch enthält die theoretischen und praktischen Grundlagen, die zur Behandlung von statischen und dynamischen Bruchmechanikproblemen erforderlich sind. Dabei wird den praktischen Anwendungen, der Sicherheitsanalyse und der Schadensuntersuchung besondere Aufmerksamkeit geschenkt. Zahlreiche Standardverfahren zur Lösung bruchmechanischer Probleme und Normvorschriften für die bruchmechanische Materialprüfung gehören ebenso zum Inhalt wie die Anwendung der modernen experimentellen Methoden zur praktischen Bestimmung von bruchmechanischen Materialkennwerten. Das Buch kann schon mit geringen mathematischen Grundkenntnissen verstanden werden. Es richtet sich an Studierende und Lehrende und dient dazu, die Ergebnisse und Methoden der Bruchmechanik und Schadensanalyse einem breiteren Kreis von Fachleuten aus Industrie, Wirtschaft und Technik vorzustellen und auch die Grenzen der Bruchmechanik aufzuzeigen. Es sind zahlreiche Beispiele aus der Ingenieurwissenschaft behandelt. Historische Aspekte markieren die enorme Entwicklung des gebotenen Stoffgebiets. Ein Fachwörterverzeichnis der Bruchmechanik erleichtert dem Studierenden den Kontakt mit der englischsprachigen bruchmechanischen Fachliteratur.

Springer-Verlag Wien New York

Technische Mechanik

Aufgaben und Lösungen

Von

P. Lugner, K. Desoyer und **A. Novak**
Technische Universität Wien.

Zweite, überarbeitete Auflage.
1982. 305 Abbildungen. VII, 215 Seiten.
Geheftet DM 46,–, S 320,–
ISBN 3-211-81717-4

Aus den Besprechungen zur ersten Auflage:

„Nach dem Studium der Grundlagen der technischen Mechanik können die erworbenen Kenntnisse nur durch Üben an geeigneten und praxisbezogenen Beispielen vertieft werden. Das vorliegende Werk hilft, den Schritt von den Grundlagen zur Anwendung zu machen. Zahlreiche interessante und wirklichkeitsnahe Probleme werden für die Aufgabenstellung herangezogen.
Bei den ausführlichen Erklärungen des Lösungsweges wurde großer Wert auf die Verbindung zwischen Grundlagen und Lösungsweg gelegt.
In einem Anhang sind die verwendeten Grundlagen klar zusammengefaßt. Die Autoren haben es verstanden, durch viele einfache Skizzen die Verständlichkeit der Aufgaben wie auch der Lösungen zu erleichtern."

Material und Technik

„Das Studium des Buches führt zur sicheren Anwendung der Mechanik. Für Studierende ein vorzügliches Buch zum Erlernen des selbständigen Lösens von Mechanikproblemen. Für den in der Praxis stehenden Ingenieur ein hervorragendes Nachschlagwerk."

Internationale Mathematische Nachrichten

Springer-Verlag Wien New York

GPSR Compliance

The European Union's (EU) General Product Safety Regulation (GPSR) is a set of rules that requires consumer products to be safe and our obligations to ensure this.

If you have any concerns about our products, you can contact us on ProductSafety@springernature.com

In case Publisher is established outside the EU, the EU authorized representative is:

Springer Nature Customer Service Center GmbH
Europaplatz 3
69115 Heidelberg, Germany

Batch number: 10584556

Printed by Printforce, the Netherlands